바닷물고기 도감

그림 **조광현**
1959년 대구에서 태어나 홍익대학교에서 서양화를 공부했다. 화가는 틈나는 대로 바닷속에 들어가 물고기 보는 것을 즐긴다. 바닷속 물고기들이 어떻게 생기고 어떻게 살아가는지 두 눈으로 살펴보았다가 그림을 그렸다. 《세밀화로 그린 보리 어린이 갯벌도감》《갯벌, 무슨 일이 일어나고 있을까?》《야생동물 구조대》《우포늪의 생태》에 그림을 그렸다.

글 **명정구**
1955년 부산에서 태어났다. 어릴 때부터 바닷가에서 물고기를 잡고 놀았다. 어릴 때 꿈꾸던 대로 1975년 부산수산대학교에 들어가 바닷물고기를 공부했다. 지금은 한국해양연구원에서 우리 바다와 바닷물고기를 연구하고 바다목장 사업을 이끌고 있다. 《해양생물의 세계》《한국해산어류도감》《우리바다 어류도감》《푸른아이 연어》《연어가 자랐어》《바다목장 이야기》《꿈의 바다목장》을 썼다.

세밀화로 그린 보리 큰도감
바닷물고기 도감

1판 1쇄 펴낸 날 2013년 11월 29일
1판 3쇄 펴낸 날 2019년 10월 28일

그림 조광현
글 명정구, 민족의학연구원 편집부

책임 편집 김종현
편집 박민애, 송춘남
디자인 이안디자인
교정교열 신정숙

제작 심준엽
영업 안명선, 양병희, 최민용
잡지 영업 이옥한, 정영지
새사업팀 조서연
경영 지원 임혜정, 한선희
분해와 출력, 인쇄 (주)로얄프로세스
제본 과성제책

펴낸이 유문숙
펴낸 곳 (주) 도서출판 보리
출판등록 1991년 8월 6일 제 9-279호
주소 경기도 파주시 직지길 492 (우편번호 10881)
전화 (031)955-3535 / 전송 (031)950-9501
누리집 www.boribook.com **전자우편** bori@boribook.com

값 80,000원
보리는 나무 한 그루를 베어 낼 가치가 있는지 생각하며 책을 만듭니다.

ISBN 978-89-8428-834-8 06490 978-89-8428-832-4 (세트)
이 도서의 국립중앙도서관 출판시도서목록(CIP)은 서지정보유통지원시스템 홈페이지(http://seoji.nl.go.kr)와 국가자료공동목록시스템(http://www.nl.go.kr/kolisnet)에서 이용하실 수 있습니다. (CIP 제어번호 : CIP2013023439)

바닷물고기 도감

세밀화로 그린 보리 큰도감

우리나라에 사는 바닷물고기 158종

그림 조광현 / 글 명정구

보리

일러두기

1. 이 책에는 우리 바다에 사는 바닷물고기 가운데 흔히 볼 수 있는 158종이 실려 있다. 물고기는 분류 이름 순서로 실었다. 물고기 이름과 학명, 분류는 저자의 의견을 따르고 《한국어도보》(정문기, 일지사, 1977)와 《한국어류대도감》(김익수 외, 교학사, 2005)을 참고했다. 목명과 과명에는 사이시옷 규정을 적용하지 않고 《한국어류대도감》에 나온 이름으로 넣었다.
2. 책은 1부와 2부로 나누었다. 1부는 바닷물고기 개론, 2부는 우리 바다에 사는 바닷물고기에 대해 한 종씩 설명해 놓았다.
3. 본문은 생태, 이름, 성장, 고기잡이, 쓰임으로 나누어 설명했다.
4. 물고기마다 정보 상자를 따로 두어 중요한 정보를 따로 묶었다.
5. 북녘 이름은 《조선의 어류》(최여구, 과학원출판사, 1964), 《동물원색도감》(과학백과사전출판사, 1982), 《조선동물지 어류편(1, 2)》(과학기술출판사, 2006)을 참고했다.
6. 종마다 세밀화를 그리고 그 밑에 생김새에 대해 써 놓았다. 비슷한 물고기나 비교할 물고기는 함께 세밀화로 넣었다. 물고기 생김새를 더 뚜렷하게 알 수 있도록 선화도 그려 넣었다. 생태 그림도 그렸다.
7. 맞춤법과 띄어쓰기는 국립 국어원 누리집에 있는 《표준국어대사전》을 따랐다.
8. 몸길이는 주둥이 끝에서 꼬리자루까지 길이다. 꼬리지느러미는 길이에 넣지 않았다.

9. 몸에 난 줄무늬는 머리를 위로 향했을 때 난 방향을 가지고 가로무늬, 세로무늬라고 한다.

10. 간단한 생태 정보는 기호로 표시했다.

- 몸길이
- 사는 곳
- 알 낳는 때

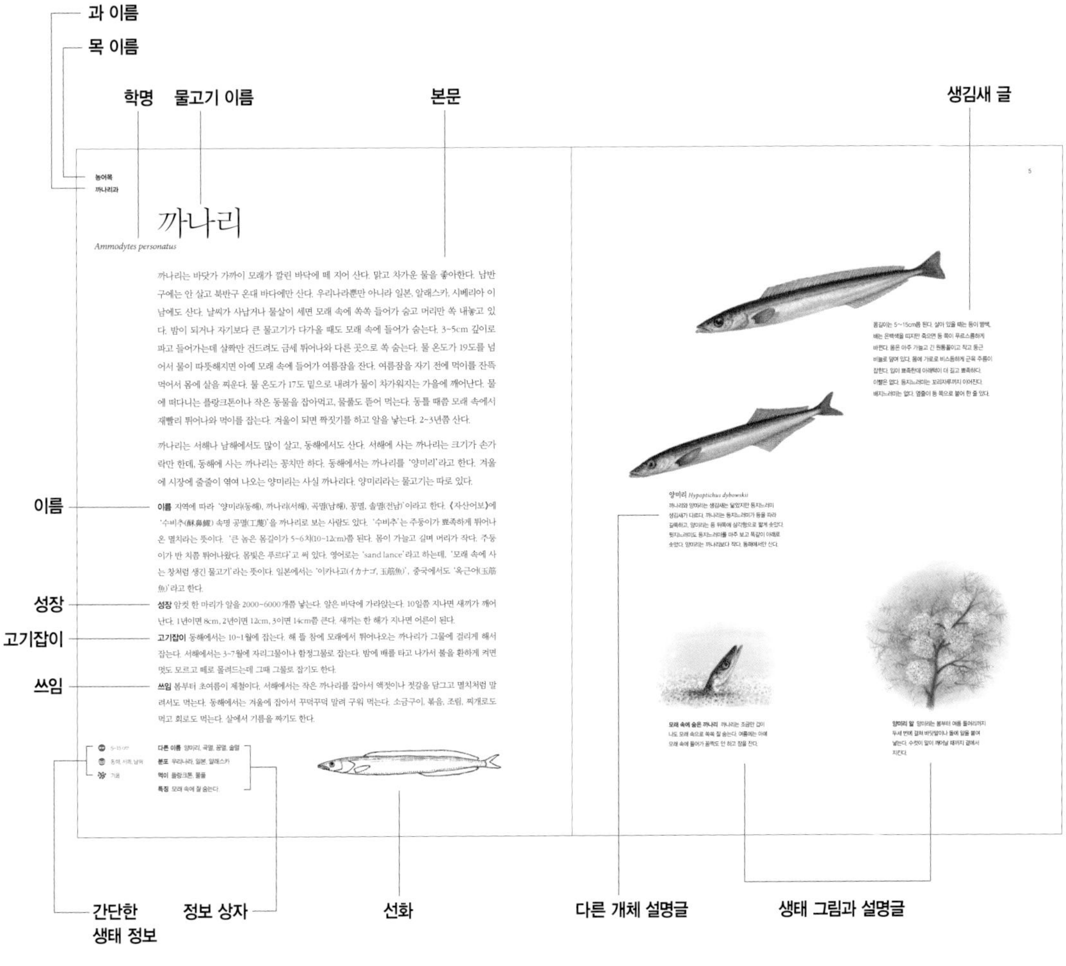
과 이름
목 이름
학명
물고기 이름
본문
생김새 글
농어목
까나리과
까나리
Ammodytes personatus
까나리는 바닷가 가까이 모래가 깔린 바닥에 떼 지어 산다. 맑고 차가운 물을 좋아한다. 남반구에는 안 살고 북반구 온대 바다에만 산다. 우리나라뿐만 아니라 일본, 알래스카, 시베리아 이남에도 산다. 날씨가 사납거나 물살이 세면 모래 속에 쏙쏙 들어가 숨고 머리만 쏙 내놓고 있다. 밤이 되거나 자기보다 큰 물고기가 다가올 때도 모래 속에 들어가 숨는다. 3~5cm 깊이로 파고 들어가는데 살짝만 건드려도 금세 튀어나와 다른 곳으로 쏙 숨는다. 물 온도가 19도를 넘어서 물이 따뜻해지면 아예 모래 속에 들어가 여름잠을 잔다. 여름잠을 자기 전에 먹이를 잔뜩 먹어서 몸에 살을 찌운다. 물 온도가 17도 밑으로 내려가 물이 차가워지는 가을에 깨어난다. 물에 떠다니는 플랑크톤이나 작은 동물을 잡아먹고, 물풀도 뜯어 먹는다. 동틀 때쯤 모래 속에서 재빨리 튀어나와 먹이를 잡는다. 겨울이 되면 짝짓기를 하고 알을 낳는다. 2~3년쯤 산다.
까나리는 서해나 남해에서도 많이 살고, 동해에서도 산다. 서해에 사는 까나리는 크기가 손가락만 한데, 동해에 사는 까나리는 꽁치만 하다. 동해에서는 까나리를 '양미리'라고 한다. 겨울에 시장에 줄줄이 엮여 나오는 양미리는 사실 까나리다. 양미리라는 물고기는 따로 있다.
이름
이름 지역에 따라 '양미리(동해), 까나리(서해), 곡멸(남해), 꽁멸, 솔멸(전남)'이라고 한다. 《자산어보》에 '수비추(䱐鼻鯫) 속명 공멸(工蔑)'을 까나리로 보는 사람도 있다. '수비추'는 주둥이가 뾰족하게 튀어나온 멸치라는 뜻이다. '큰 놈은 몸길이가 5~6치(10~12cm)쯤 된다. 몸이 가늘고 길며 머리가 작다. 주둥이가 반 치쯤 튀어나왔다. 몸빛은 푸르다'고 써 있다. 영어로는 'sand lance'라고 하는데, '모래 속에 사는 창처럼 생긴 물고기'라는 뜻이다. 일본에서는 '이카나고(イカナゴ, 玉筋魚)', 중국에서도 '옥근어(玉筋魚)'라고 한다.
성장
성장 암컷 한 마리가 알을 2000~6000개쯤 낳는다. 알은 바닥에 가라앉는다. 10일쯤 지나면 새끼가 깨어난다. 1년이면 8cm, 2년이면 12cm, 3이면 14cm쯤 큰다. 새끼는 한 해가 지나면 어른이 된다.
고기잡이
고기잡이 동해에서는 10~1월에 잡는다. 해 뜰 참에 모래에서 튀어나오는 까나리가 그물에 걸리게 해서 잡는다. 서해에서는 3~7월에 자리그물이나 함정그물로 잡는다. 밤에 배를 타고 나가서 불을 환하게 켜면 멋도 모르고 떼로 몰려드는데 그때 그물로 잡기도 한다.
쓰임
쓰임 봄부터 초여름이 제철이다. 서해에서는 작은 까나리를 잡아서 액젓이나 젓갈을 담그고 멸치처럼 말려서도 먹는다. 동해에서는 겨울에 잡아서 꾸덕꾸덕 말려 구워 먹는다. 소금구이, 볶음, 조림, 찌개로도 먹고 회로도 먹는다. 살에서 기름을 짜기도 한다.
다른 이름 양미리, 곡멸, 꽁멸, 솔멸
분포 우리나라, 일본, 알래스카
먹이 플랑크톤, 물풀
특징 모래 속에 잘 숨는다.
몸길이는 5~15cm쯤 된다. 살아 있을 때는 등이 밤색, 배는 은백색을 띠지만 죽으면 등 쪽이 푸르스름하게 바뀐다. 몸은 아주 가늘고 긴 원통꼴이고 작고 둥근 비늘로 덮여 있다. 몸에 가로로 비스듬하게 근육 주름이 잡힌다. 입이 뾰족한데 아래턱이 더 길고 뾰족하다. 이빨은 없다. 등지느러미는 꼬리자루까지 이어진다. 배지느러미는 없다. 옆줄이 등 쪽으로 붙어 한 줄 있다.
양미리 Hypoptichus dybowskii
까나리와 양미리는 생김새는 닮았지만 등지느러미 생김새가 다르다. 까나리는 등지느러미가 등을 따라 길쭉하고, 양미리는 등 뒤쪽에 삼각형으로 뾰게 솟았다. 뒷지느러미도 등지느러미를 마주 보고 똑같이 아래로 솟았다. 양미리는 까나리보다 작다. 동해에서만 산다.
모래 속에 숨은 까나리 까나리는 조금만 겁이 나도 모래 속으로 쏙쏙 잘 숨는다. 여름에는 아예 모래 속에 들어가 꼼짝도 안 하고 잠을 잔다.
양미리 알 양미리는 봄부터 여름 들머리까지 두세 번에 걸쳐 바닷말이나 돌에 알을 붙여 낳는다. 수컷이 알이 깨어날 때까지 곁에서 지킨다.
간단한 생태 정보
정보 상자
선화
다른 개체 설명글
생태 그림과 설명글

차례

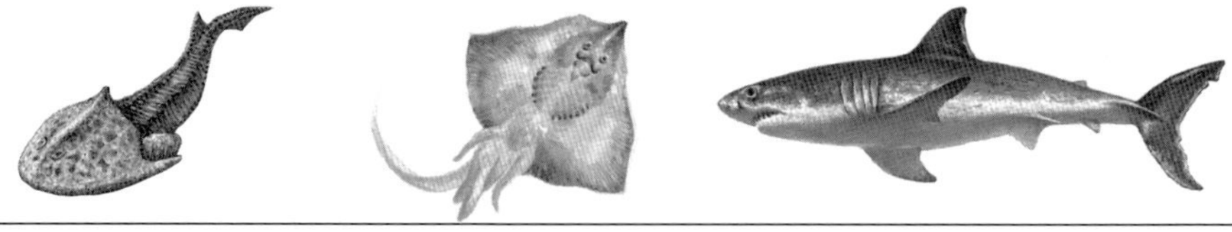

그림으로 찾아보기

칠성장어 92
먹장어 90
고래상어 94
두툽상어 96
까치상어 98
귀상어 100
돌묵상어 102
백상아리 104
톱상어 106
청상아리 105
아녹시톱상어 107
전기가오리 108
홍어 110

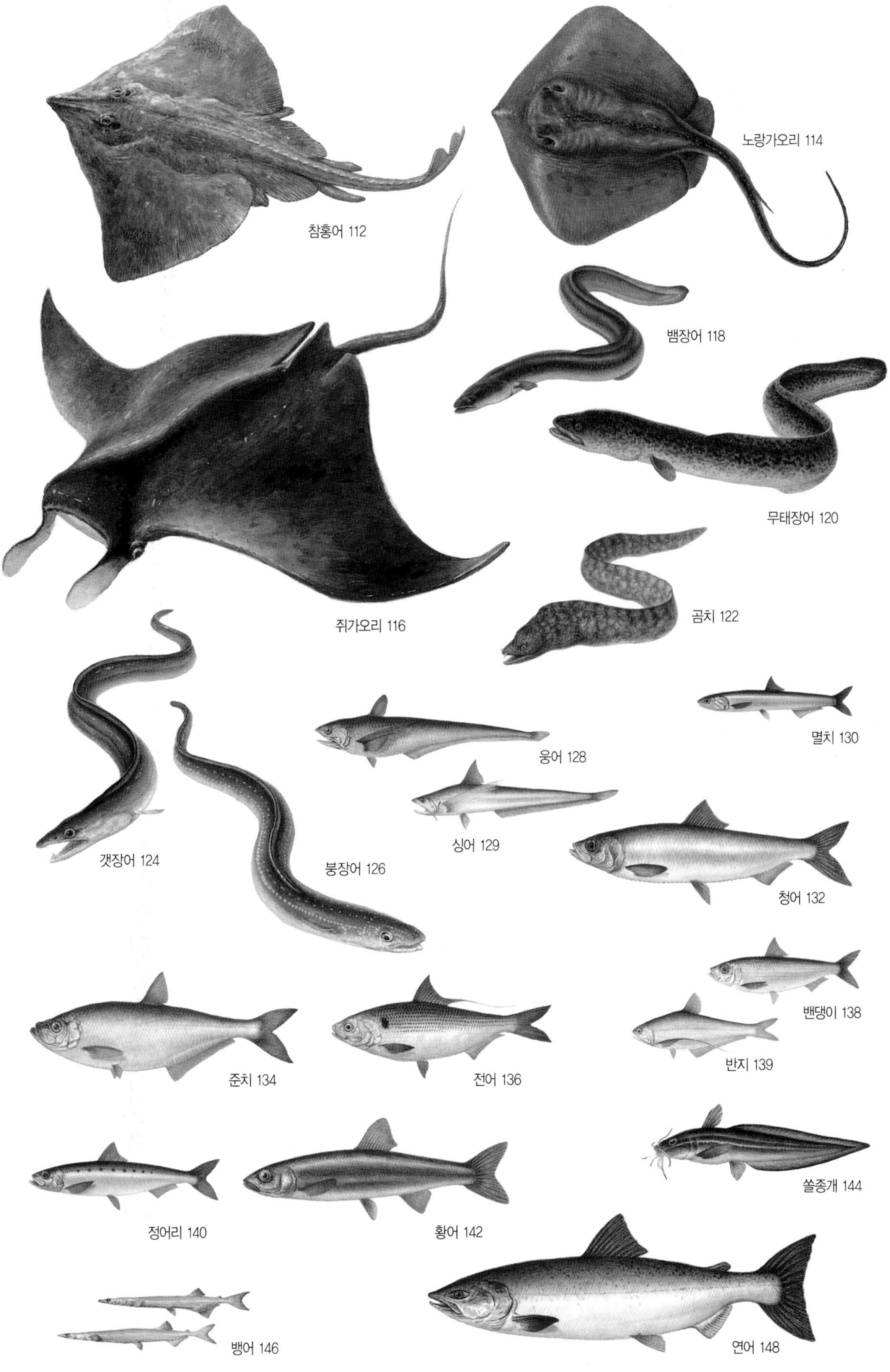
참홍어 112
노랑가오리 114
쥐가오리 116
뱀장어 118
무태장어 120
곰치 122
갯장어 124
붕장어 126
웅어 128
싱어 129
멸치 130
청어 132
준치 134
전어 136
밴댕이 138
반지 139
정어리 140
황어 142
쏠종개 144
뱅어 146
연어 148

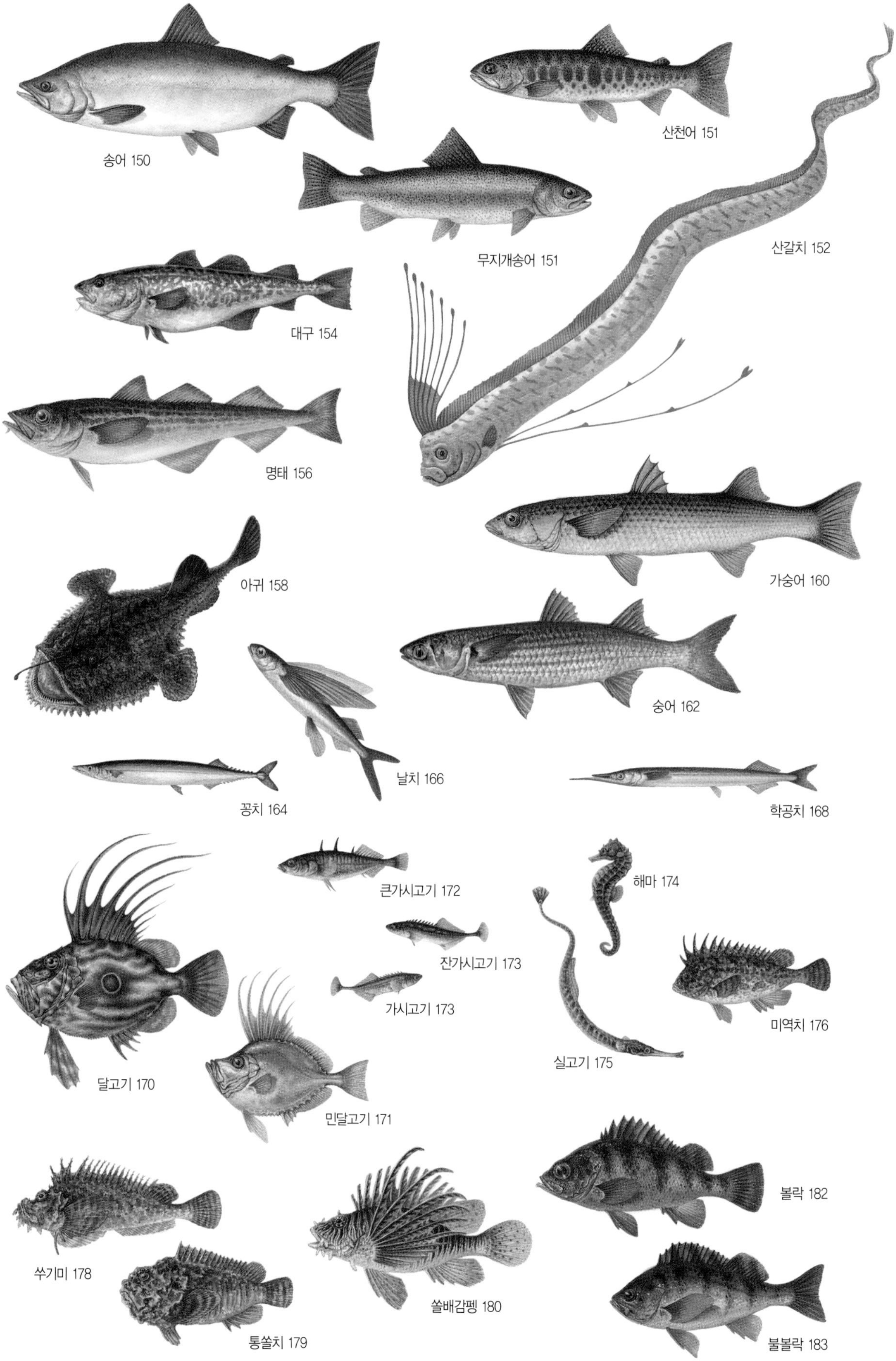
송어 150
산천어 151
무지개송어 151
산갈치 152
대구 154
명태 156
아귀 158
가숭어 160
숭어 162
꽁치 164
날치 166
학공치 168
달고기 170
민달고기 171
큰가시고기 172
잔가시고기 173
가시고기 173
해마 174
실고기 175
미역치 176
쑤기미 178
통쏠치 179
쏠배감펭 180
볼락 182
불볼락 183

쏨뱅이 186

황성대 189

조피볼락 184

성대 188

쭉지성대 189

양태 190

쥐노래미 192

임연수어 194

삼세기 196

뚝지 198

도치 199

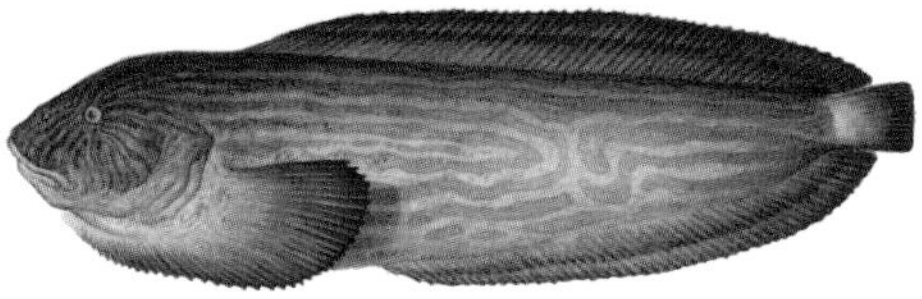

꼼치 200

농어 202

점농어 203

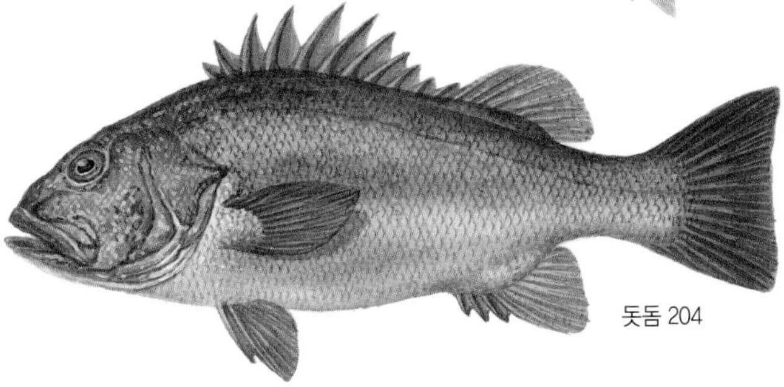

돗돔 204

붉바리 207

자바리 206

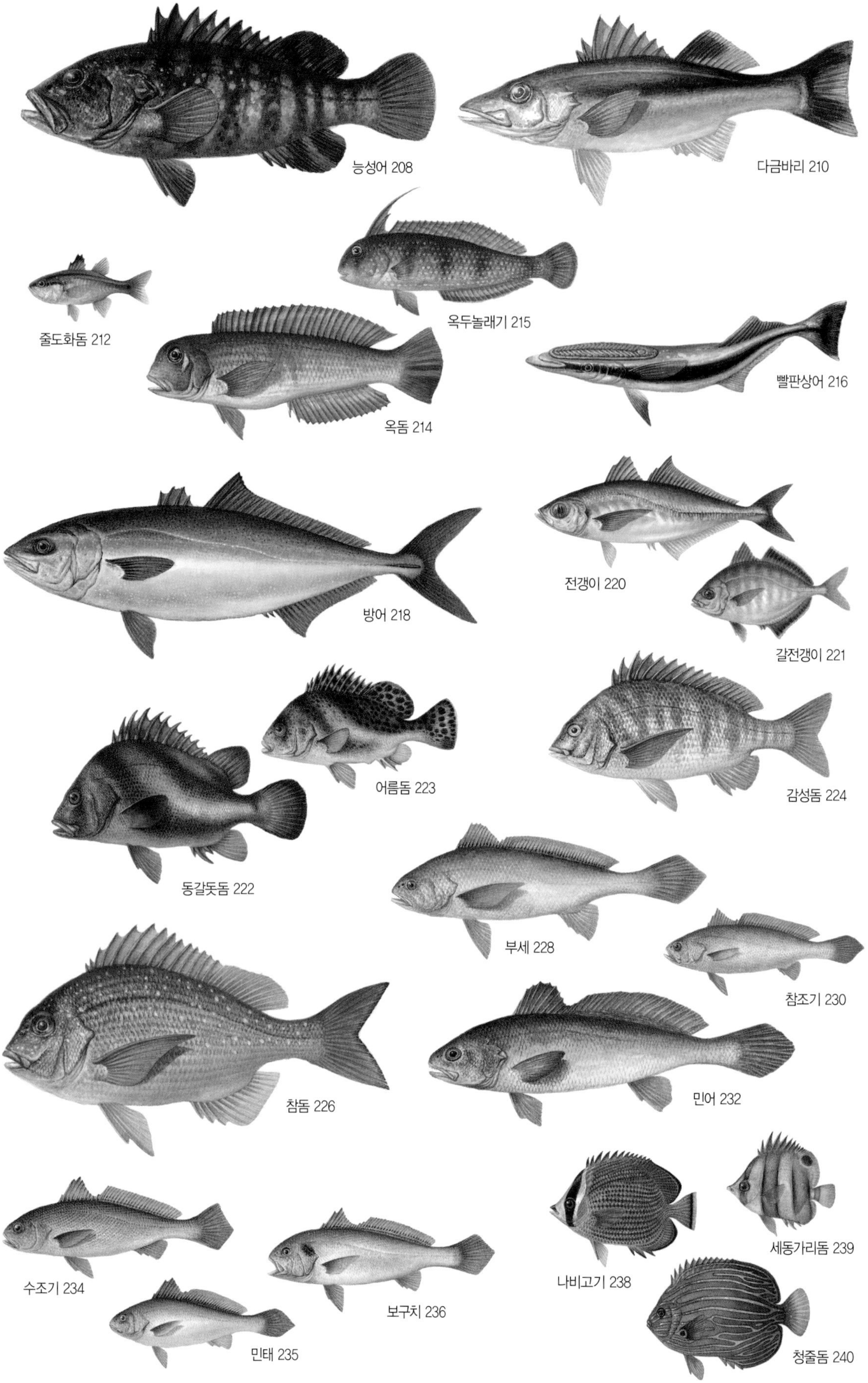
능성어 208
다금바리 210
줄도화돔 212
옥두놀래기 215
옥돔 214
빨판상어 216
방어 218
전갱이 220
갈전갱이 221
어름돔 223
감성돔 224
동갈돗돔 222
부세 228
참조기 230
참돔 226
민어 232
세동가리돔 239
나비고기 238
수조기 234
보구치 236
민태 235
청줄돔 240

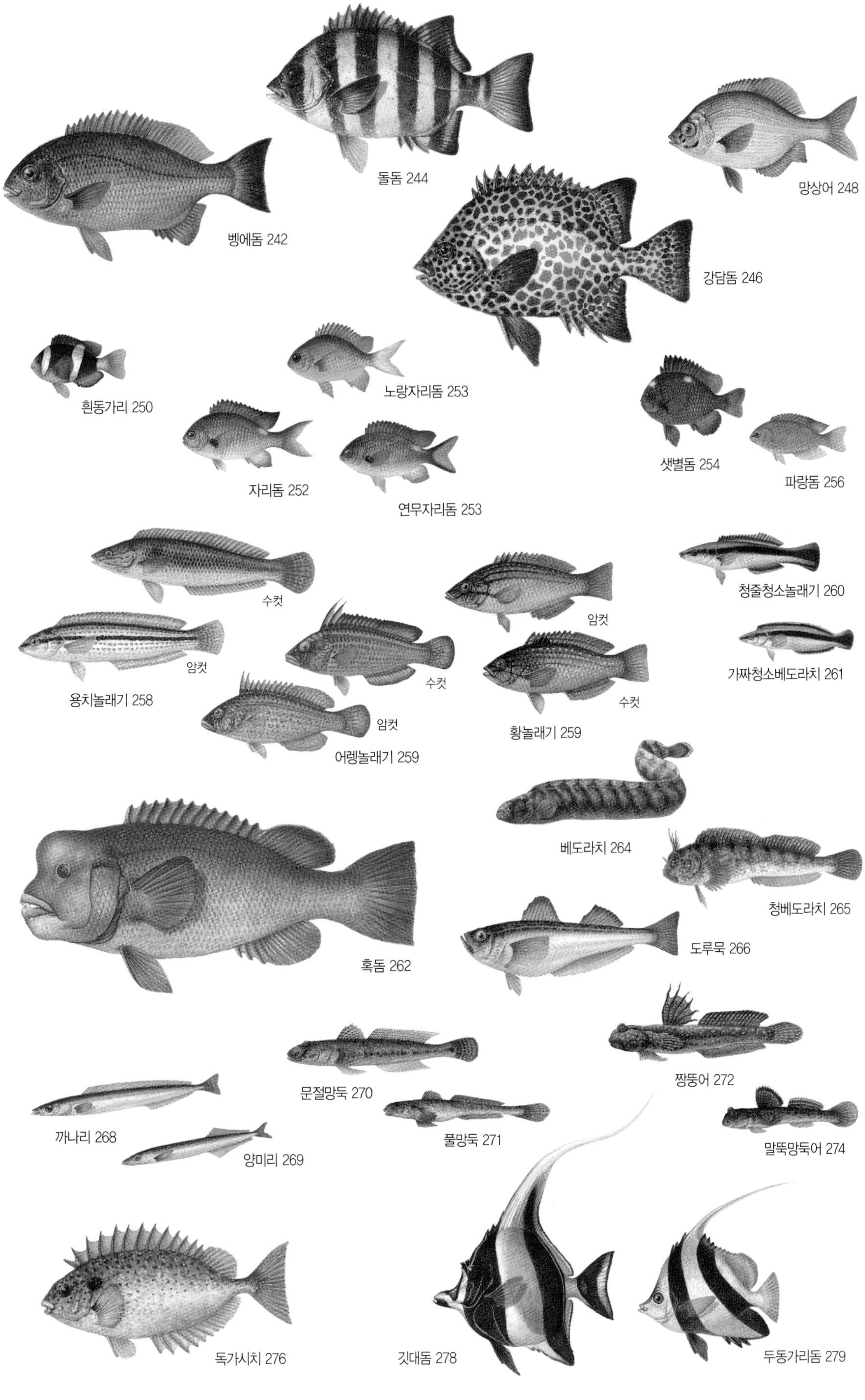
돌돔 244
망상어 248
벵에돔 242
강담돔 246
흰동가리 250
노랑자리돔 253
자리돔 252
연무자리돔 253
샛별돔 254
파랑돔 256
수컷
암컷
용치놀래기 258
수컷
암컷
어렝놀래기 259
암컷
수컷
황놀래기 259
청줄청소놀래기 260
가짜청소베도라치 261
베도라치 264
청베도라치 265
혹돔 262
도루묵 266
짱뚱어 272
문절망둑 270
까나리 268
양미리 269
풀망둑 271
말뚝망둑어 274
독가시치 276
깃대돔 278
두동가리돔 279

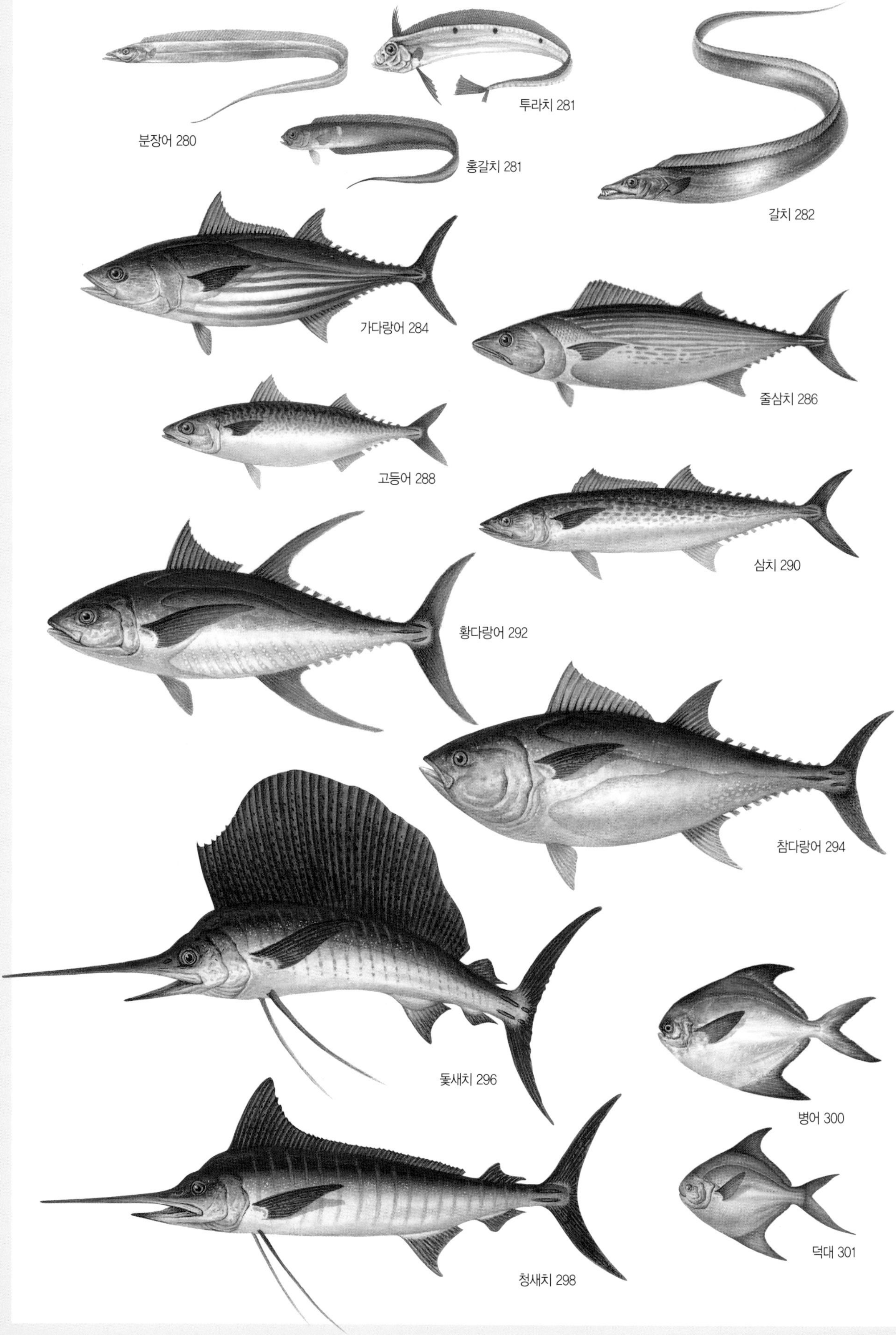
분장어 280
투라치 281
홍갈치 281
갈치 282
가다랑어 284
줄삼치 286
고등어 288
삼치 290
황다랑어 292
참다랑어 294
돛새치 296
병어 300
청새치 298
덕대 301

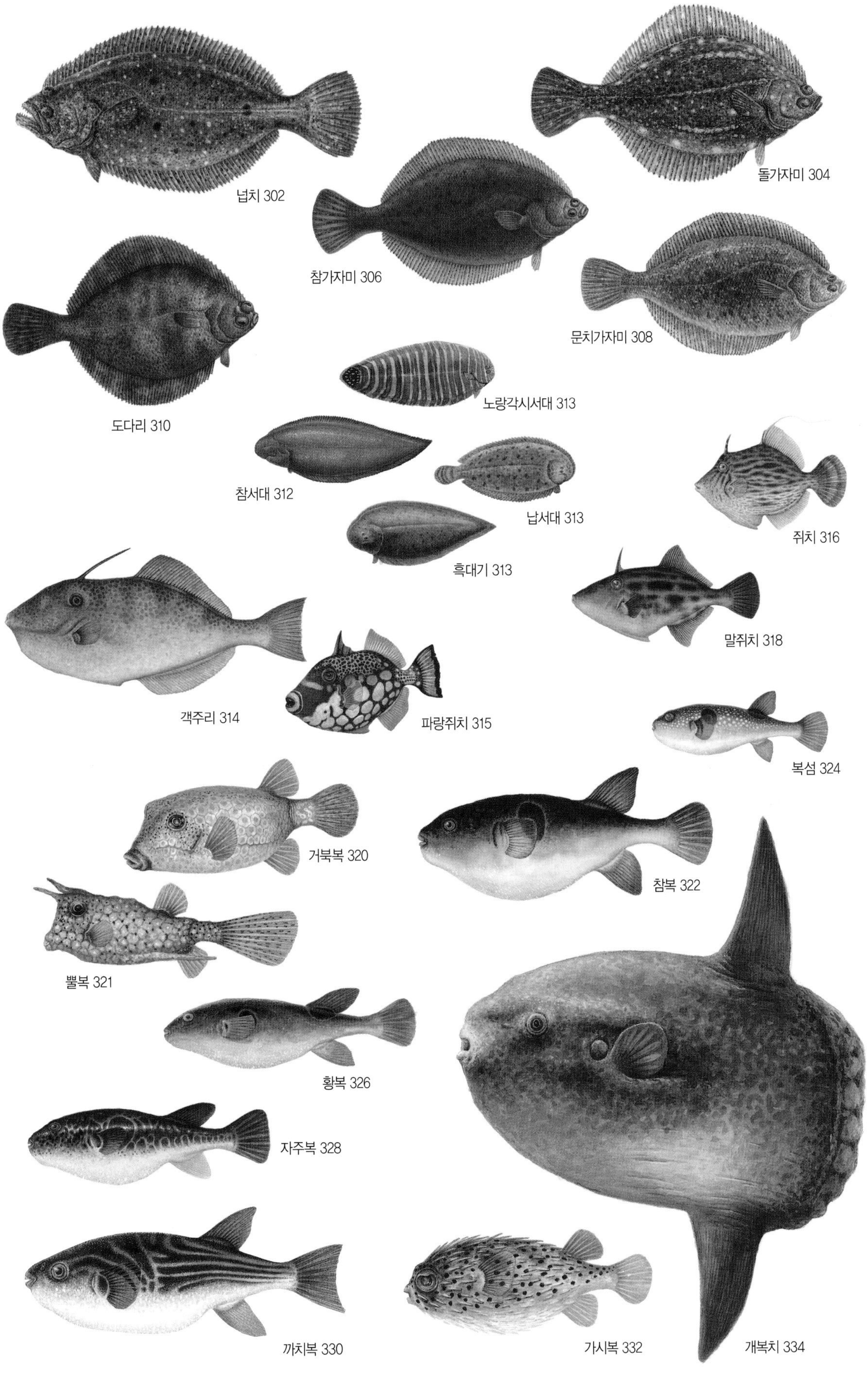
넙치 302
돌가자미 304
참가자미 306
문치가자미 308
도다리 310
노랑각시서대 313
참서대 312
납서대 313
흑대기 313
쥐치 316
객주리 314
말쥐치 318
파랑쥐치 315
복섬 324
거북복 320
참복 322
뿔복 321
황복 326
자주복 328
까치복 330
가시복 332
개복치 334

1. 바닷물고기 개론

물고기 연구

1. 선사 시대 조개더미

아주 오래전 석기 시대, 철기 시대 사람들도 먹고살기 위해서 물고기를 잡았을 것이다. 우리나라 바닷가 곳곳에는 옛날 사람들이 잡아먹고 버린 조개더미(패총)가 있다. 이 조개더미를 뒤져 보면 조개 말고도 물고기 뼈, 짐승 뼈, 새 뼈 따위가 함께 나온다. 그래서 그때 어떤 물고기를 잡아먹었는지 알 수 있다. 조개더미에서 나온 물고기 뼈를 알아보니 참돔, 민어, 복어, 가오리, 상어, 농어, 감성돔, 방어, 넙치, 대구, 가숭어, 까치상어, 매가오리 같은 물고기 뼈가 나왔다. 창이나 화살촉처럼 끝이 뾰족한 찌르개나 그물로 잡은 것 같다. 불에 탄 뼈가 가끔 나오는 것을 보면 아마도 불에 구워 먹은 것 같다.

2. 맨 처음 물고기를 연구한 사람

물고기를 가장 먼저 연구한 사람은 그리스 철학자인 아리스토텔레스(Aristoteles, BC 384~BC 322)다. 아리스토텔레스는 2000년 전쯤 《동물지(Historia animalium)》라는 책에 넙치, 뱀장어, 아귀 같은 물고기가 사는 모습과 해부한 내용을 써 놓았다. 지금 볼 때는 틀린 내용도 많지만 물고기를 직접 잡아서 눈으로 들여다보고 써 놓은 글을 보면 최초의 어류학자라고 볼 수 있다.

3. 우리나라 물고기 기록

우리나라 물고기를 기록한 가장 오래된 책은 1425년 하연(河演) 등이 엮은 《경상도지리지》다. 이 책에는 청어, 대구, 넙치, 숭어, 고등어, 조기 같은 물고기 25종 이름과 나는 곳이 적혀 있다. 그 뒤 1469년에 《경상도지리지》 속편인 《경상도속찬지리지》 토산부에 물고기 21종이 적혀 있다. 1433년에 펴낸 《향약집성방》에는 뱀장어, 가물치, 메기 같은 물고기 11종 한자 이름과 우리말 이름, 약성이 적혀 있다. 1530년에 펴낸 《신증동국여지승람》 토산부에는 송어, 밴댕이, 병어, 멸치, 삼치 같은 물고기 46종 이름과 나는 곳이 적혀 있다. 1610년 허준이 쓴 《동의보감》에는 잉어, 붕어, 오징어, 가물치, 뱀장어, 상어, 쏘가리, 청어, 조기, 숭어, 농어, 메기, 드렁허리, 가자미, 가오리, 복어, 대구, 문어, 송어, 연어, 뱅어, 도루묵, 민어 같은 민물고기와 바닷물고기 이름과 약성이 써 있다. 그 뒤로 조선 후기에 이수광이 쓴 《지봉유설》(1614), 박세당이 쓴 《색경》(1676)에 물고기 이름과 나는 곳, 쓰임새 따위를 짧게 적어 놓았다. 또 정약용이 쓴 《아언각비》(1819)에는 민어, 조기, 숭어, 준치, 넙치, 웅어, 홍어, 장어, 잉어, 붕어, 농어, 상어 같은 우리나라 물고기 이름이 어떻게 바뀌었는지 써 놓았다. 그 뒤로 이규경이 쓴 《오주연문장전산고》에 물고기 25종, 유희가 쓴 《물명고》에 물고기 70여 종, 황필수가 쓴 《명물기략》에는 물고기 61종이 나온다.

물고기가 사는 모습과 생김새, 쓰임새 따위를 내용과 형식을 갖추고 제대로 쓴 물고기 책은 《우해이어보》와 《자산어보》다. 《우해이어보》는 1803년 김려가 유배지인 진해에서 쓴 우리나라 최초 물고기 책이다. 《자산어보》는 《우해이어보》보다 11년 뒤인 1814년에 정약전이 역시 유배지인 흑산도에서 썼다. 그 뒤로 1834~1845년에 서유구가 쓴 《임원경제지》 가운데 네 번째 권인 〈전어지(佃漁志)〉에는 물고기 97종에 대한 한자 이름과 우리말 이름, 생김새, 사는 모습, 잡는 법, 쓰임새 따위를 적어 놓았다. 《임원경제지》는 서유구가 직접 알아낸 내용과 다른 책에서 옮겨다 쓴 내용을 또렷이 나누어 썼다. 《우해이어보》와 《자산어보》, 〈전어지〉는 우리나라 옛 책 가운데 중요한 물고기 책이다.

우리나라에서 맨 처음 나온 물고기 책, 《우해이어보》와 《자산어보》

우리나라에서 맨 처음으로 쓴 물고기 책을 흔히 《자산어보》로 알고 있지만 사실은 《우해이어보》다. 《우해이어보》와 《자산어보》는 이전에 물고기가 나온 책들과는 달리 책 제목부터 '어보'라는 이름을 붙였고, 물고기 몇몇 종 이름과 간단한 내용만 써 놓은 다른 책들과는 달리 책 전체가 물고기와 바다에서 나는 조개, 바다나물, 바다 동물 이름과 생김새, 쓰임 따위를 자세하게 적어 놓았다. 또 두 책은 비슷한 때인 18세기 초에 남해와 서해에서 사람들이 어떤 물고기를 잡았는지 견주어 볼 수 있다.

김려가 쓴 《우해이어보》나 정약전이 쓴 《자산어보》는 모두 물고기 이름, 생김새, 사는 모습, 잡는 법, 쓰임, 맛 같은 내용을 써 놓았다. 《우해이어보》에는 물고기 53항목, 새우나 게 무리 8항목, 조개 무리 11항목으로 모두 72항목이 올림말로 올라가 있다. 《자산어보》에는 물고기 40항목, 조개 무리 12항목, 잡류 4항목으로 모두 56항목이 올림말로 올라가 있다. 그러나 두 어보 모두 한 항목 아래에 닮은 물고기들을 함께 써 놓았기 때문에 훨씬 많은 물고기 정보가 실려 있다.

《자산어보》에는 정약전이 직접 보고 들은 이야기와 중국이나 우리나라 옛 책에서 찾은 내용을 함께 써 놓았고, 책을 보는 사람들에게 도움을 주려는 본뜻이 뚜렷하다. 그런데 《우해이어보》에는 사람들이 쉽게 아는 물고기는 빼고, 김려가 진해에 내려가서 본 생김새가 사뭇 다르고 이상하고 놀라운 물고기(異魚)들을 써 놓았다. 그리고 사람들에게 도움이 되는 책을 쓰려 하기보다 진해 사람들과 함께 지내던 일들을 이야깃거리로 삼으려고 책을 썼다고 밝혀 놓았다.

3_1 자산어보

《자산어보》를 쓴 정약전은 다산 정약용 친형으로, 1758년 광주 마현(현재 경기도 남양주시 조안면 능내리)에서 태어나 1790년 병과에 합격했고 1797년에 병조 좌랑이 되었다. 순조 1년(1801) 신유박해 때 천주교와 관련되었다는 죄로 흑산도로 귀양을 가서 살다가 1816년에 생을 마쳤다.

《자산어보》는 정약전이 1814년에 쓴 책이다. 흑산도에서 귀양살이를 하면서 그곳에서 직접 보고 들은 내용을 바탕으로 중국과 우리나라 옛 책에 나오는 내용을 더해 흑산도에 사는 물고기와 조개, 게, 바다거북, 바다나물, 바다짐승, 바닷새 같은 동식물 이름과 생김새, 사는 곳, 사는 모습, 잡는 법, 쓰임새를 적어 놓았다. 《자산어보》는 3권으로 구성되었다. 제1권 '인류(鱗類)'에는 비늘이 있는 민어, 숭어, 농어, 도미, 고등어 같은 바닷물고기 70종이 실려 있다. 제2권은 '무린류(無鱗類)'와 '개류(介類)'로 나뉘었다. '무린류'에는 비늘이 없는 가오리, 뱀장어, 복어, 오징어, 문어, 고래, 새우, 해삼, 개불 같은 동물 40종이 실려 있다. '개류'에는 거북, 게, 전복, 조개, 꼬막, 맛, 홍합, 굴, 고둥 같은 생물이 60종쯤 실려 있다. 제3권 '잡류(雜類)'에는 바다 벌레, 바닷새, 바다짐승, 바다나물 같은 생물이 40종쯤 실려 있다. 정약전은 《자산어보》 머리글에 이 책을 쓴 까닭을 적어 놓았다.

> 자산(玆山)은 흑산(黑山)이다. 나는 흑산에 귀양을 와서 흑산이라는 이름이 무서웠다. 집안 사람들이 보낸 편지에는 흑산을 번번이 자산이라 쓰고 있었다. 자(玆)는 흑(黑)자와 같다.
>
> 자산에는 바다에 사는 동식물이 넉넉하게 많지만, 그 이름이 알려진 것은 적다. 박물학자들이 마땅히 살펴보아야 할 곳이다. 나는 어보를 만들고 싶어서 섬사람들을 널리 만나 보았다. 하지만 사람마다 하는 말이 달라서 어느 말을 믿어야 할지 알 수 없었다. 섬 안에 장덕순, 즉 창대라는 사람이 있었다. 문 밖에 나오지 않고 손을 거절하면서까지 옛 책을 열심히 읽고 있었다. 그런데 집안이 가난해서 책이 많지 않았기 때문에, 손에서 책을 놓은 적이 없었건만 보고 듣는 것은 넓지가 않았다. 하지만 성격이 조용하고 꼼꼼해서, 풀과 나무와 물고기와 새 가운데 눈으로 보고 귀로 들은 것은 모두 꼼꼼하게 들여다보고 깊이 생각해서 그 성질을 잘 알고 있었다. 그러므로 창대 말은 믿을 만했다. 그래서 나는 창대와 함께 묵으면서 물고기 연구를 계속했고, 조사 연구한 자료를 차례로 엮었다. 그래서 이 책을 《자산어보(玆山魚譜)》라고 이름 붙였다. 바닷물고기뿐만 아니라 바다 물새와 바다나물까지 적어 놓았으니, 훗날 사람들이 참고할 수 있는 자료가 되게 하였다.
>
> 돌이켜보면 내가 고루해서 어떤 것은 이미 《본초강목》에서 보고도 그 이름을 알지 못했고, 어떤 것은 옛날부터 이름이 없어서 알 수 없는 것이 훨씬 많았다. 그래서 사람들이 부르는 이름(俗稱)을 따라 적었고, 이름을 알 수 없는 것들은 감히 그 이름을 지어냈다. 뒷날 선비들이 이 책에 부족한 것을 보태고 채우면 이 책은 병을 다스리고,

이롭게 쓰고, 이치를 따지는 사람에게 물음에 답하는 자료가 될 것이다. 그리고 또한 시인들이 시를 쓰다가 모르는 것을 아는 데도 도움을 줄 것이다.

흑산도의 '흑'을 '자'라고 써서 《자산어보》라는 이름이 붙었는데, 1977년 정문기 박사가 맨 처음으로 한문 책을 우리 글로 바꿔서 책을 펴냈다. 《자산어보》는 원본이 발견되지 않았다. 처음 번역한 정문기 박사는 사본을 가지고 있는 네 명에게서 사본 한 권씩을 얻었는데, 책마다 내용과 분량이 달라 이를 합쳐서 새로운 사본을 만들었다. 지금으로서는 이것을 가장 원본에 가까운 내용으로 생각할 수밖에 없다.

3_2 우해이어보

《우해이어보》는 담정 김려(1766~1821)가 1803년에 귀양을 간 우산(경남 진해)에서 쓴 우리나라 최초 어보이다. 김려는 1801년 신유박해 때 천주교도와 친구를 맺었다는 사실이 드러나 진해로 귀양을 갔다. 이곳에서 어보를 만들기 시작해 3년 만인 1803년에 《우해이어보》를 완성했다. 김려는 책 머리글에서 이 책을 쓴 까닭을 적어 놓았다.

우해는 진해의 다른 이름이다. 내가 진해에 온 지도 벌써 이 년이 지났다. 섬들이 가깝고 대문이 바다와 닿아 있는 곳에 살면서, 뱃사람이나 어부들과 서로 허물없이 지내다 보니 물고기와 조개들도 좋아하게 되었다. 세 들어 사는 주인집에 작은 배 한 척과 겨우 몇 글자밖에 모르는 열한두 살 된 어린아이가 있었다. 날마다 아침마다 짧은 대바구니와 낚싯대 하나를 가지고 어린아이에게 차 끓이는 도구를 챙기게 해서 노를 저어 바다로 나갔다. 사시사철 한결같이 높은 파도와 거친 바닷바람을 뚫고 가깝게는 몇 리 떨어진 바다로, 멀게는 수십 리, 수백 리 떨어진 바다로 나가서 며칠 밤을 새우고 돌아왔다.

고기 잡는 일에 마음을 두지 않고 다만 날마다 듣지 못하던 것들을 듣고, 보지 못하던 것들을 보는 것을 기쁨으로 삼았을 뿐이다. 생김새가 이상야릇하고 별난 물고기들이 셀 수 없이 많아서, 그제야 바닷속에 들어 있는 것들이 뭍에 있는 것보다 많고, 바다 생물이 땅에 사는 생물보다 많음을 알게 되었다. 그래서 드디어 한가한 때에 그들 가운데 책에 써 놓을 만한 것들을 골라 생김새와 색깔, 성질, 맛 따위를 적어 두었다.

그러나 능어, 잉어, 자가사리, 상어, 방어, 연어, 민어, 오징어처럼 사람들이 모두 알고 있는 물고기나 바다코끼리(海馬), 바다소(海牛), 물개(海狗), 돌고래(海猪), 해양(海羊)같이 물고기와 관계없는 것들과, 아주 작고 쓸모가 없어서 이름을 지을 수 없는 개체들, 그리고 비록 정확한 이름이 있더라도 그 뜻을 알 수 없어서 다른 나라 말처럼 알아들을 수 없는 것들은 모두 빼고 적지 않았다. 이제 한 권으로 모두 묶일 만큼 되어서 잘 옮겨 적어 《우해이어보》라고 이름 지었다. 뒷날 성은을 입어 살아 돌아가면 농사꾼과 나무꾼들과 논밭에 물대고 김매는 짬에 이곳에서 살던 이야기를 들려주고, 저녁 무렵에 이야깃거리로 두루 쓰려고 이 책을 썼다. 배움이 넓고 깊은 사람들에게 도움이 될 만한 것들은 없다.

머리글에 쓴 것처럼 김려는 정약용과 달리 다른 사람에게 도움이 되는 책보다 뒷날에 이야깃거리로 삼을 마음으로 책을 썼다. 그래서 책에는 물고기마다 '우산잡곡(牛山雜曲)'이라는 시를 한 편씩 써 놓았다. 우산잡곡은 물고기를 잡고 살아가는 진해 사람들이 사는 모습을 써 놓은 것이다. 도다리(지금의 문치가자미)에 대한 글을 보면 다음과 같다.

도다리

도달어도 가자미 종류다. 눈이 나란히 붙었고 등은 아주 검다. 맛은 달고 좋으며 구워 먹으면 맛이 아주 좋다. 이 도다리는 가을이 지나면 비로소 살을 찌기 시작해서, 큰 것은 3~4자쯤 된다. 그래서 이곳 사람들은 '가을도다리'라고도 하고, '서리도다리'라고도 한다. 그래서 나는 우산잡곡을 이렇게 지었다.

단풍은 붉게 지고 국화도 벌써 노랗다
복숭아 익어 가고 감귤도 향기롭다
동쪽 물가 어부 새벽부터 시끌벅적
새로 잡은 도다리가 몇 자나 될까

4. 근대 물고기 연구

우리나라 물고기를 린네의 분류법으로 맨 처음 연구한 사람은 독일 사람인 헤르첸슈타인(Herzenstein)이다. 그는 1892년 우리나라 풍동(지금 충청북도 충주) 지방에서 잡은 돌고기(*Pungtungia herzi*)와 납지리(*Acheilognathus coreanus*)를 새로운 종으로 학계에 알렸다. 그 뒤로 여러 외국 학자와 일본 학자들이 우리나라 물고기를 연구하기 시작했다.

1905년에 미국 물고기 연구자인 조던(Jordan)과 스타크(Stark)는 우리나라 물고기 71종을 발표하고, 1913년에는 조던과 메츠(Metz)가 물고기 254종을 기록했다. 일본이 우리나라를 손에 넣기 시작한 1908년부터 1911년까지 조선총독부는 《조선수산지》를 만들었다. 《조선수산지》에는 우리나라 바다와 강하천을 14개 지역으로 나누고, 지역마다 나는 물고기, 조개, 바다나물 같은 해산물 잡는 곳, 잡는 때, 잡는 방법, 먹는 방법을 써 놓았다.

일본이 우리 땅을 손에 넣은 뒤로 일본 물고기 연구자인 모리 다메조는 1920년부터 우리나라 물고기를 샅샅이 찾아내 우리나라 물고기 824종 목록을 발표했고, 1939년 우치다 게이타로는 우리나라 민물고기 80종을 찾아내 생김새와 사는 모습을 꼼꼼히 관찰하고 《조선어류지》라는 책을 펴냈다.

해방이 된 뒤로 우리나라 물고기 연구자인 정문기 박사는 모리 박사가 발표한 우리나라 물고기 목록과 그 때까지 연구된 물고기 자료를 모두 모아 《한국어보》(1954)와 《한국동식물도감 어류 편》(1961)을 펴냈고, 그 뒤로 《한국어도보》(1977)을 써서 우리나라에 사는 물고기 872종 생김새와 사는 모습, 지역에서 쓰는 이름, 사는 곳을 적어 놓았다.

그 뒤로 1989년에 한국어류학회가 세워지고 우리나라에 사는 물고기들을 더 찾아내서 《한국동물명집》(1997)에 물고기 935종, 《한국산어명집》(2000)에 1038종을 실었고, 2005년에 펴낸 《한국어류대도감》에는 우리나라 민물과 바다에 사는 물고기 1085종이 실려 있다.

지구

1_1 우리가 사는 지구

넓고 깜깜한 우주에서 파랗게 빛나는 별이 바로 지구다. 수없이 많고 많은 별 가운데 오직 지구만이 수많은 생명을 품고 있다. 아직까지 다른 별에서 우리 지구와 같은 생명체를 찾지 못했다.

1_2 지구에 사는 수많은 생명

우리 지구에는 수많은 생명들이 산다. 땅에는 벌레와 개구리와 뱀과 새와 짐승들이 산다. 물에는 물고기와 조개와 게와 새우와 바다짐승들이 산다. 나무와 풀도 자라고, 눈에 안 보이는 작은 미생물도 있다.

등뼈가 있는 동물 4만 2천종

1_3 물고기는 어디에 살고 있을까?

지구 겉은 땅과 바다로 나뉘었다. 바다는 땅보다 두 배는 더 넓다. 바다는 넓기도 하고 깊기도 하다. 땅은 평균 높이가 840m이지만, 바다는 평균 깊이가 3700~3800m쯤 된다. 민물이 땅을 흘러 내려와 넓은 바다로 모인다. 지구에 있는 물은 바다에 거의 다 있다. 아주 오랜 옛날 바다에서 생명체가 맨 처음 나타났다.

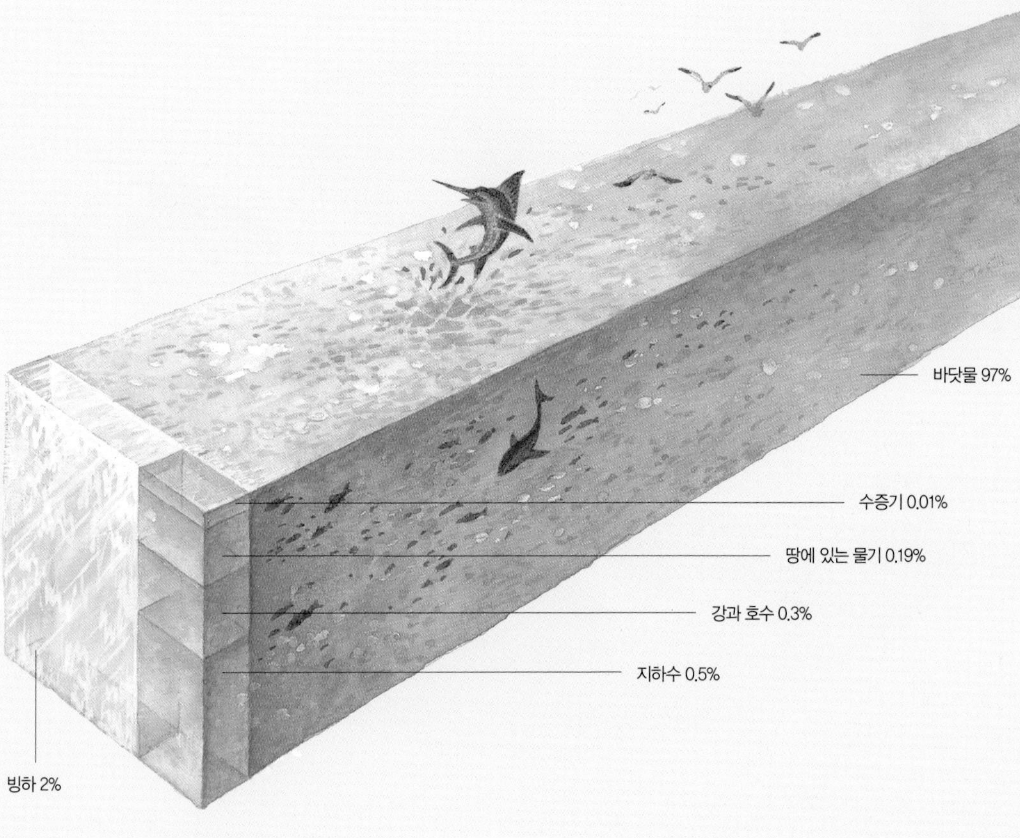

물에 사는 고기라고 물고기다. 민물에는 민물고기가 살고, 바다에는 바닷물고기가 산다. 물고기 열 마리 가운데 여섯 마리는 바다에 산다. 바닷물고기는 추운 바다에도 살고, 따뜻한 바다에도 살고, 깊은 바다에도 살고, 얕은 바닷가에도 산다. 바닷물 온도와 깊이에 따라 사는 모습과 생김새가 사뭇 다르다. 민물고기는 강이나 시냇물, 골짜기, 호수처럼 짜지 않은 민물에서만 산다. 짠물에서는 못 산다. 하지만 물고기 가운데 바다와 강을 오가는 물고기도 있다. 깊은 바다나 사람이 손을 안 댄 강과 바다에는 아직도 우리가 모르는 물고기들이 많이 살고 있을 것이다.

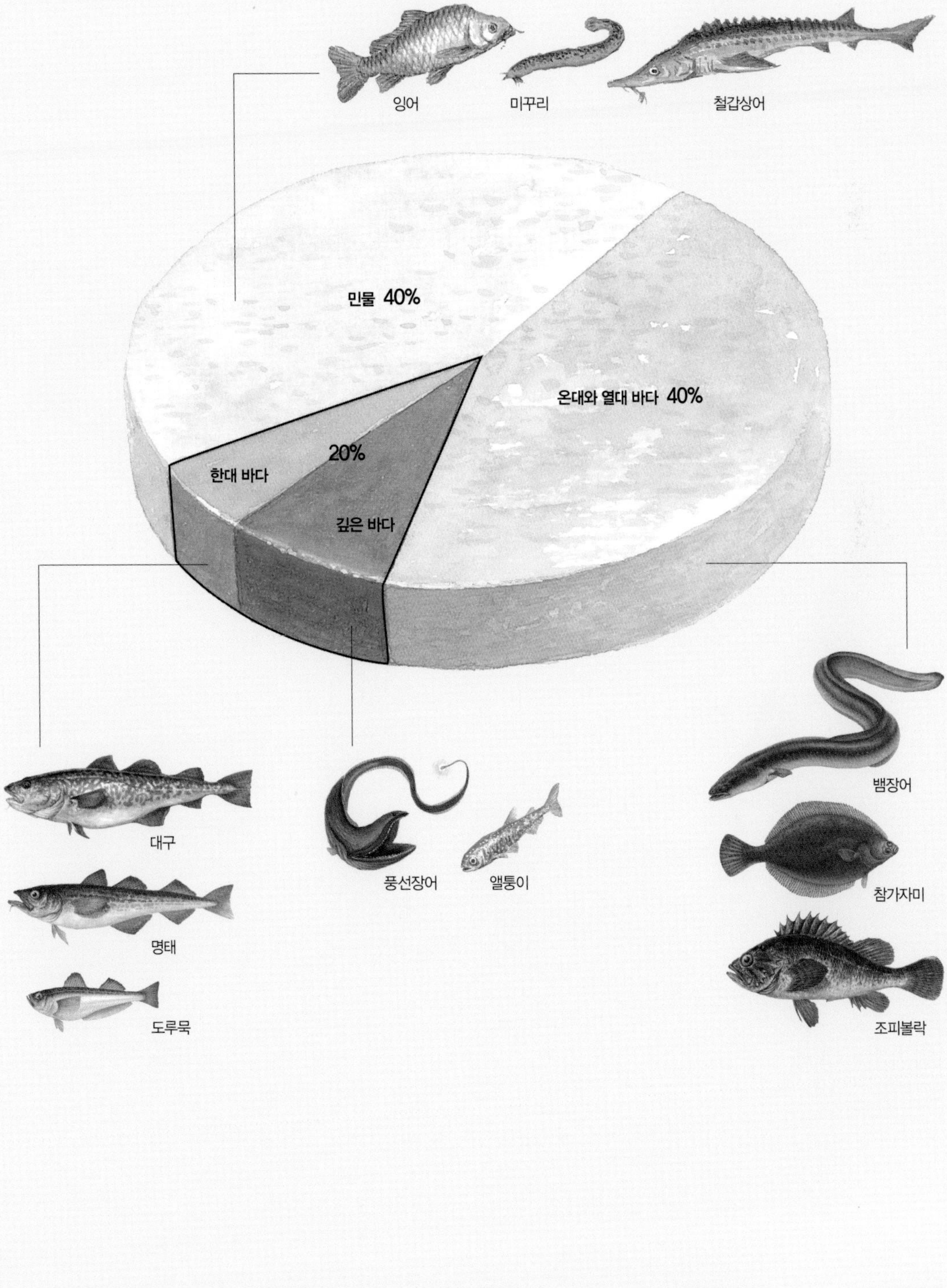

1_4 물고기 무리는 어떻게 나눌까?

수많은 물고기는 몸 생김새에 따라서 무리를 나눈다. 이렇게 나누면 서로 닮은 물고기끼리 한 무리로 묶인다. 이렇게 묶어서 분류를 하면 물고기에 대해서 잘 살펴볼 수가 있다. 물고기는 생김새에 따라 크게 턱이 있는 물고기와 턱이 없는 물고기로 나눈다. 턱이 있는 물고기는 다시 뼈가 물렁물렁한 물고기와 뼈가 단단한 물고기로 나눈다. 오랫동안 진화해 온 결과 저마다 다른 생김새를 갖게 되었다.

턱이 없는 물고기

먹장어와 칠성장어는 턱이 없다. 턱이 없으니까 사람처럼 입을 위아래로 벌렸다 닫았다 하지 못한다. 대신 입이 동그랗거나 빨판처럼 생겨서 다른 물고기 몸에 착 달라붙거나 살을 파고든다. '무악어류'라고 한다.

턱이 있는 물고기

사람처럼 턱이 있는 물고기다. '유악어류'라고 한다.

뼈가 물렁물렁한 물고기

가오리 무리나 상어 무리 같은 물고기는 뼈가 물렁물렁하다. '연골어류'라고 한다.

백상아리

참홍어

고래상어

뼈가 단단한 물고기

조기나 갈치나 복어나 고등어 같은 물고기는 뼈가 단단하다. '경골어류'라고 한다. 바닷물고기는 대부분 뼈가 단단한 물고기다.

고등어

참조기

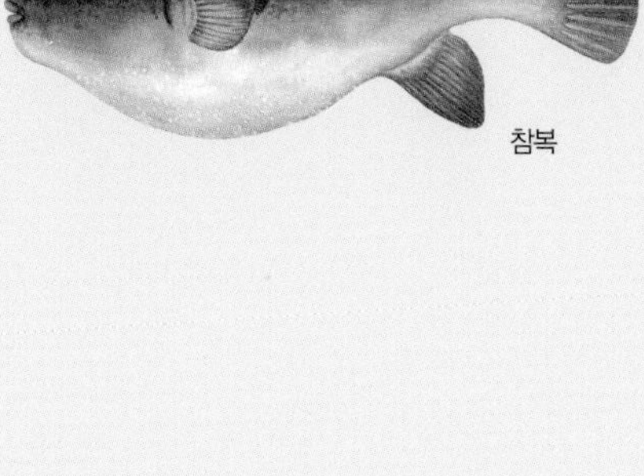
참복

갈치

진화

2_1 바닷물고기는 언제 나타났을까?

지구에서 맨 처음 생명이 태어난 곳은 바다다. 지구에 물이 생긴 때는 약 40억 년 전이다. 35억 년 전에 처음으로 생명이 태어났다. 처음으로 생겨난 생명체는 지금으로 말하면 감기를 옮기는 박테리아 같은 모습이었다. 시간이 지나면서 점점 구조가 복잡해지고 덩치가 커졌다. 그러면서 바다에 둥실둥실 떠다니는 플랑크톤이나 흐느적흐느적 자라는 바닷말이나 오징어처럼 뼈 없는 동물들이 나타났다. 그러다가 약 7억 년 전쯤에 처음으로 등뼈가 있는 동물이 나타났다. 물고기 조상은 약 6억 년 전쯤에 나타났다.

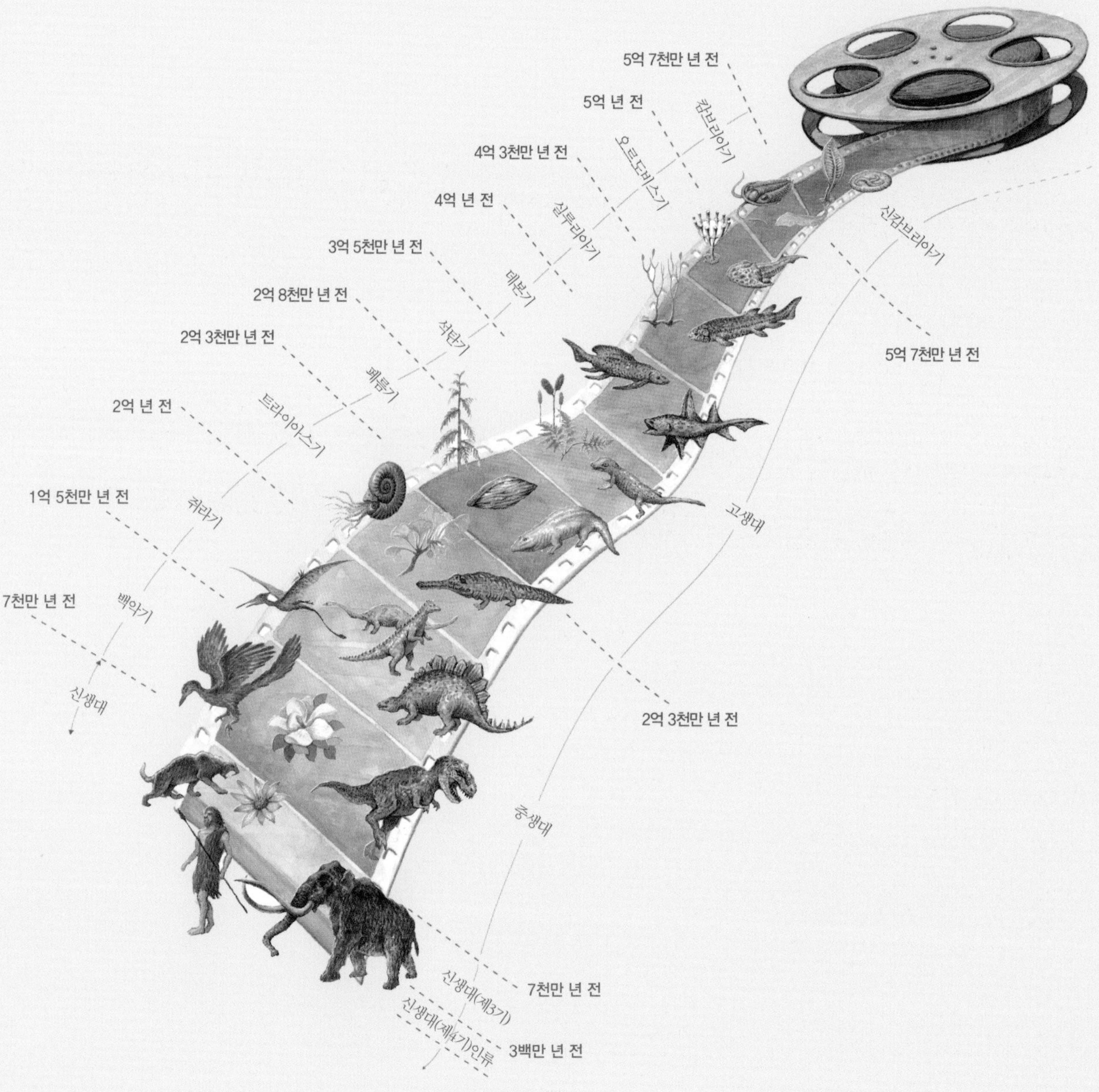

사람 조상은 겨우 약 80만 년 전에 나타났다. 그러니까 사람이 나타나기 훨씬 전부터 지구에는 물고기들이 살고 있었다. 지금 세상에 있는 모든 물고기는 먼 옛날 한 물고기에서 갈라져 나왔다. 지금부터 4억 년 전 데본기를 어류 시대라고 한다. 지금 물고기와 생김새가 딴판인 물고기가 바닷속에 드글드글했다. 물고기들은 이때부터 턱과 지느러미와 몸 비늘과 부레처럼 오늘날 볼 수 있는 모습을 하나하나 갖추기 시작했다. 아주 오랜 시간에 걸쳐 모습이 바뀌어서 지금 물고기 모습이 됐다.

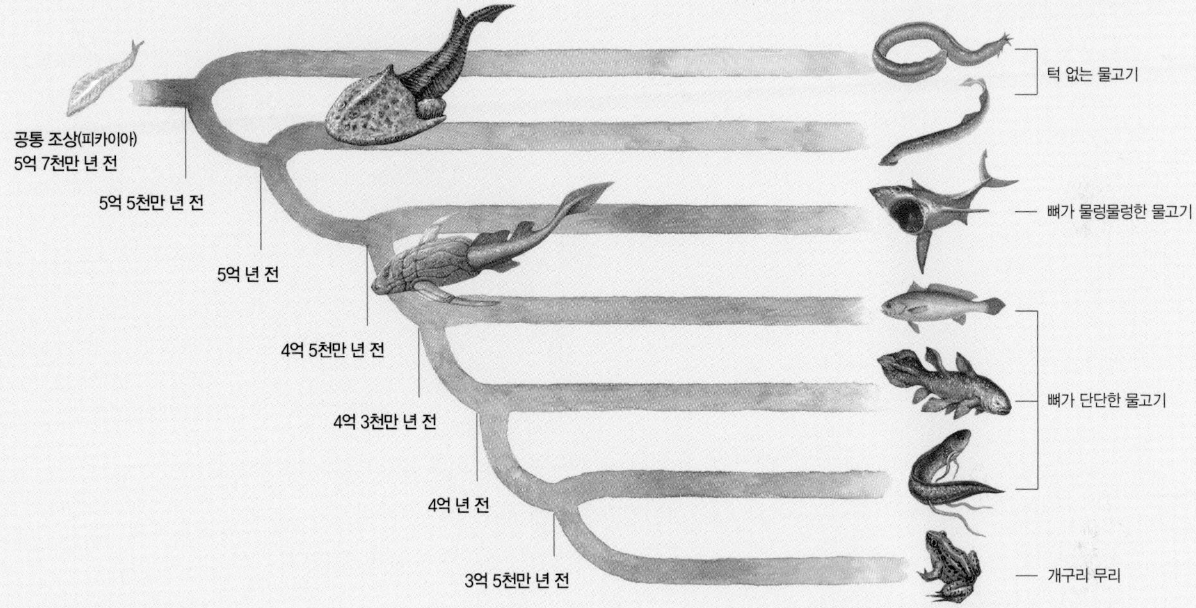

2_2 바닷물고기는 어떻게 진화했을까?

물고기는 처음 나타났을 때랑 지금이랑 생김새가 딴판이다. 이렇게 세월이 흐르면서 생김새가 달라지고 바뀌어 가는 것을 '진화'라고 한다. 진화를 거치면서 아예 사라지는 물고기도 있고 생김새가 바뀌면서 지금까지 살아남은 물고기도 있고, '실러캔스'라는 물고기처럼 옛날 모습 그대로 지금까지 살아남은 물고기도 있다. 땅속에 묻힌 화석을 캐내서 옛날에 어떤 물고기들이 살았는지 하나둘 알아냈다.

피카이아

모든 바닷물고기 조상이다. 물고기라기보다 민달팽이처럼 생겼다. 5억 7천만 년 전 고생대 캄브리아기에 살았다. 피카이아가 진화를 거듭하면서 지금 물고기들이 생겼다.

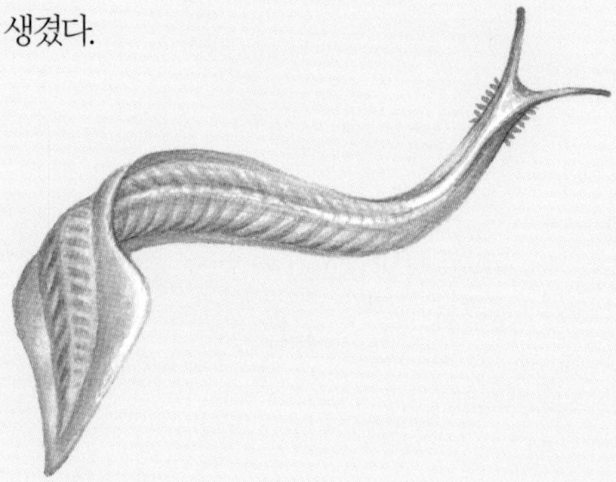

갑주어류

처음 나타난 물고기는 딱딱한 뼈가 몸을 감싸고 있었다. 뼈가 단단하고 울퉁불퉁 튀어나와서 몸을 지키는 갑옷 구실을 했다. 그래서 '갑주어'라고 한다. 이 뼈가 나중에 물고기 비늘로 바뀐다. 갑주어는 턱이 없어서 먹이를 물거나 씹지 못한다. 턱이 없다고 '무악어'라 한다. 그냥 입을 헤벌리고 느릿느릿 바닥을 헤엄쳐 다니면서 플랑크톤이나 작은 생물을 먹었다. 갑주어류는 턱이 있는 물고기가 나타나면서 고생대 데본기 말에 지구에서 사라졌다.

판피어류

고생대 실루리아기가 끝날 무렵에 턱이 있는 물고기가 나타났다. 턱으로 입을 벌려서 먹이를 먹거나 씹을 수 있었다. 아직까지 몸이 딱딱한 껍데기로 덮여 있어서 '판피어류'라고 한다. 나중에 나타난 홍어나 상어처럼 뼈가 물렁물렁한 물고기 조상이다.

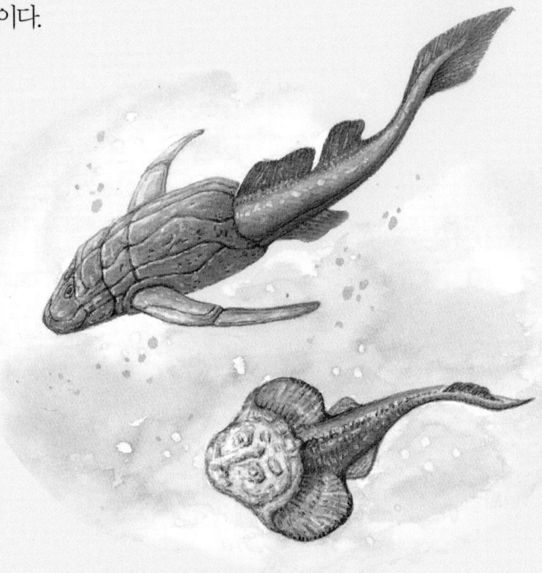

극어류

고생대 데본기에 턱이 있는 물고기 가운데 꼬리만 빼고 모든 지느러미에 굵은 가시가 달린 물고기가 나타난다. 판피어류보다 겉껍질이 한결 가벼워서 헤엄도 더 잘 쳤다. 오늘날 뼈가 단단한 물고기 조상이다.

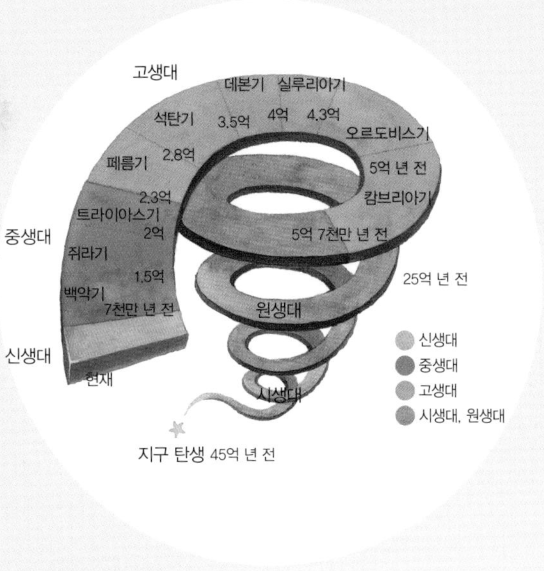

2_3 뼈가 물렁물렁한 물고기 진화

뼈가 물렁물렁한 물고기를 '연골어류' 라고 한다. 상어 무리와 가오리 무리가 가장 잘 알려진 연골어류다. 판피어류가 여러 번 진화해서 연골어류가 되었다.

고대 상어류
(고생대 데본기 말기~중생대 트라이아스기)
상어와 가오리 조상이다. 요즘 상어랑 많이 닮았다.

판피어류(고생대 실루리아기~페름기)
뼈가 물렁물렁한 물고기 조상이다.

은상어류(고생대 데본기~현재)
몸에서 은빛이 난다고 은상어다. 아주 옛날부터 모습이 바뀌지 않고 지금까지 살고 있다.

상어와 가오리 중간 종
(중생대 쥐라기 말기~백악기)

상어와 가오리를 합쳐 놓은 모습이다. 나중에 가오리가 된다.

가오리 무리

지금 살고 있는 가오리다. 몸이 넓적하고 납작하다. 눈이 등 쪽에 있다.

상어 무리

등지느러미가 우뚝 솟고, 가슴지느러미가 새날개처럼 쫙 펴진다. 이빨도 날카롭다.

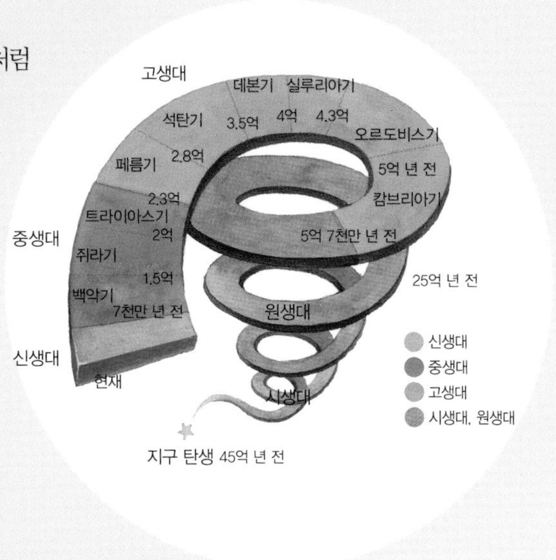

2_4 뼈가 단단한 물고기 진화

우리가 보는 많은 물고기는 단단한 뼈와 가시가 있다. 뼈가 단단한 물고기라고 '경골어류'라 한다. 몸에 가시가 난 극어류가 진화해서 여러 물고기로 나뉘어졌다. 바닷물고기가 단단한 뼈를 가지게 된 까닭은 바닷물을 마셨기 때문이다. 바닷물에는 뼈를 이루는 칼슘이 많이 들어 있다. 칼슘이 몸에 들어가 단단한 뼈가 되었다.

극어류(고생대 실루리아기~페름기)

뼈가 단단한 물고기 조상이다.

고대 경골어류(고생대 데본기~페름기)

극어류에서 진화한 물고기들은 뼈가 더 단단해지기 시작했다.

철갑상어(고생대 실루리아기~현재)

입에 수염이 났고 몸이 단단한 비늘로 덮여 있다. 뼈가 단단한 물고기 가운데 가장 오랫동안 살아남았다. 지금도 살고 있다.

실러캔스(고생대 데본기~현재)

실제로 보면 사람만큼 몸집이 크다. 아주 오랜 옛날부터 지금까지 옛 모습 그대로 살아남았다. 그래서 '살아 있는 화석'이라고 한다.

지금 사는 뼈가 단단한 물고기 무리 (중생대 백악기~현재)

중생대 백악기 때부터 신생대까지 지금 볼 수 있는 물고기가 모두 나타났다.

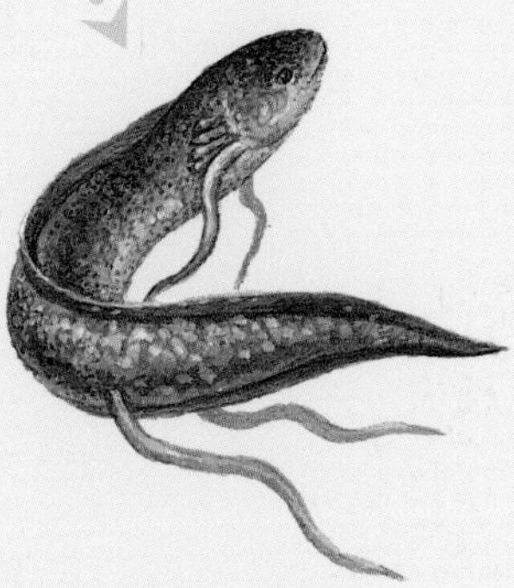

폐어류(고생대 데본기~페름기)

땅으로 올라와 숨을 쉴 수 있는 물고기다. 바다와 육지 양쪽에서 살 수 있었다.

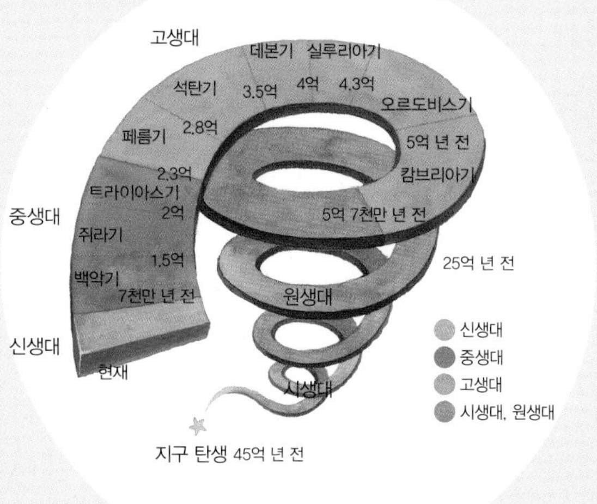

생김새

3_1 몸 구석구석 이름

사람마다 얼굴이나 몸 생김새가 저마다 다른 것처럼, 물고기도 저마다 다르게 생겼다. 하지만 눈, 코, 입, 손, 발처럼 사람 몸 여기저기를 가리키는 똑같은 이름이 있는 것처럼, 물고기 몸도 요기조기마다 똑같은 이름이 있다. 물고기는 물에서 살면서 진화했기 때문에 뭍에서 사는 동물들과는 다르게 생겼다. 물 속에서 숨을 쉬는 아가미와 헤엄치기 좋게 몸 여기저기에 지느러미가 있다.

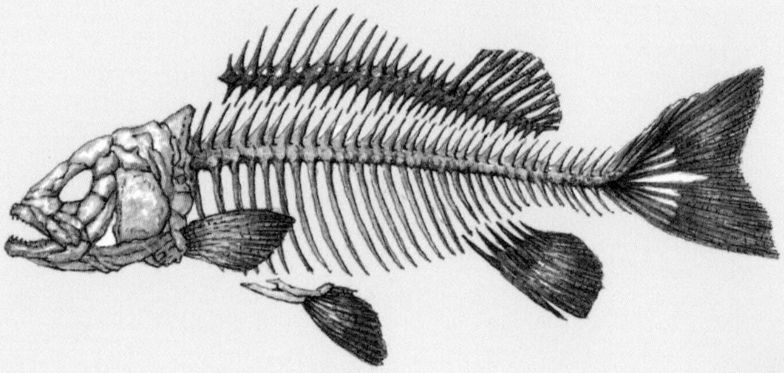
물고기 뼈

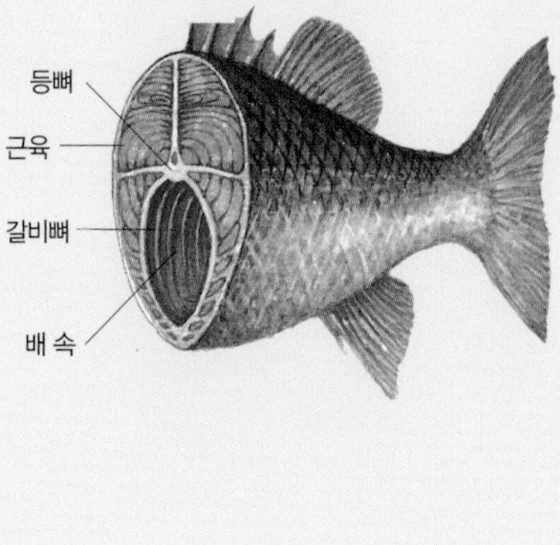

3_2 몸 생김새

몸이 납작한 물고기와 둥그스름한 물고기, 길쭉한 물고기와 뚱뚱한 물고기가 있는 것처럼 물고기는 저마다 생김새가 다르다. 물고기 생김새를 보면 어디에 사는지, 어떻게 먹는지, 어떻게 헤엄치는지 따위를 헤아려 볼 수 있다. 거꾸로 생각하면 물고기는 자기가 사는 환경에 딱 알맞게 생겼다.

날씬하다

몸이 날씬해서 물살을 잘 가른다.
그래서 헤엄을 아주 빠르게 잘 친다.
먼바다에서 많이 산다.

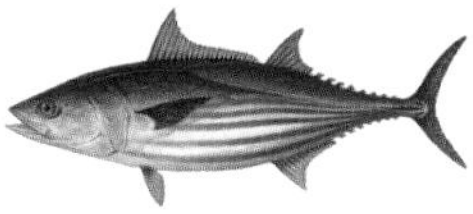
가다랑어

고등어

방어

옆으로 납작하다

흔히 보는 물고기 몸매다.
날씬한 물고기보다는 느리다.
가까운 바다에 많이 산다.

참돔

쥐치

전어

위아래로 납작하다

바닥에 붙어 산다.
헤엄을 잘 안 친다.

참홍어

아귀

양태

뱀처럼 길다

몸이 뱀처럼 가늘고 길다.
모래나 펄, 바위틈이나 구멍에
들어가서 산다.

뱀장어

곰치

먹장어

몸이 뚱뚱하다

몸이 둥글어서 뒤뚱대며 헤엄을 잘 못 친다. 가까운 바다에 많이 산다.

참복

황복

까치복

3_3 눈

물고기는 눈이 한 쌍 있다. 사람은 눈꺼풀이 있어서 눈을 깜박깜박한다. 하지만 대부분 물고기는 눈꺼풀이 없어서 눈을 감을 줄 모른다. 잠을 자도 눈을 뜨고 잔다. 눈물도 안 흘린다. 숭어나 정어리 같은 물고기는 눈꺼풀 대신 얇고 투명한 꺼풀이 덮여 있기도 하다. 물고기 대부분은 몸 양쪽에 눈이 붙어 있다. 사람처럼 두 눈이 앞쪽으로 향해 있지 않고 옆으로 떨어져 있어서 서로 다른 곳을 본다. 넙치나 도다리같이 바닥에 붙어 사는 물고기는 눈이 몸 한쪽으로 쏠려 있기도 하다. 먹장어는 눈이 없고 살갗 아래 신경만 묻혀 있어서 앞을 못 본다.

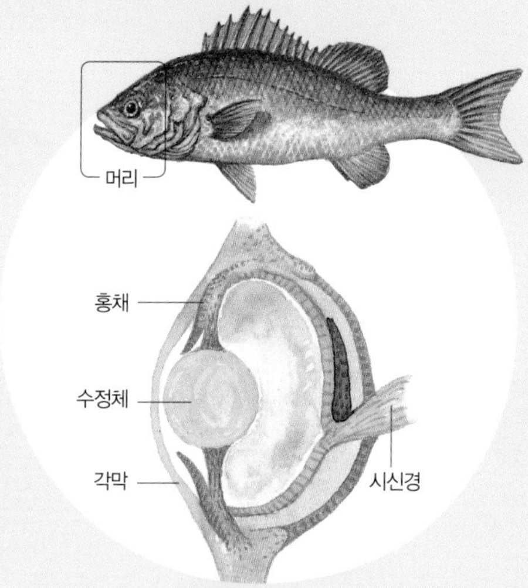

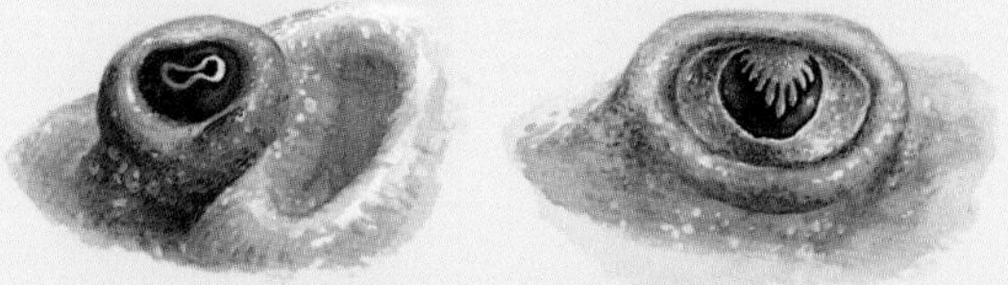

전기가오리와 홍어
눈에 무늬가 있거나 덮개가 있어서 눈을 보호한다.

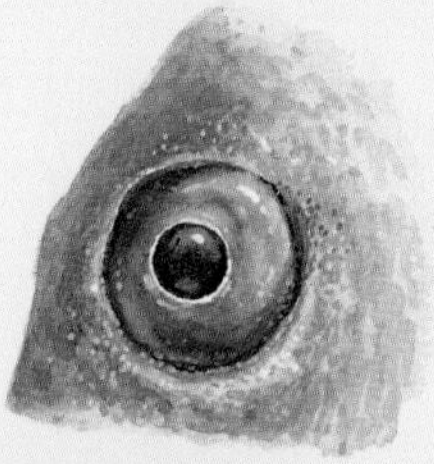

참돔
많은 물고기가 참돔 눈처럼 생겼다. 눈 가운데가 볼록하게 튀어나왔다.

정어리
눈에 투명한 기름눈꺼풀이 있다. 숭어나 고등어나 전갱이도 기름눈꺼풀이 있다.

먹장어
눈이 없어서 앞을 못 본다. 낮인지 밤인지만 안다.

별상어
눈꺼풀 같은 깜박꺼풀이 있어서 눈을 보호할 때 눈동자를 덮는다.

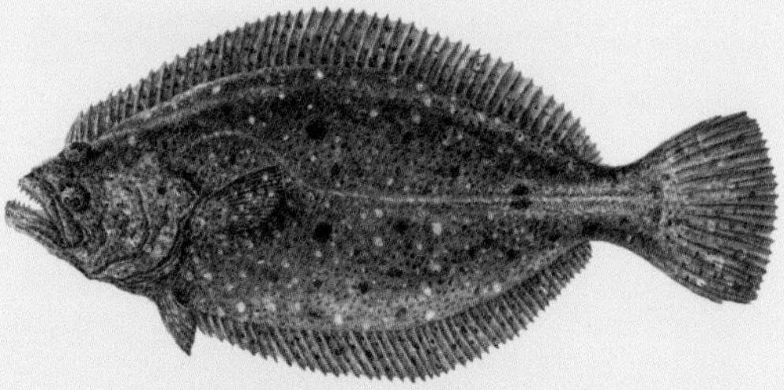

넙치
눈이 몸 한쪽으로 쏠렸다. 어릴 때는 여느 물고기처럼 몸 양쪽에 눈이 있다.

3_4 콧구멍

물고기는 사람처럼 코가 우뚝 안 솟고 그냥 구멍만 뽕 뚫렸다. 콧구멍이 두 개 있기도 하고, 하나 있기도 하고, 네 개 있기도 하다. 물고기는 대부분 콧구멍이 한쪽에 두 개씩 모두 네 개 있다. 사람은 코로 숨을 쉬지만 물고기는 콧구멍이 입과 이어지지 않기 때문에 숨을 안 쉰다. 그냥 주머니처럼 옴폭 파여서 물속 냄새를 맡는다. 아주 멀리서 나는 냄새도 잘 맡는다.

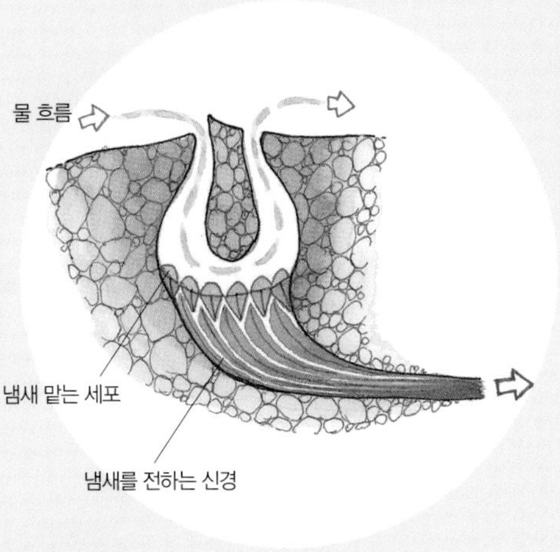

농어
양 눈 아래 콧구멍이 두 개씩 모두 네 개 있다.

까치상어와 홍어
배 쪽에 콧구멍이 두 개 있다.

칠성장어
눈 앞에 콧구멍이 하나 있다.

날치
입 위쪽에 콧구멍이 하나 있다.

3_5 입

물고기는 손발이 없다. 모든 먹이는 입으로 잡아먹는다. 그래서 주둥이는 먹이를 잘 잡을 수 있게 생겼다. 물고기마다 주둥이 생김새를 보면 어떻게 먹이를 잡아먹는지 짐작할 수 있다.

나비고기
주둥이가 톡 튀어나왔다. 좁은 틈에 사는 먹이도 잘 잡아먹는다.

준치
주둥이가 앞으로 쭉 길게 뻗어 나온다. 작은 먹이를 잡을 때 확 내민다.

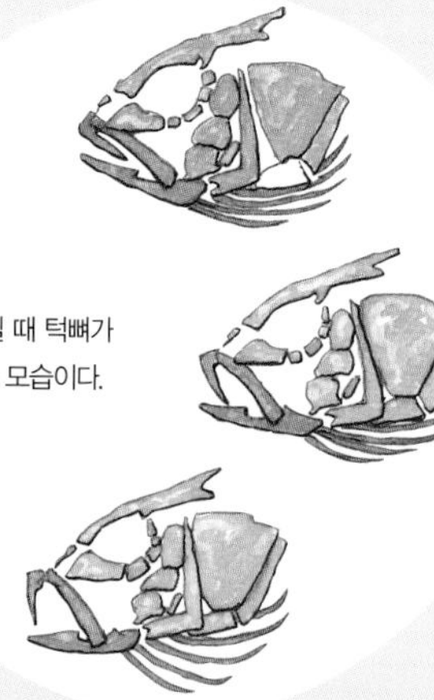

입을 벌릴 때 턱뼈가 움직이는 모습이다.

어름돔

동갈돗돔

입술이 두툼해서 꼭 사람 입 같다. 바닥에 사는 먹이를 잡아먹는다.

먹장어 **칠성장어**

입이 빨판처럼 동그랗다. 남 몸에 입을 딱 붙이고 살을 파먹는다.

돛새치

학공치

입이 꼬챙이처럼 길다. 긴 부리로 먹잇감을 몬다.

아귀
바닥에 딱 붙어 먹이를 잡기 때문에 입이 위쪽으로 열린다.

노랑가오리

성대

백상아리

입이 아래에 있다.

3_6 이빨

많은 물고기들은 아래위로 이빨이 나 있다. 백상아리처럼 뾰족하기도 하고, 혹돔이나 황복처럼 앞니가 튼튼하기도 하다. 한 줄로 나 있기도 하고, 여러 겹으로 겹겹이 나기도 한다. 또 사람과 달리 입천장과 혓바닥, 목구멍에도 이빨이 난 물고기도 있다. 해마처럼 이빨이 없는 물고기도 있다. 사람처럼 먹이를 잘근잘근 씹기보다 먹이를 물거나 자르거나 단단한 먹이를 부술 때 쓴다.

백상아리

갈치

이빨이 송곳처럼 날카롭다.
먹이를 썩둑썩둑 자른다.

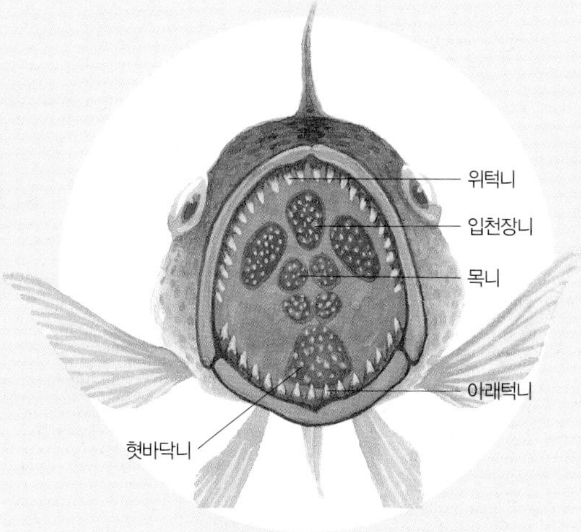

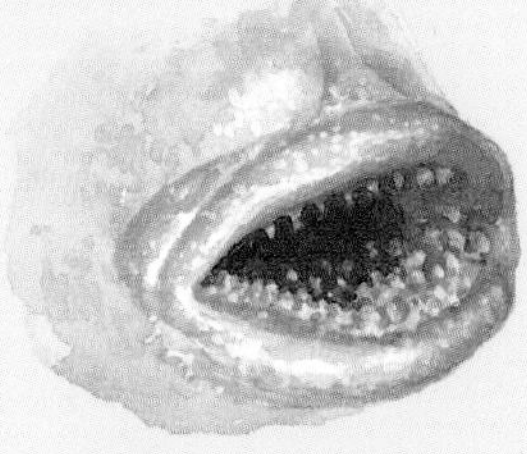

감성돔
튼튼한 송곳니랑 어금니가 여러 겹으로 겹쳐 난다. 아무거나 잘 잡아먹는다.

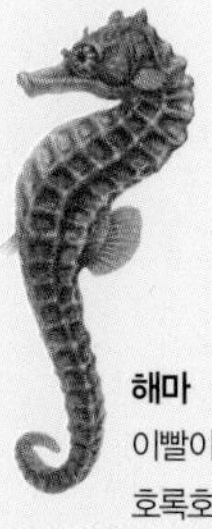

해마
이빨이 없다. 작은 플랑크톤 같은 먹이를 호록호록 빨아 먹는다.

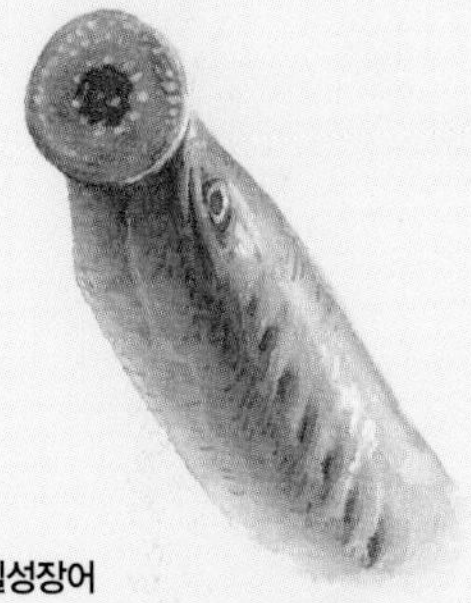

칠성장어
먹이 몸에 찰싹 달라붙어 이빨을 박고 피를 빨아 먹는다.

황복
튼튼한 앞니로 딱딱한 게나 새우를 씹어 먹는다.

3_7 아가미

사람은 입과 코로 숨을 쉬지만 물고기는 아가미로 숨을 쉰다. 입으로 물을 들이켜고 아가미로 뱉어 낸다. 아가미에는 가느다란 털이 빗자루처럼 촘촘하게 나 있다. 이 털이 물속에 녹아 있는 산소를 빨아들여 숨을 쉰다. 안쪽으로 듬성듬성 난 돌기는 플랑크톤처럼 작은 먹이를 걸러 낸다. 아가미에는 뚜껑이 있어서 숨을 쉬듯이 뻐끔거린다.

동갈돗돔
대부분 물고기는 아가미가 몸 양옆에 붙어 있다.

칠성장어
아가미구멍이 몸 옆으로 뚫려 있다.

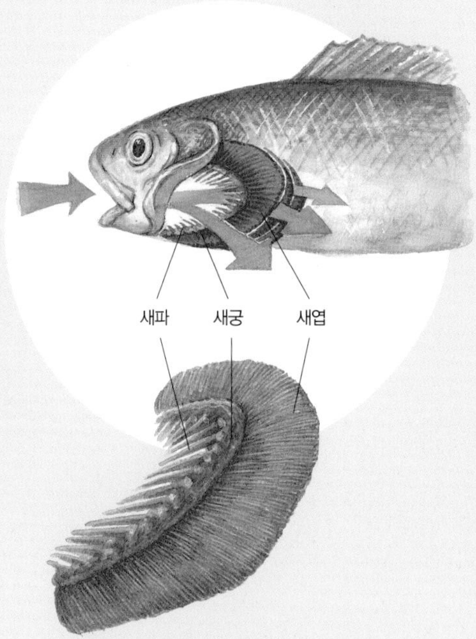

새파 작은 먹이를 걸러 낸다.
새궁 새파와 새엽이 붙어 있는 말랑말랑한 뼈다.
새엽 물속에 녹아 있는 산소를 빨아들인다.

백상아리
아가미뚜껑이 없다. 아가미가 세로로 네댓 줄 쭉 나 있다.

짱뚱어
물속에서는 아가미로 숨을 쉬고 물 밖에서는 아가미주머니와 살갗으로 숨을 쉰다. 그래서 물 밖을 돌아다닐 수 있다.

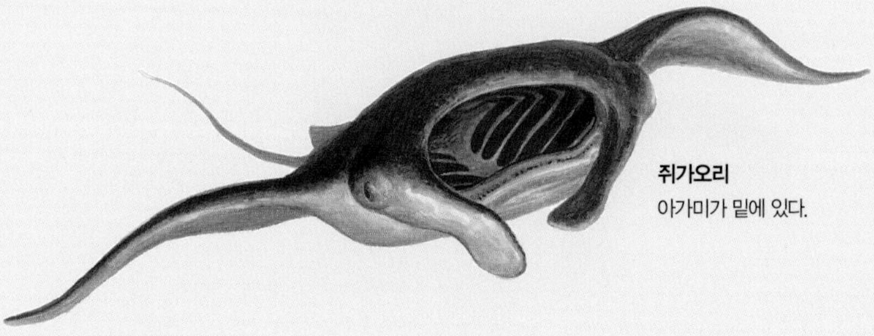

쥐가오리
아가미가 밑에 있다.

3_8 비늘과 살갗

물고기 살갗은 비늘로 덮여 있다. 여러 비늘이 기왓장처럼 맞물려 붙어 있다. 비늘은 한 번 떨어져도 다시 난다. 또 비늘에는 나이를 먹을수록 나이테가 생긴다. 나이테는 계절에 따라 자라는 속도가 달라서 생긴다. 나이테를 세어 보면 물고기가 몇 살인지 알 수 있다. 비늘은 둥글거나 빗처럼 생겼거나 방패처럼 생겼다. 가시복처럼 비늘이 바늘처럼 바뀐 것도 있고, 뱀장어처럼 비늘이 퇴화해서 살갗 밑에 묻혀 미끈거리는 물고기도 있다.

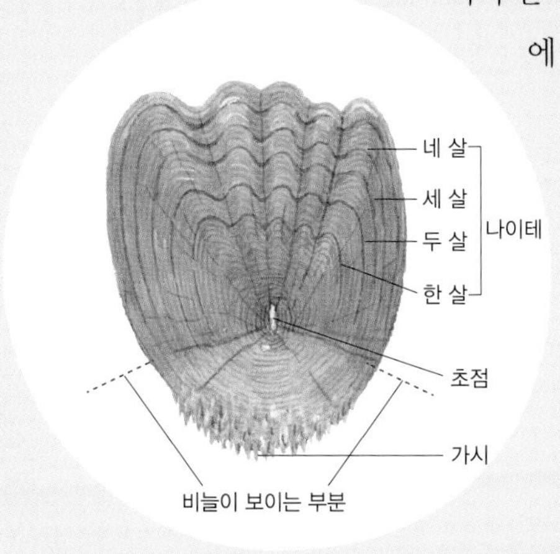

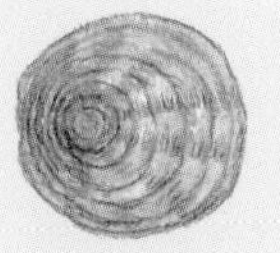

둥근비늘
비늘이 얇고 미끈하며 둥글다.

빗비늘
비늘 한쪽에 빗처럼 생긴 가시가 있다.

방패비늘
비늘에 단단한 돌기가 있다.

굳비늘
겉이 단단하고 마름모꼴로 생겼다.

맨살
비늘이 없거나 퇴화해서 살갗이 매끄럽다.

가시
비늘이 뾰족한 가시로 바뀌었다.

3_9 옆줄

물고기 몸통 옆으로 옆줄이 나 있다. 아가미뚜껑 뒤부터 꼬리자루까지 나 있다. 옆줄은 눈에 보일 듯 말 듯한 작은 구멍이 늘어선 것이다. 이 구멍으로 물이 얼마나 깊고 얕은지, 물살이 얼마나 빠르고 느린지 안다.

돌돔
물고기는 대부분 옆줄이 한 줄이다. 돌돔 옆줄은 활처럼 휜다.

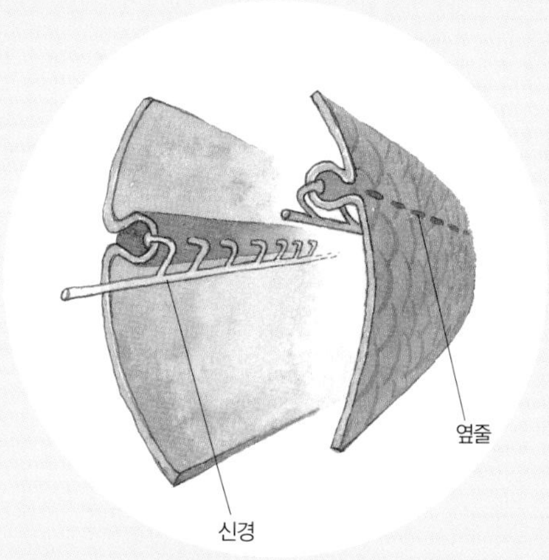

전갱이
옆줄따라 커다란 비늘이 붙어 있다.

쥐노래미
옆줄이 다섯 줄 있다. 등 쪽에 석 줄, 배 쪽에 두 줄 나 있다.

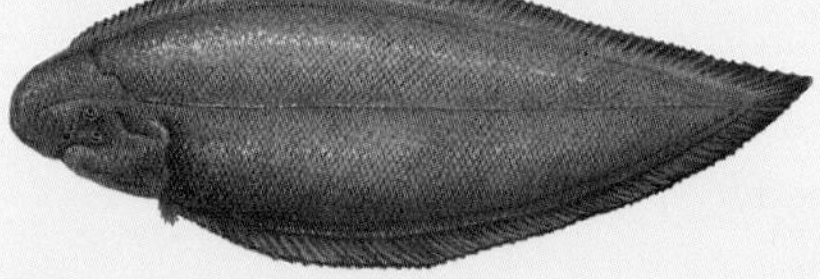

참서대
옆줄이 석 줄 있다. 머리 위쪽과 몸 가운데와 배 쪽에 하나씩 있다.

정어리
정어리처럼 옆줄이 없는 물고기도 있다.

3_10 부레

물고기 몸속에 있는 공기주머니를 부레라고 한다. 공기를 넣었다 뺐다 하면 풍선처럼 부풀었다 쪼그라들었다 한다. 부레에 공기를 넣으면 물 위로 뜨고, 공기를 빼면 아래로 가라앉는다. 물고기들은 부레가 있어서 지느러미를 안 움직여도 물속에서 가만히 떠 있을 수 있다. 넙치나 노래미처럼 바다 밑바닥에 사는 물고기는 바닥에 내려가 살 때 부레가 없어진다. 낚시를 하다 보면 깊은 물에 살던 물고기가 물낯으로 올라와 수압이 낮아지면서 부레가 빵빵하게 부풀어 몸을 거꾸로 뒤집는 모습을 볼 수 있다.

참돔
목구멍이랑 부레가 떨어져 있다. 핏줄 끝에 있는 가스샘에서 부레 속으로 가스를 넣는다.

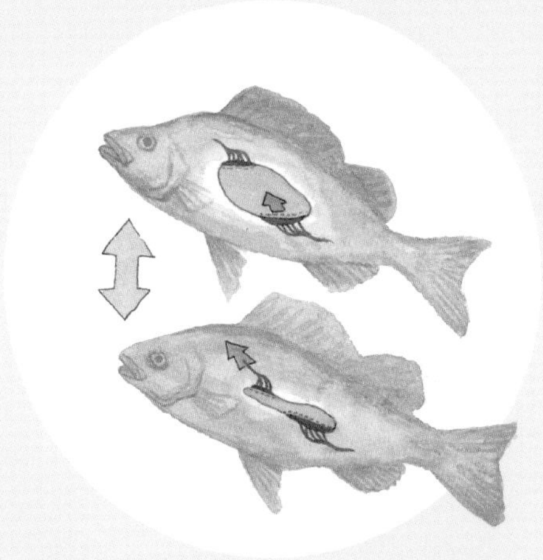

물 위로 뜰 때는 공기주머니를 풍선처럼 부풀린다. 아래로 가라앉을 때는 공기주머니에서 공기를 뺀다.

정어리
목구멍이랑 부레가 이어져 있다. 공기가 목구멍을 따라 부레로 들어간다.

백상아리
부레가 없어서 가만히 있으면 가라앉는다. 그래서 떠 있을 때는 쉴 새 없이 헤엄쳐야 한다. 쉴 때는 바닥에 앉아 있다.

참가자미
밑바닥에 붙어 살면서 부레를 쓸 일이 없으니까 크면서 없어진다.

3_11 지느러미

물고기 몸 여기저기에는 지느러미가 있다. 사람 손발처럼 쓰면서 헤엄도 치고 균형도 잡는다. 등을 따라 등지느러미가 있고, 가슴에는 가슴지느러미가 한 쌍, 배에는 배지느러미가 한 쌍, 꼬리 가까운 배 밑에 뒷지느러미가 있다. 지느러미에는 딱딱하고 억센 가시와 부드러운 줄기가 있고 얇은 막으로 서로 이어진다.

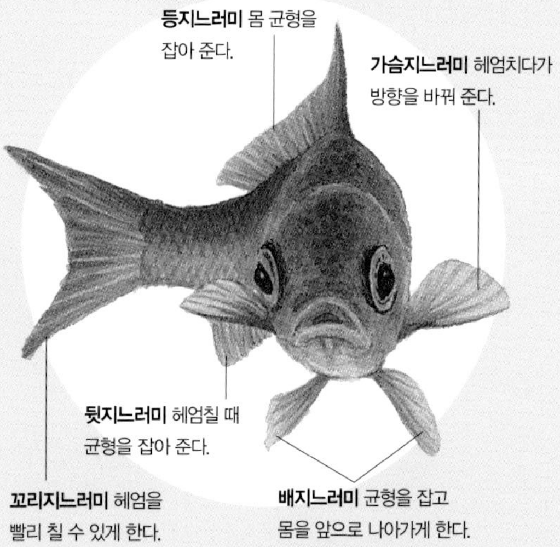

아귀
등지느러미 가시 하나가 실처럼 바뀌었다.
살랑살랑 흔들어서 작은 물고기를 꾄다.

쥐치
맨 앞쪽 등지느러미가 가시처럼 바뀌었다.
뉘었다 세웠다 한다.

짱뚱어
가슴지느러미를 손처럼 써서 땅을 기어 다닌다.

명태
등지느러미가 쭉 안 이어지고 세 개로 나뉘었다.
숭어 같은 물고기는 두 개로 나뉘었다.

연어
연어나 송어 같은 물고기는 등지느러미와 꼬리지느러미 사이에 작은 기름지느러미가 있다.

참다랑어
등지느러미와 꼬리지느러미 사이에 작은 토막지느러미가 도돌도돌 나 있다. 고등어나 꽁치 같은 물고기도 토막지느러미가 있다.

백상아리
등지느러미가 뾰족하게 우뚝 솟고 가슴지느러미는 날개처럼 옆으로 쭉 뻗는다.

3_12 꼬리

물고기는 꼬리를 양옆으로 힘껏 저어서 앞으로 나아간다. 꼬리와 함께 온몸을 좌우로 퍼덕여 앞으로 나아간다. 꼬리지느러미 끄트머리는 눈썹달처럼 생기거나, 가위처럼 갈라지거나, 자른 듯 반듯하거나 둥그스름하다. 실처럼 길어진 꼬리도 있다.

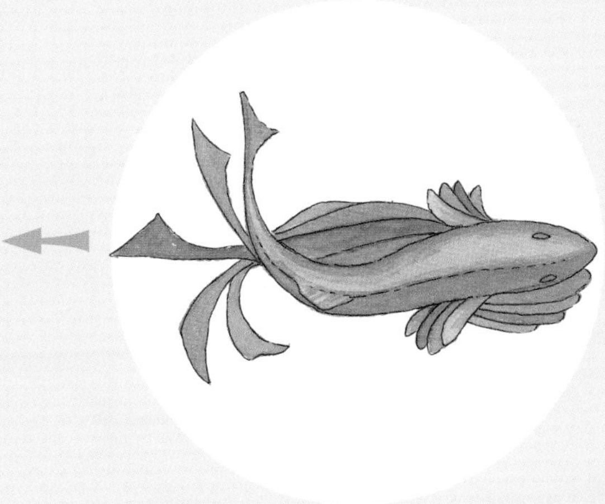

가다랑어
아주 빠르게 헤엄치는 물고기는 꼬리지느러미가 눈썹달처럼 생겼다.

까치상어
꼬리지느러미 위아래 생김새가 다르다.

참조기
꼬리지느러미 가운데가 뾰족하게 튀어나왔다.

대구
꼬리지느러미는 자른 듯 반듯하다.

참돔
꼬리지느러미가 가위처럼 갈라졌다.

황복
꼬리지느러미 끄트머리가 둥그스름하다.

노랑가오리
꼬리지느러미가 채찍처럼 길다. 몸통 양쪽 가슴지느러미로 헤엄치다 보니 꼬리 쓸 일이 별로 없어서 모양이 바뀌었다.

3_13 몸빛

물고기는 자기가 사는 환경에 따라 몸빛이 다르다.

보호색

작은 물고기는 큰 물고기에게 안 잡아먹히려고 눈에 안 띄는 몸빛을 가지고 있다. '보호색'이라고 한다. 거꾸로 어떤 물고기는 다른 물고기를 잡아먹으려고 눈에 안 띄는 몸빛을 가지고 있다. 이곳저곳 돌아다니며 둘레 색깔로 몸빛을 바꾸는 물고기도 있다.

물낯 가까이 헤엄치는 물고기는 등이 파르스름하고 배가 하얗다. 물 위에서 보면 바다 빛깔처럼 보이고, 물 밑에서 올려다보면 반짝거리는 햇빛처럼 보여서 천적 눈을 피한다.

정어리

고등어

멸치

참가자미

넙치

가자미나 넙치는 모랫바닥에 몸을 숨기고 있다. 모래 색깔이랑 똑같아서 작은 물고기가 눈치를 못 챈다.

쥐노래미

쥐노래미는 가까운 바다에 산다. 자기가 사는 둘레의 빛깔에 따라 몸빛을 밤색, 붉은 밤색, 잿빛 밤색으로 바꾼다.

뱅어

몸이 물처럼 투명해서 있는 듯 없는 듯 잘 안 보인다.

경고색

어떤 물고기는 자기를 건드리면 혼쭐날 거라며 도리어 눈에 띄는 화려한 몸빛을 띠기도 한다. 이런 빛깔을 '경고색'이라고 한다. 커다란 무늬로 겁을 주는 물고기도 있다.

쏠배감펭
지느러미 가시에 독이 있다. 큰 물고기도 어쩌지 못하니까 겁없이 어슬렁어슬렁 헤엄쳐 다닌다.

달고기

세동가리돔

몸에 까만 점무늬가 크게 있다. 커다란 눈처럼 보여서 덩치 큰 물고기를 놀라게 한다.

혼인색

짝짓기를 할 때가 되면 몸빛이 달라지는 물고기도 있다. 이런 색을 '혼인색'이라고 한다. 암컷과 수컷 몸빛이 다른 물고기도 있고, 어릴 때랑 다 컸을 때랑 몸빛과 무늬가 달라지는 물고기도 있다.

연어
짝짓기 때가 되면 몸빛이 울긋불긋하게 바뀐다.

혼인색

수컷

암컷

용치놀래기
수컷과 암컷의 몸빛이 다르다. 모르고 보면 서로 딴 물고기인 줄 안다.

큰가시고기
수컷은 짝짓기 할 때가 되면 몸빛이 달라진다.

혼인색

흉내 내기

다른 물고기 몸빛을 흉내 내는 물고기도 있다. 이를 '의태'라고 한다. 힘센 물고기나 독 있는 물고기나 다른 물고기를 도와주는 물고기 몸빛을 흉내 낸다.

청줄청소놀래기

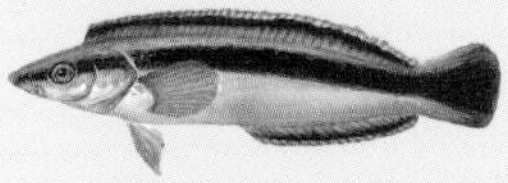

가짜청소베도라치

청줄청소놀래기와 가짜청소베도라치
청줄청소놀래기는 큰 물고기 몸을 청소해 준다. 아무리 사납고 덩치 큰 물고기라 해도 제 몸을 깨끗하게 해 주는 청줄청소놀래기를 잡아먹지는 않는다. 가짜청소베도라치는 이런 청줄청소놀래기를 흉내 낸다.

생태

4_1 사는 곳

바닷물고기는 넓고 넓은 바다에서 산다. 그렇다고 바다 아무 곳에서나 살지는 않는다. 물고기들은 저마다 자기가 좋아하는 곳이 따로 있다. 바닷가 가까이에 살기도 하고, 먼바다에서도 살고, 바다 밑바닥에서 살기도 하고, 바위 밭이나 산호 밭에서도 산다.

바닷가

강어귀

강물이 바다로 흘러 들어오는 곳이다. 민물과 짠물이 뒤섞인다. 물속에 영양분이 많아서 물고기들이 많이 산다. 바다와 강을 오가는 물고기도 있다.

농어 뱀장어 숭어

바위 밭

울퉁불퉁 크고 작은 갯바위가 많은 바닷가다. 돌 틈에 숨어 사는 물고기가 많다. 몸빛도 바위 색깔이랑 비슷한 물고기가 많다.

갯벌

바닷물이 빠지면 드러나는 바다 들판이다. 질척질척한 개흙이 넓게 펼쳐지는 펄이다. 펄 속에 물고기가 좋아하는 갯지렁이나 작은 동물이 많다.

전어 짱뚱어 말뚝망둥어

모랫바닥

바닥에 모래가 깔린 바다다. 모래 속에 몸을 숨기거나 모래 속을 뒤져 먹이를 찾는다.

참가자미 양태 넙치

산호 밭이나 말미잘 숲

따뜻하고 얕은 바다 밑에는 산호나 말미잘이 숲을 이룬다. 우리나라 제주 바다와 남해에 있다. 산호나 말미잘에 몸을 숨기고 산다.

자리돔 파랑돔 흰동가리 샛별돔

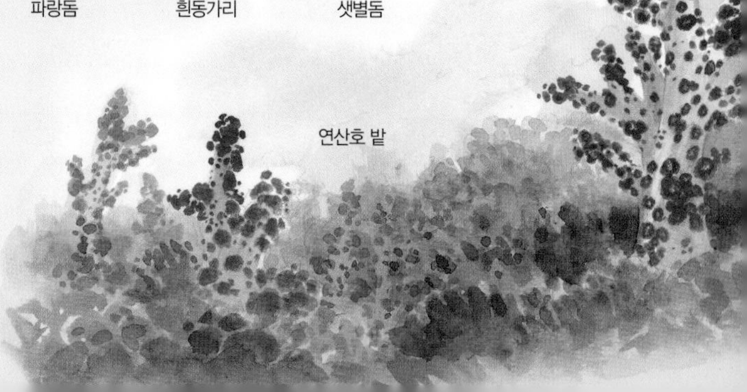

연산호 밭

가까운 바다

바닷가에서 배를 타고 나가는 가까운 바다다. 물 깊이가 200m가 안 넘는다. 떼로 몰려다니는 물고기가 많다.

먼바다

뭍에서 멀리 떨어진 바다다. 사방이 온통 바다뿐이다. 바닷물 흐름을 따라 떼로 몰려다니는 고기가 많다. 작은 물고기 떼를 쫓아다니는 덩치 큰 물고기도 많다. 대부분 헤엄을 빠르게 잘 친다.

깊은 바다

200m보다 깊은 바닷속에 사는 물고기도 있다. 아주 깊은 바다 밑바닥에서 사는 물고기도 있다. 깊은 곳에 산다고 '심해어'라고 한다. 깊은 바닷속은 빛이 안 들어와서 한 치 앞도 안 보일 만큼 깜깜하다. 이곳에 사는 물고기는 사람들이 잡지 않으니까 우리가 거의 못 본다. 도끼고기처럼 스스로 빛을 내는 물고기도 있고, 풍선장어처럼 입이 아주 큰 물고기도 있다. 생김새가 사뭇 다른 물고기가 많다.

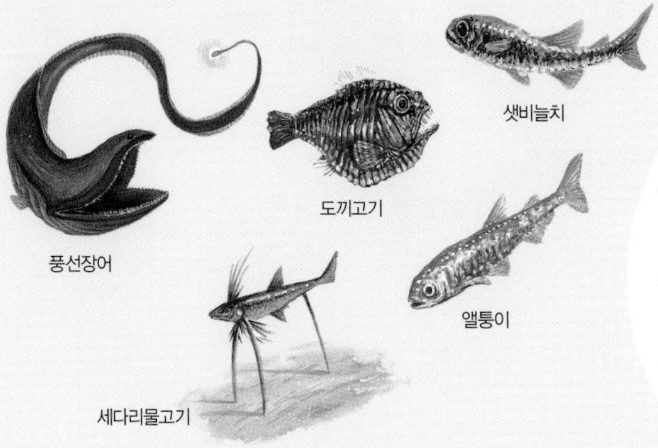

4_2 떼 지어 다니기

물고기 가운데 한곳에 가만히 안 있고 여기저기 떼 지어 다니는 물고기가 있다. 이것을 '회유'라고 한다. 바다는 막힌 곳이 없으니까 마음대로 헤엄쳐 돌아다닐 것 같지만, 그렇다고 아무 곳이나 무턱대고 떼 지어 다니지 않는다.

알 낳으러 가기

물고기는 알 낳을 때가 되면 알맞은 곳을 찾아간다. 이것을 '산란회유'라고 한다. 얕은 곳에서 깊은 곳으로 가기도 하고, 깊은 곳에서 얕은 곳으로 올라오기도 한다. 또 먼 길을 찾아오기도 하고, 강을 거슬러 올라가기도 한다.

연어

알을 낳으러 강을 거슬러 올라간다.

뱀장어

강에서 살다가 먼바다 깊은 곳으로 알을 낳으러 간다.

황복

삼치

도루묵

알을 낳으러 먼바다나 깊은 바다에서 얕은 바닷가로 몰려온다.

먹이 찾아가기

물고기는 먹이가 많은 곳을 찾아간다. 이것을 '색이회유'라고 한다.

멸치

플랑크톤을 찾아 낮에는 물속에, 밤에는 물낯으로 오르락내리락한다.

꽁치

청새치

참다랑어

다랑어, 새치 무리나 꽁치 같은 물고기는 먹이를 찾아 이리저리 돌아다닌다.

철 따라 돌아다니기

철이 바뀌면서 바닷물 온도가 바뀔 때 오르내린다. 이것을 '계절회유'라고 한다.

겨울에 차가운 바닷물을 따라 내려온다.

여름에 따뜻한 바닷물을 따라 올라온다.

크면서 옮겨 가기

알에서 깨어나 어느 정도 크면 어미가 사는 곳으로 옮겨 간다. 이것을 '성육회유'라고 한다.

방어
새끼는 떼를 지어 바다에 둥둥 떠다니는 바닷말 밑에 숨어 지낸다. 몸이 크면 너른 바다로 나간다.

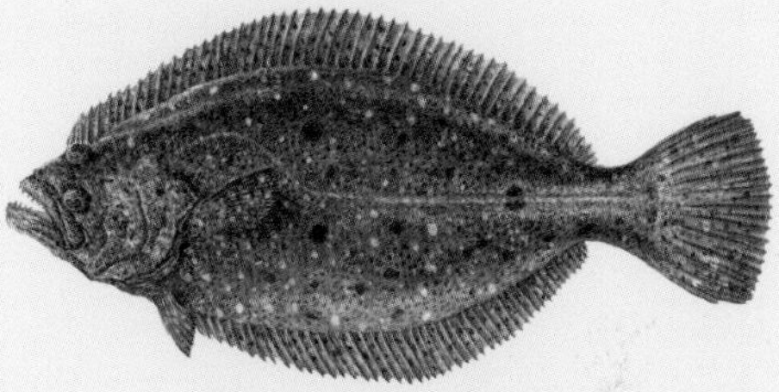

넙치
어릴 때는 물 위를 둥둥 떠다니다가 크면서 밑바닥으로 내려간다.

혼자 살기

떼 지어 다니지 않고 혼자 산다. 바위틈이나 굴이나 모래밭에 숨어 산다.

4_3 알 낳기

바닷물고기는 대부분 알을 낳는다. 이것을 '난생'이라고 한다. 그런데 상어나 조피볼락 같은 물고기는 이미 어미 배 속에서 알이 부화돼서 어미는 새끼를 낳는다. 이것을 '난태생'이라고 한다. 노랑가오리나 망상어는 어미 배 속에서 영양분을 받아먹고 자란 새끼를 낳는다. '태생'이라고 한다. 여러 해 사는 물고기는 어른이 되면 해마다 알을 낳는다. 하지만 연어나 뱀장어 같은 물고기는 알을 한 번 낳고 죽는다.

알

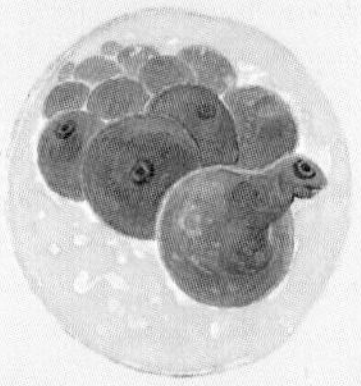

연어
알이 물에 가라앉는다.

쥐노래미
알이 몽글몽글 서로 붙어 덩어리져서 다른 물체에 붙는다.

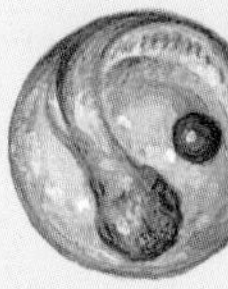

넙치
알이 물에 둥둥 떠다닌다.

자리돔
알을 낳아 바위에 붙인다.

새끼

망상어
망상어나 노랑가오리는 어미 배 속에서 영양분을 받아먹고 자란 새끼를 낳는다.

두툽상어
새끼 두툽상어는 단단한 알주머니 속에서 어느 정도 커서 나온다.

볼락
볼락이나 조피볼락은 새끼를 낳는다.

4_4 알 지키기

바닷물고기는 알을 많이 낳는다. 알을 많이 낳아야 살아남는 새끼가 많기 때문이다. 바다에는 새끼 물고기를 잡아먹으려고 돌아다니는 물고기가 많다. 알에서 나온 새끼 대부분이 다른 물고기한테 잡아먹힌다. 물고기는 대부분 알을 낳아도 돌보지 않는다. 몇몇 물고기만 알이나 새끼를 돌본다.

줄도화돔
알을 입에 넣고 다니며 지킨다.

문절망둑
구멍을 파서 집을 짓고 그 속에 알을 낳는다.

쥐노래미
알을 낳고 새끼가 나올 때까지 곁을 지킨다.

가시고기
물풀로 새 둥지처럼 집을 지어서 그 속에 알을 낳는다.

해마
수컷 배주머니 속에 알을 넣어서 지킨다.

참돔, 대구
알을 수십 수백만 개씩 낳는다. 알을 낳으면 뒤도 안 돌아보고 떠난다.

4_5 성장

알에서 나온 새끼는 모습을 바꾸면서 어른이 된다. 알에서 갓 나온 새끼는 배에 노른자를 가지고 있다. 이 노른자를 빨아 먹고 살다가 플랑크톤 같은 작은 먹이를 잡아먹기 시작한다. 몸집이 커질수록 더 큰 먹이를 잡아먹는다.

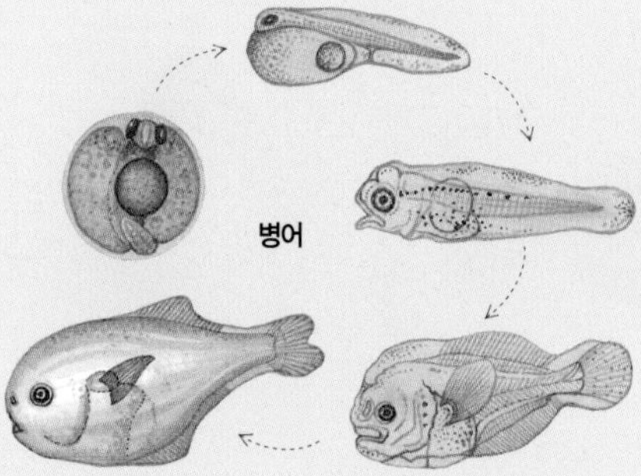

알에서 나온 새끼가 커 가는 모습이다.

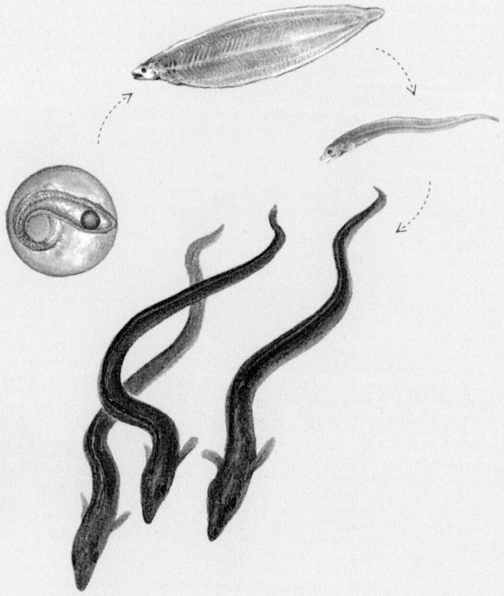

뱀장어
어릴 때는 몸이 투명한 버들잎 모양이다. 크면서 실처럼 가늘어지다가 어른이 된다.

방어나 돗돔 같은 물고기는 크면서 몸빛이나 무늬가 달라진다. 어릴 때는 몸에 줄무늬가 있다가 크면 없어진다.

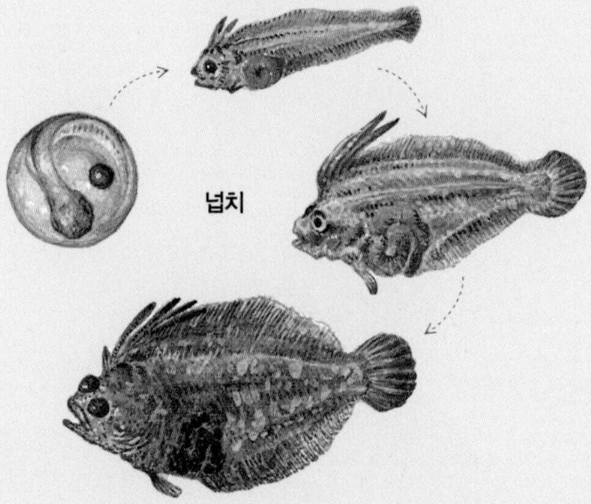

새끼 때는 눈이 양쪽에 있다가 크면서 한쪽으로 쏠린다.

4_6 나이

바닷물고기 가운데 한 해를 사는 물고기도 있고, 사람만큼 오래 사는 물고기도 있다. 물고기 비늘에 난 나이테를 세어 보면 나이를 알 수 있다. 이석과 척추골에 생기는 나이테로 나이를 알기도 한다.

4_7 크기

바닷물고기는 나이를 먹는다고 몸이 한없이 커지지 않는다. 물고기마다 알맞은 크기로 자란다. 손가락만 한 멸치부터 버스만 한 고래상어까지 몸길이가 저마다 다르다.

나이

	뱅어	1년
	꽁치	1~2년
	해마	2년
	도루묵	5~7년
	참다랑어	6~7년
	참조기	8년
	갯장어	12년
	민어	13년
	백상아리	15년
	참돔	20~30년
	뱀장어	50년

크기

	멸치	18cm
	자바리	1m
	청새치	3~5m
	백상아리	6m
	고래상어	10~20m

4_8 먹이

바닷물고기는 계절에 따라 바다풀을 뜯어 먹거나, 다른 물고기를 잡아먹거나, 작은 플랑크톤만 먹거나, 이것저것 안 가리고 먹는다.

플랑크톤을 먹는 물고기

이것저것 안 가리고 먹는 물고기

바다풀을 먹는 물고기

게나 전복을 먹는 물고기

다른 물고기를 잡아먹는 물고기

해파리를 먹는 물고기

4_9 먹이사슬

우리가 이것저것 먹어야 사는 것처럼 바닷물고기도 먹어야 산다. 그러다 보니 힘센 물고기가 약한 물고기를 잡아먹는다. 약한 물고기는 더 약한 물고기나 작은 동물 따위를 잡아먹는다. 이렇게 서로 먹고 먹히는 관계가 사슬처럼 쭉 이어져 있어 이것을 '먹이사슬'이라고 한다. 힘센 물고기는 한 가지 물고기만 먹고 살지 않고 이러저러한 여러 물고기를 잡아먹는다. 마찬가지로 약한 물고기도 여러 가지 먹이를 먹는다. 이처럼 먹이사슬은 서로 그물처럼 얽혀 있다. 힘없이 잡아먹히는 물고기일수록 수가 많다.

백상아리 참다랑어 청새치

몸집이 큰 물고기
자기보다 작은 물고기를 잡아먹는다. 사람을 빼면 먹이사슬 맨 위에 있다.

대구 뱀장어 참돔 참홍어

몸집이 조금 작은 물고기
작은 물고기나 작은 새우, 게 따위를 잡아먹는다.

멸치 정어리 준치 전어

몸집이 작은 물고기
플랑크톤과 새끼 물고기를 잡아먹는다.

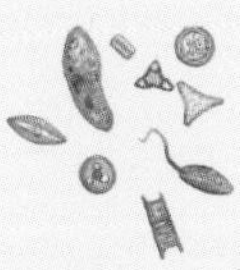

식물 플랑크톤
햇빛을 받아 스스로 영양분을 만든다. 땅에서 햇빛과 물과 공기만 있으면 자라는 풀 같다.

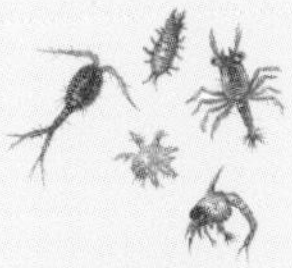

동물 플랑크톤
스스로 영양분을 못 만들어서 식물 플랑크톤을 잡아먹는다.

새끼 물고기
처음에는 플랑크톤을 먹으며 큰다. 다른 물고기에게 거의 다 잡아먹힌다.

4_10 몸 지키기

힘없는 물고기는 도망가기 바쁘다. 바위 밭이나 바다 숲에 사는 물고기는 그나마 숨을 곳이라도 있다. 하지만 넓은 바다에서 헤엄쳐 다니는 물고기는 숨을 곳이 딱히 없다. 떼로 몰려다니면 수가 많으니까 그나마 자기가 잡아먹힐 가능성이 적다. 자기 몸을 지키는 재주가 있는 물고기는 느긋하게 어슬렁어슬렁 다닌다.

몸에 독가시가 있어서 다른 물고기가 어쩌지 못한다.

몸에 송곳 같은 가시가 나 있거나, 방패처럼 딱딱한 껍데기로 덮여 있다.

자주복
몸에 독이 있어서 다른 물고기가 잡아먹지 않는다.

세동가리돔
몸 뒤에 커다란 눈알 무늬가 있어서 어디가 앞인지 헷갈리게 한다.

날치
날개 같은 가슴지느러미를 펴고 물 위로 뛰어올라 하늘을 날 듯이 도망간다.

전기가오리
몸에서 전기를 일으킨다. 잘못 건드리면 도리어 건드린 쪽이 정신을 잃는다.

쏠종개 떼
떼로 몰려다닌다. 몸에 독가시도 있다.

4_11 함께 살기

물고기 가운데 서로 도우며 함께 사는 물고기가 있다. 이를 '공생'이라고 한다. 함께 지내면서 서로 필요한 도움을 주고받으니까 나쁠 것이 없다.

청소놀래기
청소놀래기는 다른 물고기 몸에 붙거나 이빨에 낀 찌꺼기를 청소해 주며 배를 불린다. 덩치 큰 물고기는 몸이 말끔해지니까 청소놀래기를 잡아먹지 않는다.

흰동가리와 말미잘
말미잘에게는 독침을 쏘는 수염이 있어서 다른 물고기가 얼씬도 안 한다. 하지만 흰동가리는 끄떡없다. 말미잘은 흰동가리를 지켜 주고, 흰동가리는 말미잘을 깨끗하게 청소해 준다.

빨판상어와 동갈방어
빨판상어와 동갈방어는 덩치 큰 물고기에게 붙어 다니면서, 덩치 큰 물고기가 흘리는 찌꺼기를 받아먹고 산다. 받아먹기만 하지 해 주는 일은 별로 없어 그냥 얹혀사는 셈이다.

우리 바다

5_1 우리 바다와 해류

우리나라는 동쪽, 서쪽, 남쪽으로 바다가 있다. 동해는 모래가 바닥에 쫙 깔려 있고 바닷가를 벗어나면 2000~3000m까지 깊어진다. 서해는 질척질척한 갯벌이 넓게 펼쳐져 있고, 물이 얕아서 평균 깊이가 44m쯤 된다. 남해는 갯바위가 많고, 바닷가가 꼬불꼬불하다. 제주는 바다가 따뜻해서 산호가 있다. 바다마다 사는 물고기도 다르고 사는 모습도 다르다.

동해

서해

남해

제주

바닷물은 가만히 고여 있지 않고 강물처럼 흐른다. 강물처럼 바닷물이 흐른다고 '해류'라고 한다. 따뜻한 바닷물이 흐르면 '난류', 차가운 바닷물이 흐르면 '한류'라고 한다. 적도에서 뜨거워진 바닷물은 위쪽으로 올라오고, 북극에서 차가워진 바닷물은 아래쪽으로 내려온다. 그래서 우리나라 남쪽에서는 따뜻한 바닷물이 올라오고, 북쪽에서는 차가운 바닷물이 내려온다. 여름에는 따뜻한 바닷물이 더 위쪽까지 올라가고, 겨울에는 차가운 바닷물이 더 아래쪽까지 내려온다. 먼 동중국해를 흐르는 구로시오 난류에서 쓰시마 난류가 제주 바다에서 갈라져 제주와 남해를 거쳐 동해까지 올라가 차가운 바닷물과 뒤섞인다. 또 제주 바다 남쪽에서 쓰시마 난류에서 갈라진 따뜻한 바닷물이 서해로 들어온다.

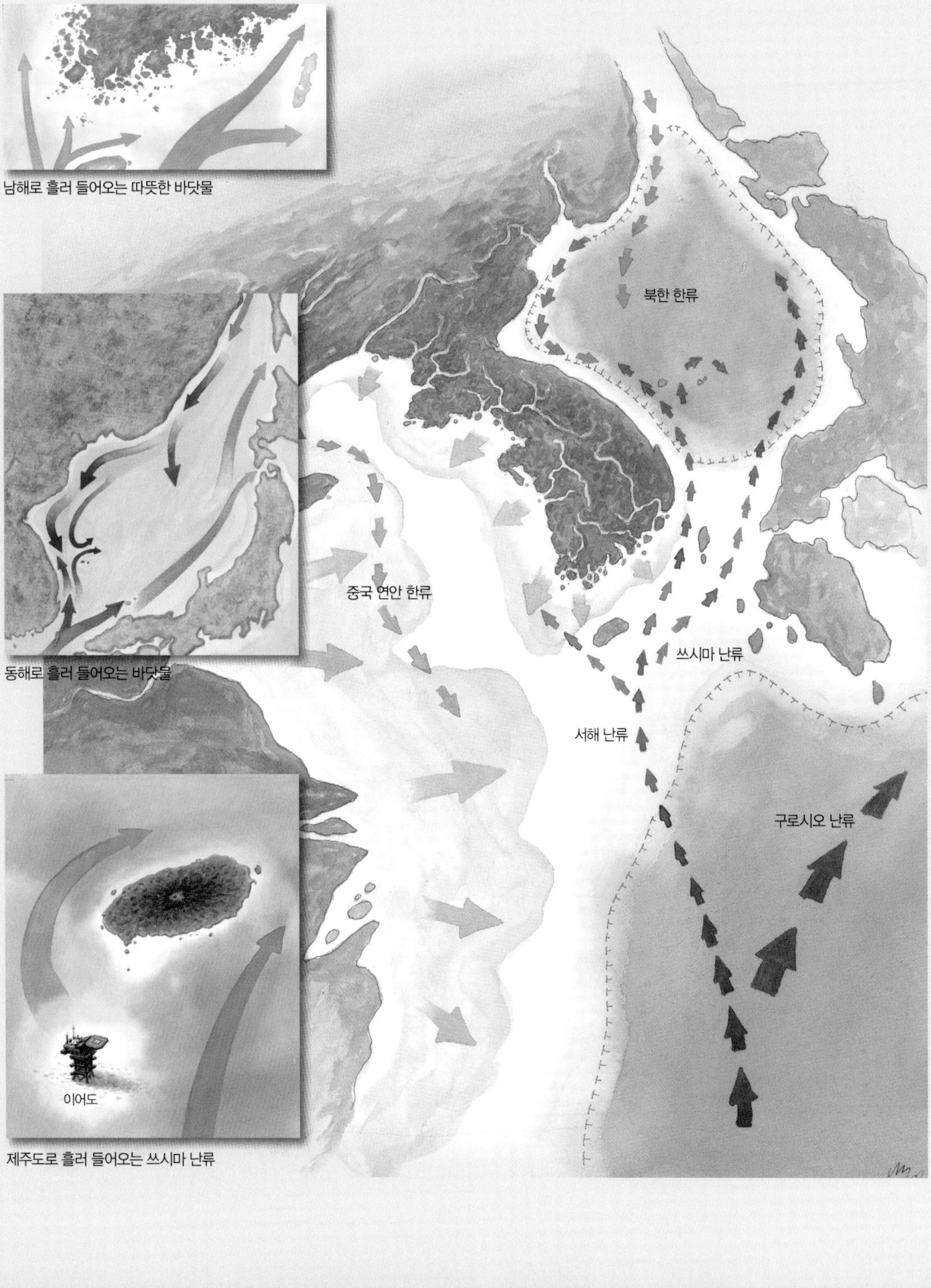

남해로 흘러 들어오는 따뜻한 바닷물

동해로 흘러 들어오는 바닷물

제주도로 흘러 들어오는 쓰시마 난류

5_2 동해 물고기

동해는 따뜻한 물과 차가운 물이 뒤섞이는 바다다. 동해 건너편에는 섬나라 일본이 동해를 둘러싸고 있다. 겨울에는 차가운 바닷물이 남해까지 내려오고, 여름에는 따뜻한 바닷물이 울릉도, 독도까지 올라온다. 그래서 동해는 철따라 찬물과 따뜻한 물이 오르락내리락하면서 뒤섞인다. 그래서 동해에서는 여름과 겨울에 잡히는 물고기가 다르다. 겨울에는 찬물을 따라 명태, 대구, 청어 따위가 내려온다. 이 물고기들은 바닷가에 떼로 몰려와서 알을 낳고 간다. 여름에는 따뜻한 물을 따라 고등어, 삼치, 정어리 따위가 올라온다. 연어나 송어나 황어나 큰가시고기는 동해로 흐르는 강을 거슬러 올라와 알을 낳는다. 깊은 바다는 늘 차가워서 차가운 물에 사는 참가자미, 임연수어, 도루묵 같은 물고기가 눌러산다. 동해에는 모두 450종쯤 되는 물고기가 산다.

겨울에 남쪽으로 내려오는 물고기

여름에 북쪽으로 올라오는 물고기

동해는 우리나라 바다 가운데 가장 깊다. 바닷가를 따라 얕은 바다인 대륙붕이 조금 있다가 바로 절벽처럼 깎아지르듯 깊어진다. 평균 물 깊이는 1530m이고, 가장 깊은 곳은 3762m쯤 된다. 동해 바닷가는 서해나 남해 바닷가와 달리 들쭉날쭉하지 않고 가지런하고 밋밋하다. 또 밀물이 들어올 때와 썰물이 빠져나갈 때 차이가 1m 밖에 안 난다. 그래서 서해나 남해와 달리 갯벌이 없다.

동해에는 섬도 거의 없다. 먼바다에 울릉도와 독도가 외따로 떨어져 동그마니 솟아 있을 뿐이다. 울릉도와 독도는 깊은 바닷속에서 솟아오른 커다란 산이다. 꼭대기만 물 밖으로 나와서 섬이 되었다. 울릉도와 독도 바닷가에는 동해로 올라오는 따뜻한 물 때문에 혹돔, 자리돔, 벵에돔 같은 따뜻한 물에 사는 물고기도 눌러살고 있다.

강을 거슬러 올라가는 물고기

황어

큰가시고기

연어

송어

독도에 사는 물고기

망상어

달고기

혹돔

5_3 서해 물고기

서해는 물 색깔이 누렇다고 '황해'라고도 한다. 바다이지만 한쪽만 트여 있고 나머지는 우리나라와 중국이 둘러싸고 있다. 우리나라와 중국 땅 사이가 움푹 들어가 생긴 바다다. 아주 옛날에는 땅이었는데 바닷물이 차오르면서 바다로 바뀌었다. 그래서 물이 깊지 않다. 평균 물 깊이가 44m쯤 되고, 가장 깊은 곳은 124m쯤 된다. 바다치고는 얕은 바다이고, 우리나라 바다 가운데 가장 얕다. 봄에 바닷가 물 온도가 올라가면 따뜻한 물에 사는 물고기들이 올라왔다가 겨울에 물이 차가워지면 다시 따뜻한 남쪽 바다로 내려간다. 또 쥐노래미처럼 바닷가에 눌러사는 물고기도 있고 홍어처럼 겨울에 알을 낳으러 오는 물고기도 있다. 참조기, 황복, 흰베도라치, 황해볼락 같은 물고기는 서해에서 흔히 볼 수 있다. 서해 가운데 깊은 곳에는 차가운 물이 있어서 대구나 청어처럼 찬물에 사는 물고기도 있다. 서해에는 바닷물고기가 340종쯤 산다.

철마다 바다를 오르내리는 물고기

병어

준치

참조기

민어

서해는 우리 바다 가운데 가장 덜 짠 바다다. 우리나라 한강, 금강, 영산강, 압록강과 중국에 있는 황허 강, 양쯔 강 같은 큰 강들이 서해로 흘러든다. 서해로 흘러드는 강물 양이 엄청나게 많아서 동해나 남해보다 짠맛이 덜하다. 민물과 짠물이 뒤섞이는 강어귀에는 먹을거리가 많아서 물고기들이 많이 모여든다. 강을 거슬러 올라와 알을 낳는 물고기도 있다.

서해는 밀물과 썰물이 하루에 두 번씩 오르락내리락한다. 바닥이 갑자기 깊어지지 않고 완만해서 밀물 때는 바닷물이 쑥 들어왔다가도 썰물 때는 가물가물 안 보일 만큼 저만치 물러난다. 또 서해 바닷가는 삐뚤빼뚤하고 움푹움푹 들어간 곳이 많다. 그곳에는 갯벌이 아주 넓게 펼쳐진다. 갯벌은 색깔이 거무튀튀하고 질척질척해서 꼭 썩은 땅 같지만 사실은 아주 기름진 땅이다. 갯벌에는 물고기뿐만 아니라 게, 조개, 낙지, 갯지렁이 같은 온갖 생물들이 우글우글 살고 있다.

강을 오르내리는 물고기

뱅어

가숭어

황복

웅어

갯벌에 사는 물고기

말뚝망둥어

짱뚱어

5_4 남해 물고기

남해는 경상남도 부산 앞바다에서 전라남도 진도 앞바다까지 아우르는 바다다. 바다 너머에 일본이 가깝다. 섬이 많아서 '다도해'라고도 한다. 우리나라에 있는 섬 가운데 절반이 넘는 섬이 남해에 있다. 아주 옛날에는 산봉우리였는데 물이 차오르면서 산봉우리가 섬이 되었다. 크고 작은 섬이 2000개 넘게 있다. 남해 바닷가는 삐뚤빼뚤하고 움푹움푹 들어간 곳이 많다. 온 세계에서 이렇게 섬이 많고 바닷가가 삐뚤빼뚤한 곳은 남해뿐이라고 한다. 물 깊이는 100m 안팎이고 가장 깊은 곳은 물 깊이가 210m이다. 동해보다 훨씬 얕고 서해보다는 조금 깊다. 바닷속으로 땅이 완만하게 깊어진다. 그래서 서해보다는 썰물이 덜 빠지고 동해보다는 훨씬 많이 빠진다. 남해는 바닷가에 바위가 많고 물이 맑아 바다풀들이 숲을 이루며 잘 자란다.

따뜻한 물에 사는 물고기

따뜻한 먼바다를 돌아다니는 물고기

남해에는 따뜻한 태평양 물이 제주도를 거쳐 남해로 올라온다. 따뜻한 물은 우리나라와 일본 사이에 있는 대한해협을 거쳐 동해까지 올라간다. 겨울에도 물 온도가 10도 밑으로 안 내려간다. 그래서 따뜻한 물을 좋아하는 물고기가 많다. 멸치와 고등어가 많고 갈치, 삼치, 전갱이, 방어뿐만 아니라 덩치 큰 다랑어도 떼로 몰려온다. 바닷가 갯바위에는 돌돔이나 참돔, 감성돔 같은 물고기가 많이 산다. 남해에는 바닷물고기가 모두 750종쯤 산다.

겨울에는 동해에서 차가운 물이 내려온다. 대구나 청어 같은 물고기가 남해까지도 내려온다. 연어가 낙동강이나 섬진강을 따라 올라가기도 한다. 그래서 남해에는 따뜻한 물에 사는 물고기가 많지만, 겨울에는 차가운 물에 사는 물고기도 볼 수 있다. 서해에 사는 물고기도 동해에 사는 물고기도 볼 수 있다.

바닷가 갯바위에 사는 물고기

독가시를 가진 물고기

5_5 제주 물고기

제주도는 커다란 섬이다. 우리나라에서 가장 큰 섬이다. 제주도에는 사람이 사는 마라도, 가파도, 우도, 비양도 네 섬을 거느리고 있다. 북쪽으로는 남해와 서해가 있고 남서쪽으로는 동중국해가 있고 동쪽으로는 남해를 거쳐 동해와 이어진다. 남동쪽으로 멀리 가면 드넓은 태평양이 나온다. 제주 바닷가에는 섬에서 흘러 내려온 민물이 물 밑에서 솟아 오른다.

제주 남쪽 바다는 태평양 쪽에서 따뜻한 바닷물이 올라온다. 한겨울에도 바닷물 온도가 10도 밑으로 내려가지를 않는다. 따뜻한 바닷물을 따라 고등어나 갈치가 떼를 지어 올라온다. 고등어 떼를 쫓아 덩치 큰 청새치나 돛새치도 따라 올라온다. 고래상어나 쥐가오리처럼 커다란 물고기도 가끔 올라온다. 빨판상어는 고래상어나 쥐가오리 몸에 찰싹 붙어서 따라다닌다. 물이 따뜻하니까 열대 바다에 사는 물고기들이 함께 올라와 눌러산다. 나비고기나 흰동가리처럼 열대 고기는 몸빛이 화려하고 뚜렷하다. 서해나 동

제주 바다에 많이 사는 물고기

따뜻한 물을 따라 먼바다를 돌아다니는 물고기

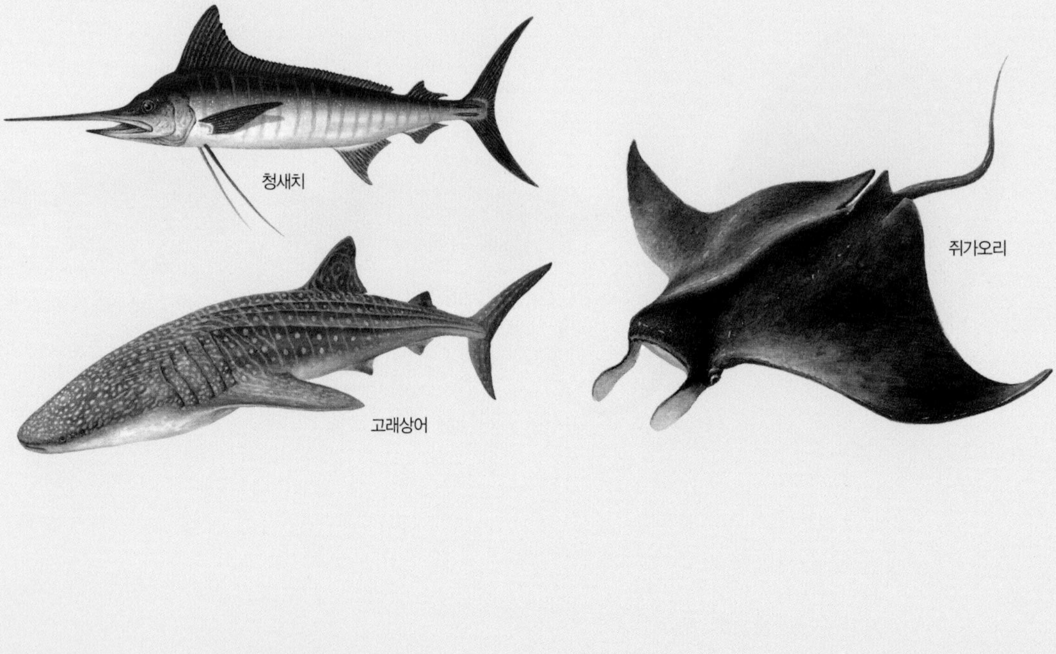

해에서는 볼 수 없는 물고기다. 제주도 북쪽 바다는 남해와 서해랑 잇닿아 있으니까 남해와 서해에 사는 물고기도 산다. 열대 지역에 사는 무태장어는 제주도에서만 볼 수 있다.

제주 바다는 산호가 밭을 이루며 자란다. 서해나 남해나 동해에서는 좀처럼 볼 수 없다. 우리나라에 사는 산호 가운데 절반 이상이 제주 바다에서 자란다. 산호는 마치 꽃이 핀 것처럼 색깔이 울긋불긋 화려하다. 그래서 사람들은 제주 바닷속을 꽃동산이라고도 한다. 산호 밭에는 먹을거리도 많고 몸을 숨길 곳도 많으니까 물고기들이 많이 모여 산다. 흰동가리나 샛별돔은 독침을 가진 말미잘에 들어가 숨어 산다. 또 바닷말들이 숲을 이루며 잘 자라서 물고기들이 알을 낳고 새끼가 숨어 지내기에 알맞다. 제주 바다에는 바닷물고기가 모두 750종쯤 산다.

제주 바다에서만 보는 물고기

청줄돔

독가시치

쏠배감펭

무태장어

산호 밭에 사는 물고기

흰동가리

나비고기

깃대돔

곰치

5_6 물고기 잡기

우리나라 사람들은 오랜 옛날부터 바닷물고기를 잡았다. 옛날에는 배가 튼튼하지 않으니까 가까운 바다에서 물고기를 잡았다. 요즘에는 덩치 크고 힘센 배를 타고 먼바다까지 나가서 물고기를 잡는다. 바다로 나가지 않더라도 바닷가에서 낚시도 하고 그물을 쳐서 잡기도 한다. 사람들이 즐겨 먹는 물고기는 아예 바다에 그물을 쳐 놓고 기른다. 요즘에는 바닷속에 물고기가 살 수 있게 집을 넣어 주기도 한다.

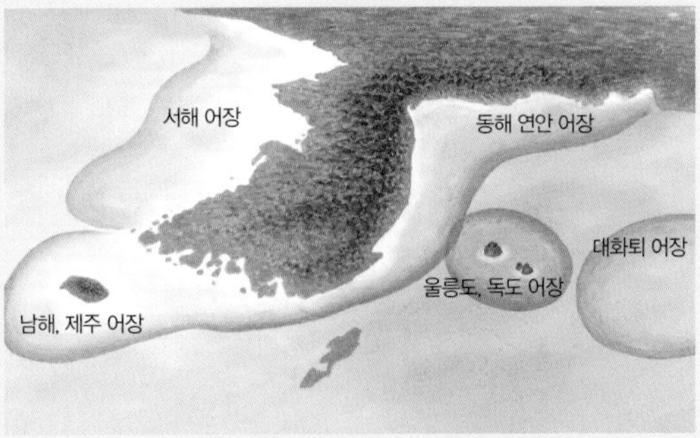

우리 나라 어장

바다에 나가 물고기 잡기

사람들은 바다에 나가 그물로 물고기를 잡는다. 커다란 그물로 잡으니까 물고기를 많이 잡을 수 있다. 배로 그물을 끌고 가면서 잡기도 하고, 그물을 둥그렇게 둘러쳐서 잡기도 하고, 물속에 그물을 쳐 놓아 잡기도 한다.

끄는 그물

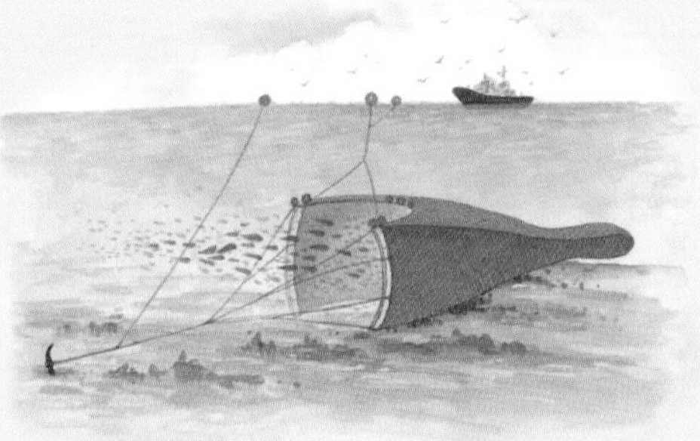

쳐 놓는 그물

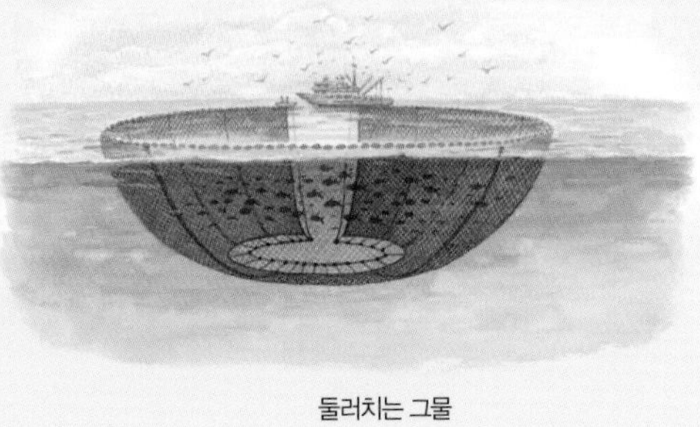

둘러치는 그물

물고기 기르기

사람들이 바다에 그물을 쳐 놓고 물고기를 가둬 기른다. 그러면 굳이 먼바다에 나가서 물고기를 안 잡아도 된다. 이를 '가두리 양식'이라고 한다.

가두리 양식장

바닷물고기가 집까지 오는 과정

바다에서 잡은 물고기는 여러 사람 손을 거쳐 우리 밥상까지 온다. 땀 흘리며 물고기 잡는 사람, 잡은 물고기를 한곳에 모으는 사람, 먹기 좋게 물고기를 다듬는 사람, 시장에서 물고기를 파는 사람을 거쳐야 우리 밥상에 오른다.

5_7 사라지는 물고기

사람들이 먹고살려니까 옛날 옛적부터 바닷물고기를 잡아 왔다. 오랫동안 바닷물고기는 해마다 어김없이 떼로 몰려오고는 했으니까 사람들은 끝도 없이 잡을 수 있는 먹을거리라고 생각했다. 하지만 요즘에는 커다란 배를 만들어 먼바다까지 나가 싹쓸이하듯 잡아 버리는 바람에 그 많던 물고기 가운데 아주 없어지려는 물고기가 있다. 사람들이 잡을 욕심만 많고 알맞게 잡거나 보호하려는 마음이 덜 하기 때문에 생기는 일이다. 하지만 이제는 사람들이 잡을 욕심만 부리지 말고 바닷물고기가 다 없어지지 않게 관심을 가지고 힘써야 한다. 물고기가 없어지는 또 다른 까닭은 바닷물이 더러워지기 때문이다. 사람들이 더러운 물을 바다에 마구 흘려 버리거나 쓰레기를 버리기 때문에 바다가 스스로 깨끗해지는 힘을 넘어 점점 더러워지고 있다. 더러운 물에서는 물고기가 살 수 없다. 또 더러워진 물고기를 먹은 사람들은 탈이 날 수밖에 없다. 요즘에는 바닷물 온도가 올라가서 바닷물고기가 사는 바닷속 모습도 바뀌고 있다.

더러운 물

기름 오염

바다 쓰레기

유조선 침몰

마구 잡는 물고기 잡이

사라지는 물고기

사람들이 마구 잡거나 물이 더러워지면서 사라져 가는 물고기들이다. 한번 사라진 물고기는 다시 볼 수 없다.

바다 목장

요즘에는 물고기들이 편안하게 살 수 있도록 바닷속에 집을 넣어 준다. 소나 말이나 양 따위를 기르는 목장처럼 바다에서 물고기를 기른다고 '바다 목장'이라고 한다. 우리나라는 1998년부터 경남 통영 앞바다에서 맨 처음 바다 목장을 시작했다. 그 뒤로 전남 여수, 경북 울진, 충남 태안, 제주도에 바다 목장을 만들었다.

2. 우리 바다 물고기

먹장어목
꾀장어과

먹장어

Eptatretus burgeri

먹장어는 우리나라 남해와 제주 바다에 살고, 일본 남쪽 바다와 동중국해에도 산다. 물 깊이가 40~60m쯤 되는 얕은 바다 밑바닥에서 산다. 부레가 없어서 물 위로 떠오르지 못한다. 더구나 꼬리지느러미만 있고 나머지 지느러미는 하나도 없다. 그래서 헤엄을 잘 못 치고 꿈틀꿈틀 기어 다니기를 좋아한다. 낮에는 펄 바닥이나 모랫바닥 속에 숨어서 콧구멍과 수염만 밖으로 내밀고 있다가 밤에 나와서 먹이를 찾는다. 다른 물고기 몸에 찰싹 달라붙거나, 물고기가 죽어서 바닥에 떨어지면 냄새를 맡고 달려들어서 깨끗이 먹어 치운다. 동그란 입을 먹잇감 몸에 붙이고 입속에 감춘 이빨로 살과 내장을 파먹는다. 먹장어는 옆구리에 난 구멍에서 끈끈한 점액이 많이 나온다. 큰 물고기가 덤비면 점액을 잔뜩 내뿜어서 몸 근처 바닷물을 젤리처럼 만들어 몸을 지킨다. 또 끈끈한 점액을 거미줄처럼 쳐 놓고 물고기가 걸리면 잡아먹기도 한다.

먹장어는 장어라는 이름이 붙었지만 장어 무리랑 영 딴판인 물고기다. 장어와 달리 뼈가 물렁물렁하고 턱이 없다. 눈은 살갗에 묻혀 있어 밤인지 낮인지만 안다. 눈이 없어도 냄새를 맡고 입가에 난 수염을 더듬어 먹이를 찾는다. 아가미도 구멍만 뚫려 있다. 물고기 가운데 가장 원시적인 물고기다.

이름 먹장어는 '눈 먼 장어'라는 뜻이다. 먹장어라는 이름은 눈이 없어 보지 못하는 묵(墨), 즉 맹목(盲目)이라는 뜻에서 온 것 같다. 사람들은 흔히 '꼼장어'라고 한다. 지역에 따라 '묵장어, 헌장어, 곤배장어, 꾀장어, 푸장어'라고도 한다. 영어로는 'borer, salad eel, hagfish', 중국에서는 '포씨점맹만(蒲氏粘盲鰻)', 일본에서는 '누타우나기(ヌタウナギ, 沼田鰻)'라고 한다.

성장 몸속에 정소와 난소가 모두 있다. 난소가 더 발달하면 암컷, 정소가 더 발달하면 수컷, 둘 다 발달하면 암수한몸이 된다. 7~9월에 조금 더 깊은 바다로 들어가 짝짓기를 하고 알을 낳는다. 땅콩처럼 생긴 알을 18~32개쯤 낳는다. 알 크기는 2cm쯤 되고 누런 껍질에 싸여 있다. 알 양쪽 끝에는 가는 실이 잔뜩 나 있어 알끼리 서로 엉켜 바닥에 가라앉는다.
고기잡이 통발로 잡는다.
쓰임 해방이 된 뒤 먹장어 껍질을 벗겨 지갑이나 구두를 만들고 살은 버렸다. 어쩌다 이 살을 구워 먹기 시작했는데 지금은 사람들이 즐겨 먹게 되었다. 여름이 제철이다.

50~60 cm
남해, 제주
7~9월

다른 이름 꼼장어, 묵장어, 헌장어, 곤배장어, 꾀장어, 푸장어
분포 우리나라, 일본, 동중국해
먹이 죽은 물고기, 갯지렁이
특징 턱이 없고 뼈가 물렁물렁하다.

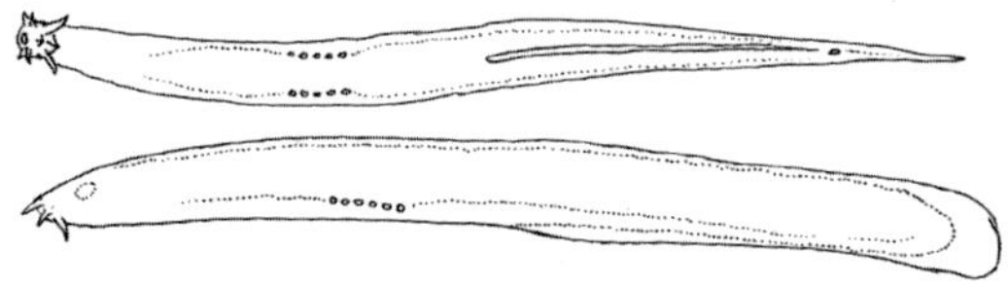

몸길이는 50~60cm쯤 된다. 몸빛은 밤색이고, 몸은 뱀처럼 길다. 비늘이 없고 반들반들하다. 입은 동그랗고 입속에는 혀가 있고 이빨이 나 있다. 입 가장자리에 수염이 8개 났다. 눈은 퇴화해서 살갗에 파묻혀 있다. 눈 있는 곳 살갗 색깔이 조금 하얗다. 머리에서 꼬리까지 배쪽에 작은 구멍들이 줄지어 나 있고, 아가미구멍이 여섯 개, 드물게 일곱 개가 쌍으로 마주 나 있다. 맨 앞쪽 아가미구멍이 다른 것보다 훨씬 크다. 등지느러미와 뒷지느러미는 없고 꼬리지느러미만 있다. 옆줄은 없다.

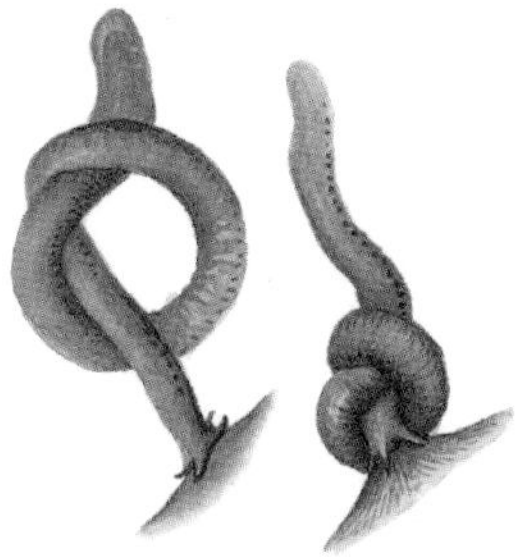

매듭짓기 먹장어나 칠성장어는 다른 물고기에 착 달라붙고 나면 힘을 쓰려고 몸을 꼬아서 매듭을 짓는다. 몸에서 끈끈한 점액을 훑어 낼 때도 매듭을 짓는다.

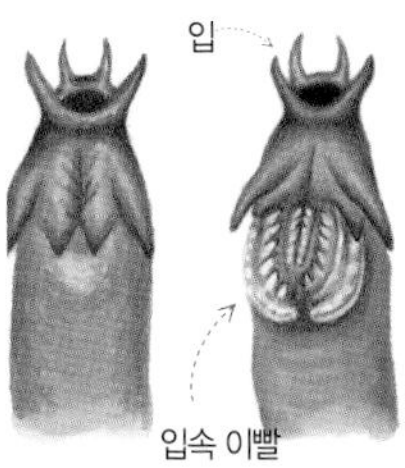

먹장어 입 먹장어는 턱이 없고 입이 동그랗다. 입안에는 자잘한 혓바닥니가 나 있다. 입 앞에는 수염이 났다.

먹장어 알 먹장어는 가을에 알을 낳는다. 알은 땅콩처럼 생긴 껍질에 싸여 있다.

칠성장어목
칠성장어과

칠성장어

Lethenteron japonicus

칠성장어는 차가운 물을 좋아하는 물고기다. 우리나라 동해로 흐르는 강에서 볼 수 있고, 일본 북부와 사할린, 시베리아 강에서도 볼 수 있다. 칠성장어는 강과 바다를 오가며 산다. 바다에서 살다가 강을 거슬러 올라와 알을 낳는다. 알에서 깨어난 새끼는 서너 해쯤 강에서 살다가 바다로 간다. 바다에 가면 밤에 연어나 송어, 넙치 같은 큰 물고기에 달라붙어 날카로운 이빨을 옴쭉옴쭉 움직여 살갗을 갉아 먹고 피를 빨아 먹는다. 한번 붙으면 물고기가 죽을 때까지 피를 빨아 먹는다. 또 죽은 물고기를 말끔히 먹어 치워서 바다 청소부 노릇도 한다. 바다에서 이삼 년쯤 크면 오뉴월에 알을 낳으러 강으로 간다. 구시월에 강에 올라와 이듬해까지 지내다 봄에 알을 낳기도 한다. 강에 오면 수컷이 주둥이 빨판으로 자갈이 깔린 강바닥을 헤쳐 바가지처럼 옴폭하게 파 놓는다. 그러면 암컷이 와서 물이 내려오는 구덩이 앞쪽 돌에 입을 딱 붙이고 몸을 길게 뻗고, 수컷 여러 마리가 암컷 머리에 입을 붙이고 뒤엉켜 몸을 떨면서 짝짓기를 한다. 알을 낳으면 암컷과 수컷은 죽는다. 알은 끈적끈적해서 자갈이나 돌에 딱 달라붙는다. 알에서 나온 새끼는 어미와 생김새가 딴판이고 강바닥 펄 속에 살면서 유기물이나 플랑크톤을 먹는다. 먹장어와 더불어 가장 원시적인 물고기다.

이름 몸에 구멍이 일곱 개 있다고 '칠성장어(七星長魚)'다. 다묵장어(多目長魚)를 칠성장어라고도 하지만, 다묵장어는 평생 민물에서만 사는 다른 물고기다. 일본에서는 눈 뒤에 있는 아가미구멍 7개가 마치 눈처럼 보여 눈이 모두 8개라고 '가와야쓰메(カワヤツメ, 河八眼)'라고 한다. 영어로는 입으로 찰싹 붙는다고 'lamprey'라고 한다.

성장 암컷 한 마리가 알을 8만~10만 개쯤 낳는다. 알에서 나온 새끼는 어른과 생김새가 전혀 다르다. 이때에는 이빨이 없고, 눈이 살갗에 파묻혀 있다. 탈바꿈을 하면 몸이 짧아지고, 눈과 이빨이 생겨나고 입이 빨판처럼 동그래져 다른 물고기한테 달라붙을 수 있다. 15~20cm쯤 크면 가을에서 겨울 사이에 탈바꿈을 하고 이듬해 봄에 모두 바다로 내려간다. 2년에 11~18cm, 3년에 14~20cm쯤 큰다.

고기잡이 강을 거슬러 올라올 때 통발에 잡히기도 하지만 지금은 환경부에서 멸종 위기 2급으로 정해서 보호하고 있다.

쓰임 칠성장어에는 비타민 A가 살아 있을 때는 뱀장어보다 5배, 말리면 30배쯤 많이 있다. 내장 기관에 많이 들어 있다. 야맹증, 각기병 환자에게 좋다. 살갗에 덮여 있는 점액을 씻어 내고 먹어야 한다.

40~50 cm
동해
5~6월

다른 이름 다묵장어
분포 우리나라, 일본, 시베리아, 사할린
먹이 죽은 물고기
특징 다른 물고기에게 들러붙어 살을 파먹는다.

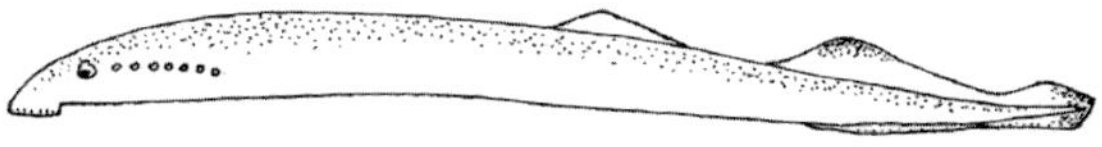

몸길이는 40~50cm쯤 된다. 몸은 원통 모양이고 뱀처럼 길다. 몸 빛깔은 까만 밤색이고 배는 하얗다. 몸이 끈적끈적한 진물로 덮여 있고 비늘이 없다. 턱이 없어 입은 둥근 빨판이고 이빨이 잔뜩 나 있다. 콧구멍은 머리 등 쪽에 있다. 아가미구멍이 7쌍 뚫려 있다.
등지느러미는 두 개로 되어 있고, 두 번째 등지느러미는 꼬리지느러미와 이어진다. 두 번째 등지느러미와 꼬리지느러미 가장자리가 까맣다. 가슴지느러미와 배지느러미는 없다. 옆줄은 없다.

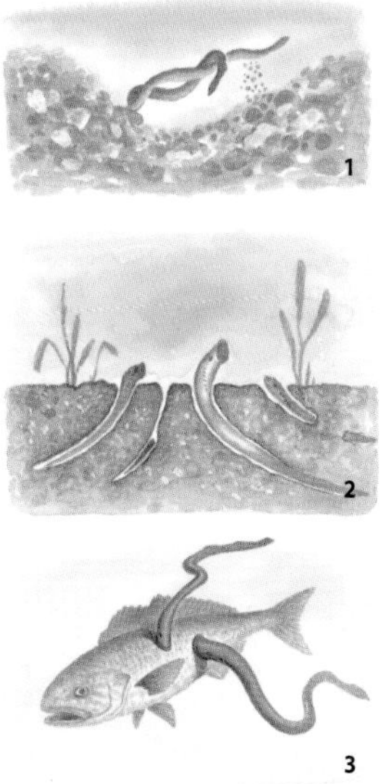

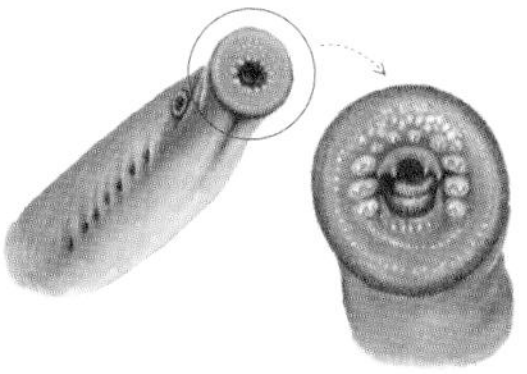

1. 수컷이 강바닥 자갈을 파헤쳐 알 낳을 자리를 만든다. 암컷이 자갈에 붙어서 알을 낳고 죽는다.
2. 알에서 나온 새끼는 강바닥에서 서너 해쯤 살다가 다 자라면 바다로 내려간다.
3. 바다에서 두 해쯤 살다가 알을 낳으러 강을 거슬러 올라온다.

칠성장어와 먹장어는 죽은 물고기를 먹어 치워서 바다 청소부 노릇을 한다.

칠성장어 입 턱이 없어서 입이 빨판처럼 동그랗다. 입 위아래에 이빨이 있고 그 둘레에도 자잘한 이빨이 나 있다.

수염상어목
고래상어과

고래상어

Rhincodon typus

고래상어는 따뜻한 물을 따라 넓은 바다를 돌아다닌다. 따뜻한 물을 따라 우리나라에 가끔 올라온다. 우리나라 남해와 제주 바다에서 볼 수 있고, 온 세계 온대와 열대 바다에 산다. 물낯 가까이에서 물고기 떼와 함께 홀로 헤엄치거나 여러 마리가 무리를 지어 헤엄쳐 다닌다. 수컷이 암컷보다 더 멀리 돌아다닌다. 가끔 물속 700m 깊은 곳까지 헤엄쳐 들어간다. 물속에서 큰 입을 떡 벌리고 작은 플랑크톤이나 오징어나 멸치 같이 작은 물고기를 걸러 먹는다.

고래상어는 세상에서 몸집이 가장 큰 물고기다. 다 크면 몸길이가 20m가 넘어 버스 두 대 길이만큼 된다. 몸무게는 40~50톤이 넘는다. 덩치가 커서 고래 같지만 아가미로 숨을 쉬는 상어다. 백상아리처럼 등지느러미가 뾰족 솟았다. 덩치는 커도 성질이 아주 순하다. 잠수부가 가까이 다가가 쓰다듬어도 본척만척 어슬렁어슬렁 헤엄친다.

이름 고래만큼 몸집이 크다고 '고래상어'다. 영어로는 'whale-shark', 일본에서는 '진베자메(ジンベエザメ)', 중국에서는 '경사(鯨鯊)'라고 한다.
성장 처음에는 알을 낳는 난생으로 알려졌다가 지금은 새끼를 낳는 난태생이라고 짐작하고 있다. 성장은 아직 자세히 밝혀지지 않았다.
고기잡이 수가 많지 않아서 멸종 위기종으로 보호하고 있는 물고기다. 함부로 잡으면 안 된다.
쓰임 우리나라에서 먹지 않는다.

20 m 안팎
제주, 남해
모름

다른 이름 없음
분포 온 세계 온대와 열대 바다
먹이 플랑크톤, 작은 물고기, 오징어 따위
특징 몸집이 가장 큰 물고기다.

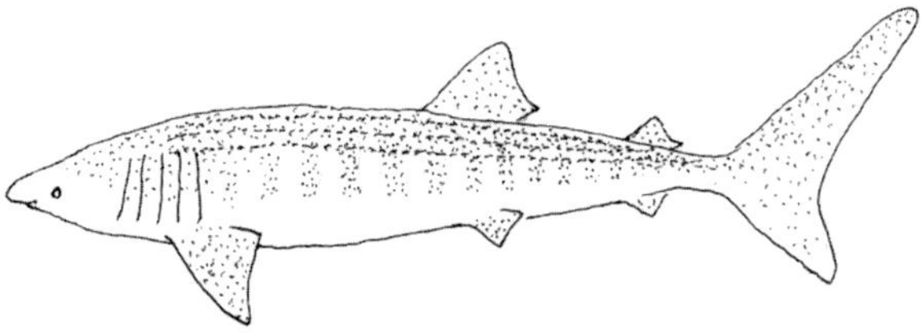

몸길이는 20m 안팎이다. 20m 넘게 크기도 한다. 등은 푸르스름하고 배는 하얗다. 몸 앞쪽은 위아래로 납작하다. 온몸에 하얀 점이 흐드러졌다. 입은 크고 자잘한 이빨이 촘촘하게 났다. 아가미 다섯 개가 세로로 길쭉하다. 등지느러미는 두 개인데 앞에 난 것은 크게 우뚝 솟았고 뒤에 난 것은 작다. 가슴지느러미는 크고 넓고 낫 모양이다. 꼬리지느러미는 가위처럼 갈라지는데 위쪽이 더 길다.

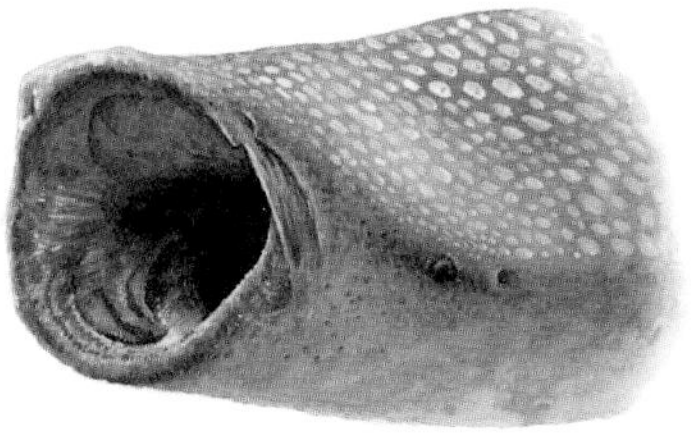

고래상어 얼굴 고래상어는 입을 크게 쫙 벌리고 헤엄치면서 작은 플랑크톤이나 물고기 따위를 걸러 먹는다.

두툽상어

Scyliorhinus torazame

두툽상어는 따뜻한 물을 좋아한다. 우리나라 서해와 남해, 제주 바다에 살고 일본, 필리핀 바다에도 산다. 상어지만 성질이 순하고 크기도 작다. 물 깊이가 100m 안쪽인 바다 밑바닥에 살면서 작은 물고기나 새우, 게 따위를 먹고 산다. 몸은 방패비늘로 덮여 있는데, 꼬리 방향으로 만지면 부드럽지만 머리 방향으로 만지면 꺼끌꺼끌하다.

두툽상어는 알을 낳는다. 알은 질기고 두툼하고 네모난 알주머니에 들어 있다. 네모난 알주머니 모서리에는 가느다란 실이 꼬불꼬불 나 있다. 알에서 깨어난 새끼는 주머니에 있다가 밖으로 빠져나온다.

이름 두툽상어는 지역에 따라 '개상어' (부산, 남해안), 몸이 누렇고, 짙은 얼룩무늬가 나 있다고 '범상어(전남)' 라고도 한다. 영어로는 'cloudy dogfish, cloudy catshark' 라고 한다. 일본에서는 '도라자메(トラザメ, 虎鮫)', 중국에서는 '호문묘사(虎紋猫鯊)' 라고 한다.
성장 아직 잘 밝혀지지 않았다.
고기잡이 바닥까지 그물을 내려서 끌그물로 잡는다.
쓰임 부산과 남해 바닷가에서 회로 먹는다.

50 cm
서해, 남해, 제주
모름

다른 이름 개상어, 범상어
분포 우리나라, 일본, 필리핀
먹이 작은 물고기, 새우, 게 따위
특징 알이 네모난 알주머니에 들어 있다.

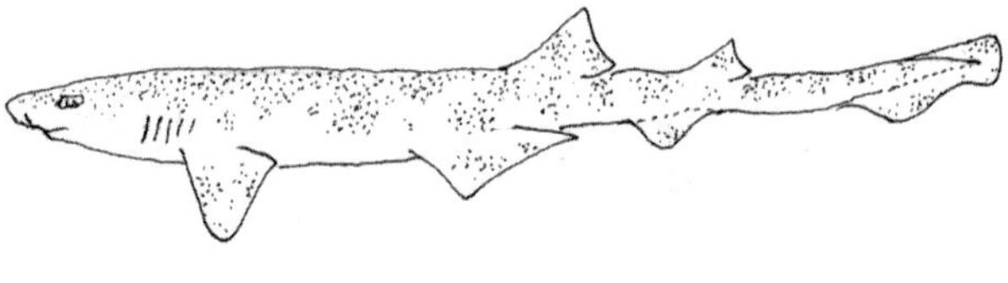

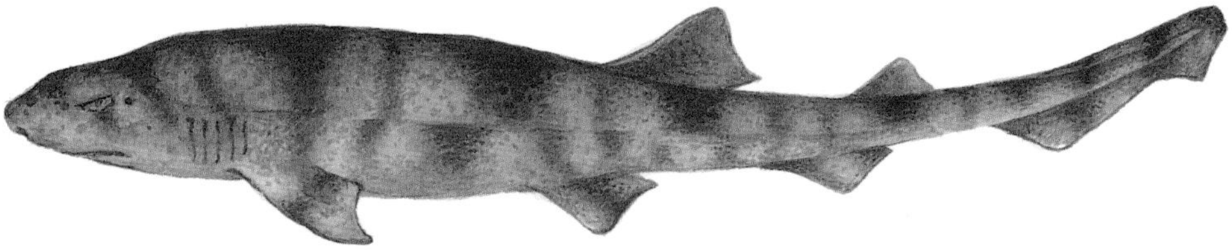

몸길이가 50cm쯤 된다. 몸이 누렇고, 짙은 얼룩무늬가 나 있다. 머리는 위아래로 납작하다. 주둥이는 짧고 끝이 둥글다. 입은 배 쪽에 있고, 입술 양 끝에 입술주름이 있다. 이빨 끝이 세 갈래로 갈라졌다. 아가미구멍 5개가 세로로 쭉 나 있다. 등지느러미는 두 개로 나뉘었고 몸 뒤쪽에 있다. 첫 번째 등지느러미는 배지느러미 뒤쪽에 있다. 꼬리지느러미는 짧다.

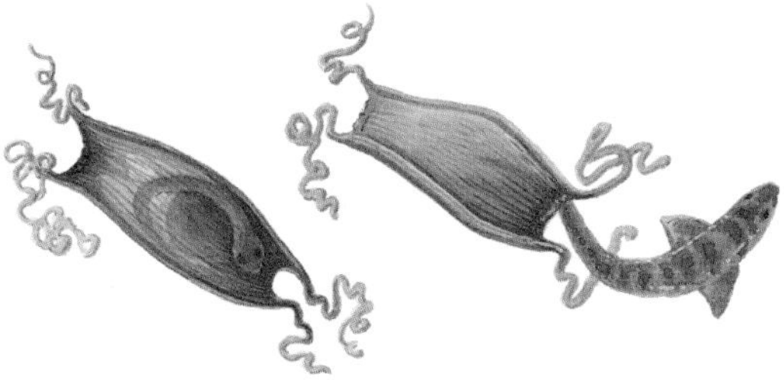

두툽상어 알은 알주머니에 들어 있다. 알주머니는 네모나고 모서리에 꼬불꼬불한 줄이 있다. 알주머니 안에서 새끼가 밖으로 나온다.

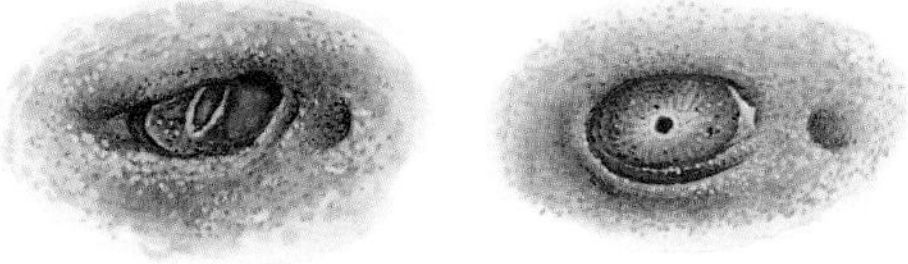

두툽상어 눈 별상어 눈

두툽상어와 별상어 눈 두툽상어나 별상어처럼 작은 상어는 어두운 곳에서도 잘 볼 수 있다. 눈 가장 안쪽에 은빛 판이 있어서 빛을 모아 준다.

까치상어

Triakis scyllium

까치상어는 따뜻한 바다를 좋아한다. 우리나라 서해와 남해에 살고 일본, 대만, 인도양, 호주에도 산다. 상어 무리 가운데 덩치가 작은 축에 드는 상어다. 성질이 순해서 사람에게 안 달려든다. 바닷가 가까운 물속 진흙 바닥이나 바다풀이 어우렁더우렁 자란 숲에서 산다. 혼자 돌아다니기를 좋아하고 가끔 무리를 지어 쉬기도 한다. 깜깜한 밤에 바닥을 돌아다니면서 작은 물고기나 새우나 게 따위를 잡아먹는다.

까치상어는 새끼를 낳는다. 다른 물고기들은 암컷이 알을 낳으면 수컷이 수정을 시키지만, 까치상어는 짝짓기를 해서 새끼를 낳는다. 봄이 되면 새끼를 20~40마리쯤 낳는다.

이름 까만색과 하얀색이 번갈아 늘어선 모양이 까치 몸 무늬를 닮았다고 '까치상어'라는 이름이 붙었다. 또 까만 줄무늬가 대나무 마디처럼 나 있다고 '죽상어'라고도 한다. 《자산어보》에는 '죽사(竹鯊) 속명을 그대로 따름'이라고 쓰고 '양쪽 옆구리에 까만 점이 있는데 줄을 지어 꼬리까지 늘어서 있다'고 나와 있다. 영어로 'banded houndshark', 일본에서는 '도치자메(ドチザメ, 奴智鮫)'라고 한다.
성장 아직 많이 밝혀지지 않았다.
고기잡이 끌그물이나 걸그물로 잡는다.
쓰임 까치상어는 성질이 순하고 사는 곳을 바꿔도 잘 지내서 수족관에서 많이 기른다. 회로 먹기도 한다.

1 m 안팎
서해, 남해
봄

다른 이름 죽상어
분포 우리나라, 일본, 대만, 인도양, 호주
먹이 작은 물고기, 새우, 게 따위
특징 새끼를 낳는다.

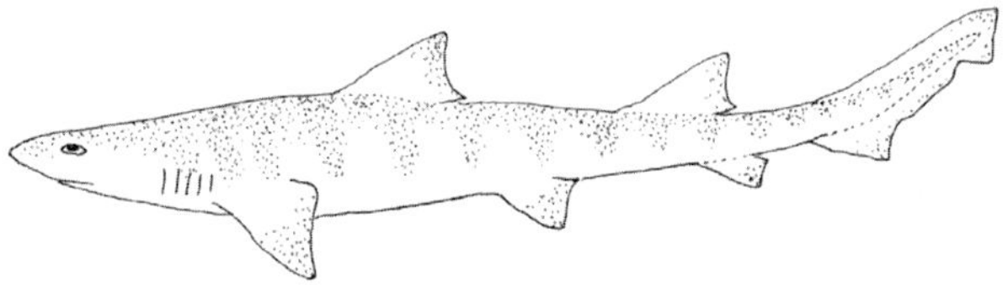

몸길이가 1m 안팎이다. 몸 색깔은 잿빛이고 검은 띠무늬가 열 줄쯤 나 있다. 몸에는 작고 검은 점들이 흐드러진다. 몸은 길쭉하고 홀쭉하다. 머리는 아래위로, 꼬리는 양옆으로 납작하다. 아가미구멍이 가슴지느러미 바로 앞쪽에 다섯 줄 나 있다. 등지느러미 두 개는 세모꼴로 뾰족 솟았다. 꼬리지느러미는 위아래 모양이 다르다.

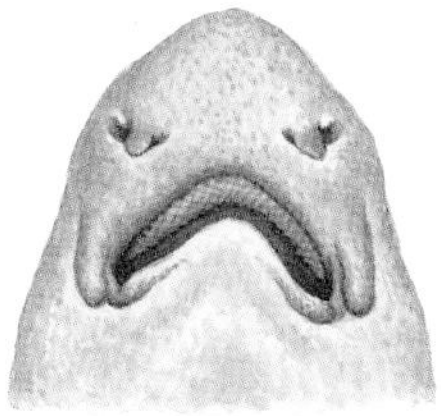

까치상어는 배가 납작하다. 입과 코는 아래에 붙어 있다.

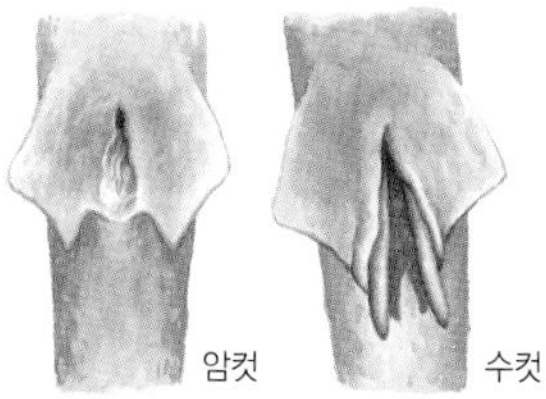

까치상어는 다른 물고기와 달리 짝짓기를 해서 새끼를 낳는다. 수컷은 교미기가 길게 늘어졌다.

귀상어

Sphyrna zygaena

귀상어는 따뜻한 물을 좋아하는 물고기다. 우리나라 온 바다와 온 세계 온대와 열대 바다에 산다. 먼바다에 살며 바닷가 가까이로는 잘 안 온다. 바닷속 가운데나 밑바닥에서 헤엄쳐 다니며 먹이를 잡아먹는다. 머리 양 끝에 멀리 떨어져 있는 눈과 코로 먹이를 찾는다. 또 백상아리처럼 로렌치니 기관으로 먹이를 찾는다. 밤에 물고기나 오징어, 갑각류 따위를 잡아먹는데 노랑가오리를 좋아해서 귀상어 목과 혀에 노랑가오리 꼬리에 달린 독가시가 가끔 박혀 있다. 머리가 망치 모양이라 생김새는 우습지만 백상아리만큼 성질이 사나워서 사람한테 덤비기도 한다. 옛날 사람들은 망치처럼 생긴 머리를 귀라고 여겼다. 머리 생김새가 사뭇 달라서 한눈에 구별할 수 있는 상어다.

이름 귀상어는 옛 기록에 따르면 지역에 따라 '양재기, 양반상어(경남), 양징이(통영), 관상어(충남), 안경상어(평남)' 라고도 했다. 《경상도 지리지》와 《여지승람》에는 '쌍어(雙魚)' 라고 했다. 《자산어보》에는 '노각사(艫閣鯊) 속명 귀안사(歸安鯊)' 라고 써 놓고, '큰 놈은 1장(丈, 3m쯤) 남짓 한다. 머리는 노각(艫閣)과 닮았다. 머리 쪽은 모가 나 있지만 몸 뒤쪽은 가늘어져 기름상어와 닮았다. 눈은 노각 양쪽 끝에 있다. 등지느러미는 아주 커서 지느러미를 펴고 헤엄칠 때면 마치 배가 돛을 편 것과 같다' 고 하고 '노각은 배 앞 돛대에 옆으로 걸쳐 놓아 배 바깥으로 튀어나온 멍에 머리 부분이다. 노각 양쪽은 모두 넓적한 널빤지로 만드는데 이것을 귀안(歸安)이라고 한다. 노각사라는 이름은 이 물고기 모양이 노각을 닮았기 때문에 붙여졌다. 이 노각상어는 두 귀가 좌우로 길게 뻗어 나와 있는데, 이 귀(耳)를 사투리로 '귀(歸)' 라고 한다. 그래서 귀안상어라고도 한다. 노각도 역시 배에 있는 두 귀(耳)다' 라고 써 놓았다. 영어로는 'smooth hammerhead', 일본에서는 '슈모쿠자메(シュモクザメ, 撞木鮫)' 라고 한다.
성장 난태생 물고기로 새끼를 30마리쯤 낳는다. 한살이는 아직 알려진 것이 별로 없다.
고기잡이 일부러 잡지 않는다.
쓰임 우리나라에는 흔치 않다. 일본에서는 살로 어묵을 만들고, 중국에서는 지느러미로 요리를 한다.

4 m
먼바다
모름

다른 이름 양재기, 양반상어, 양징이, 관상어, 안경상어
분포 온 세계 온대와 열대 바다
먹이 물고기, 오징어, 갑각류 따위
특징 머리가 망치 모양이다.

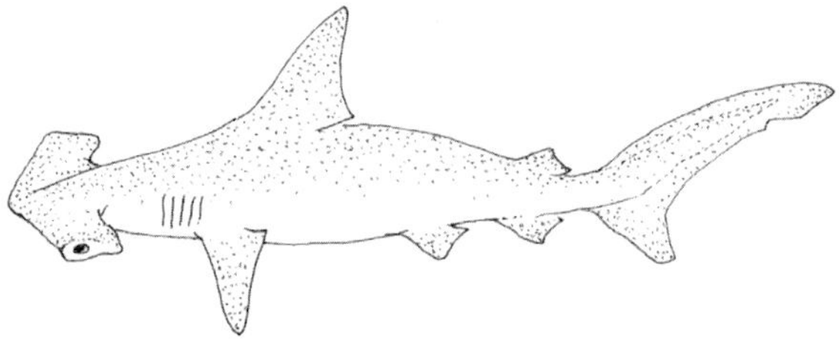

몸길이는 4m쯤 된다. 몸빛은 푸르스름한 잿빛이다. 머리가 망치처럼 양쪽 옆으로 길쭉하다. 눈은 머리 양 끝에 있다. 아가미구멍 5개가 세로로 쭉 찢어졌고 마지막 아가미구멍은 작다. 등지느러미는 두 개로 나뉘었고, 첫 번째 등지느러미가 크고 두 번째는 작다. 뒷지느러미도 작다. 꼬리지느러미 위쪽이 더 길다.

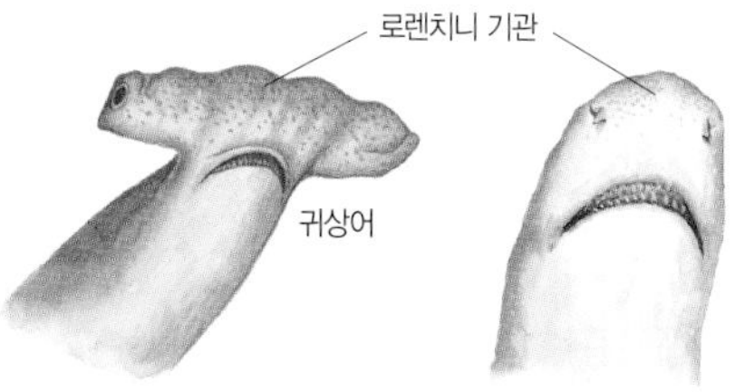

상어 머리 밑에는 작은 구멍이 수백 개 뚫려 있다. '로렌치니 기관'이라고 한다. 이 구멍으로 생물이 내는 약한 전류를 느껴 먹이를 찾는다.

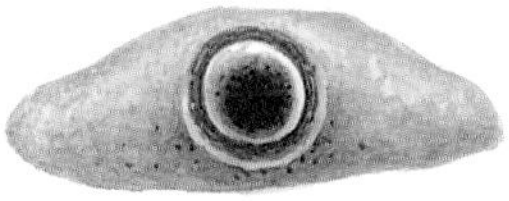

귀상어 눈 눈이 망치처럼 생긴 머리 양 끝에 붙어 있다.

돌묵상어

Cetorhinus maximus

돌묵상어는 온 세계 온대와 한대 바다를 무리를 지어 돌아다니는 물고기다. 우리나라 바다에도 가끔 나타난다. 혼자 다니기도 하고 두세 마리가 함께 다니기도 하는데, 가끔 두세 마리가 길잡이를 하고 수십 수백 마리가 따라 헤엄치기도 한다. 고래상어 다음으로 몸집이 큰 상어다. 덩치는 커도 고래상어처럼 순하고 느긋하다. 바다 위로 뾰족한 등지느러미를 내놓고 온종일 떠다니며 큰 입을 쫙 벌리고 쪼그만 플랑크톤을 걸러 먹는다. 돌묵상어는 작은 먹이를 아가미에 붙어 있는 아가미털로 걸러 먹어서 아가미털이 아주 가늘고 길고 촘촘하다. 그런데 이 아가미털은 털갈이를 한다. 해마다 10~11월이 되면 모두 빠지고 이듬해 2월에 다시 생겨난다. 아가미털이 모두 빠진 때에는 아무것도 안 먹고 바다 밑에 있다가 새로 자라면 다시 돌아다니며 먹이를 먹는다. 가끔 물 위로 뛰어오르기도 한다.

이름 돌묵상어는 '물치(부산, 경남)'라고도 한다. 영어로 햇빛을 쬐는 상어라는 뜻인 'basking shark'라고 한다. 일본에서는 '우바자메(ウバザメ)', 중국에서는 '모사(姥鯊)'라고 한다.
성장 아직까지 잘 모른다. 난태생으로 짐작되고 길이가 2m나 되는 새끼를 낳는다. 12~16년이 지나면 어른이 된다.
고기잡이 가끔 그물에 걸려 잡힌다. 물낯에 떠서 쉴 때 창이나 작살로 잡기도 한다.
쓰임 간이 커서 기름을 짠다.

15 m
가끔 나타남
모름

다른 이름 물치
분포 온 세계 온대와 한대 바다
먹이 플랑크톤
특징 고래상어 다음으로 몸집이 큰 상어다.

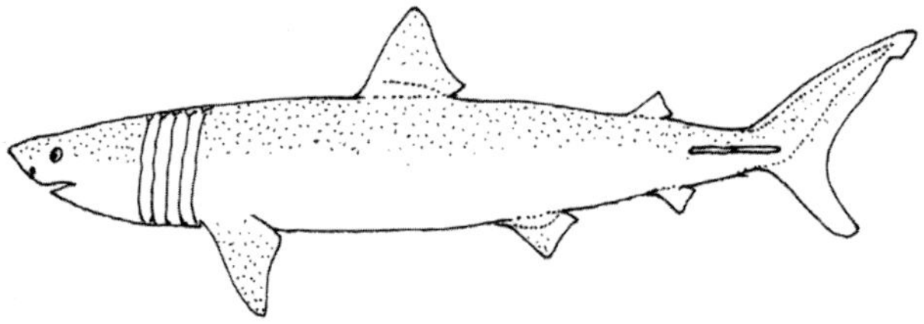

몸길이는 15m까지 자란다. 온몸은 어두운 밤색이고 배는 조금 밝다. 머리는 위아래로 납작하다. 주둥이는 짧고 둥글다. 입은 크고 양턱에 작은 원뿔 모양 이가 나 있다. 눈은 작다. 아가미구멍 5개는 등에서 배까지 길어서 온몸을 감싸는 듯 보인다. 등지느러미는 두 개로 떨어지고 앞쪽 등지느러미가 크다. 첫 번째 등지느러미는 가슴지느러미와 배지느러미 사이 가운데에 있다. 가슴지느러미와 배지느러미는 크고, 뒷지느러미는 작다. 꼬리지느러미 위쪽이 더 크다.

백상아리

Carcharodon carcharias

백상아리는 흔히 '상어' 하면 떠오르는 물고기다. 우리나라 온 바다에 사는데 봄에 서해에 자주 나타난다. 온 세계 온대와 열대 바다에 산다. 물낯 가까이 사는데 1300m 깊은 바닷속까지도 들어간다. 물낯 가까이에서 헤엄치면 뾰족한 등지느러미가 물 밖으로 우뚝 솟는다. 백상아리는 물고기지만 부레가 없어서 가만히 있으면 물속으로 가라앉는다. 그래서 가만히 못 있고 끊임없이 돌아다닌다. 이리저리 돌아다니면서 먹이를 찾는데, 냄새를 잘 맡아서 수 킬로미터 떨어진 곳에서 나는 피 냄새도 맡을 수 있다. 또 머리 앞쪽에는 작은 구멍이 수백 개 뚫려 있다. 이 구멍으로 생물이 내는 약한 전류를 느끼는데 '로렌치니 기관'이라고 한다. 이것으로 먹이가 있는 곳을 정확히 찾아낸다.

백상아리는 상어 가운데 가장 사납다. 피 냄새를 맡으면 더 사나워진다. 먹잇감이 눈치 못 채게 몰래 다가가서는 눈 깜짝할 사이에 덤빈다. 큰 입을 쩍 벌려서 주둥이를 들고 이빨을 쭉 내 밀어 먹이를 잡기 때문에 뾰족한 주둥이가 먹이에 받쳐 흉터 자국이 많다. 이빨이 날카롭고 턱 힘도 세서 먹잇감을 한 번에 댕강 자를 수 있다. 이빨이 빠지면 새 이빨이 줄곧 다시 난다. 작은 물고기부터 돌고래나 바다표범이나 바다사자와 같은 덩치 큰 동물도 잡아먹는다. 큰 먹이를 한번 먹으면 한 달 동안 안 먹어도 끄떡없다. 백상아리는 다른 물고기와 달리 사람처럼 체온이 늘 일정한 온혈 동물이다. 그래서 먹이를 잡아먹어도 빠르게 소화시킨다. 사람을 바다표범이나 바다사자인 줄 알고 덤벼들기도 한다. 15년 넘게 산다.

이름 백상아리는 그냥 '백상어'라고도 한다. 영어로는 'white shark', 일본에서는 '호호지로자메(ホホジロザメ, 噬人鯊)'라고 한다. 《자산어보》에는 '사어(鯊魚)'라는 이름으로 여러 가지 상어를 적어 놓았다. 사어(鯊魚)는 살갗이 모래처럼 거칠거칠하다고 지어진 이름이다.
성장 백상아리는 난태생으로 새끼를 3~14마리 낳는다. 암컷은 13~14살, 수컷은 7~8살에 어른이 된다.
고기잡이 일부러 잡지는 않는다. 다른 물고기를 잡기 위한 그물이나 낚시에 가끔 걸린다.
쓰임 옛날에는 살갗을 거친 물건을 다듬는 사포로 썼다. 중국에서는 지느러미로 요리를 한다. 간에서 기름을 짜 약으로 쓰거나 화장품을 만든다. 옛날에는 간에서 짜낸 기름으로 등잔불을 밝히기도 했다.

6m
온 바다
사철

다른 이름 백상어
분포 온 세계 온대와 열대 바다
먹이 물고기, 바다표범, 바다사자 따위
특징 사람한테도 덤빈다.

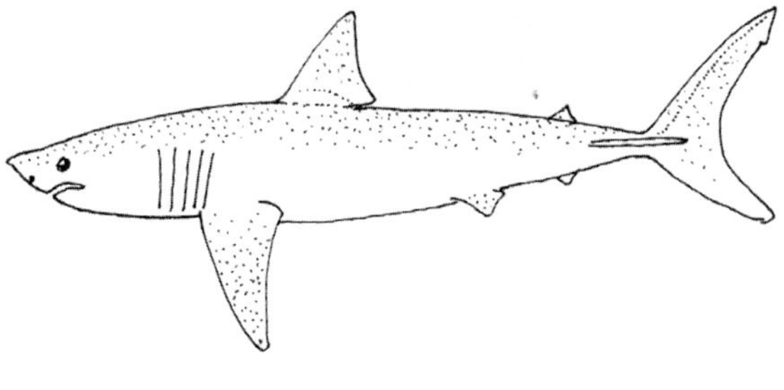

다 크면 길이가 6m쯤 되고 무게는 3톤이 넘는다. 몸빛은 푸르스름한 잿빛이고 배는 하얗다. 코끝이 뾰족하고 입은 밑에 있다. 턱에 삼각형 이가 있고, 이에는 톱니가 나 있다. 아가미는 5~7개가 쭉 찢어졌다. 몸은 원통형이고 꼬리 쪽으로 가면서 가늘어진다. 등지느러미는 세모꼴로 우뚝 솟았고 꼬리는 초승달 모양이다. 배지느러미가 날개처럼 옆으로 나 있다.

청상아리 *Isurus oxyrinchus*
백상아리처럼 성질이 사나워서 사람한테도 덤빈다. 상어 무리 가운데 헤엄을 가장 빠르게 친다. 백상아리보다 먼바다에 살아서 우리나라에는 봄과 여름에 가끔 나타난다. 참치나 농어, 청어 같은 물고기와 오징어 따위를 잡아먹는다. 4m까지 큰다.

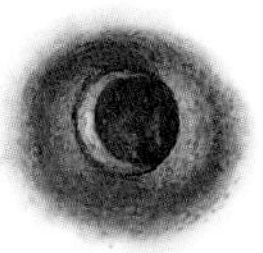

백상아리 눈 먹이를 잡을 때 눈을 보호하려고 눈동자를 눈자위 뒤로 숨긴다.

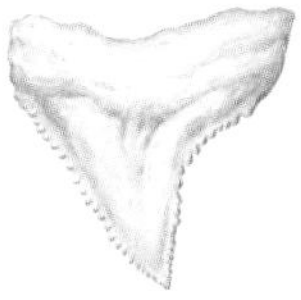

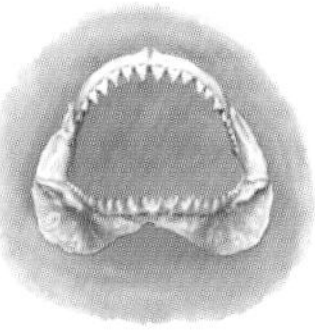

상어 이빨 상어는 뾰족한 이빨이 잔뜩 나 있다. 이빨 하나하나는 세모나고 가장자리에 톱니가 나 있다. 먹이를 잡다가 이빨이 빠져도 새 이빨이 줄곧 다시 난다.

새끼 낳기 백상아리는 알을 안 낳고 새끼를 낳는다. 배 속에서 알이 부화하고, 어미는 새끼를 낳는 난태생이다. 한 번에 세 마리에서 열 마리 넘게 낳기도 한다.

톱상어

Pristiophorus japonicus

톱상어는 바닥에 사는 물고기다. 우리나라 남해와 제주 바다에 드물게 산다. 일본과 대만, 필리핀, 호주, 인도양에도 산다. 상어 무리 가운데 몸집이 작은 편이다. 바닥에 살면서 긴 주둥이로 진흙을 헤집어 작은 동물들을 잡아먹는다. 또 물고기 떼 속으로 뛰어 들어가 주둥이를 휘둘러 먹이를 기절시킨 뒤 잡아먹기도 한다. 주둥이가 날카로워 세게 휘두르면 물고기가 두 동강 나기도 한다. 톱상어는 다른 상어처럼 새끼를 낳는다. 한 번에 12마리쯤 낳는다. 요즘에는 드물어서 보기 어렵다.

이름 톱처럼 생긴 주둥이 때문에 '톱상어'라는 이름이 붙었다. 지역에 따라 '줄상어(전남)'라고도 한다. 《자산어보》에는 '철좌사(鐵剉鯊) 속명 줄사(茁鯊)'라고 하고 '입 위에 뿔이 하나 튀어나와 있는데 그 길이가 몸길이에 삼분의 일이나 된다. 모양은 긴 칼처럼 생겼으며 양쪽에 거꾸로 박힌 가시가 있는데 마치 톱니처럼 아주 단단하고 날카롭다. 잘못해서 사람 몸에 닿으면 칼에 베인 것보다 더 심하게 다친다. 철좌사라는 이름은 주둥이에 난 거친 톱니가 칼날을 잘라 낸 것 같다고 지은 이름이다. 뿔 밑에는 수염이 한 쌍 있다'고 적어 놓았다. 영어로는 'sawshark', 일본에서는 '노코기리자메(ノコギリザメ)'라고 한다.
성장 아직 잘 밝혀지지 않았다.
고기잡이 일부러 잡지는 않는다.
쓰임 먹지 않는다. 고기 맛이 좋다고도 한다.

1 m
제주, 남해
모름

다른 이름 줄상어
분포 우리나라, 일본, 대만, 필리핀, 호주, 인도양
먹이 작은 동물, 물고기 따위
특징 주둥이가 톱처럼 생겼다.

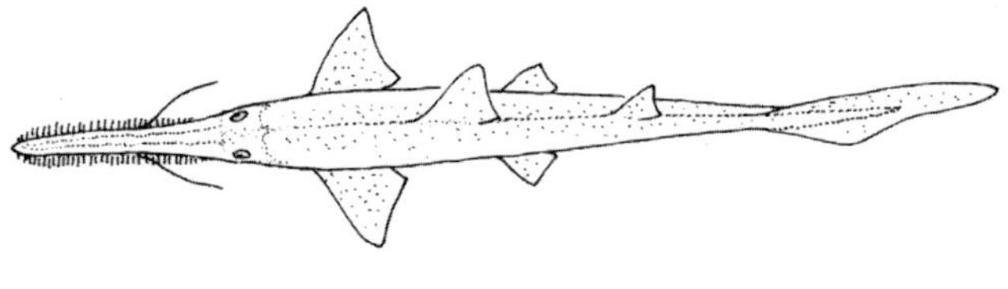

몸길이는 1m쯤 된다. 몸은 밤빛이다. 머리와 주둥이는 위아래로 납작하다. 몸통은 가늘고 길다. 주둥이는 톱처럼 길게 튀어나왔다. 주둥이 가장자리로 톱니처럼 생긴 돌기가 나 있고 그 가운데쯤에 수염이 한 쌍 나 있다. 아가미구멍 다섯 개가 가슴지느러미 앞에 있다. 등지느러미는 두 개로 나뉘었다. 뒷지느러미는 없다. 꼬리지느러미 위아래 생김새가 다른데 아래쪽 지느러미가 작다.

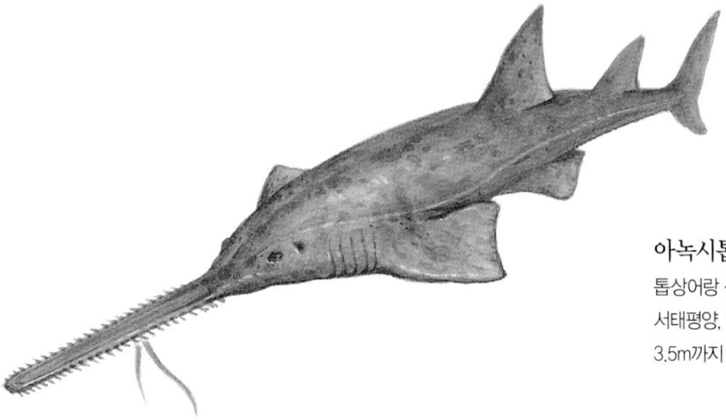

아녹시톱상어 *Anoxypristis cuspidata*

톱상어랑 생김새가 닮았다. 우리나라에서는 보기 어렵다. 서태평양, 인도양, 홍해 열대와 온대 바다에 산다. 3.5m까지 큰다.

전기가오리

Narke japonica

전기가오리는 따뜻한 물을 좋아한다. 우리나라 제주 바다와 남해에 드물게 살고 일본 남부, 중국, 필리핀 바다에도 산다. 바닷속 물 깊이가 50m 안쪽인 얕은 바다에 산다.

전기가오리는 몸에서 전기를 일으킨다. 몸통 양쪽에 전기를 일으키는 발전기가 있다. 살과 힘줄이 바뀌어서 꼭 벌집처럼 생겼다. 발전기 근육을 쥐어짜서 전기를 만든다. 건전지처럼 배가 (–)고, 등이 (+)가 된다. 전기를 자주 일으키면 한동안은 가만히 쉬어야 한다. 물속에서 전기를 만들어도 자기는 감전이 안 된다. 바닥 모래나 펄 속에 몸을 숨기고 있다가 작은 물고기가 가까이 오면 재빨리 전기를 일으킨다. 먹이가 전기에 감전되어 비실비실하면 그때 날름 잡아먹는다. 또 몸을 휘저어서 바닥에 사는 새우나 갯지렁이가 튀어나올 때 가슴지느러미로 재빨리 싸서 전기를 일으켜 잡아먹기도 한다. 큰 물고기나 사람이 건드려도 자기 몸을 지키려고 전기를 일으킨다. 사람이 만지면 시큰거린다. 때로는 센 전기가 나올 때도 있으니까 건들지 말아야 한다.

전기가오리는 오뉴월쯤에 새끼를 4~8마리 낳는다. 우리나라 전기가오리는 커 봐야 40cm 남짓되는데, 대서양에 사는 전기가오리는 150cm가 넘게 큰다. 다른 나라에 사는 전기메기나 전기뱀장어도 전기를 일으킨다. 아프리카 콩고 강에 사는 전기메기는 크기가 1m도 넘고 400~500V 세기로 전기를 일으킨다. 우리나라에 사는 전기가오리는 80V 세기까지 전기를 일으킨다.

이름 몸에서 빠지직 전기를 일으킨다고 ‘전기가오리’다. 만지면 손이 시큰댄다고 ‘시끈가오리’라고도 한다. 지역에 따라 ‘시끈가부리, 시끈가오리(부산), 밀가우리, 쟁개비(서해 바닷가)’라고도 한다. 영어로는 ‘electric ray’, 일본에서는 ‘시비레에이(シビレエイ, 痺鱝)’라고 한다. 중국에서는 ‘단기민요(單鰭毗鰩)’라고 한다.
성장 아직 잘 모른다.
고기잡이 일부러 잡지는 않는다.
쓰임 안 먹는다.

40 cm
제주, 남해
모름

다른 이름 시끈가오리, 시끈가부리, 밀가우리, 쟁개비
분포 우리나라, 일본, 중국, 필리핀
먹이 새우, 갯지렁이, 작은 물고기 따위
특징 몸에서 전기를 일으킨다.

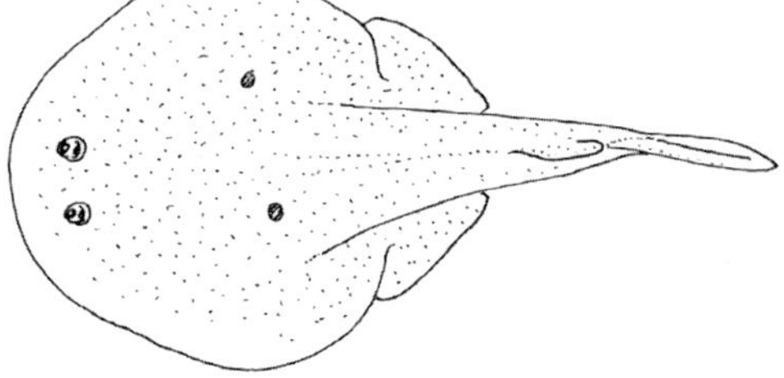

몸길이는 40cm 안팎이다. 온몸이 연보라색이고 까만 점무늬가 나 있다. 몸은 쟁반처럼 둥그렇다. 살갗에 주름이 쭈글쭈글 잡혔다. 주둥이는 짧거나 반듯하다. 눈은 작고 그 뒤에 물이 나오는 숨구멍이 있다. 입은 배 쪽에 있고 그 뒤로 아가미구멍이 5쌍 있다. 등지느러미는 1개이고, 꼬리지느러미 바로 앞에 있다. 꼬리지느러미가 큰데, 위쪽이 아래쪽보다 크다. 가슴지느러미 밑에 벌집처럼 생긴 발전기관이 있다.

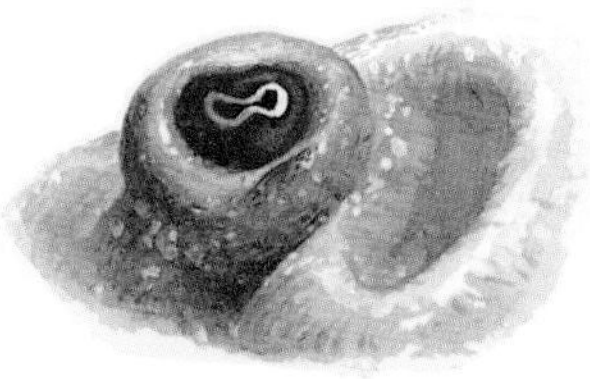

전기가오리 눈 눈에 8자 모양 무늬가 있다. 눈 뒤에 물을 내뿜는 숨구멍이 있다.

홍어

Okamejei kenojei

홍어는 물 깊이가 20~80m쯤 되는 얕은 바다 바닥에 산다. 홍어 무리 가운데 가장 흔하게 볼 수 있다. 참홍어와는 다른 종이다. 생김새는 참홍어와 닮았지만 몸이 훨씬 작고 몸통에 둥근 반점이 마주 나 있다. 우리나라 서해, 남해와 일본 중부 아래, 동중국해에서 산다. 날씨가 추워지면 제주도 서쪽 바다로 내려가 지내다가 봄이 되면 올라온다. 오징어, 새우, 게, 갯가재 따위를 잡아 먹고 물고기는 거의 안 잡아먹는다.

가을부터 이듬해 봄까지 짝짓기를 하고 알을 네댓 개 낳는다. 암컷과 수컷이 배를 딱 맞붙이고 꼬리를 서로 칭칭 감고 짝짓기를 한다. 억지로 떼 놓으려 해도 잘 떨어지지 않을 만큼 세게 끌어안는다. 홍어 알은 네모나고 딴딴한 알주머니에 싸여 있다. 네모난 모서리에는 기다란 실이 있어서 바다나물에 척척 감겨 붙는다. 5~6년쯤 산다.

이름 몸빛이 붉다고 이름이 '홍어(紅魚)'다. 몸이 넓적하다고 '홍어(洪魚)'이기도 하다. 사람들은 흔히 '간재미'라고 한다. 지역에 따라 '고동무치(전남), 물개미(함남), 가부리, 나무가부리(경북), 간재미(전북)'라고 한다. 《자산어보》에는 '수분(瘦鱝) 속명 간잠(間簪)'이라고 쓰고 '너비가 한두 자밖에 안 된다. 몸이 몹시 야위고 얇다. 몸빛이 노랗고 맛이 별로다'라고 써 놓았다. 《전어지》에는 '무럼생선, 홍어(洪魚), 공어(䱦魚)'라고 써 있다. 영어로는 'skate ray', 일본에서는 '고몬카스베(コモンカスベ, 小紋糟倍)'라고 한다.
성장 알에서 나온 새끼는 한 해가 지나면 12~16cm, 4년이면 33cm, 5년이면 37cm쯤 큰다.
고기잡이 끌그물로 많이 잡는다.
쓰임 참홍어처럼 삭혀서 안 먹고 회로 썰어 빨갛게 무쳐 먹는다. 탕을 끓이거나 구워 먹기도 한다.

40~50cm
온 바다
가을~봄

다른 이름 간재미, 고동무치, 물개미, 가부리
분포 우리나라, 일본, 동중국해
먹이 오징어, 새우, 게, 갯가재 따위
특징 사람들이 흔히 '간재미'라고 한다.

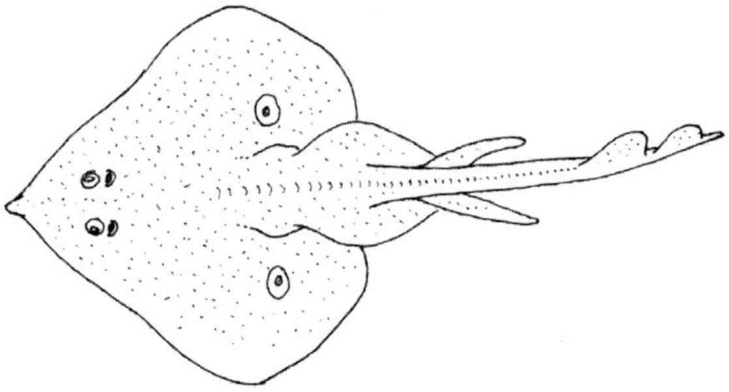

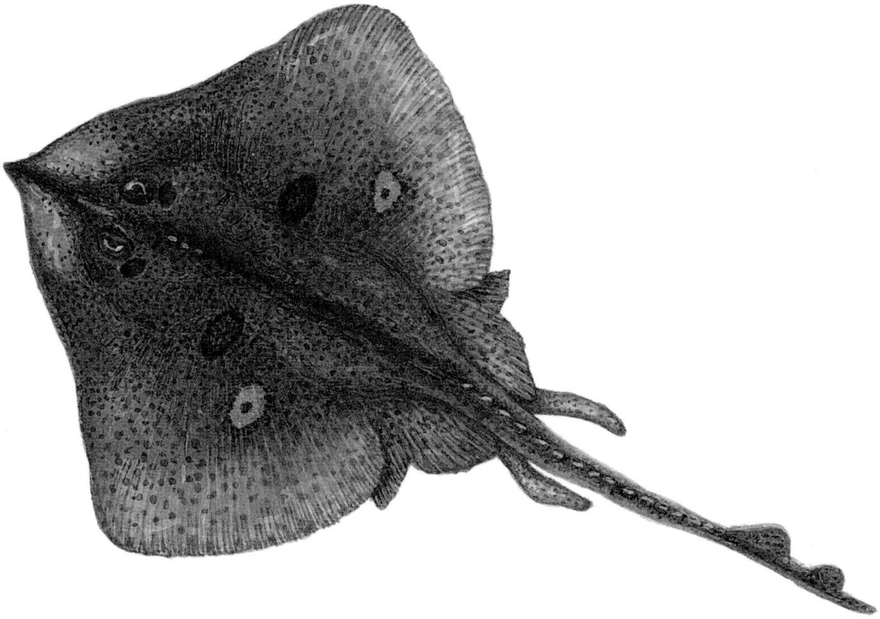

몸길이는 40~50cm쯤 된다. 몸이 위아래로 납작하고 마름모꼴이다. 몸빛은 검은 밤색이고 자그마한 점무늬가 흐드러졌다. 가슴지느러미 양쪽에 큼지막한 둥근 흰 점무늬가 있고 그 안에 까만 점이 하나 있다. 주둥이가 참홍어보다 짧고 조금 뾰족하다. 꼬리는 가늘고 길고 꼬리 가운데로 날카로운 가시가 수컷은 석 줄, 암컷은 다섯 줄 나 있다. 꼬리에 독가시는 없다.

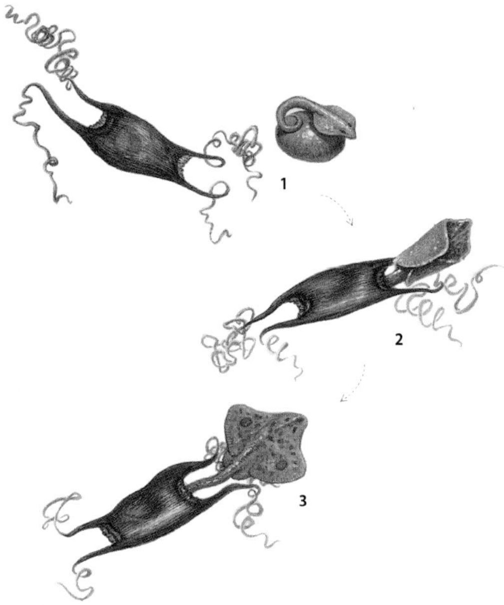

홍어 한살이
1. 알주머니와 그 속에 든 새끼 홍어
2. 3~8개월 지나면 새끼가 주머니에서 나온다.
3. 갓 나온 새끼 홍어

홍어 눈 눈에 무늬 같은 덮개가 덮여 눈을 보호한다. 눈은 등 위에 있고 그 뒤에 물을 뿜어내는 구멍이 있다.

참홍어

Raja pulchra

참홍어는 물 깊이가 50~100m쯤 되고 바닥에 모래와 펄이 깔린 곳에서 산다. 우리나라 서해와 남해, 일본, 동중국해에 산다. 바닥에 납작 엎드려 있다가 새우나 게, 갯가재, 오징어 따위를 잡아 먹는다. 어릴 때는 서해 바닷가에서 살다가 크면 먼바다로 나간다. 몸 양쪽 가슴지느러미가 날개처럼 생겨서 바닷속을 너울너울 날갯짓하듯 헤엄쳐 다닌다. 새끼나 다 큰 어른이나 자기보다 큰 물고기나 물체를 따라다니는 버릇이 있다. 가을이 되면 다시 서해 바닷가로 와서 겨울에 짝짓기를 하고 얕은 바다 모래펄 바닥에 알을 낳는다. 암컷이 수컷보다 크다. 다른 물고기와 달리 암컷과 수컷이 서로 꼭 껴안고 짝짓기를 한다. 그래서 꼭 껴안은 한 쌍을 한꺼번에 잡기도 한다. 사람들이 너무 많이 잡는 바람에 수가 많이 줄어들었다. 오륙 년쯤 산다.

이름 예전에는 '눈가오리'였는데 '홍어'라는 이름으로 널리 알려지면서 '참홍어'로 이름이 바뀌었다.《자산어보》에는 '분어(鱝魚) 속명 홍어(洪魚)'라고 나와 있다. '암놈이 낚싯바늘을 물면 수놈이 달려들어 짝짓기를 하다가 낚시를 들어 올리면 함께 끌려나오기도 한다. 암놈은 먹이 때문에 죽고 수놈은 색을 밝히다 죽는다'는 이야기가 나온다. 그래서 옛날에는 음탕한 물고기라 하여 '해음어'라고도 했다.《전어지》에는 '무럼'이라고 써 있다. 영어로는 'mottled skate', 일본에서는 '메가네카스베(メガネカスベ, 眼鏡糟倍)'라고 한다.

성장 몸속에서 수정을 하고 암컷이 한 번에 알을 너덧 개씩 여러 번 낳는다. 알은 네모나고 모서리에 뾰족한 뿔이 났다. 알에서 나온 새끼는 한 해가 지나면 폭이 12~16cm, 3년이 되면 27cm, 5년이 되면 37cm쯤 큰다. 홍어 척추골에 생기는 나이테로 나이를 안다.

고기잡이 참홍어는 흑산도에서 겨울에 많이 잡는다. 긴 줄에 낚싯바늘을 달거나 끌그물로 잡는다.《자산어보》에는 '동지가 지나면 잡히기 시작하는데 입춘 앞뒤일 때 가장 살이 찌고 맛이 좋다. 음력 2~4월이 되면 몸이 마르고 맛도 떨어진다'고 써 놓았다.

쓰임 우리나라 바다에서 잡히는 홍어 무리 가운데 으뜸으로 친다. 겨울이 제철이다. 전라도에서는 잔칫상에 안 빠지고 꼭 올리는 물고기다. 무침, 구이, 찜, 탕, 전으로 먹는다. 하지만 삭힌 홍어를 가장 즐겨 먹는다.《자산어보》에는 '가슴이나 배에 오랜 체증으로 덩어리가 생긴 병든 사람들도 삭힌 홍어를 먹는다. 국을 끓여 배불리 먹으면 몸속에 쌓인 나쁜 기운을 몰아내고, 술기운을 다스리는 데도 좋다'고 써 놓았다.

1m
서해
겨울

다른 이름 눈가오리, 홍어
분포 우리나라, 일본, 동중국해, 오호츠크해, 서부 태평양
먹이 오징어, 새우, 게, 갯가재 따위
특징 삭혀서 먹는다.

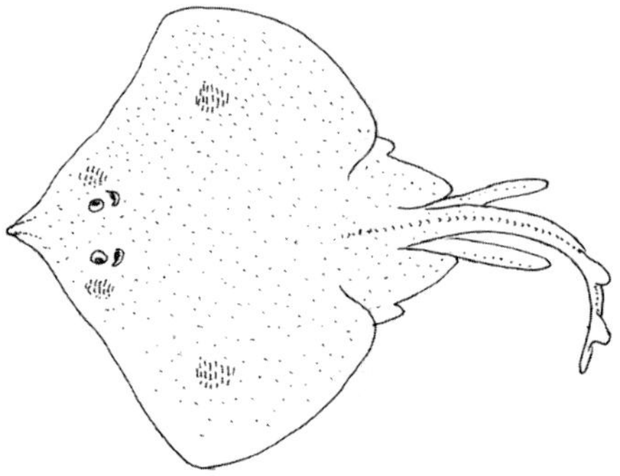

몸길이는 1m도 넘게 큰다. 몸이 위아래로 납작하고 마름모꼴이다. 등은 붉은 밤색이고 배는 희거나 잿빛이다. 어릴 때는 가슴지느러미 가장자리에 동그란 점무늬가 있다. 코는 뾰족하다. 눈은 등 위에 있고 입과 코는 배 쪽에 있다. 부레가 없다. 꼬리는 소꼬리처럼 길다. 꼬리 위쪽에 작은 등지느러미가 두 개 있고 자잘한 가시가 났다. 수컷은 가시가 한 줄 나고 암컷은 다섯 줄 있다. 독가시는 없다.

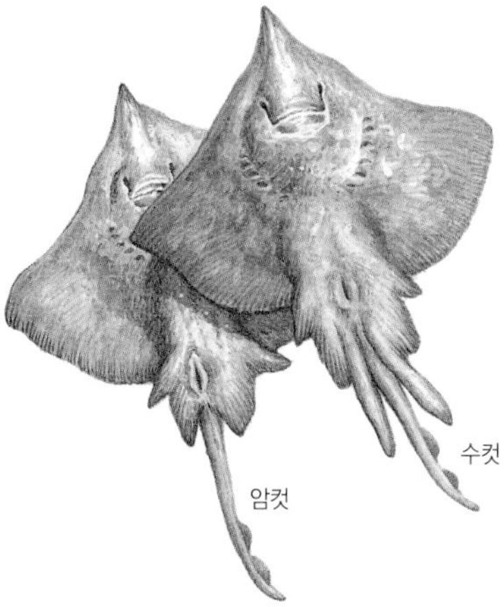

암컷이 수컷보다 크다. 수컷은 꼬리 양옆에 생식기가 두 개 달렸다.

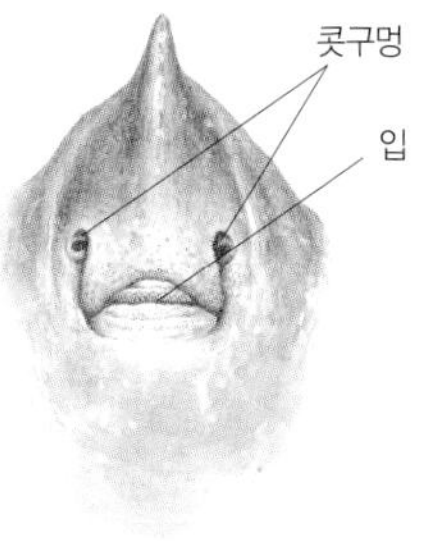

코와 입은 아래쪽에 있다. 꼭 웃는 모습이다.

노랑가오리

Dasyatis akajei

노랑가오리는 바닥에 납작 붙어 산다. 생김새는 홍어를 닮았다. 몸이 위아래로 납작하고 지느러미가 쫙 펼친 새 날개처럼 생겼다. 물 깊이가 10~50m쯤 되는 얕은 바다나 강어귀에 많다. 따뜻한 물을 좋아해서 겨울에는 깊은 곳으로 내려갔다가 봄에 얕은 바다로 올라온다. 우리나라 남해, 서해, 제주 바다에 살고 일본, 동남 중국해, 인도양에도 산다. 육식성으로 작은 새우나 물고기나 게나 갯지렁이 따위를 잡아먹는다. 모래 속에 몸을 파묻고 눈을 내놓고 꼬리를 세우고 먹이를 기다린다. 덩치 큰 물고기가 다가와 치근대면 꼬리에 있는 대바늘 같은 독침을 바짝 세우고 꼬리를 채찍처럼 휘두른다. 독가시에 사람이 찔리면 토하고, 정신을 잃거나 숨을 못 쉬고 몸에 경련이 난다. 심하면 죽을 수도 있다. 짝짓기 때가 되면 수컷이 암컷을 쫓아가서 암컷 가슴지느러미 끝쪽을 입으로 깨물고 몸을 딱 붙인 뒤 짝짓기를 한다. 난태생이라 육칠월에 새끼를 5~10마리쯤 낳는다.

이름 온몸이 노랗다고 '노랑가오리'다. 지역에 따라 '창가오리, 간재미, 가오리(전남), 노랑가부리(부산)'라고 한다. 《자산어보》에는 몸이 노랗다고 '황분(黃鱝) 속명 황가오(黃加五)'라고 하며 '생김새는 청분(靑鱝)과 같지만 등이 노랗고 간에 기름이 아주 많다'고 써 놓았다. 《우해이어보》에는 '귀공(鬼魟) 또는 가공(假魟)'이라고 쓰고 '홍어와 비슷하다. 몸빛이 누렇고 큰 것은 수레에 한가득 찬다'고 써 놓았다. 옛날에 누렁소가 하느님한테 대들다가 납작 밟혀서 노랑가오리가 되었다는 재미난 이야기도 있다. 영어로는 몸빛이 붉다고 'red stingray', 일본에서는 '아카에이(アカエイ, 赤鱝)', 중국에서는 '광홍(光魟)'이라고 한다.
성장 2~3년이 지나면 수컷은 30cm, 암컷은 50cm로 자라 어른이 된다. 2m까지 큰다.
고기잡이 알을 낳을 때가 아닌 9월에서 이듬해 5월 사이에 잡는다. 바닥 끌그물, 걸그물, 낚시로 잡는다. 제주 바다에서 물 깊이가 50~90m쯤 되는 곳에서 많이 잡힌다.
쓰임 가오리 무리 가운데 가장 맛이 좋다. 회를 떠 먹거나 찜을 쪄 먹는다. 말려 먹거나 탕을 끓여 먹기도 한다. 《동의보감》에는 '공어(魟魚, 가오리)'라고 해서 '먹으면 몸을 보한다. 꼬리에는 독이 많고 살로 된 지느러미가 있으며 꼬리는 두 자나 된다. 꼬리에 가시가 있는데 이 가시에 찔렸을 때에는 수달 껍질과 고기 잡는 발을 만들었던 참대를 달여 먹으면 독이 풀린다'고 써 놓았다.

2 m
남해, 서해, 제주
6~7월

다른 이름 노랑가부리, 창가오리
분포 우리나라, 일본, 동남 중국해
먹이 게, 새우, 갯지렁이, 작은 물고기 따위
특징 꼬리에 독가시가 하나 있다.

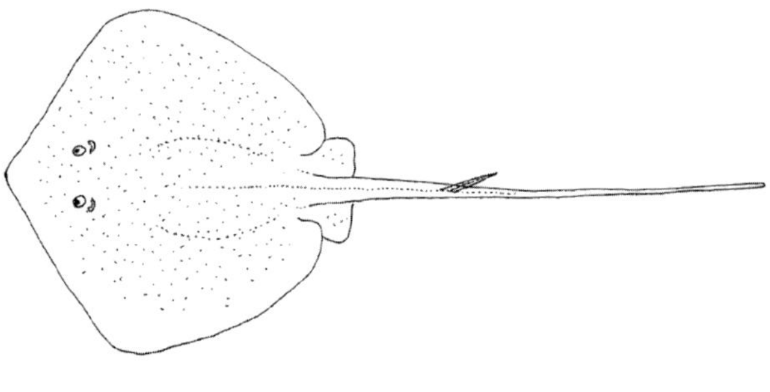

몸길이는 2m까지 자란다. 몸은 노랗거나 불그스름하다. 살갗은 번들번들하다. 몸은 위아래로 납작하고 몸꼴은 오각형이다. 주둥이는 작고 조금 뾰족하다. 입과 코는 아래쪽에 붙어 있다. 눈 뒤에는 물을 뿜어내는 구멍이 있다. 등 가운데로 가시처럼 생긴 작은 돌기가 꼬리까지 한 줄로 돋았다. 배에는 아가미구멍이 다섯 쌍 있다. 꼬리는 채찍처럼 길어서 몸통보다 두 배쯤 길다. 꼬리 위로 자잘한 가시가 한 줄 있고 기다란 독침이 하나 있다.

헤엄치기 노랑가오리는 몸이 납작하다. 납작한 가슴지느러미를 물결치듯이 움직이며 헤엄친다.

홍어목
매가오리과

쥐가오리

Mobula japonica

쥐가오리는 따뜻한 물을 따라 먼바다를 돌아다닌다. 우리나라 서해와 남해에 가끔 나타나고 일본, 중국과 태평양 온대, 열대 바다에 산다. 홍어를 닮았는데 몸집이 훨씬 커서 자동차만 하다. 가슴지느러미를 날개처럼 너울거리면서 헤엄친다. 꼭 바닷속을 날아가는 비행기 같다. 가슴지느러미를 쫙 펴면 3m가 넘는 쥐가오리도 있다. 머리 양쪽에는 꼭 배 젓는 노처럼 생긴 머리지느러미가 넓적하게 툭 튀어나왔다. 우리나라 사람들은 쥐 귀처럼 생겼다고 봤지만, 서양 사람들은 악마 머리에 난 뿔 같다고 생각했다. 그래서 서양 사람들은 '악마가오리'라고 하며 무서워했다. 하지만 쥐가오리는 성질이 아주 순하다. 입을 크게 벌리고 헤엄치면서 작은 플랑크톤이나 새우 따위를 걸러 먹는다. 먹이가 많으면 수십 마리가 떼로 모여든다. 상어 같은 천적이 달려들거나, 몸에 붙은 기생충을 떼어 내려고 물 밖으로 높이 뛰어올라 공중제비를 돌기도 한다. 쥐가오리 밑에는 빨판상어가 딱 붙어 함께 헤엄치기도 한다. 쥐가오리는 알을 안 낳고 새끼를 낳는다. 일고여덟 마리쯤 낳는다.

이름 머리 양쪽에 쥐 귀처럼 생긴 머리지느러미가 있다고 '쥐가오리'다. 전남에서는 '쥐가우리'라고 한다. 《자산어보》에 '응분(鷹鱝) 속명 매가오(每加五)'라고 해서 '큰 놈은 너비가 수십 장(丈)이나 되고 생김새는 홍어를 닮았다. 가오리 무리 가운데 가장 크고 힘이 세다. 용기를 내어 그 어깨를 세울 때 보면 새를 낚아채는 매를 닮았다. 뱃사람이 닻돌을 내리다가 잘못해서 몸을 건드리면 화가 나서 어깨를 세우고 어깨와 등 사이에 파인 홈에 닻줄을 업고 달린다. 배는 나는 듯이 끌려가고, 닻을 올리면 응분이 뱃전으로 따라 올라올까 봐 무서워서 사람들이 아예 닻줄을 잘라 버린다'라고 써 놓았는데, 이를 매가오리가 아니라 쥐가오리로 보는 사람도 있다. 영어로는 'devil ray, sea devil'이라고 한다. 일본에서는 '이토마키에이(イトマキエイ, 絲卷鱝)'라고 한다. 일본에서는 가오리를 '에이(エイ)'라고 하는데, 가오리 꼬리가 제비 꼬리(엔비, えんび)를 닮았다고 이런 이름이 붙었다고 한다. 중국에서는 '벽분(鰏鱝)'이라고 한다.
성장 2m쯤 크면 어른이 된다. 3m까지 자란다.
고기잡이 가끔 그물에 걸려 올라온다.
쓰임 찜, 구이, 조림으로 먹는다.

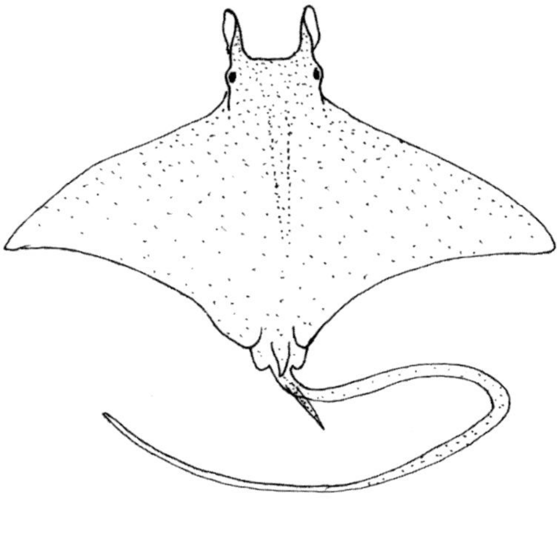

2~3 m
서해, 남해
모름

다른 이름 쥐가우리
분포 우리나라, 일본, 하와이, 호주
먹이 플랑크톤, 작은 새우
특징 새끼를 낳는다.

몸길이는 2~3m쯤이고, 너비는 6~7m쯤 된다. 몸은 위아래로 납작하고 마름모꼴이다. 등은 잿빛이고 배는 하얗다. 머리 양쪽에 머리지느러미가 있다. 입은 배 쪽에 있다. 눈은 서로 멀리 떨어져 있다. 아가미구멍이 배 쪽에 다섯 쌍 나 있다. 등지느러미가 꼬리 쪽에 작게 하나 있다. 꼬리는 가늘고 길다. 꼬리 위에 짧은 가시가 하나 있다. 뒷지느러미는 없다.

쥐가오리 배 쪽 쥐가오리는 배 쪽에 입과 아가미가 있다. 덩치는 크지만 순해서 사람한테 안 덤빈다.

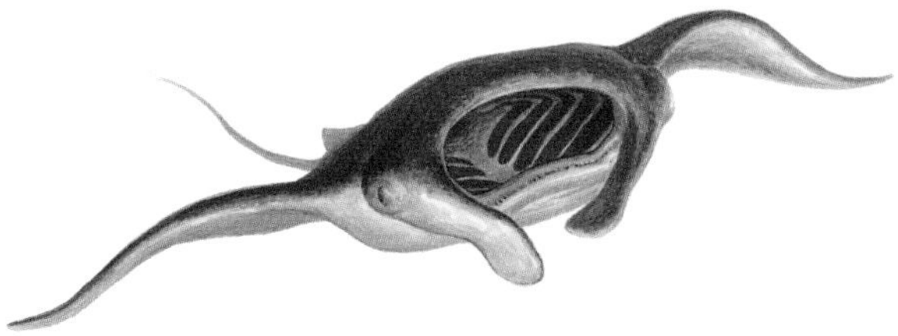

쥐가오리 앞 얼굴 쥐가오리는 입을 크게 벌리고 헤엄치면서 작은 플랑크톤을 걸러 먹는다.

뱀장어

Anguilla japonica

뱀장어는 강에서 살다가 바다로 내려가 알을 낳고 죽는 물고기다. 우리나라 서해와 남해로 흐르는 강에 많이 살고 동해에는 고성 아래쪽 강에 드물게 산다. 일본과 중국, 대만, 필리핀, 베트남에도 산다. 뱀장어는 강이나 늪, 저수지에서 5~12년쯤 산다. 바닷물고기라기보다 민물고기다. 낮에는 바닥 진흙이나 돌 틈에 숨어 있다가 밤이 되면 나와 먹이를 잡아먹는다. 물속 벌레나 새우나 물고기를 잡아먹고 진흙을 파헤쳐서 지렁이와 물벌레도 잡아먹는다. 입속에 작고 뾰족한 이빨이 잔뜩 나 있어서 껍데기가 딱딱한 게도 부수어 먹는다. 겨울에는 진흙 속이나 돌 밑에 들어가 아무것도 안 먹고 지낸다. 일생에 한 번 알을 낳는데, 알 낳을 때가 되면 가을에 강어귀로 내려가 겨울을 나면서 바다 짠물에 적응하며 나갈 준비를 한다. 이듬해 봄이 되면 아주 먼바다로 나간다. 지금까지 알려진 사실로 보면 필리핀 마리아나 해구 깊은 바닷속에서 알을 낳는 것 같다. 알을 낳으러 가는 동안 아무것도 안 먹고 알을 낳으면 모두 죽는다. 알에서 나온 새끼는 버들잎처럼 납작하고 넓적하게 생겼고 온몸이 투명하다. 이것을 '댓닢뱀장어(Leptocephalus)'라고 한다. 물에 둥둥 떠다니며 따뜻한 바다 물길을 따라 우리나라 바닷가로 올라와 탈바꿈을 해서 실뱀장어가 되고 가을부터 이듬해 봄까지 강을 거슬러 올라간다.

이름 꼭 뱀처럼 생겼다고 '뱀장어'다. 긴 물고기라고 그냥 '장어(長魚)'라고도 한다. 지역에 따라 '꾸무장어(부산), 장어, 민물장어'라고 한다. 《자산어보》에는 '해만려(海鰻鱺) 속명 장어(長魚)', 《동의보감》에는 '鰻鱺魚, 비얌댱어'라고 나온다. 영어로는 'eel, common eel, japanese fresh water eel', 일본에서는 '우나기(ウナギ, 鰻)', 중국에서는 '백선(白鱓), 만려어(鰻鱺魚)'라고 한다.

성장 암컷 한 마리가 알을 700만~1300만 개쯤 낳는다. 알은 물 가운데쯤에서 둥둥 떠다니고 이틀이 지나면 새끼가 나온다. 구로시오 난류를 따라 1~3년에 걸쳐 바닷가에 오면 댓잎뱀장어는 가늘고 흰 실뱀장어로 탈바꿈을 한다.

고기잡이 5~10월에 강이나 저수지에서 낚시로 낚는다. 요즘은 봄에 강으로 올라오는 새끼뱀장어를 잡아서 기른다.

쓰임 굽거나 탕을 끓여 먹는다. 뱀장어를 날로 먹을 때는 피를 깨끗이 씻어 내고 먹어야 한다. 뱀장어 피에는 사람의 적혈구를 부수는 독이 있다. 끓이거나 구우면 괜찮다.

60~100 cm
강
모름

다른 이름 민물장어, 꾸무장어
분포 우리나라, 일본, 중국, 대만, 필리핀, 베트남
먹이 물벌레, 새우, 물고기, 지렁이 따위
특징 민물에서 살다가 바다로 내려와 알을 낳는다.

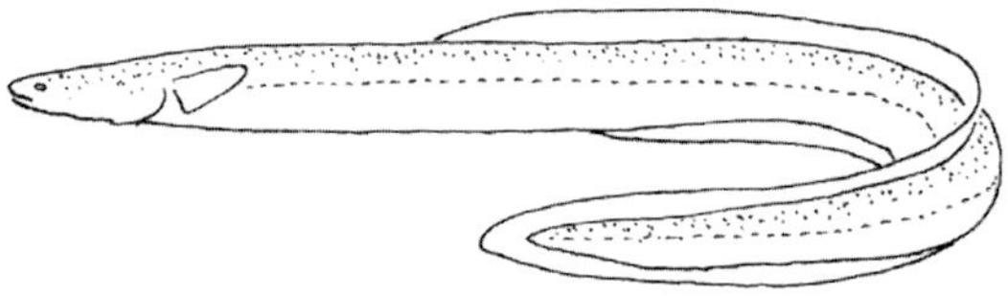

몸길이는 60~100cm다. 100cm 넘게 자라기도 한다. 몸은 짙은 밤색이거나 검다. 사는 곳에 따라서 노르스름하거나 푸르스름한 것도 있다. 몸은 끈적끈적하고 미끌미끌하다. 입은 크고 아래턱이 위턱보다 크다. 아가미뚜껑이 없고 작은 아가미구멍이 있다. 배지느러미가 없다. 뒷지느러미, 등지느러미, 꼬리지느러미가 서로 붙어 있다. 잔비늘은 살갗에 묻혀 있어 안 보인다. 옆줄이 하나다.

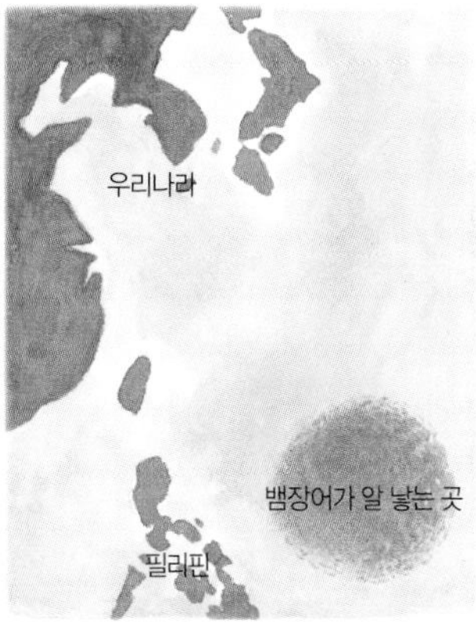

뱀장어 회유 뱀장어는 민물에서 살다가 어른이 되면 바닷속 깊이 들어가 알을 낳는다. 알에서 나온 댓잎뱀장어는 따뜻한 바다 물길을 따라 우리나라로 온다. 바닷가에서 실뱀장어로 탈바꿈을 하고 강을 거슬러 올라간다.

무태장어

Anguilla marmorata

무태장어는 뱀장어처럼 민물에서 살다가 깊은 바다로 들어가 알을 낳는다. 민물에서 어른이 될 때까지 5년에서 8년쯤 산다. 바닷물고기라기보다 민물고기에 가깝다. 우리나라 제주도와 일본, 대만, 중국, 필리핀, 뉴기니, 아프리카, 남태평양까지 널리 퍼져 산다. 낮에는 구멍이나 돌 틈에 숨어 있다가 밤에 나와서 먹이를 잡아먹는다. 먹성이 좋아 작은 물고기나 새우나 개구리 따위를 닥치는 대로 먹는다. 바다로 나간 뒤에는 깊은 바닷속에 들어가 알을 낳아서, 아직까지 어디서 알을 낳는지 잘 모른다. 아마도 필리핀 남부, 마다가스카르, 인도네시아 동북, 파푸아뉴기니 깊은 바닷속일 것이라 짐작만 하고 있다.

뱀장어처럼 알에서 나온 새끼는 어미와 생김새가 다른 렙토세팔루스(Leptocephalus) 시기를 거쳐 따뜻한 바다 물길을 따라 바닷가로 와서 실뱀장어로 탈바꿈을 하고 강을 거슬러 올라간다. 열대 지역에는 흔하지만 우리나라와 중국, 일본에서는 수가 적어서 천연기념물로 정해서 보호하고 있다.

이름 무태장어(無泰長魚)는 제주도에서 처음 봤다고 '제주뱀장어' 라고도 한다. 영어로는 'marble eel', 일본에서는 큰뱀장어라는 뜻인 '오오우나기(オオウナギ, 大鰻)', 대만에서는 '로만(鱸鰻)' 이라고 한다.
성장 뱀장어와 한살이가 비슷하다.
고기잡이 천연기념물로 정해서 보호하고 있다. 함부로 잡으면 안 된다.
쓰임 몸에 지방이 많아서 별맛이 없다고 한다.

1~2 m
제주, 남해
모름

다른 이름 제주뱀장어
분포 우리나라, 일본, 대만, 중국, 동남아시아, 아프리카, 남태평양
먹이 작은 물고기, 새우, 개구리, 물속 벌레 따위
특징 천연기념물로 보호한다.

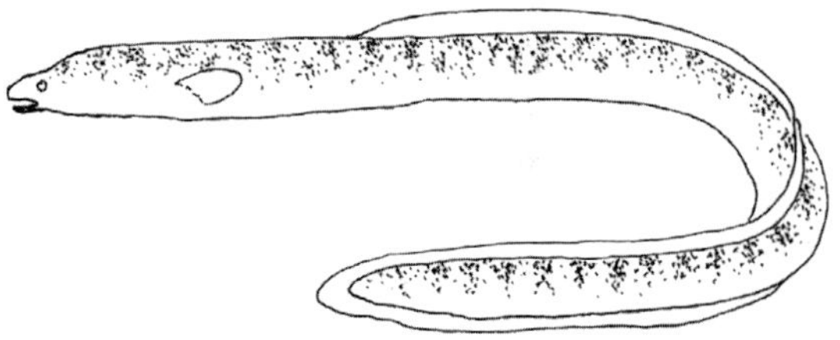

몸길이는 1~2m쯤 된다. 몸빛은 누렇고 등에는 까만 점무늬가 잔뜩 나 있다. 몸은 뱀장어처럼 길다. 몸 비늘이 퇴화되어서 살갗에 묻혀 있다. 몸은 미끈미끈하다. 아래턱이 위턱보다 조금 튀어나와 있다. 등지느러미와 뒷지느러미가 길어서 꼬리지느러미와 이어진다. 등지느러미는 가슴지느러미와 항문 사이 가운데쯤에서 시작된다. 꼬리지느러미는 뾰족하고 옆으로 납작하다.

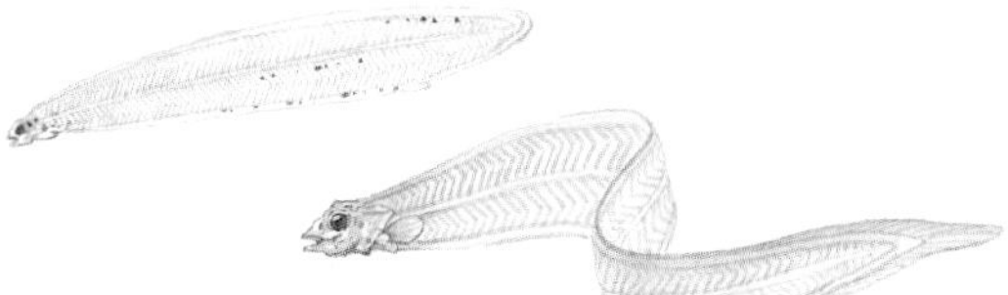

무태장어는 뱀장어처럼 새끼 때 버들잎처럼 생긴 렙토세팔루스 시기를 거친다.

곰치

Gymnothorax kidako

곰치는 따뜻한 바다에 산다. 우리나라 제주 바다와 남해에 살고 일본, 필리핀, 인도양, 태평양에도 산다. 물 깊이가 3~30m쯤 되는 바위 밭이나 산호 밭에서 산다. 낮에는 산호나 돌 틈에 몸을 숨기고 있다가 밤에 나와 돌아다니면서 먹이를 찾는다. 몸이 뱀처럼 길쭉해서, 긴 몸뚱이는 죄다 숨기고 머리만 빠끔 내놓고 있다. 몸빛이 돌 색깔이랑 똑같아서 숨어 있으면 잘 모른다. 작은 물고기나 새우나 문어 따위가 가까이 오면 용수철처럼 튀어나가 덥석 문다. 이빨이 송곳처럼 뾰족하고 입안 쪽으로 휘어 있어서 한번 물면 놓치지 않는다.

문어가 돌구멍을 제집 삼으려다가 곰치와 곧잘 싸운다. 곰치가 문어 다리를 물면, 문어는 남은 다리로 곰치 머리를 온통 감싸고 목을 꽉 조이며 싸운다. 대부분 곰치가 이기는데, 문어가 안 되겠다 싶으면 시커먼 먹물을 내뿜고 도망친다. 생김새는 사나워도 사람한테는 잘 안 덤빈다. 하지만 잘못 물렸다가는 크게 다칠 수 있다. 곰치 입에는 독샘이 있어서 물리면 몸이 굳기도 한다. 곰치는 수가 적어서 우리나라에서는 보기 어렵다. 꼼치랑 이름이 닮았지만 서로 다른 물고기다.

이름 영어로는 'moray eel'이라고 한다. 'moray'는 옛날 로마 사람들이 지중해에 사는 곰치를 이르던 이름에서 왔다. 일본에서는 바위틈이나 구멍에 산다고, '텅 빈 곳'이라는 뜻인 '우쓰호라(空洞)'에서 바뀐 '우쓰보(ウツボ, 鱓)'라고 한다.
성장 아직 잘 모른다. 곰치 새끼는 뱀장어 새끼 때와 같이 버들잎처럼 생긴 렙토세팔루스(Leptocephalus) 시기를 거친다.
고기잡이 사람들이 먹으려고 일부러 잡지는 않는다.
쓰임 일부러 먹지는 않지만 먹어 보면 맛이 있다고 한다. 일본 사람들은 튀김, 조림, 구이, 포로 먹는다. 껍질은 질겨서 가죽 제품을 만든다.

60~70 cm
제주, 남해
모름

다른 이름 없음
분포 우리나라, 일본, 필리핀, 인도양, 태평양
먹이 문어, 새우, 작은 물고기 따위
특징 긴 몸을 돌구멍에 숨긴다.

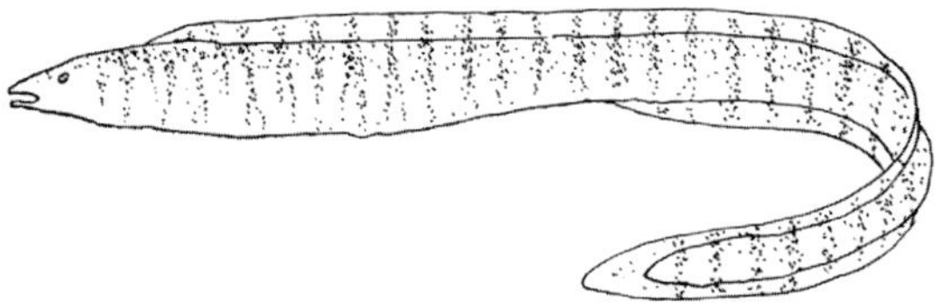

몸길이는 60~70cm쯤 된다. 90cm 넘게 크기도 한다. 몸빛은 누런 밤색이고 짙은 밤색 띠무늬가 나 있다. 몸은 길쭉하고 살갗은 비늘 없이 빤질빤질하다. 양턱에 날카로운 이빨이 났고, 입천장에도 날카로운 이빨이 났다. 등지느러미와 뒷지느러미는 길어서 꼬리지느러미와 이어진다. 가슴지느러미와 배지느러미는 없다. 꼬리지느러미 끝은 뾰족하다. 옆줄도 없다.

돌 틈에 숨어 있는 곰치 곰치는 돌 틈에 숨어 있다가 먹이가 가까이 오면 쏜살같이 튀어나온다. 뾰족한 이빨이 잔뜩 나 있어서 사람도 물리면 크게 다칠 수 있다.

갯장어

Murenesox cinereus

갯장어는 따뜻한 바다를 좋아하는 물고기다. 우리나라 서해와 남해에 많고 대만, 필리핀, 호주, 인도양과 홍해까지 온 세계 온대와 열대 바다에 산다. 물 깊이가 300m 안쪽이고 바닥에 펄이나 모래가 깔린 바닥이나 바위틈에서 산다. 붕장어와 달리 모랫바닥보다 바위가 많은 곳을 더 좋아한다. 낮에는 숨어서 쉬다가 밤에 나와 돌아다니며 먹이를 잡는다. 새우나 조개, 낙지, 문어, 게와 멸치, 양태, 새끼 갈치 같은 물고기를 잡아먹는다. 이빨이 아주 날카로워서 먹이를 잘 잡는다. 겨울에는 제주도 남쪽 깊은 바다에서 지내다가 봄이 되면 남해 바닷가로 많이 올라온다. 5~7월에 짝짓기를 하고 알을 낳는다. 이때가 되면 암컷 배는 알로, 수컷은 정소로 가득 차기 때문에 소화관이 실처럼 가늘어져 아무것도 안 먹는다. 수컷은 눈이 더 커지면서 암컷을 쫓아다닌다. 갯장어도 뱀장어나 붕장어처럼 새끼 때는 온몸이 투명하고 버들잎처럼 생긴 렙토세팔루스(Leptocephalus) 시기를 거친 뒤 탈바꿈하고 큰다. 12년쯤 산다.

이름 갯장어는 몸이 길다고 '장어(長魚)'인데, 민물과 바다를 오가는 뱀장어와 달리 바다에서만 산다고 바다를 뜻하는 '갯'이라는 이름이 앞에 붙었다. 붕장어보다 맛이 좋다고 '참장어', 이빨이 날카롭다고 '이빨장어'라고도 한다. 지역에 따라 '해장어(전남, 충남), 개장어, 놋장어, 뱀장어(부산), 녹장어(다대포), 이장어(통영), 참장어(여수), 노장(포항), 갯붕장어(다대포)'라고 한다. 《자산어보》에는 '이빨이 개처럼 났다'고 '견아려(犬牙鱺) 속명 개장어(介長魚)', 《동의보감》에는 '해만(海鰻)'이라고 했다. 영어로는 'purple pike conger, sharp toothed eel', 중국에서는 '해만(海鰻), 회해만(灰海鰻), 호만(虎鰻), 랑아선(狼牙鱔)', 일본에서는 '하모(ハモ, 鱧)'라 한다. 하모는 먹는다는 뜻인 '하무(食む)'에서 왔다고 한다.

성장 암컷 한 마리가 알을 18만~120만 개쯤 낳는다. 알은 그냥 둥둥 떠다닌다. 물 온도가 20~22도이면 사흘쯤 지나서 새끼가 나온다. 암컷은 2년쯤 크면 28cm, 6년이면 67cm쯤 큰다. 5년쯤 크면 어른이 된다.

고기잡이 통발이나 주낙으로 많이 잡는다. 갯장어는 물 밖에 나와서도 꿈틀대며 오랫동안 살고 사람도 잘 문다. 성질이 아주 사나워서 한번 물면 절대 놓지 않고, 이빨이 뾰족해서 사람 손을 깨물면 손가락에 구멍이 날 정도다.

쓰임 여름이 제철이다. 구이, 회, 탕, 토렴, 회무침으로 먹는다. 여름철 더위에 지칠 때 힘내는 음식으로 많이 먹는다. 하지만 가시가 억세고, 잔가시가 많아 손질하기 까다롭다.

60~80 cm
서해, 남해
6월

다른 이름 개장어(북), 참장어, 이빨장어, 이장어
분포 대만, 필리핀, 호주, 인도양, 홍해
먹이 작은 물고기, 새우, 게 따위
특징 몸이 뱀처럼 길다.

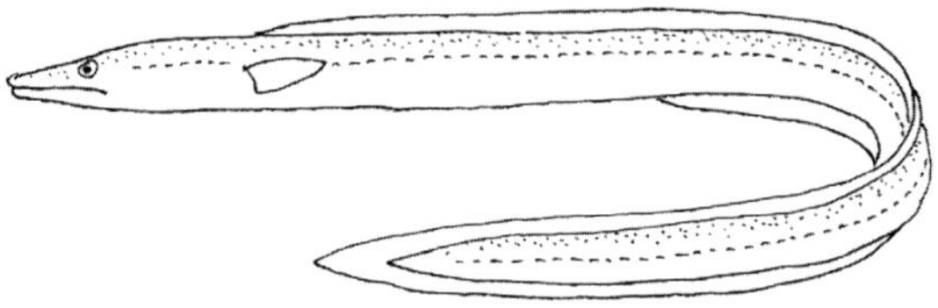

몸길이는 60~80cm쯤 된다. 2m까지도 자란다. 수컷이 암컷보다 작다. 몸이 뱀처럼 길다. 등은 거무스름하고 배는 하얗다. 주둥이가 길고 입은 크고 양턱에 날카로운 이빨이 두세 줄 나 있다. 앞쪽에는 송곳니가 삐쭉 솟았다. 몸통은 둥그렇고 비늘 없이 매끈하다. 몸통 옆으로 옆줄이 뚜렷하다. 등지느러미가 길어서 꼬리지느러미와 잇닿아 있다. 등지느러미는 가슴지느러미 끝보다 앞에서 시작된다. 배지느러미는 없다. 꼬리지느러미는 뾰족하다.

갯장어는 주둥이가 뾰족하고 날카로운 이빨이 나 있다. 붕장어는 주둥이가 더 뭉뚝하고 이빨이 덜 날카롭다.

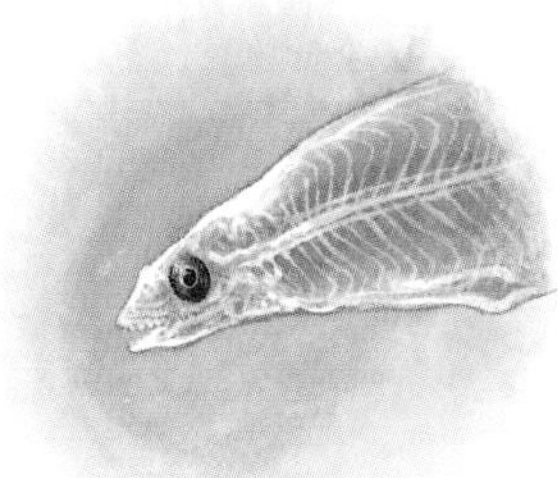

새끼는 납작한 버들잎처럼 생기고, 온몸이 하얗고 투명하다. 보름쯤 지나면 새끼 물고기 모양으로 생김새가 바뀐다. 생김새가 바뀌면 몸길이가 오히려 줄어든다.

붕장어

Conger myriaster

붕장어는 따뜻한 물을 좋아한다. 우리나라 온 바다에 살고 중국, 일본 바닷가에도 산다. 물 깊이가 10~30m쯤 되는 곳에 많이 살지만 겨울에는 100m 안팎인 깊은 곳으로 옮겨 간다. 모래와 펄이 깔린 바닥에서 산다. 낮에는 모래 속에 구멍을 파고 그 안에서 머리만 내밀고 가만히 머문다. 깜깜한 밤이면 구멍에서 나와 먹이를 잡아먹는다. 망둑어, 멸치, 서대 같은 물고기나 갯지렁이나 새우나 게 따위를 닥치는 대로 잡아먹는다. 모랫바닥에 몸을 반쯤 파묻고 머리를 쳐들고 있다가 지나가는 물고기를 잡기도 한다. 뱀장어처럼 봄부터 여름까지 깊은 바닷속으로 들어가서 알을 낳는데 아직 어디에서 어떻게 낳는지 잘 밝혀지지 않았다. 가을에 남쪽으로 내려가 겨울에는 제주도 서남쪽 바다에 있다가 4~5월에 일본 남쪽 바다에서 알을 낳는 것으로 짐작하고 있다. 알에서 나온 새끼는 어른과 생김새가 다르다. 납작한 버들잎처럼 생겼고 투명하다. 플랑크톤처럼 물에 둥둥 떠다니며 산다. 열 달쯤 이런 모습으로 살다가 실처럼 가는 어린 새끼가 된다. 새끼는 바닷가 가까이로 와 바닥으로 내려가 산다. 10년쯤 산다.

이름 붕장어는 '바다장어'라고 한다. 《자산어보》에는 '해대리(海大鱺) 속명 붕장어(弸長魚)'라고 하고 '눈이 크고 배 속이 먹빛이다. 맛이 아주 좋다'고 써 놓았다. 학명인 '*Conger*'는 그리스어로 '구멍을 뚫는 고기'라는 뜻인 'gongros'에서 왔다. 영어로는 'common conger, sea eel, conger eel', 중국에서는 '표어(鰾魚), 노어(鱸魚), 성만(星鰻), 해만(海鰻)'이라고 한다. 일본에서는 '마아나고((マアナゴ, 眞穴子)'라고 한다. 아나고(穴子)는 '바닥을 뚫어 굴에 들어가 사는 물고기'라는 뜻이다.

성장 4~5월에 알을 낳는다. 암컷 한 마리가 알을 100만~300만 개쯤 낳는다. 암컷은 알을 낳으면 죽는다. 물에 둥둥 떠다니던 알에서 새끼가 나온다. 새끼는 다른 뱀장어 무리처럼 버들잎처럼 납작하고 투명한 렙토세팔루스 시기를 거쳐 몸을 탈바꿈하고 실뱀장어가 된다. 탈바꿈하는 동안에는 먹이를 먹지 않고 탈바꿈하는 중간쯤부터 진흙 속을 파고 들어가 산다. 4년쯤 지나면 어른이 된다.

고기잡이 바닥끌그물이나 통발, 주낙, 낚시로 잡는다. 6~8월에 많이 잡는다.

쓰임 여름이 제철이다. 회로도 먹고 구이, 훈제, 탕, 포, 국으로 먹는다. 붕장어 피에는 약한 독이 있다. 회로 먹을 때는 피를 모두 빼고 깨끗이 씻은 뒤에 물기를 쪽 빼서 먹는다.

40~100 cm
온 바다
4~5월

다른 이름 바다장어
분포 우리나라, 일본, 동중국해
먹이 작은 물고기, 새우, 게, 갯지렁이 따위
특징 옆줄 따라 흰 점이 나 있다.

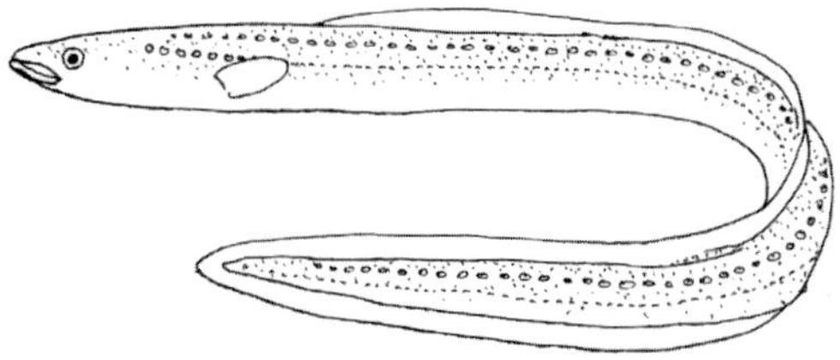

암컷은 90~100cm, 수컷은 40cm쯤 큰다. 몸통은 동그랗고 몸은 길다. 등은 누르스름한 밤빛이고 배는 하얗다. 얕은 바닷가에 살면 짙은 밤색이고, 깊은 바다에 살면 잿빛 밤색을 띤다. 등지느러미는 가슴지느러미 바로 뒤쪽에서 시작된다. 등지느러미, 뒷지느러미, 꼬리지느러미 가장자리가 아주 까맣다. 배지느러미는 없다. 옆줄 구멍이 뚜렷하고 옆줄 따라 흰 점이 쪼르르 나 있다. 그 위로 흰 점이 듬성듬성 한 줄 더 있다. 눈이 크고 주둥이는 갯장어보다 뭉툭하다. 머리 위에도 흰 점들이 있다. 몸에 비늘이 없다.

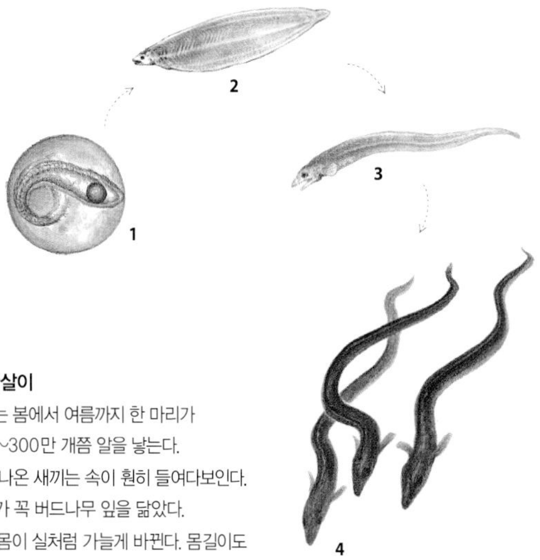

붕장어 한살이

1. 붕장어는 봄에서 여름까지 한 마리가 100만~300만 개쯤 알을 낳는다.
2. 알에서 나온 새끼는 속이 훤히 들여다보인다. 생김새가 꼭 버드나무 잎을 닮았다.
3. 크면서 몸이 실처럼 가늘게 바뀐다. 몸길이도 줄어든다.
4. 암컷은 두 해 지나면 30cm쯤 큰다. 4년쯤 크면 어른이 된다.

청어목
멸치과

웅어

Coilia nasus

웅어는 바다에서 살다가 강을 거슬러 올라가 알을 낳는 바닷물고기다. 우리나라 서해, 남해 바닷가와 압록강, 대동강, 임진강, 한강, 금강, 영산강, 낙동강에 산다. 일본, 중국, 대만에도 산다. 웅어는 바닷가나 큰 강어귀에서 무리 지어 산다. 아주 맑은 물보다는 흐리지 않은 정도의 물에서 산다. 낮에는 물가를 헤엄치다가 밤에는 깊은 곳으로 들어간다. 어릴 때는 동물성 플랑크톤을 먹고, 어른이 되면 새우나 작은 물고기를 잡아먹는다. 사오월 보리누름 때부터 강을 거슬러 올라간다. 유월쯤 되면 갈대가 덤부렁듬쑥 자란 강가에서 알을 낳는다. 알을 낳으면 어미 물고기는 죽는다. 알에서 나온 새끼 물고기는 바다로 내려가서 살다가 이듬해 다 커서 다시 강으로 올라온다. 지금은 물이 더러워지고 알 낳을 강가 갈대밭이 파헤쳐져서 보기 어렵다.

이름 웅어는 꼭 칼처럼 꼬리 쪽으로 갈수록 날카롭게 뾰족하다. 그래서 칼 '도(刀)' 자 옆에 물고기 '어(魚)' 자를 붙여서 '도어(魛魚)' 라고도 했다. 옛날 사람들은 갈대밭에 사는 물고기라고 '위어(葦魚), 갈대고기' 라고 했다. 《자산어보》에는 '도어(魛魚) 속명 위어(葦魚)', 《난호어목지》에는 《본초강목》에 나오는 이름을 빌려 '제어(鱭魚)' 라 하고, 한글로 '위어' 라고 했다. 《재물보》에는 '수어(鱔魚)' 라고 적혀 있다. 지역에 따라 '우여(강경), 웅에(의주), 평, 차나리(행주)' 라고 한다. 또 임금이 먹는 물고기라고 '진어(珍魚)' 라고도 했다. 영어로는 'estuary tailfin anchovy', 일본에서는 '에쓰(エツ, 鱭)', 중국에서는 '소도어(小刀魚), 도제(刀鱭)' 라고 한다.

성장 암컷은 알을 세 번에 걸쳐 낳고, 그 뒤 죽는다. 알에서 나온 새끼는 1년에 18cm, 2년에 26cm, 3년에 32cm쯤 큰다. 2년쯤 크면 어른이 된다.

고기잡이 웅어는 강으로 거슬러 올라오는 사오월 보리누름 때 잡는다. 성질이 급해서 그물에 걸리면 금세 죽고 쉽게 썩기 때문에 잡자마자 얼음에 쟁인다. 《난호어목지》에는 웅어가 '강과 바다가 서로 이어진 곳에서 잡힌다. 해마다 음력 4월에 강을 거슬러 올라오는데 한강 행주, 임진강 동파탄 상·하류, 평양 대동강에 가장 많고 4월이 지나면 없어진다' 고 적어 놓았다. 조선 시대에는 위어소(葦魚所)라는 관청을 한강 하류에 있는 행주에 두고 웅어를 잡아 임금에게 올렸다.

쓰임 봄에 알 낳으러 올 때가 제철이다. 회로 먹고 무침, 구이, 매운탕으로 먹는다. 회로 먹으면 살이 연하고 고소하다. 《자산어보》에는 '밴댕이를 닮아 꼬리가 매우 길고 색은 희며 맛이 아주 달다. 횟감으로 상등품이다' 라고 쓰여 있다. 옛날에는 박달나무를 태운 연기를 쐬어 훈제품으로 만들기도 했다.

25 cm
서해
6월

다른 이름 위어, 우여, 웅에, 차나리
분포 우리나라, 일본, 중국, 대만
먹이 작은 물고기
특징 생김새가 칼처럼 생겼다.

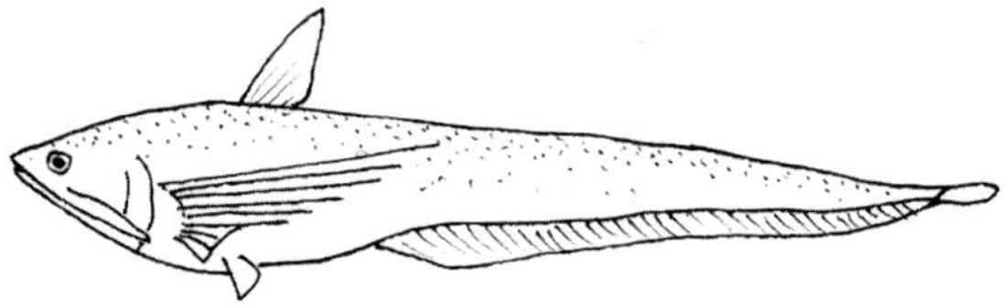

몸길이는 25cm쯤 된다. 등은 푸르스름한 누런 밤색이고 배는 하얗다. 몸이 옆으로 납작하고 꼬리가 가늘고 길다. 입은 크고 위턱이 길어서 아가미뚜껑 뒤쪽까지 벌릴 수 있다. 비늘은 쉽게 떨어진다. 가슴지느러미 위쪽 여섯 줄기가 실처럼 길게 뻗는다. 뒷지느러미는 길어서 꼬리지느러미와 이어진다. 옆줄은 없다.

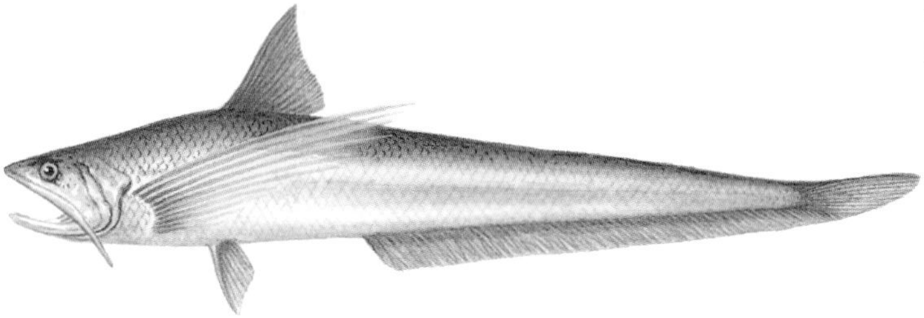

싱어 *Coilia mystus*
웅어와 똑 닮았다. 서해와 남해 바닷가에 산다. 5~8월에 알을 낳으러 강을 올라온다.

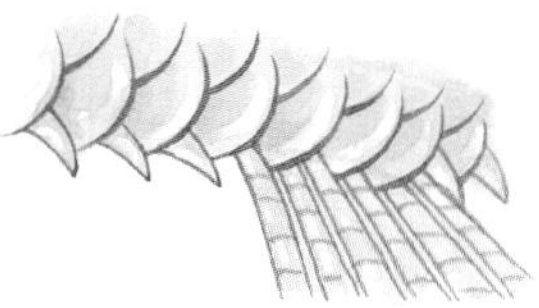

배 아래쪽에는 날카로운 비늘이 톱니처럼 나 있다.

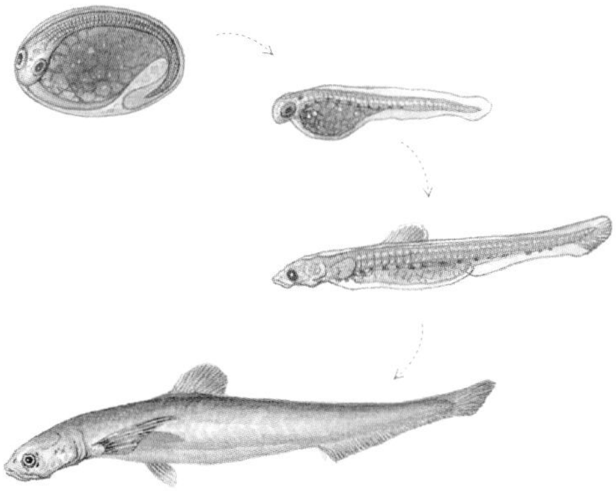

웅어 한살이 웅어가 커 가는 모습이다. 알에서 나온 새끼 물고기는 여름부터 가을까지 바다로 내려간다. 바다에서 겨울을 나며 어른이 된다. 이듬해 다 큰 웅어는 다시 강으로 올라온다.

멸치

Engraulis japonicus

멸치는 따뜻한 물을 따라 떼로 몰려다니는 물고기다. 우리나라 온 바다에 살지만 남해 통영과 추자도에 많다. 일본, 중국, 필리핀, 인도네시아 바다에서도 볼 수 있다. 낮에는 물속에서 헤엄치다가 밤이 되면 물낯 가까이 올라와 헤엄쳐 다닌다. 봄에 올라왔다가 가을에 남쪽으로 내려간다. 봄에 올라온 멸치 떼는 얕은 바닷가에서 알을 낳는다. 알에서 깨어난 새끼 멸치는 강어귀나 바닷가에서 떼로 몰려다닌다. 헤엄을 치면서 입을 벌리고 작은 플랑크톤을 먹고 큰다. 몸집이 작고 늘 떼로 몰려다니니까 방어나 고등어 같은 큰 물고기가 쫓아다니며 잡아먹는다. 어떤 때는 큰 물고기에게 정신없이 쫓기다 바닷가 모래밭으로 뛰쳐나오기도 한다. 수가 많아서 바다에 사는 다른 동물들을 먹여 살리는 데 한몫하는 물고기다. 이삼 년쯤 산다.

이름 멸치는 몸집이 작고 하찮은 물고기라는 뜻이다. 멸치는 다 커도 한 뼘밖에 안 된다. 지역에 따라 '멸오치(남해안), 멜, 명어치, 행어(제주), 멸(전남), 열치(황해도)'라고 한다. 크기가 커지는 순서로 '자멸, 소멸, 중멸, 대멸'이라고도 한다. 《자산어보》에는 '추어(鯫魚) 속명 멸어(蔑魚)'라고 했고, 물 밖으로 나오면 곧바로 죽는다고 '멸어(滅魚)'라고도 했다. 《우해이어보》에는 '말자어(末子魚), 멸아(鱴兒), 기(幾)'라고 했는데, 기는 그 지역 말로 멸(鱴)이라고 한다고 써 놓았다. 《전어지》에는 '이추(鮧鰌), 멧', 《재물보》에는 '멧'이라고 했다. 영어로는 'anchovy', 일본에서는 아래턱이 작아서 위턱만 있는 것처럼 보인다고 '가타쿠치이와시(カタクチイワシ, 片口鰯)'라고 한다. 중국에서는 '제어(鯷魚)'라고 한다.

성장 암컷 한 마리가 밤에 알을 1700~1만 6000개쯤 낳는다. 알 낳기 알맞은 온도는 17~22도이다. 멸치 알은 동그랗지 않고 길쭉한 타원형이다. 알은 물에 떠 있다. 물 온도가 20도쯤일 때 이틀이면 새끼가 나온다. 한 달 지나면 2cm, 석 달 지나면 7cm, 한 해 지나면 11cm쯤 큰다. 한 해가 지나면 어른이 된다.

고기잡이 멸치는 불빛을 좋아한다. 밤에 불을 환하게 밝혀 놓으면 떼로 몰려든다. 그때 그물로 잡는다. 멸치가 걸린 그물을 여러 사람이 잡고 탈탈 털어 낸다. 《자산어보》에는 '음력 6월에 나기 시작해서 상강 때에 물러간다. 밝은 빛을 좋아해서 어부들이 밤이 되면 불을 밝혀서 멸치를 끌어들인 뒤 움푹 파인 곳으로 몰고 가 그물로 떠낸다'고 적혀 있다. 요즘에는 그물을 쳐 놓고 잡거나 끌그물로 잡는다.

쓰임 잡은 멸치는 곧바로 삶아서 햇볕에 말린다. 마른 멸치는 통째로 먹거나 볶거나 조려 먹고 국물을 우려내기도 한다. 젓갈을 담그거나 회로도 먹는다. 《자산어보》에는 '이 물고기로 국, 젓갈, 포를 만들고 때로는 낚시 미끼로도 쓴다'고 나와 있다.

18 cm
남해, 서해, 동해
봄

다른 이름 멸오치, 멜, 명어치, 행어, 멸, 열치
분포 우리나라, 일본, 중국, 필리핀, 인도네시아
먹이 플랑크톤
특징 몸집에 비해 입이 아주 크다.

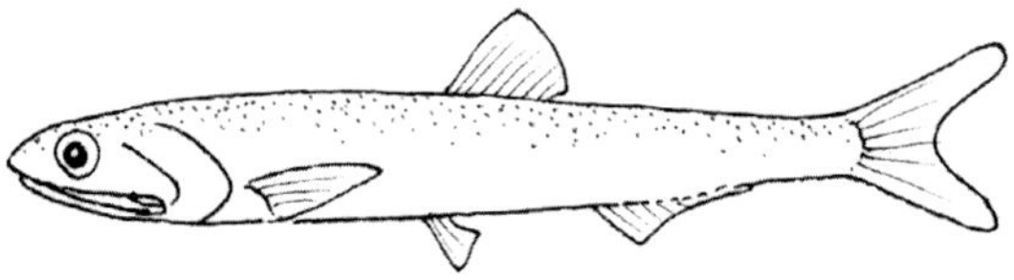

다 크면 18cm쯤 된다. 등은 파랗고 배는 하얗다. 몸은 작고 날씬하다. 입이 커서 눈 뒤까지 온다. 아래턱이 위턱보다 짧다. 비늘은 크고 잘 떨어진다. 등지느러미는 몸 가운데에 있다. 꼬리지느러미는 가위처럼 갈라졌다. 옆줄은 없다.

멸치 한살이 멸치가 알에서 나와 커 가는 모습이다. 2~3년쯤 산다.

멸치 떼 멸치는 몸집도 작고 힘도 없으니까 떼로 몰려다닌다. 멸치를 잡아먹으려고 온갖 큰 물고기와 새가 쫓아다닌다.

청어

Clupea pallasii

청어는 찬물을 따라 떼로 몰려다닌다. 동해에 많이 살고, 서해에도 살며 북태평양과 북극해에도 산다. 서해에 사는 청어는 겨울이 되면 발해만 북쪽 바다에서 남쪽으로 몰려와 겨울을 난다. 봄이 되면 다시 북쪽으로 올라간다. 동해에 사는 청어는 깊고 차가운 바닷속 100~200m쯤에서 흩어져 산다. 작은 물고기나 새우나 게나 물고기 알 따위를 잡아먹는다. 《자산어보》에도 서해 청어와 동해 청어가 다르다고 써 놓았다.

청어는 정월부터 이른 봄이면 알을 낳으러 동해와 남해 동쪽 얕은 바닷가로 떼 지어 몰려온다. 옛날에는 수억 마리 청어가 바다를 뒤덮을 만큼 몰려오기도 했다. 《자산어보》에는 '정월이 되면 알을 낳으려고 바닷가 가까이 몰려드는데, 수억 마리가 떼를 지어 바다를 덮는다'고 써 있다. 물 깊이가 15m 안쪽이고 바다풀이 숲을 이루고 바위가 울퉁불퉁 많은 곳에서 북새통을 이루며 알을 낳는다. 깜깜한 밤에 암컷이 온몸을 퍼드덕거리며 바닷말이나 바위틈에 끈적끈적한 알을 붙여 놓으면 수컷이 와서 수정을 시킨다. 석 달쯤 짝짓기 철이 지나면 다시 떼를 지어 깊은 바다로 간다. 13년쯤 산다.

이름 몸이 파랗다고 '청어(靑魚)'다. 동해에서는 '등어, 동어'라고 한다. 《재물보》에는 '누어(鰽魚)'라 하였고, 《자산어보》에는 '청어(靑魚)', 《우해이어보》에는 '진청(眞鯖)'이라 했다. 《명물기략》에는 '값싸고 맛이 있어 가난한 선비들이 잘 사 먹어, 선비들을 살찌게 하는 물고기라는 뜻으로 비유어(肥儒魚)'라 했다고 나오는데, 이 말에서 '비웃'이란 이름이 나왔다고 한다. 영어로는 'pacific herring', 일본에서는 '니싱(ニシン, 鰊)'이라고 한다.

성장 암컷 한 마리가 알을 3만~10만 개쯤 낳는다. 알은 물에 가라앉고 다른 물체에 붙는다. 물 온도가 10도쯤 될 때 2~3주쯤 지나면 새끼가 나온다. 알에서 나온 새끼는 한 해가 지나면 12cm, 5년이면 30cm, 10년이면 35cm쯤 자란다. 3~5년이 지나면 어른이 된다.

고기잡이 '진달래꽃 피면 청어 배에 돛단다'는 말이 있다. 짝짓기를 하러 떼로 몰려올 때 그물로 청어를 잡는다. 옛날부터 많이 잡았는데 갑자기 수가 줄어들어 감쪽같이 사라졌다가 다시 잡히기를 되풀이한다.

쓰임 구워도 먹고 꾸덕꾸덕하게 말려서도 먹는다. 꾸덕꾸덕하게 말린 청어를 '과메기'라고 한다. 옛날에 눈을 꿰어 말렸다고 '관목어(貫目魚)'라는 말이 바뀐 것이라고 한다. 요즘에는 청어가 잘 안 잡혀서 꽁치로 과메기를 만든다.

35 cm 안팎
동해, 서해
이른 봄

다른 이름 등어, 동어
분포 우리나라, 일본, 북태평양
먹이 갯지렁이, 물고기 알, 새우, 게, 작은 물고기 따위
특징 수억 마리가 떼로 몰려와 알을 낳는다.

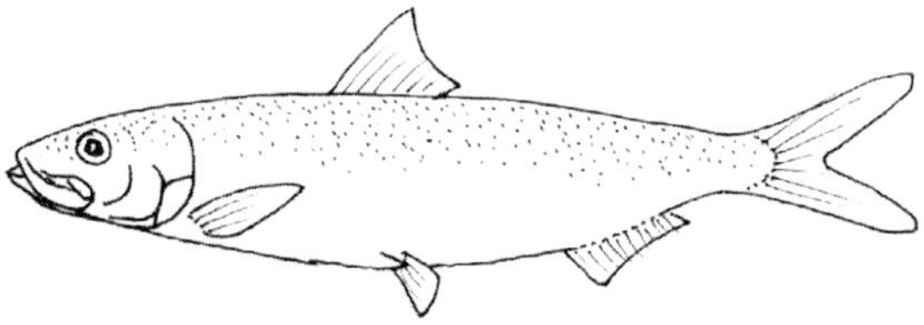

몸길이는 35cm 안팎이다. 등은 파랗고 배는 하얗다. 몸은 길쭉하고 옆으로 납작하다. 입은 작고 아래턱이 조금 길게 튀어나왔다. 눈에는 기름눈꺼풀이 있다. 배지느러미와 뒷지느러미 사이에 톱니처럼 생긴 비늘이 있다. 옆줄은 없다. 꼬리지느러미는 가위처럼 갈라졌다.

알을 낳는 청어 청어는 알을 낳으러 바닷가로 수억 마리가 떼 지어 몰려온다. 암컷이 바닷말에 알을 붙이면 수컷이 와서 수정을 시킨다. 수컷 정액으로 바닷물이 우윳빛으로 뿌옇게 흐려질 정도다. 떼로 몰려오는 청어를 잡아먹으려고 수많은 큰 물고기와 바다짐승과 바닷새들이 달려든다.

준치

Ilisha elongata

준치는 따뜻한 물을 좋아한다. 서해와 남해에 살고 일본, 중국, 대만, 말레이 제도, 인도 바다에도 산다. 겨울에는 제주도 남쪽 먼바다로 내려갔다가 봄이 되면 서해로 올라온다. 바닥에 모래나 펄이 깔린 얕은 바다 중간쯤 깊이에서 무리 지어 헤엄쳐 다닌다. 새우나 작은 물고기를 잡아먹는다. 오뉴월에 모래나 펄이 깔린 강어귀에서 알을 낳는다. 우리나라 금강 어귀나 중국 황허 강, 양쯔 강 어귀에서 많이 낳는다.

이름 물고기 가운데 가장 맛있다고 '참다운 물고기'라는 뜻으로 '진어(眞魚)'라고도 했다. 옛날에는 초여름이 지나면 감쪽같이 사라졌다가 이듬해 봄에 때맞춰 나타난다고 '시어(鰣魚)'라고 했다. 《자산어보》에는 '시어(鰣魚) 속명 준치어(蠢峙魚)'라고 했다. 영어로는 'elongate ilisha, slender shad', 일본에서는 '히라(ヒラ, 平)', 중국에서는 '조백어(曹白魚)'라고 한다.

성장 암컷 한 마리가 알을 10만 개쯤 낳는다. 알 낳기 알맞은 온도는 21~26도이다.

고기잡이 봄에 올라오는 고기 떼를 물고기 잡는 배들이 쫓아 올라가면서 잡는다. 《자산어보》에는 '곡우(음력 3월 중순쯤)가 지나면 우이도에서 잡히기 시작한다. 이때부터 점차 북쪽으로 올라가 음력 6월이면 황해도에 나타난다. 어부들이 이 떼를 쫓아가며 잡는다. 늦게 잡히는 놈이 먼저 잡히는 놈만 못하다'고 써 놓았다.

쓰임 '썩어도 준치'라는 말이 있다. 썩어도 맛있을 만큼 아주 맛있는 물고기라는 말이다. 오뉴월 찔레꽃머리 때 잡은 준치가 가장 맛있다. 하지만 몸에 가시가 많아서 조심해서 발라 먹어야 한다. 《규합총서》에는 준치 가시 바르는 방법이 나온다. '준치를 씻어 토막을 내고 그 조각을 도마 위에 세우고 허리를 꺾어 베나 모시 수건으로 두 끝을 누르면 가는 뼈가 수건 밖으로 나오니 그때 낱낱이 뽑으면 가시가 적어진다'고 써 놓았다. 회나 소금구이, 찜, 조림, 만두로 먹고 옛날에는 단오 때 국을 끓여 먹었다.

40~50 cm
서해, 남해
5~6월

다른 이름 시어, 진어
분포 우리나라, 일본, 중국, 대만, 말레이시아, 인도
먹이 새우, 작은 물고기 따위
특징 몸에 가시가 많다.

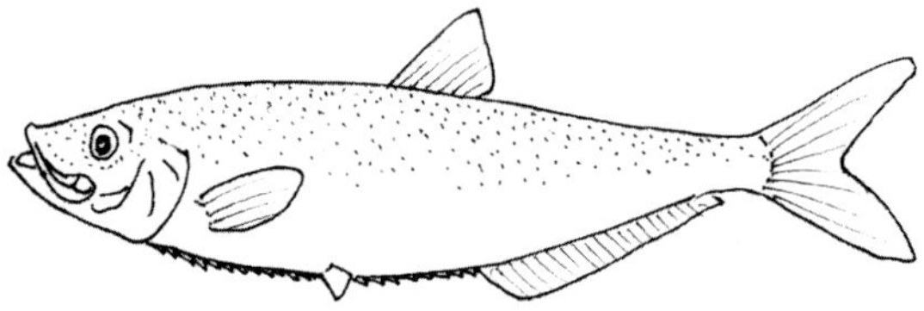

몸길이는 40~50cm쯤 된다. 몸은 길고 옆으로 넓적하다. 등 쪽은 어두운 파란색이고 배는 허옇다. 지느러미는 누렇다. 머리는 작고 주둥이는 짧다. 입은 크고 위로 향하고 양턱에는 이빨이 없다. 아래턱이 위턱보다 길다. 눈이 크고 기름눈꺼풀이 덮여 있다. 비늘은 크고 둥글고 잘 떨어진다. 옆줄은 없다. 배 아래쪽에 비늘이 톱니처럼 날카롭게 나 있다. 등지느러미는 몸 가운데에 있고, 배지느러미는 아주 작다. 뒷지느러미는 등지느러미 중간쯤에서 시작해서 꼬리자루까지 길다.

먹이를 먹을 때는 주둥이를 앞으로 쭉 내민다. 꼭 깔때기처럼 튀어나온다.

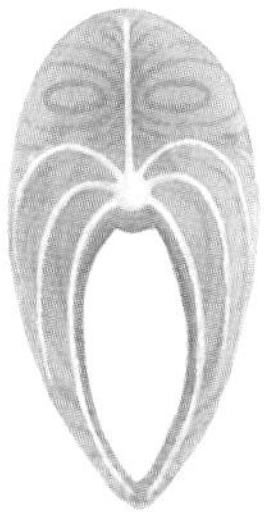

준치는 가시가 많은 물고기다. 배를 감싸는 뼈가 둥글게 휘어 있다.

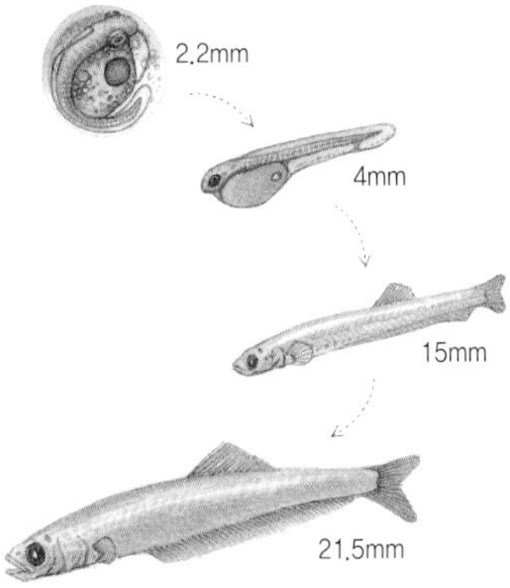

준치 알에서 새끼가 나와 커 가는 모습이다.

전어

Konosirus punctatus

전어는 따뜻한 물을 좋아하고 물살이 세지 않은 바닷가나 섬 둘레에서 많이 산다. 먼 거리를 돌아다니지 않는다. 우리나라 온 바다에 살고 일본, 중국, 인도 바다에도 산다. 물 온도에는 꽤 예민하지만 소금기에는 덜 예민하다. 가장 좋아하는 물 온도는 13~18도이고 새끼들은 17~20도를 좋아한다. 물 깊이가 30m 안쪽인 얕은 바다 물낯 가까이나 가운데쯤에서 무리 지어 산다. 몸이 화살촉처럼 뾰족해서 재빠르게 헤엄친다. 물에 떠다니는 작은 동물을 잡아먹고 진흙 속에 사는 유기물도 뒤져 먹는다. 봄부터 여름 들머리에 바닷가 가까이 와서 알을 낳는다. 늦은 가을이 되어 물이 차가워지면 깊은 곳으로 모여들어 겨울을 난다. 3~6년쯤 산다.

이름 화살처럼 빠르게 헤엄친다고 '전어(箭魚)'다. 맛이 좋아서 사람들이 돈을 안 아끼고 샀다고 '전어(錢魚)'라고도 한다. 《전한》에는 '錢魚, 全魚, 剪魚', 《난호어목지》와 《전어지》에는 '錢魚', 《자산어보》에는 '箭魚'라고 나와 있다. 강원도에서는 크기에 따라 '대전어(큰 놈), 엿사리(중간 치), 전어사리(작은 것)'라고도 한다. 영어로는 주머니를 가진 청어라는 뜻으로 'gizzard shad', 점이 있는 정어리라는 뜻으로 'spotted sardine'이라고 한다. 일본에서는 아이들이 건강하게 잘 크라고 빌면서 전어를 바쳤다고 '고노시로(コノシロ, 鰶, 子の代)'라고 한다. 중국에서는 '반제(斑鰶), 제(鰶)'라고 한다.

성장 암컷 한 마리가 알을 4만~6만 개쯤 낳는다. 알은 둥글고 흩어져 물 위에 뜬다. 물 온도가 12~18도이면 50시간쯤, 17~20도면 42시간쯤 지나서 알에서 새끼가 나온다. 새끼는 그해 가을이면 5~6cm로 자란다. 1년이 지나면 10cm, 3년째는 18cm, 5년째는 21cm쯤 큰다. 3년쯤 지나면 어른이 된다.

고기잡이 가을에 걸그물, 자리그물로 잡는다. 그물로 고기 떼를 둘러싼 뒤 배를 방망이로 두들기거나 물에 돌을 던지거나 장대로 두들겨, 놀란 고기들이 그물코에 꽂히게 해서 잡는다. 또는 함정그물로 고기 떼가 지나가는 길을 막아 고기 떼를 가둘 수 있는 그물 쪽으로 몰아서 살아 있는 채로 잡기도 한다. 성질이 급해서 낚시나 그물로 잡아 올리면 금방 죽는다.

쓰임 '봄 숭어, 가을 전어', '가을 전어 머리에는 깨가 서 말이다'라는 말이 있다. 알을 낳는 봄에서 여름까지는 맛이 없지만 가을이 되면 몸이 통통해지고 기름기가 끼면서 맛이 아주 좋다. 잔가시가 많지만 뼈째 썰어 회로도 먹고 구워도 먹고 젓갈도 담근다. '전어 굽는 냄새에 집 나가던 며느리가 돌아온다'는 우스갯소리가 있을 정도로 구이 맛이 좋다. 전어 위는 닭 모래주머니처럼 생겼는데 이것을 '밤'이라고 한다. 따로 떼어 내서 젓갈을 담그는데 '전어밤젓'이라고 한다.

25cm
서해, 남해
봄~여름

다른 이름 전애
분포 우리나라, 일본, 중국, 인도양, 중부 태평양
먹이 플랑크톤, 개흙 속에 사는 작은 동물
특징 개흙을 뒤져 먹이를 찾는다.

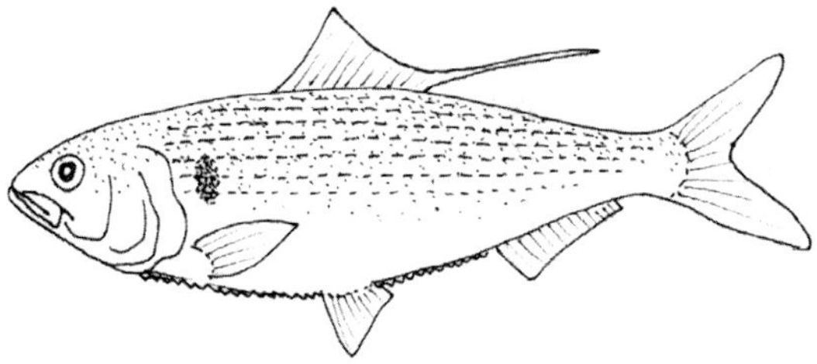

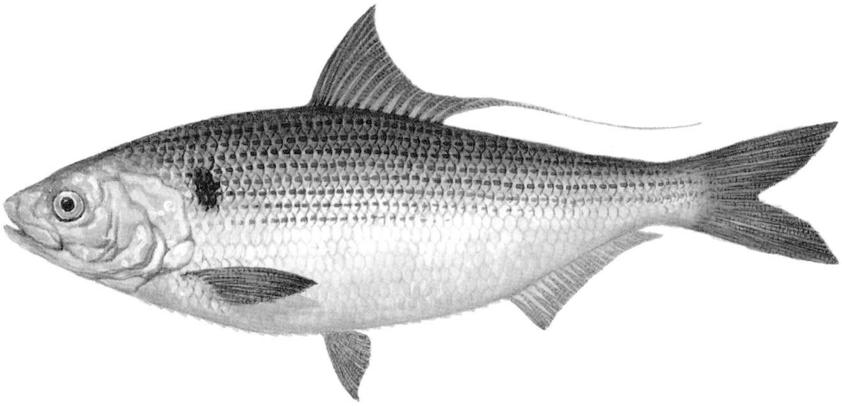

몸길이는 25cm쯤 된다. 몸은 타원형이고 옆으로 납작하다. 등은 푸른빛을 띠고 배는 은빛이다. 몸통 비늘에 까만 점이 줄줄이 나 있다. 아가미 뒤에는 까만 점이 커다랗게 하나 있다. 등지느러미 맨 끝에 줄기 하나가 실처럼 길게 늘어졌다. 배 쪽 비늘은 날카롭다. 꼬리지느러미는 노랗고 가위처럼 갈라졌다.

전어는 플랑크톤을 잡아먹는데 물 바닥 개흙을 뒤지며 먹이를 찾기도 한다. 먼바다에서 잡은 전어보다 개흙을 뒤져 먹고 자란 전어가 더 맛있다.

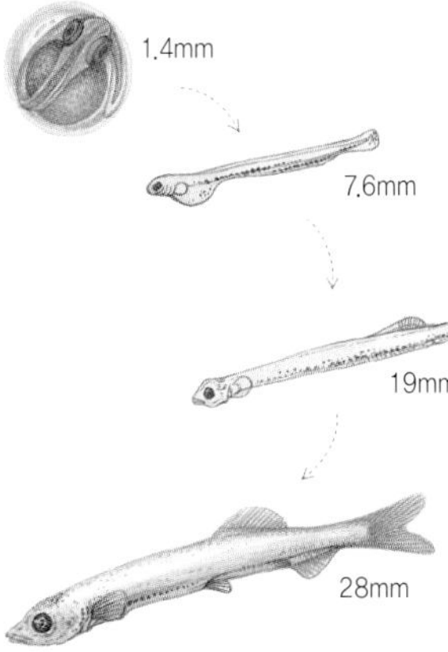

전어 알에서 새끼가 나와 커 가는 모습이다.

밴댕이

Sardinella zunasi

밴댕이는 따뜻한 물을 좋아한다. 우리나라 서해와 남해에 살고 일본, 남중국해, 대만, 필리핀 바다에도 산다. 봄부터 가을까지는 물이 얕은 만이나 강어귀에 머문다. 떼로 몰려다니면서 플랑크톤이나 갯지렁이나 작은 새우 따위를 잡아먹는다. 오뉴월에 바닷가에서 알을 낳고, 겨울이 되면 깊은 물속으로 들어가 겨울을 난다. 서해 바닷가에서 흔히 회나 구이로 먹는 밴댕이는 사실 멸치과에 속하는 '반지'라는 딴 물고기다.

이름 남쪽 지방에서는 뒤가 파랗다고 '뒤포리', '띠포리'라고 한다. 지역에 따라 '밴댕이, 반댕이, 빈지매, 반전어(황해도), 빈징어, 밴댕이(충남), 뒤파리, 뒤포리(전남), 수누퍼리(평북), 띠푸리(경남 통영)'라고 한다. 멸치와 생김새나 쓰임새가 닮아서 《자산어보》에는 '짤막한 멸치'라는 뜻으로 '단추(短鯫) 속명 반도멸(盤刀蔑)'이라고 적혀 있다. 영어로는 'big-eyed herring, shad'라고 하고, 일본에서는 '삿파(サッパ, 拶雙魚)'라고 한다.

성장 알 낳기 알맞은 물 온도는 16~18도이다. 알은 속이 훤히 비치고 물 위에 뜬다.

고기잡이 가을에 남해에서 많이 잡는다. 밴댕이는 성질이 아주 급해서 물 밖으로 나오자마자 몸을 파르르 떨다가 바로 죽는다. 그래서 속 좁고 성질 급한 사람을 '밴댕이 소갈딱지'라고 놀린다. 밴댕이는 멸치와 함께 많이 잡힌다. 멸치와 닮았는데 몸이 옆으로 더 납작하고 짤막하다.

쓰임 멸치처럼 말려서 국물을 우려내는 데 쓴다. 회나 젓갈로는 잘 쓰지 않는다.

15cm
서해, 남해
5~6월

다른 이름 뒤포리, 띠포리, 반댕이, 띠푸리
분포 우리나라, 일본, 남중국해, 대만, 필리핀
먹이 플랑크톤, 갯지렁이, 작은 새우
특징 성질이 급하다.

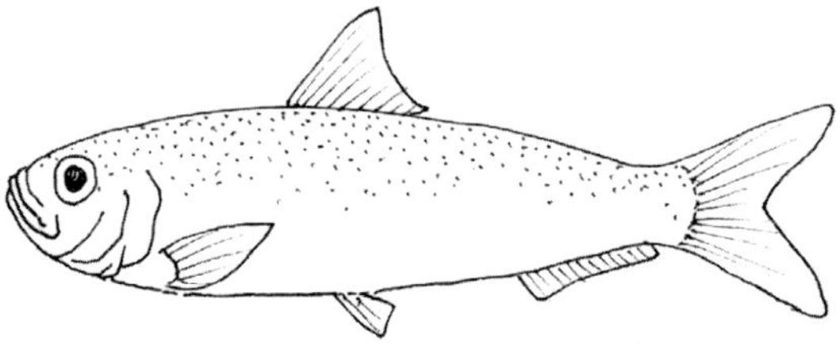

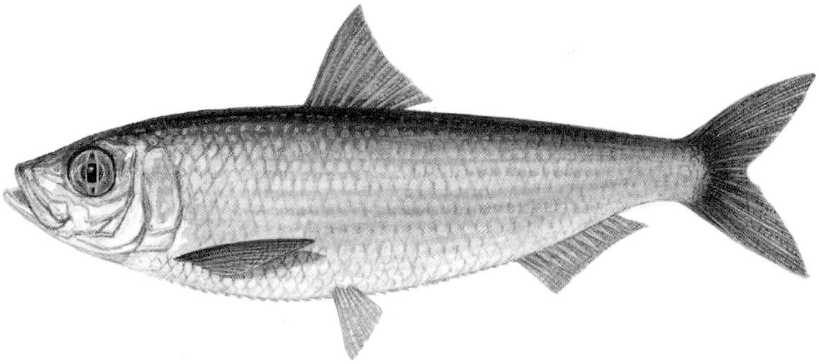

몸길이는 15cm쯤 된다. 등은 푸르스름하고 배는 은빛으로 반짝반짝 빛난다. 몸은 길고 옆으로 납작하다. 아래턱이 위턱보다 길다. 배 아래쪽에는 날카로운 비늘이 톱니처럼 나 있다. 몸은 옆으로 아주 납작하고 옆줄이 없다. 비늘은 크고 둥근데 잘 떨어진다. 꼬리지느러미는 가위처럼 갈라졌다.

반지 *Setipinna tenuifilis*

반지는 밴댕이랑 닮았다. 강화도나 인천에서 밴댕이회로 먹는 물고기는 반지다. 밴댕이는 입이 작고 아래턱이 위턱보다 길지만, 반지는 위턱이 아래턱보다 더 길고 입이 더 크다. 그리고 가슴지느러미 맨 위쪽 가시가 기다란 줄처럼 길어진다.

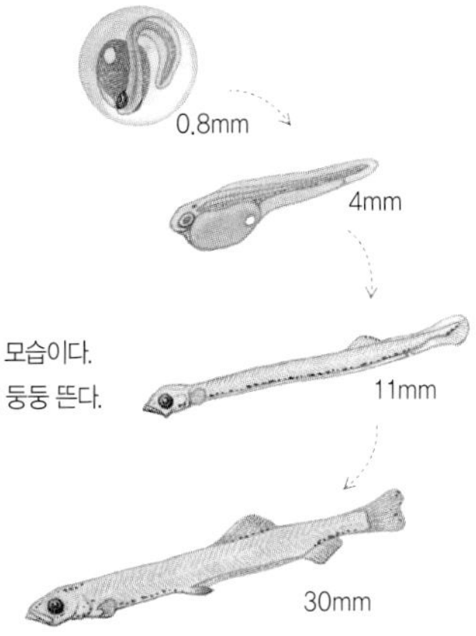

밴댕이 알에서 새끼가 나와 커 가는 모습이다. 오뉴월에 알을 낳는다. 알은 물 위에 둥둥 뜬다.

청어목
청어과

정어리

Sardinops melanostictus

정어리는 따뜻한 물을 좋아하는 물고기다. 우리나라 동해와 남해, 일본과 중국, 동중국해에도 산다. 겨울에는 제주도 동남쪽 바다에서 지내다가 봄부터 따뜻한 물을 따라 남해를 거쳐 동해로 올라온다. 수십만 마리가 떼를 지어 몰려다닌다. 서로 간격을 딱딱 잘 맞춰서 마치 한 몸처럼 이리저리 방향을 바꾸며 헤엄쳐 다닌다. 정어리는 물낯에서 바닷속 110m까지 마음껏 오르락내리락한다. 낮에는 물속 가운데쯤 있다가 밤에는 물낯으로 올라온다. 입을 딱 벌리고 헤엄치면서 플랑크톤을 걸러 먹는다. 고등어나 가다랑어나 방어 같은 커다란 물고기뿐만 아니라 고래나 물개 같은 바다짐승이 힘없는 정어리 떼를 쫓아다니며 잡아먹는다. 그래서 사람을 먹여 살리는 쌀처럼 바다 동물을 먹여 살린다고 '바다의 쌀'이라고 한다. 정어리는 우리나라 바닷가로 와서 2~4월에 알을 낳는다. 해거름부터 한밤중까지 물낯 가까이에서 알을 두세 번에 걸쳐 낳는다. 새끼는 두 해쯤 지나면 어른이 되고 오륙 년을 산다.

이름 정어리는 지역에 따라 '징어리(전남), 눈치(강릉)'이라고 한다. 《자산어보》에는 '대추(大鯫) 속명 증얼어(曾蘗魚)'라고 했고, 《우해이어보》에는 '증울(蒸鬱)'이라고 했다. 영어로는 'pilchard, sardine', 일본에서는 '마이와시(マイワシ, 眞鰯),' 중국에서는 '온(鰮)'이라고 한다.
성장 암컷 한 마리가 알을 2만~5만 개쯤 낳는다. 알은 물에 둥둥 뜬다. 물 온도가 20도일 때 3~4일 지나면 알에서 새끼가 나온다. 알에서 나온 새끼는 한 해가 지나면 15cm, 3년에 20cm, 5년에 22cm쯤 자라고 25cm쯤 크면 더 이상 안 큰다.
고기잡이 어획량이 10~20년마다 크게 바뀌는데 그 까닭이 아리송하다. 밤에 불을 켜고 둥그렇게 그물을 쳐서 잡는다. 걸그물이나 자리그물로도 잡는다. 1939년에는 120만 톤을 잡아 물고기 하나만 잡은 경우를 따졌을 때 세계 으뜸 기록을 가지고 있지만 그 뒤로 수가 줄어 많이 잡히지 않는다.
쓰임 갓 잡은 정어리는 회로도 먹지만 쉽게 썩기 때문에 소금에 절여 굽거나 말려 먹고, 통조림도 만든다. 젓갈을 담그기도 하고 기름을 짜기도 한다. 집짐승 먹이나 낚싯밥으로도 쓴다. 《우해이어보》에는 '잡은 지 며칠이 지나면 살이 더욱 매워져서, 사람들에게 두통을 일으키기도 한다'고 써 놓았다.

20~25 cm
동해, 남해, 제주
2~4월

다른 이름 징어리, 눈치
분포 우리나라, 일본, 중국, 동중국해
먹이 플랑크톤
특징 수십만 마리가 떼로 몰려다닌다.

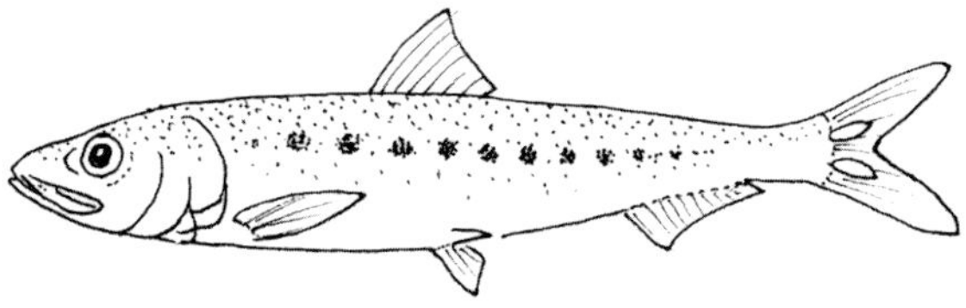

몸길이는 20~25cm쯤 된다. 등은 푸르고, 배는 하얗고 반짝반짝 빛난다. 입은 작고 아래턱이 위턱보다 조금 앞으로 튀어나왔다. 눈에 기름눈꺼풀이 있다. 몸통에 검은 점무늬가 일고여덟 개쯤 옆으로 줄지어 있다. 옆줄은 없다. 둥근 비늘은 쉽게 떨어진다. 배 모서리에 톱니 모양으로 비늘이 나 있다. 꼬리지느러미는 가위처럼 가운데가 깊게 파였다.

떼로 몰려다니는 정어리 정어리는 힘이 없어서 떼로 몰려다닌다. 큰 물고기나 고래 같은 바다짐승이 정어리 떼를 쫓아다니며 잡아먹는다.

황어

Tribolodon hakonensis

황어도 연어처럼 강에서 깨어나 바다로 내려가 사는 물고기다. 하지만 연어처럼 멀리 돌아다니지 않고 강어귀나 가까운 바닷가에서 산다. 차가운 물을 좋아한다. 우리나라 동해와 남해로 흐르는 강과 바다에 살고 일본, 사할린, 중국, 시베리아에도 산다. 황어는 잉어랑 닮은 물고기다. 잉어 무리에 드는 물고기 가운데 오직 황어만 바다로 내려가 살게 되었다.

강에서 깨어난 새끼는 물벌레나 그 알을 먹으며 큰다. 4~6cm쯤 크면 바다로 내려간다. 가까운 바다에서 살면서 플랑크톤이나 작은 물고기 따위를 잡아먹는다. 어른 팔뚝만큼 크면 다 큰 어른이다. 어른이 되면 진달래꽃 피는 봄에 떼를 지어 모래와 자갈이 깔린 강줄기 윗물까지 거슬러 올라온다. 알 낳을 때가 되면 몸빛이 누렇게 바뀌고 몸 옆으로 검은 띠가 쭉 나타난다. 머리에는 작은 혹들이 오돌토돌 난다. 알 낳기 좋은 곳을 골라 온몸을 푸덕이며 바닥을 움푹 파고는 거기다 알을 낳는다. 알은 찐득찐득해서 돌에 딱 달라붙는다. 암컷 한 마리에 수컷 여러 마리가 쫓아다니며 짝짓기를 한다. 연어처럼 알을 낳은 어미는 힘이 빠져 죽는다. 알에서 나온 새끼 가운데 바다로 안 내려가고 강에 눌러살기도 한다. 강물이 더러워지고 강에 댐과 보가 생기면서 수가 많이 줄었다.

이름 몸이 누렇다고 '황어(黃魚)'다. 지역에 따라 '황사리(강원), 밀하(경북)'라고 한다. 《난호어목지》에는 황어를 한글로 '황어'라 써 놓고, 생김새와 크기가 잉어를 많이 닮았는데 비늘 빛깔이 누런빛이어서 이름이 황어라고 써 놓았다. 영어로는 'sea rundace', 일본에서는 '우구이(ウグイ, 鯎)'라고 한다.
성장 암컷 한 마리가 알을 600~4000개쯤 낳는다. 알은 물에 가라앉아 다른 물체에 붙는다. 물 온도가 15도일 때 5일, 10도일 때 13일쯤 지나면 새끼가 나온다. 1년이면 10~13cm, 2년이면 16~20cm, 4년이면 40cm쯤 큰다.
고기잡이 황어는 알 낳으러 올라오는 봄에 그물이나 낚시로 잡는다. 한겨울에 바닷가나 배를 타고 바다로 나가 낚시로도 잡는다. 황어는 우리나라 사람들이 오래전부터 즐겨 먹었다. 《경상도지리지》《세종실록》《신증동국여지승람》 같은 옛 책에 지방에서 잡는 물고기로 이름이 실려 있다.
쓰임 겨울이 제철이다. 회나 매운탕으로 먹는다. 옛날에는 말려 먹거나 젓갈이나 식해를 담가 먹었다.

40~50 cm
동해, 남해
봄

다른 이름 황사리, 밀하
분포 우리나라, 일본, 사할린, 중국, 시베리아
먹이 물벌레, 플랑크톤, 작은 물고기 따위
특징 알을 낳으러 강을 거슬러 올라간다.

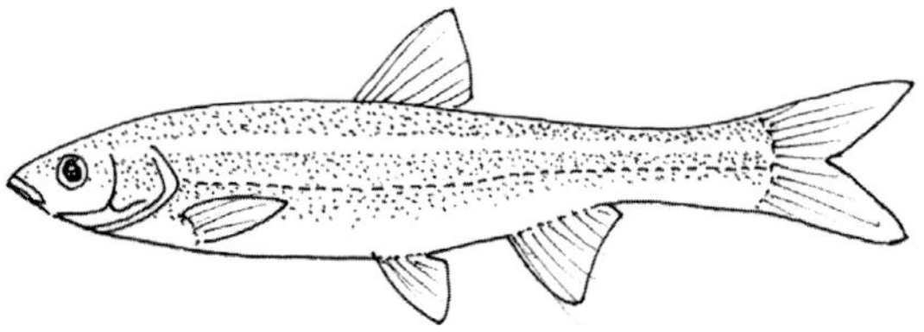

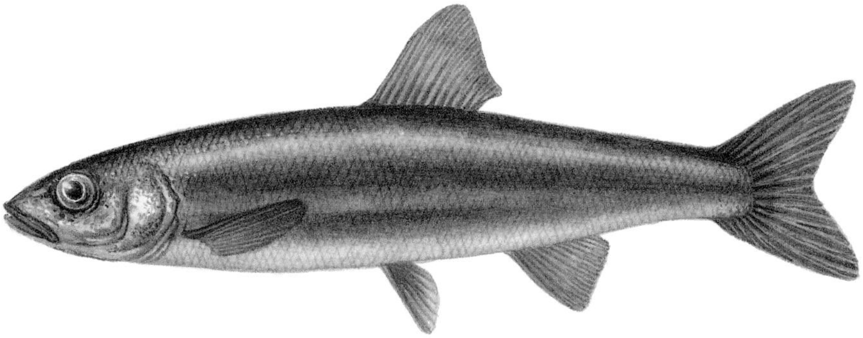

알을 낳으러 강으로 올라온 황어

바다에서 살 때 황어 모습

다 크면 몸길이가 40~50cm쯤 된다. 몸빛은 푸르스름한데 짝짓기 때가 되면 누런 밤색으로 바뀐다. 몸은 길쭉하고 옆으로 조금 납작하다. 등지느러미와 뒷지느러미가 짤막하다. 꼬리지느러미 끝은 안쪽으로 파인다. 옆줄은 하나다.

강을 거스르는 황어 떼 황어는 진달래꽃 피는 3~4월에 알을 낳으러 강을 거슬러 올라간다.

쏠종개

Plotosus lineatus

쏠종개는 따뜻한 바다 물속 바위 밑에서 무리를 지어 산다. 우리나라 제주 바다와 남해에 살고 일본, 필리핀, 인도양, 홍해를 비롯해 온 세계 열대 바다에 산다. 어린 새끼들은 수십 수백 마리가 한 몸처럼 둥글게 모여 있고 헤엄칠 때도 안 흩어진다. 엎치락뒤치락 자리만 바꿔 가며 헤엄친다. 어린 쏠종개는 몸집이 작고 헤엄을 빨리 못 치니까 무리를 지어 살면서 제 몸을 지킨다. 낮에는 어두컴컴한 곳에 떼로 숨어 있다가 밤에 나와서 작은 새우 따위를 잡아먹는다. 떼 지어 모랫바닥을 뒤져 먹이를 찾기도 한다. 입가에 난 수염으로 더듬거리면서 먹이를 찾는다. 등지느러미와 가슴지느러미 가시를 꼿꼿이 세우고 서로 비벼서 소리도 낸다. 다 크면 혼자 산다. 육칠월 여름 들머리에 물 밑바닥에 어른 손바닥만 한 구덩이를 파고 알을 낳는다. 새끼가 나올 때까지 수컷이 곁을 지킨다.

쏠종개는 등지느러미와 가슴지느러미에 독가시가 있다. 찔리면 살갗이 빨갛게 부어오르고, 온몸에서 열과 땀이 난다. 한두 시간 지나면 낫는데 하루 동안 시큰시큰 아프기도 하다. 사람들이 바닷가에서 헤엄치다 잘못 건드려 찔리곤 한다. 빨리 병원에서 치료를 받아야 한다.

이름 쏠종개는 민물에 사는 메기를 똑 닮아서 입가에 수염이 나 있다. 전라도에서는 '쐐기'라고 한다. 영어로는 'striped sea catfish', 일본에서는 '곤즈이(ゴンズイ, 權瑞)'라고 한다.
성장 암컷 한 마리가 알을 500~1200개쯤 낳는다.
고기잡이 먹으려고 일부러 잡지는 않는다. 바닷가에서 가끔 낚시에 걸려 올라오거나 통발에 걸린다.
쓰임 사람들은 쏠종개가 무리 짓는 모습을 보려고 수족관에 넣어서 기른다. 일본 사람들은 튀김, 국으로 먹는다. 살이 하얗고 담백하다고 한다.

30 cm
제주, 남해
6~7월

다른 이름 쐐기
분포 우리나라, 일본, 인도양, 필리핀, 홍해
먹이 작은 새우 따위
특징 등지느러미와 가슴지느러미에 독가시가 있다.

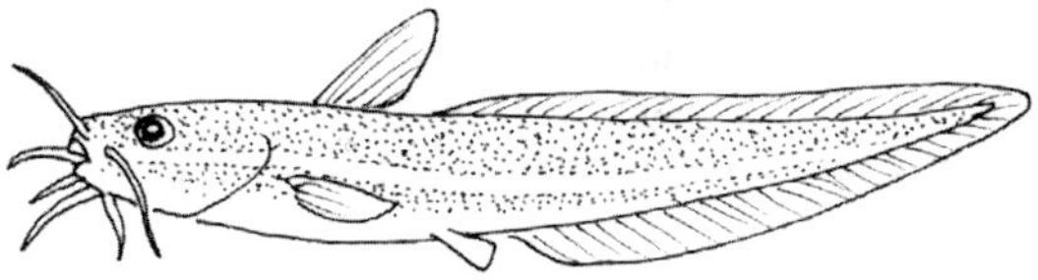

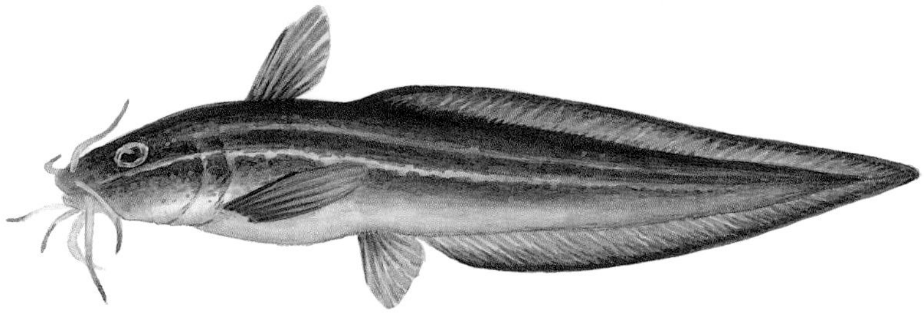

다 크면 30cm쯤 된다. 온몸이 거무스름한 밤색이고 배는 노랗다. 몸통 양쪽에 노란 줄무늬가 두 줄씩 나 있다. 줄무늬는 어릴 때 뚜렷하다가 크면서 흐려진다. 몸통은 메기를 닮았는데 머리는 위아래로 납작하고 몸은 좌우로 납작하다. 입가에 수염이 네 쌍 있다. 두 번째 등지느러미와 뒷지느러미는 꼬리지느러미와 이어진다. 옆줄이 하나다.

무리를 짓는 쏠종개 어린 쏠종개는 몸집이 작고 헤엄을 빨리 못 치니까 무리를 지어 살면서 제 몸을 지킨다. 어릴 때는 떼 지어 모랫바닥을 뒤지며 먹이를 찾는다.

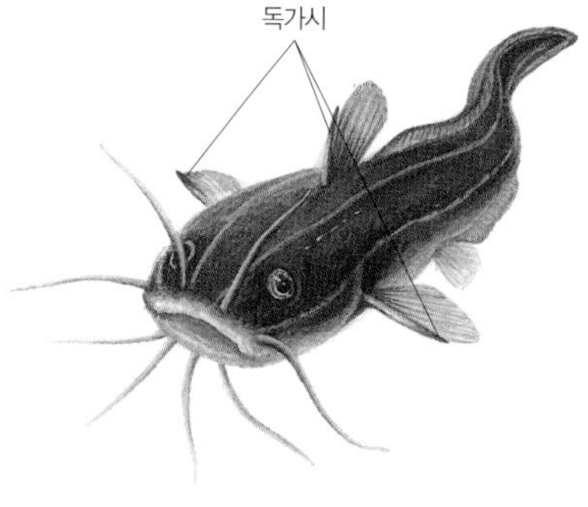

쏠종개 얼굴 쏠종개는 기다란 수염이 네 쌍 나 있다. 등지느러미와 가슴지느러미에는 독가시가 있다.

뱅어

Salangichthys microdon

뱅어는 바다와 강을 오르내리면서 사는 바닷물고기다. 우리나라 온 바다에 살고 오호츠크해부터 일본 바닷가에도 산다. 민물과 짠물이 뒤섞이는 강어귀에서 살다가, 삼사월이 되면 알을 낳으러 무리를 지어 강을 거슬러 올라간다. 암컷과 수컷이 따로 무리를 지어 올라간다. 물 깊이가 2~3m쯤 되는 곳에서 물풀에 알을 붙여 낳는다. 알을 낳은 어미는 힘이 빠져 죽는다. 알에서 나온 새끼는 알 낳은 곳 가까이에서 지내다가 여름이 되면 강어귀 바닷가로 내려가 뿔뿔이 흩어져 산다. 작은 새우나 동물성 플랑크톤을 먹고 어른이 된다. 이듬해 봄이면 다 커서 다시 강을 거슬러 올라간다. 요즘에는 강물이 더러워지고 댐이나 보로 강물이 막히는 바람에 수가 줄어들어 보기 어렵다.

이름 뱅어는 몸속이 훤히 들여다보인다. 생김새가 하얀 국수 면발처럼 가늘고, 죽으면 몸 색깔이 새하얗게 바뀐다고 '백어(白魚)'라는 한자 이름이 있다. 몸이 가늘고 길어서 '실치'라고도 한다. 《자산어보》에는 '회잔어(鱠殘魚) 속명 백어(白魚)'라고 나오며 생김새가 젓가락을 닮았다고 적어 놓았다. 《난호어목지》에는 '빙어(氷魚)'라고 쓰고 사람들은 몸빛이 하얗다고 '백어'라고도 한다'고 적어 놓았다. 생김새 때문에 재미난 이야기도 전해 내려온다. 중국 오나라 왕이 배를 타고 양쯔 강을 건너는데, 먹다 남은 물고기 회를 강물에 집어 던졌더니 회 조각이 꿈틀꿈틀 살아나서는 뱅어가 되었다고 한다. 그래서 '회를 먹고 남긴 고기'라는 뜻으로 '회잔어(鱠殘魚)', '왕이 남긴 고기'라는 뜻으로 '왕여어(王餘魚)'라는 이름도 있다. 영어로는 'glass fish, common ice-fish', 일본에서는 하얀 물고기라는 뜻으로 '시라우오(シラウオ, 白魚)'라고 한다.

성장 암컷 한 마리가 알을 2000개쯤 낳는다. 물 온도가 6~5도일 때 한 달 뒤, 14도일 때는 9일이 지나면 알에서 새끼가 나온다. 여섯 달이 지나면 3~5cm, 한 해가 지나면 5~7cm쯤 큰다.

고기잡이 봄에 강을 거슬러 올라올 때 그물로 잡는다. 압록강에서 겨울밤 얼음에 구멍을 뚫고 횃불을 밝혀 뱅어를 그물로 잡았다는 기록도 있다.

쓰임 봄이 제철이다. 옛날부터 맛이 담백해서 회, 튀김, 국, 구이로 먹었다. 말려서 뱅어포를 만들고 젓갈을 담그기도 한다. 회로 먹으면 알싸한 오이 내음이 난다. 그런데 우리가 반찬으로 흔히 먹는 뱅어포는 대부분 뱅어가 아니라 흰베도라치 새끼로 만든다.

10 cm 안팎
서해, 남해, 동해
3~4월

다른 이름 실치
분포 우리나라, 일본, 오호츠크해
먹이 플랑크톤, 작은 새우
특징 몸속이 훤히 비친다.

몸길이는 10cm 안팎이다. 몸은 투명하고 눈은 까맣다. 머리는 위아래로 납작하고 몸통은 뒤로 가면서 옆으로 납작해진다. 배에 검은 점이 두 줄로 나란히 나 있다. 몸에 비늘이 없다. 암컷과 수컷 생김새가 조금 다르다. 수컷이 암컷보다 작고 수컷은 뒷지느러미 옆으로 비늘이 14~23개쯤 한 줄로 붙어 있다. 암컷은 몸에 비늘이 없고 가슴지느러미와 배지느러미가 수컷보다 작고 가장자리가 둥글다. 옆줄은 없다

뱅어는 떼를 지어 강을 거슬러 올라온다. 몸이 투명해서 속이 훤히 비친다.

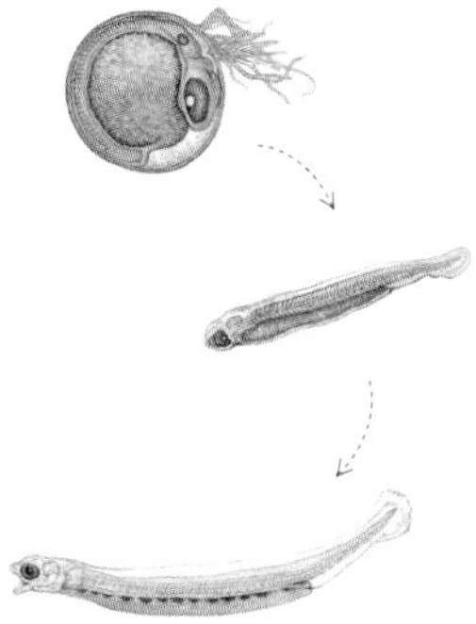

뱅어 알에서 새끼가 나와 커 가는 모습이다.

연어

Oncorhynchus keta

연어는 찬물을 좋아하는 물고기다. 우리나라 동해와 남해에서 일본 중부 이북, 캄차카, 알래스카, 캐나다, 북부 캘리포니아까지 북태평양에서 산다. 강에서 태어나 바다로 나갔다가 알 낳을 때가 되면 자기가 태어난 강을 찾아 거슬러 올라온다. 알을 낳고는 자기 고향에서 눈을 감는다. 바다로 나간 연어는 찬물을 따라 러시아를 거쳐 알래스카, 캐나다, 미국 캘리포니아 북쪽 바닷가까지 갔다가 되돌아온다. 떼로 헤엄쳐 다니면서 작은 새우나 물고기 따위를 잡아먹으며 큰다. 3~5년을 바다에서 지내다가 산에 울긋불긋 단풍이 드는 가을에 자기가 태어난 강으로 몰려온다. 강어귀에서 민물로 오를 준비를 하면서 아무것도 먹지 않는다. 강을 오르기 시작하면 물살이 콸콸 거세게 내리쳐도 아랑곳하지 않고 끈덕지고 검질기게 헤엄쳐 올라간다. 물 위로 3~5m 높이까지 펄쩍펄쩍 뛰며 폭포를 거슬러 오르기도 한다. 강줄기 맨 윗물로 올라가면 암컷이 온몸을 뒤틀며 자갈 바닥에 구덩이를 파고 수컷은 다른 수컷이 못 다가오게 곁을 지킨다. 수컷끼리 암컷을 차지하려고 긴 주둥이와 날카로운 이빨로 서로 물어뜯으며 싸우기도 한다. 한 번에 알을 다 안 낳고 두세 번 구덩이를 더 파고 알을 낳는다. 짝짓기를 다 마친 어른 물고기들은 온 힘이 다 빠져 모두 죽는다. 알에서 나온 새끼는 물벼룩이나 작은 물벌레를 잡아먹으며 5~7cm쯤 크면 봄에 바다로 내려간다. 이때는 몸이 은빛으로 반짝반짝 빛난다. 6년쯤 산다.

이름 해마다 때가 되면 어김없이 찾아온다고 이름이 '연어(年魚)'다. 북녘에서는 '련어'라고 한다. 《난호어목지》에는 '연어(年魚), 련어(鰊魚)', 《전어지》에는 '계어(季魚)'라고 적혀 있다. 영어로는 'chum salmon, dog salmon, keta salmon'이라고 하고, 일본에서는 '사케(さけ, 鮭)'라고 한다. 학명 '*Oncorhynchus*'는 그리스어로 'onco(굽었다)'와 'rhynchus(주둥이)'를 합친 말이다.
성장 알을 2000~3000개쯤 낳는다. 알은 불그스름하고 동그랗고 크기가 6~7mm쯤 된다. 물 온도가 8~10도일 때 60일쯤 지나면 알에서 새끼가 나온다. 새끼는 이듬해 봄에 바다로 내려간다. 3~5년쯤 크면 어른이 된다.
고기잡이 연어는 강을 거슬러 올라올 때 낚시나 그물로 잡는다. 우리나라에 오는 연어는 수가 적다. 연어 수를 늘리려고 사람들이 알을 받아서 새끼가 깨어나면 강에 풀어 주고 있다.
쓰임 연어는 살이 빨갛다. 회, 구이, 초밥으로 먹고 훈제도 한다. 알은 초밥이나 젓갈을 담가 먹는다.

40~90 cm
동해, 남해
가을

다른 이름 련어(북)
분포 우리나라, 일본, 알래스카, 캐나다
먹이 작은 새우, 물고기 따위
특징 알을 낳으러 자기가 태어난 강으로 되돌아온다.

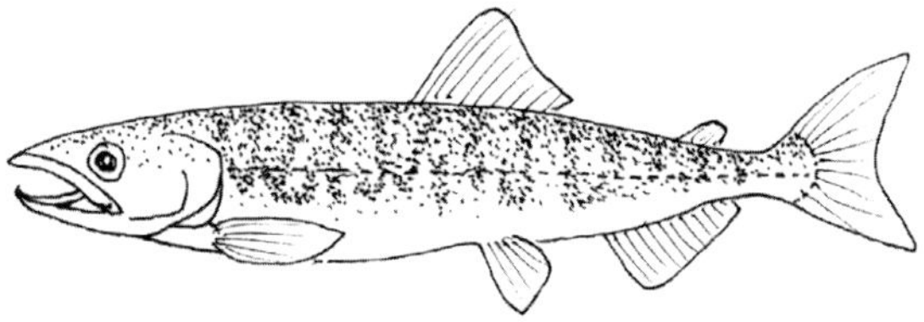

몸길이는 40~90cm쯤 된다. 몸은 길쭉하다. 바다에서 살 때는 등은 거무스름한 푸른빛이고 배는 하얗다. 짝짓기 때가 되면 몸이 울긋불긋해진다. 머리는 작지만 주둥이가 뾰족하고 입이 크다. 등지느러미는 몸 가운데 있다. 등지느러미와 꼬리지느러미 사이에 작은 기름지느러미가 있다. 옆줄은 하나다.

연어 혼인색 알을 낳으려고 강으로 돌아오는 암컷은 몸이 까매지고 옆에 붉은색, 초록색, 검은색 구름무늬가 알롱달롱 나타난다. 수컷은 주둥이가 앞으로 튀어나와서 갈고리처럼 휘어진다.

연어는 찬물을 따라 러시아를 거쳐 알래스카, 캐나다, 미국 캘리포니아 북쪽 바닷가까지 갔다가 되돌아온다.

연어 한살이 강에서 깨어난 새끼는 바다로 나가 3~5년을 살다가 알을 낳으러 자기가 태어난 곳으로 되돌아온다. 연어는 지구 자기장을 느끼며, 자기 고향 물 냄새를 기억하여 자기가 태어난 강으로 돌아온다고 알려졌다.

송어

Oncorhynchus masou

송어는 강과 바다를 오르내리는 물고기다. 찬물을 좋아한다. 우리나라 동해와 오호츠크해, 북서 태평양에서 산다. 연어처럼 바다에서 살다가 강을 거슬러 올라와서 알을 낳는다. 여름철에 강물이 불 때 강을 거슬러 올라와서는 가을에 짝짓기를 하고 알을 낳는다. 짝짓기 철이 되면 연어처럼 몸빛과 생김새가 바뀐다. 암컷과 수컷 몸빛이 초록색, 붉은색, 노란색을 띠며 울긋불긋해진다. 수컷 주둥이는 길어지면서 갈고리처럼 휘어진다. 수컷이 온몸을 푸덕이며 자갈밭을 움푹 파면 암컷이 와서 알을 낳는다. 암컷이 알을 낳으면 수컷이 와서 수정을 시키고 다시 자갈로 알을 덮는다. 알은 두세 번 더 낳는다. 알을 낳고 나면 어른 물고기는 모두 죽는다. 알에서 나온 새끼는 두 해쯤 강에서 산다. 그리고 바다로 내려가서 서너 해를 살다가 다시 강을 거슬러 올라온다.

바다에서는 물낯 가까이에서 떼 지어 몰려다니며 작은 물고기나 새우 따위를 잡아먹는다. 송어 가운데 바다로 안 내려가고 강에서 내내 사는 놈이 있는데, 이것을 '산천어'라고 한다. 산천어는 몸빛이 울긋불긋하고 옆구리에 까만 무늬가 잔뜩 나 있어서 생김새가 송어랑 딴판이라 다른 물고기인 줄 안다. 크기도 송어 반만 하다. 강에 사는 산천어는 암컷보다 수컷이 많다. 강으로 올라온 송어 암컷이 산천어 수컷과도 만나 짝짓기를 한다. 산천어는 알을 낳아도 죽지 않고 산다.

이름 송어는 '시마연어'라고도 한다. 《난호어목지》에는 '살 빛깔이 뚜렷하게 붉어 마치 소나무 마디와 같기 때문에 송어(松魚)라는 이름이 붙었다'고 하고 동해에서 나는 물고기 가운데 으뜸이라고 적혀 있다. 《오주연문장전산고》에는 '몸에서 소나무 내음이 난다고 송어라고 한다'고 적혀 있다. 살이 빨개서 바닷가 사람들은 '빨간고기'라고도 한다. 영어로는 'cherry salmon, trout', 일본에서는 송어를 '사쿠라마스(サクラマス, 櫻鱒)', 산천어를 '야마메(ヤマメ, 山女魚)'라고 한다.
성장 암컷 한 마리가 알을 1000~4000개쯤 낳는다. 물 온도가 10도일 때 40일쯤 지나 새끼가 나온다.
고기잡이 송어는 강으로 올라올 때 그물이나 낚시로 잡는다. 겨울철 동해 바닷가에서는 자리그물로 잡는다. 잡는 양은 적다. 《세종실록지리지》에는 함경도 몇몇 지방에서 잡는다고 나와 있고, 《신증동국여지승람》에는 강원도와 경상도 일부 지방에서 나는 물고기라고 적혀 있다. 요즘에는 사람들이 가둬 기른다.
쓰임 잡아서 회를 떠서 먹거나 구워 먹는다.

60~80 cm
동해
가을

다른 이름 시마연어, 산천어
분포 우리나라, 오호츠크해, 북서 태평양
먹이 새우, 게 따위
특징 강을 거슬러 올라와 알을 낳는다.

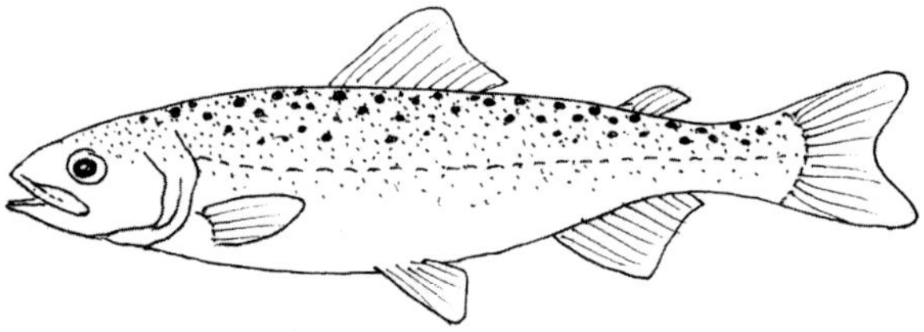

몸길이는 60~80cm쯤 된다. 등은 검푸르고 옆줄 위에 까만 점들이 있다. 배는 하얗다. 몸은 연어보다 굵고 둥글다. 머리는 작고 입은 크다. 등지느러미는 몸 가운데에 있고 뒤에 작은 기름지느러미가 하나 있다. 꼬리지느러미 끝은 안쪽으로 조금 파였다.

무지개송어 *Oncorhynchus mykiss*

짝짓기 때가 되면 몸빛이 무지개 색깔로 바뀐다고 무지개송어다. 사람들이 강에서 키우려고 미국에서 들여왔다.

산천어

송어가 바다로 안 내려가고 강에서 내내 살면 '산천어'라고 한다. 물이 맑고 차가운 강 윗물에서 산다.

산갈치

Regalecus russelii

산갈치는 깊은 바닷속에서 사는 물고기다. 1803년 스와(Shaw)라는 사람이 인도 앞바다에서 처음 잡아서 세상에 알려졌다. 우리나라에는 동해나 남해에서 가끔 볼 수 있다. 태평양, 인도양, 아프리카, 유럽 바다 깊은 곳에도 산다. 생김새가 갈치와 닮았지만 갈치보다 훨씬 크고 분류학으로 볼 때는 거리가 먼 다른 종이다. 깊은 바닷속에서 살기 때문에 사는 모습은 짐작만 할 뿐이다. 잡은 산갈치 배 속을 들여다봤더니 작은 새우 같은 갑각류를 많이 잡아먹는 것 같다. 또 입을 벌렸을 때 주둥이가 앞으로 튀어나오는 것을 보면 먹이와 조금 떨어진 곳에서 주둥이를 쑥 내밀어 먹이를 잡아먹을 것으로 짐작한다. 또 가느다란 실처럼 길게 늘어진 배지느러미로 바닥을 더듬어 먹이를 찾는 것 같다. 몸길이가 10m쯤 되고 폭도 30cm가 될 만큼 크기 때문에 재빨리 헤엄치지 못하고 둔하게 움직일 것으로 생각된다.

이름 우리나라 사람들은 오래전부터 '산갈치(山刀魚)'라고 하는데, 물에 떠밀려 바닷가 산비탈까지 떠내려온 것을 보고 사람들이 '산갈치'라는 이름을 붙였다고도 한다. '산갈치는 한 달 가운데 보름은 산에서, 나머지 보름은 바다에서 사는데 산과 바다를 날아서 옮겨다닌다'는 전설이 있다. 유럽에서는 산갈치를 청어의 왕이라고 'king of the herrings', 배지느러미 끝이 보트를 젓는 노처럼 생겼다고 'oar fish, slender oar fish'라고 한다. 일본에서는 용궁에서 온 사자라는 뜻인 '류우구우쓰카이(リュウグウノツカイ, 龍宮之使者)', 또는 산에 사는 갈치라는 뜻인 '야마노타치우오(ヤマノタチウオ, 山太刀魚)'라 한다. 중국에서는 '혁씨황대어(革氏皇帶魚)'라고 한다.

성장 아직 잘 모른다.

고기잡이 깊은 물속에서 살다가 어쩌다 물살에 떠밀려 물낯으로 올라오면 수압이 낮아지니까 부레가 부풀어 배를 뒤집고 물에 둥둥 떠 있게 된다. 이때 어부들이 보면 쉽게 잡을 수 있다.

쓰임 옛날에는 나병을 고치는 약효가 있다고 비싼 값에 팔리기도 했지만 터무니없는 이야기다.

5~10m
동해, 남해
모름

다른 이름 없음

분포 우리나라, 태평양, 인도양, 아프리카, 유럽

먹이 작은 새우 따위

특징 몸이 아주 길고, 배지느러미가 실처럼 길게 늘어진다.

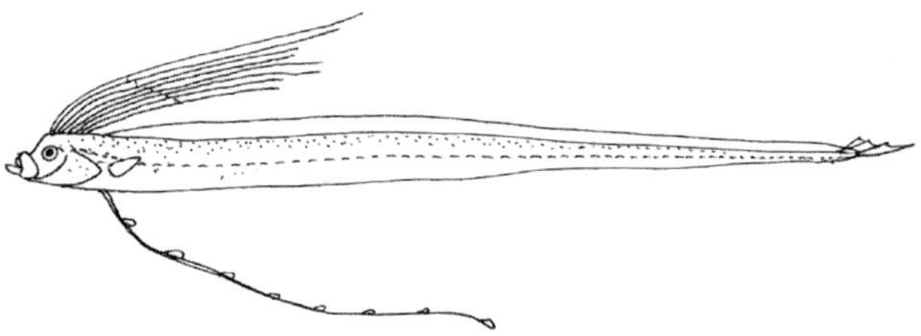

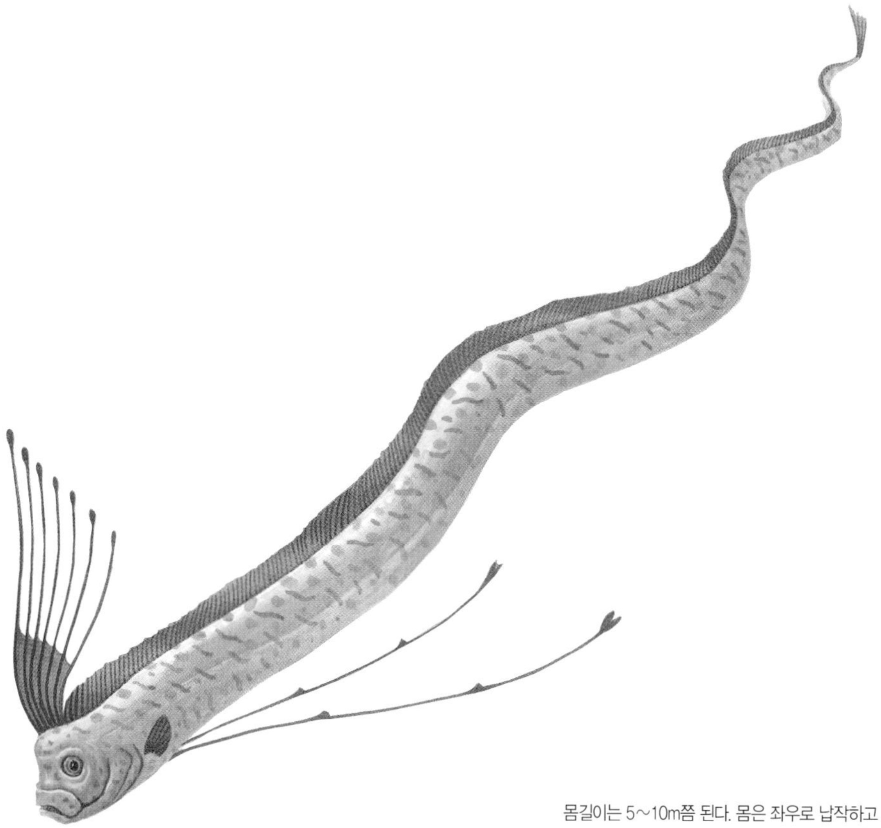

몸길이는 5~10m쯤 된다. 몸은 좌우로 납작하고 허리띠처럼 길다. 몸빛은 푸르스름한 은빛으로 빛나고 거무스름한 무늬들이 흩어져 있다. 비늘이 없고 몸에는 작은 돌기가 잔뜩 났다. 눈은 크다. 아래턱은 위턱보다 조금 앞으로 나온다. 첫 번째 등지느러미 여섯 개가 끈처럼 길고 아래쪽이 얇은 막으로 이어진다. 두 번째 등지느러미는 꼬리까지 길다. 배지느러미는 실처럼 두 가닥으로 길게 늘어지고 중간중간과 끝에 둥근 마디 같은 부속물이 있다. 뒷지느러미는 없고, 꼬리지느러미는 부드러운 가시 네 개로 되어 있고 몸 위쪽으로 향한다. 모든 지느러미는 빨간색이다. 옆줄이 하나 있다.

산갈치는 몸이 아주 길다. 여러 사람이 모여야 겨우 들 수 있다.

대구목
대구과

대구

Gadus macrocephalus

대구는 차가운 물을 좋아한다. 우리나라 서해와 동해, 일본, 오호츠크해, 베링해에 산다. 여름에는 동해 100~300m쯤 되는 깊고 차가운 바닷속에서 산다. 물 밑바닥에서 떼 지어 살면서 새우, 고등어, 청어, 멸치, 오징어, 게 따위를 닥치는 대로 잡아먹는다. 먹성이 좋아서 바닥에 깔린 돌멩이까지 꿀꺽꿀꺽 삼킬 정도다. '눈 본 대구요, 비 본 청어다'라는 말이 있다. 대구는 눈이 와야 많이 잡히고, 청어는 비가 와야 많이 잡힌다는 말이다. 한겨울이 돼서 바닷가 얕은 물이 차가워지면 알을 낳으러 깊은 바다에서 올라온다. 12~2월에 경북 영일만과 경남 거제 앞바다로 많이들 몰려와서 짝짓기를 하고 알을 낳는다. 물 흐름이 약하고 바닥이 펄로 덮인 20m쯤 되는 바닥에 알을 낳는다. 알을 낳고 물이 다시 따뜻해지면 동해 깊은 바닷속으로 들어간다. 서해 깊은 바다 찬 물에도 대구가 산다. 크기가 동해에 사는 대구와 비슷하다. 14년쯤 산다.

이름 입이 크다고 이름이 '대구'다. 대구는 다른 이름도 많다. 크기가 작으면 '보렁대구', 알을 배면 '알쟁이대구'나 '곤이대구', 소금에 절여 말리면 '약대구', 배를 갈라 말리면 '열짝', 내장을 빼고 그대로 말리면 '통대구'라고 한다. 동해에 살면 '동해대구', 서해에 살면 '황해대구'라고 하거나 동해 대구보다 작다고 '왜대구'라고 했다. 《전어지》에는 '탄어(呑魚)'라고 쓰고 속명으로 '대구어(大口魚)'라고 했다. 《동의보감》에는 '구어(古魚), 대구'라고 써 놓았다. 영어로는 불룩한 대구 배가 주머니 같다고 'cod, pacific cod', 일본에서는 눈 내릴 때 잡는 물고기라고 '마다라(マダラ, 真鱈)'라고 한다.

성장 암컷 한 마리가 알을 150만~300만 개쯤 낳는다. 알은 조금 끈끈하고 물에 가라앉는다. 물 온도가 5~8도일 때 두 주쯤 지나면 새끼가 나온다. 새끼는 한 해가 지나면 14cm, 3년이 지나면 48cm, 4년이 되면 57cm쯤 큰다. 암컷과 수컷은 3년쯤 크면 짝짓기를 하고 알을 낳을 수 있다. 4년쯤 지나면 다 큰 어른이 된다. 큰 것은 1.2m나 되는 것도 있다.

고기잡이 대구는 맛이 좋아서 옛날부터 사람들이 많이 잡았다. 겨울에 알을 낳으러 올 때 잡는다. 주낙이나 끌그물, 걸그물로 잡는다. 요즘에는 동해 깊은 바다에서 일 년 내내 낚시로도 잡는다.

쓰임 살이 하얗고 맛이 담백하다. 탕을 끓이면 국물 맛이 아주 시원하다. 구워도 먹고 말려서 포를 만들기도 한다. 알은 탕을 끓이거나 젓갈을 담그고, 머리는 찜을 찌거나 탕을 끓여 먹는다. 내장은 젓갈을 담근다. 대구 간에서 기름을 짜내 약을 만들기도 한다. 《동의보감》에는 '성질이 평(平)하고 맛이 짜며 독이 없다. 먹으면 기를 보한다. 장(腸)과 기름 맛이 더 좋다'고 써 놓았다.

100cm
동해, 서해
12~2월

다른 이름 알쟁이대구, 곤이대구, 보렁대구 따위
분포 우리나라, 일본, 오호츠크해, 베링해
먹이 새우, 고등어, 청어, 멸치, 오징어, 게 따위
특징 입이 크다고 대구다.

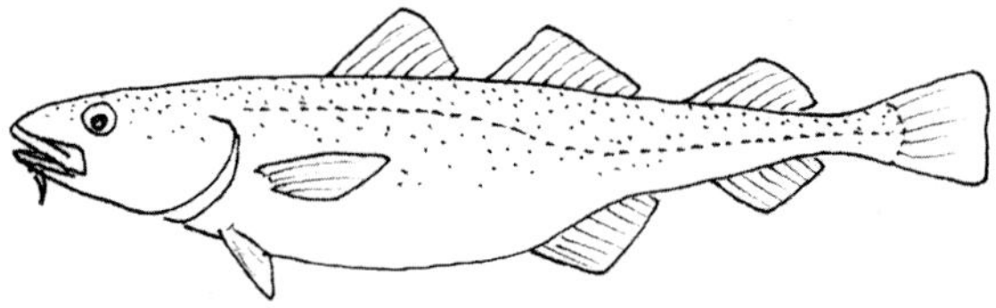

몸길이는 1m쯤 된다. 등은 누런 밤색이고 붉은 밤색 구름무늬가 있다. 배는 허옇다. 머리와 입이 크고 위턱이 아래턱보다 길다. 아래턱에는 짧은 수염이 하나 나 있다. 양턱에는 빗살 모양 이가 나 있다. 등지느러미는 세 개, 뒷지느러미는 두 개로 나뉘었다. 꼬리지느러미는 자른 듯 반듯하다. 옆줄은 하나다.

대구 수염 대구는 명태처럼 턱에 짧은 수염이 한 가닥 나 있다.

대구가 커 가는 모습이다.
4년쯤 지나면 어른이 된다.

명태

Theragra chalcogramma

명태는 차가운 물을 좋아한다. 우리나라 동해와 오호츠크해, 베링해에 산다. 물이 따뜻해지는 여름철에는 추운 북쪽으로 올라가거나 바다 깊이 들어간다. 물 깊이가 100~400m쯤 되는 깊은 바닷속을 떼로 몰려다닌다. 낮에는 물 밑바닥 가까이까지 내려가고 물속 1000m까지도 내려간다. 명태 닮은 대구가 물 밑바닥에서 산다면 명태는 그보다 위쪽에서 산다. 어릴 때는 작은 새우 따위를 먹다가 어른이 되면 오징어나 멸치 같은 작은 물고기를 잡아먹는다. 겨울이 되면 알을 낳으러 동해 얕은 바닷가로 몰려온다. 1~2월에 가장 많이 몰려온다. 물 깊이가 70~250m쯤 되고 바닥이 고르고 모래와 진흙이 섞여 있는 바닷가에서 암수 한 쌍이 짝을 지어 알을 낳는다. 바람이 없고 물결이 잔잔할 때 자정부터 동틀 무렵까지 알을 낳는다. 짝짓기를 하거나 천적을 위협할 때는 부레를 옴쭉옴쭉 움직여서 '긋 긋 긋' 하고 소리를 낸다. 15년쯤 산다.

이름 명태(明太)라는 이름은 조선 시대 함경도 관찰사가 명천군에 갔다가 명태를 보고 명천군 앞 자인 '명'자와 명태잡이 어부였던 '태'씨 성을 붙여서 지었다고 한다. 강원도에서는 '북어(北魚)', 동해 바닷가 사람들은 '동태(凍太)'라고도 한다. 신선한 명태는 '선태(鮮太)', 그물로 잡으면 '망태(網太)', 낚시로 잡으면 '조태(釣太)'라고 한다. 가을에 잡으면 '추태', 막바지 철에 잡은 명태는 '막물태', 초겨울 은어 떼를 쫓는 명태는 '은어바지'라고도 한다. 《전어지》에는 생선을 '명태어(明鮐魚)', 말린 것을 '북어'라고 했다. 《재물보》에는 북쪽에서 온다고 '북어(北魚)', 《동국여지승람》에는 '무태어(無泰魚)'라고 나와 있다. 영어로는 'alaska pollack', 일본에서는 '스케토우다라(スケトウダラ, 介党鱈)'라고 하고, 우리나라 이름인 명태를 따라 '멘타이(メンタイ, 明太)'라고도 한다.

성장 암컷 한 마리가 알을 20만~200만 개쯤 낳는다. 알은 물에 흩어져 둥둥 떠다니다가 물 온도가 5~10도일 때 열흘쯤 지나면 새끼가 나온다. 5cm쯤 크면 물 밑으로 내려가고 한 해가 지나면 15cm, 2년에 23cm, 4년에 40cm쯤 큰다. 사오 년이 지나야 어른이 된다.

고기잡이 우리나라 명태잡이는 300년 전쯤에 함경북도 명천군에서 시작했다고 한다. 이때부터 명태라는 이름이 생겼다고 한다. 알 낳으러 오는 겨울에 걸그물, 끌그물, 주낙으로 잡는다. 요즘 수가 많이 줄었다.

쓰임 명태는 잡으면 버릴 것 하나 없이 알뜰하게 먹는다. 싱싱한 생태로 탕을 끓이고, 바짝 말린 북어로는 북엇국을 끓인다. 꾸덕꾸덕하게 말린 황태로는 찜을 쪄 먹는다. 명태알로 젓갈을 담그면 명란젓이 된다. 간에서는 기름을 뽑고, 창자는 창란젓, 아가미는 아가미젓을 만든다. 살로 어묵도 만든다.

90 cm
동해
1~2월

다른 이름 동태, 북어, 선태, 망태, 추태 따위
분포 우리나라, 오호츠크해, 베링해
먹이 작은 새우, 오징어, 작은 물고기 따위
특징 등지느러미가 세 개로 나뉘었다.

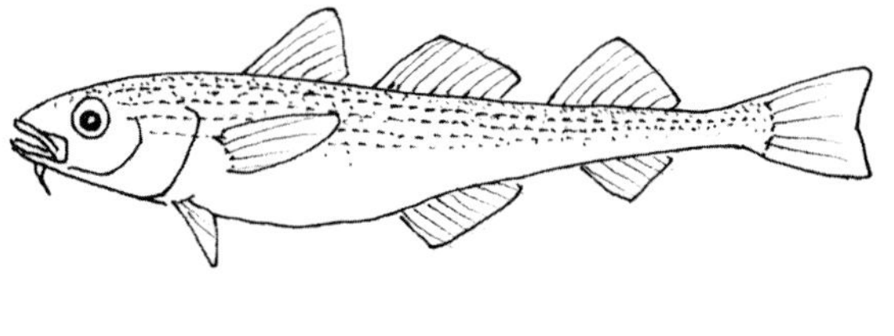

몸길이는 90cm쯤 된다. 등은 누런 밤색이다. 몸통 옆에는 까만 무늬가 토막토막 줄지어 나 있다. 입은 크고 아래턱이 위턱보다 튀어나와 있다. 아래턱 밑에는 짧은 수염이 한 가닥 있지만 작아서 잘 안 보인다. 대구처럼 등지느러미가 세 개, 뒷지느러미가 두 개다. 대구보다 몸매가 갸름하다.

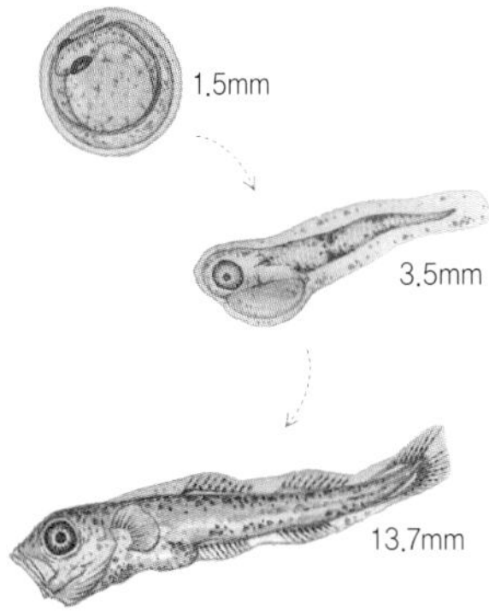

명태 알에서 새끼가 나와 커 가는 모습이다.

명태만큼 이름이 많은 물고기도 없다. 새끼는 노가리라고 하고, 잡은 그대로 싱싱한 명태는 생태, 꽝꽝 얼리면 동태, 꾸덕꾸덕하게 말리면 코다리, 바짝 말리면 북어, 겨울바람에 얼렸다 녹였다 하면서 말리면 황태라고 한다.

황태

아귀

Lophiomus setigerus

아귀는 따뜻한 물을 좋아하는 물고기다. 물 깊이가 50~250m쯤 되는 바다 밑바닥 모랫바닥에서 산다. 우리나라 온 바다와 일본, 동중국해, 서태평양에서 산다. 모랫바닥에 납작 엎드려 반쯤 몸을 묻고 있다가 지나가는 물고기를 잡아먹는다. 몸빛이 바닥 색깔이랑 똑같아서 감쪽같이 숨는다. 아귀는 물고기를 꾀어 낚시하는 물고기다. 머리 위에 맨 앞쪽 등지느러미 가시 하나를 낚싯대처럼 마음대로 움직일 수 있다. 끝에는 하얀 미끼가 달렸다. 몸을 숨기고 미끼를 살랑살랑 흔들면 다른 물고기들이 자기 밥인 줄 알고 달려든다. 그때 와락 달려들어 한입에 통째로 삼킨다. 아귀는 입이 아주 크다. 입을 벌리면 몸 전체가 입처럼 보일 정도다. 입안에는 바늘 같은 이빨이 줄줄이 나 있다. 한번 물리면 어떤 물고기도 빠져나가지 못한다. 물고기, 오징어, 성게, 갯지렁이, 불가사리 따위를 잡아먹는다. 《자산어보》에는 '몸 빛깔은 붉고 입술 끝에 낚싯대 모양인 등지느러미가 두 개 있는데 꼭 의사가 쓰는 침처럼 생겼다. 이 낚싯대 길이는 4~5치쯤 된다. 낚싯대 끝에는 말총 같은 낚싯줄이 달려 있다. 낚싯줄 끝에 밥알만 한 하얀 미끼가 달려 있는데, 이것을 다른 물고기가 따 먹으려고 다가오면 냉큼 달려들어 잡아먹는다'고 써 놓았다.

이름 굶어 죽은 귀신을 아귀(餓鬼)라고 한다. 늘 배가 고파 아무거나 닥치는 대로 먹는 모습을 보고 '아귀'라는 이름이 붙었다. 지역에 따라 '아구, 아꾸(경남), 반성어, 귀임이(남해), 꺽정이(서해), 물텀벙(경기)'이라고 한다. 《자산어보》에는 '조사어(釣絲魚) 속명 아구어(餓口魚)'라고 나온다. 아구어가 아귀로 바뀐 것 같다. 서양에서는 'anglerfish, blackmouth goosefish, sea devil', 일본에서는 느긋하게 물고기를 낚시해서 잡아먹는다고 '앙코우(アンコウ, 鮟鱇)', 중국에서는 '안강어(鮟鱇魚)'라고 한다. 아리스토텔레스가 쓴 《동물지》에도 아귀가 먹이 잡는 법이 적혀 있다.

성장 아귀는 4~8월에 바닷가로 옮겨 가서 짝짓기를 하고 알을 낳는다. 알은 말랑말랑한 주머니에 싸여 띠 모양으로 물에 둥둥 떠다닌다. 알에서 나온 새끼는 다른 새끼 물고기처럼 입이 앞쪽으로 제대로 나 있는데 크면서 입이 점점 위쪽을 향한다.

고기잡이 옛날에는 징그럽고 못생긴 물고기라고 잡히는 대로 바다에 내던져 버렸다. 하지만 지금은 많이 잡는다. 가을철에 끌그물이나 통발로 많이 잡는다.

쓰임 겨울이 제철이다. 탕, 찜, 수육으로 먹는다. 소화가 잘되어서 나이 든 분들에게도 좋다. 간도 맛있다.

30~40cm
온 바다
4~8월

다른 이름 아구, 아꾸, 반성어, 귀임이, 꺽정이, 물텀벙
분포 우리나라, 일본, 동중국해, 서태평양
먹이 물고기, 오징어, 성게, 갯지렁이, 불가사리 따위
특징 등지느러미 가시로 작은 물고기를 꾀어서 잡아먹는다.

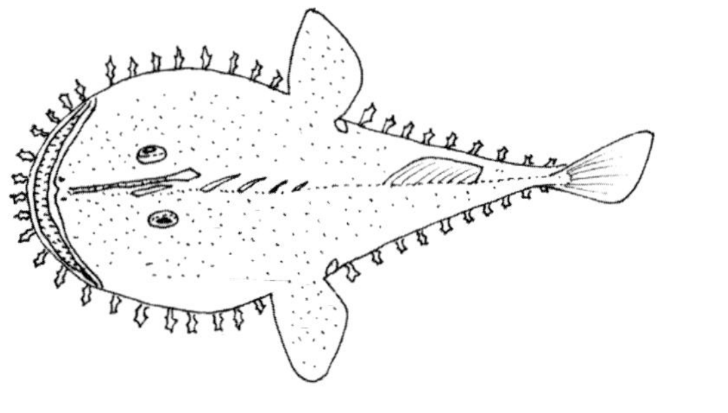

몸길이는 30~40cm쯤 되는데 1.5m까지도 큰다. 몸빛은 밤빛이고 까만 무늬가 나 있다. 몸은 위아래로 납작하다. 몸에는 비늘 없이 매끈하고, 얇은 거스러미가 터실터실 많이 나 있다. 머리가 커서 몸통 반이나 된다. 입에는 날카로운 이빨이 나 있다. 첫 번째 등지느러미는 가시처럼 서로 떨어져 있고 두 번째 등지느러미는 꼬리 쪽에 있다. 가슴지느러미는 커다란 조개처럼 생겼다. 꼬리는 가늘고 짧다. 옆줄은 하나다.

아귀가 커 가는 모습이다. 크면서 입이 점점 위를 향한다.

아귀는 죽은 먹이는 절대 안 먹는다. 바닥에 엎드려서 꾹 참고 있다가 먹이가 가까이 오면 낚싯대 미끼로 살살 꾀어서 잡아먹는다.

가숭어

Chelon haematocheilus

가숭어는 숭어와 마찬가지로 우리나라 모든 바다에 사는 물고기인데 서해에 더 많다. 숭어와 생김새와 사는 모습이 닮았다. 숭어보다 머리가 위아래로 더 납작하고, 눈에는 기름눈꺼풀이 없고 눈이 노랗다. 숭어는 눈이 하얗고 기름눈꺼풀이 있다. 몸통 비늘에 있는 까만 점무늬도 숭어보다 더 옅고 가늘다. 꼬리지느러미 끄트머리는 숭어보다 덜 파인다. 몸집도 숭어보다 더 크다.

가숭어는 가까운 바다에 살다가 8~9월 여름에 민물이 섞이는 강어귀로 몰려온다. 강을 거슬러 올라오기도 한다. 숭어처럼 강물이 더러워도 제법 잘 견디며 산다. 물 바닥을 돌아다니면서 펄을 뒤져서 갯지렁이나 새우 따위를 잡아먹는다. 돌에 붙은 이끼를 갉아 먹거나 바다풀도 먹는다. 숭어처럼 물 위로 잘 뛰어오른다. 10월쯤에 짝짓기를 하고 알을 낳는다.

우리나라에는 숭어, 가숭어, 등줄숭어 이렇게 석 종이 산다. 가숭어가 1m쯤 돼서 가장 크고 등줄숭어가 50cm쯤으로 가장 작다. 등줄숭어도 숭어를 닮았는데 첫 번째 등지느러미 앞쪽 등이 지붕 모양으로 우뚝 솟았다. 생김새나 사는 모습이 모두 닮았다.

이름 서울이나 서해 바닷가 사람들은 가숭어가 숭어보다 더 맛있다고 '참숭어'라고 한다. 그런데 동해와 경상도 바닷가 사람들은 이름 그대로 숭어를 '참숭어', 가숭어를 '가숭어'라고 한다. 《자산어보》에는 '가치어(假鯔魚) 속명 사릉(斯陵)'이라고 하고 어린 놈을 '몽어(夢魚)'라고 했다. 지역에 따라 '가숭어(평남), 시렘이, 뚝다리(전남), 언지(황해도), 순어(강릉), 어숭어, 몽어, 유어(흑산도)'라고 한다. 영어로는 입술이 붉다고 'redlip mullet', 일본에서는 눈이 빨갛다고 '메나다(メナダ, 赤目魚)'라고 한다.
성장 알은 무색투명하고 낱낱이 떨어져 물에 뜬다. 물 온도가 21~23도일 때 40시간쯤 지나면 새끼가 나온다.
고기잡이 숭어는 아주 오래전부터 우리나라 사람들이 잡아왔다. 《해동역사》에서 발해가 729년에 숭어를 당나라에 보냈다고 나왔으니 아주 오래전부터 숭어를 잡았다는 것을 알 수 있다. 또 《세종실록지리지》 《신증동국여지승람》에도 숭어를 잡았다는 기록이 나온다. 《난호어목지》에도 숭어를 강에서 잡는 물고기 가운데 가장 크고 맛있는 물고기라고 나와 있다.
쓰임 겨울이 제철이다. 숭어처럼 회나 구이로 먹는다.

1 m 안팎
서해, 동해, 남해
10월

다른 이름 참숭어, 시렘이, 뚝다리, 언지, 순어
분포 우리나라, 일본, 중국, 대만, 동중국해
먹이 갯지렁이, 새우, 물이끼 따위
특징 숭어보다 맛이 좋아서 '참숭어' 라고 한다.

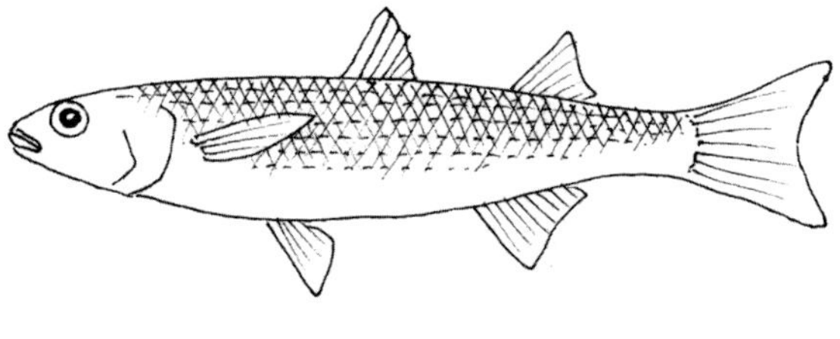

몸길이가 1m 안팎이다. 등은 푸르스름한 밤색이고 배는 하얗다. 머리는 위아래로 납작하고 몸은 둥그스름하다. 입술 둘레가 붉고 눈이 노랗고 기름눈꺼풀이 없다. 위턱이 아래턱보다 조금 길다. 몸 비늘은 크고, 까만 무늬가 비늘 따라 나 있는데 숭어보다 옅고 가늘다. 등지느러미는 두 개로 나뉘었다. 꼬리지느러미 끄트머리는 숭어보다 덜 파였다. 옆줄은 없다.

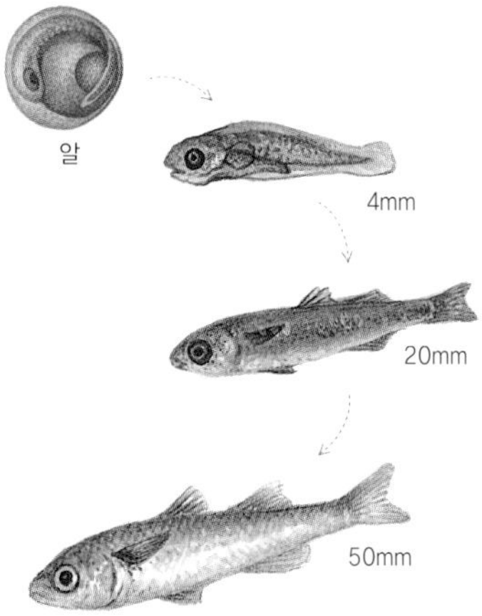

가숭어 알에서 새끼가 나와서 커 가는 모습이다.

가숭어는 숭어처럼 물 위로 펄쩍펄쩍 잘 뛰어오른다. 물 위로 뛰어오르는 까닭은 아직까지 밝혀지지 않았다.

숭어

Mugil cephalus

숭어는 우리나라 모든 바다에 사는 물고기다. 온 세계 온대와 열대 바다에 산다. 숭어는 바닷물고기이지만 민물이 섞이는 강어귀에 많이 산다. 물이 더러워도 제법 잘 견디며 산다. 강어귀나 바닷가에서 지내다가 날씨가 추워지면 다시 깊은 바다로 내려간다. 봄에 올라오는 숭어는 눈에 기름기가 잔뜩 껴서 앞을 잘 못 본다. 눈이 흐리멍덩한 숭어는 떼를 지어 얕은 곳으로 몰려든다. 숭어는 펄 속을 뒤져서 작은 새우나 갯지렁이나 바닷말을 안 가리고 먹는다. 펄 흙을 함께 삼키기 때문에 위가 닭 모래주머니처럼 두툼해서 소화를 잘 시킨다. 먹이를 먹을 때는 바닥에 내려가지만 헤엄칠 때는 물낯 가까이에서 떼로 몰려다닌다. '숭어가 뛰니까 망둑어가 뛴다'는 말이 있을 만큼 헤엄을 치다가 물 위로 잘 뛰어오른다. 사오 년쯤 산다.

이름 숭어는 우리나라 물고기 가운데 이름이 가장 많아서 100개를 넘는다. 《자산어보》에는 작은 숭어를 '등기리'라고 하며, 가장 어린 놈을 '모치, 모당, 모장'이라고 했다. 옛 글에서는 '숭어(崇魚), 수어(秀魚)'라고 했는데 뛰어난 물고기라는 뜻이다. 또 몸빛이 검다고 '치(緇)'자를 따 '치어(鯔魚)'라고도 했다. 《동의보감》에는 '치어(鯔魚), 슝어'라고 써 놓았다. 영어로는 'grey mullet, common mullet, jumping mullet, black mullet, striped mullet', 중국에서는 검다는 뜻으로 '오어(烏魚)', 일본에서는 '보라(ボラ, 鯔)'라고 한다.

성장 10~2월까지 바다 깊은 곳에 알을 300만~700만 개쯤 낳는다. 알은 바닥에 가라앉는다. 2~5일쯤 지나면 새끼가 나온다. 알에서 나온 새끼는 봄에 떼를 지어 강으로 올라온다. 그해 가을이면 20cm쯤 큰다. 2년이면 25cm, 3년이면 31cm, 4년이면 37cm, 5년이면 41cm쯤 자란다. 80cm쯤 크기도 한다.

고기잡이 그물로 많이 잡는다. 봄에 눈에 기름기가 꼈을 때는 훌치기낚시나 대나무 작대기로 두들겨 잡기도 한다. 바닷가에서는 밀물 때 그물을 쳐 놓고 썰물에 빠져나가는 숭어를 잡기도 한다. 《자산어보》에는 '사람 그림자만 어른거려도 재빨리 달아난다. 맑은 물에서는 절대 낚시를 안 문다. 물이 맑으면 그물에서 열 걸음쯤 떨어져 있어도 그 기색을 알아챈다'고 써 놓았다.

쓰임 '겨울 숭어 앉았다 나간 자리 개흙만 훔쳐 먹어도 달다', '여름 숭어는 개도 안 먹는다'는 속담이 있듯이 겨울이나 봄에 잡은 숭어가 아주 맛이 좋다. 하지만 가숭어보다는 맛이 없어서 서해 바닷가 사람들은 '개숭어'라고도 한다. 회나 구이나 국을 끓여 먹는다. 숭어알만 따로 떼어 내서 잘 말려 먹는다.

80 cm
온 바다
10~2월

다른 이름 모치, 개숭어, 동어, 글거지, 애정이, 무근정어
분포 온 세계 열대와 온대 바다
먹이 새우, 갯지렁이, 바닷말 따위
특징 물 위로 잘 뛰어오른다.

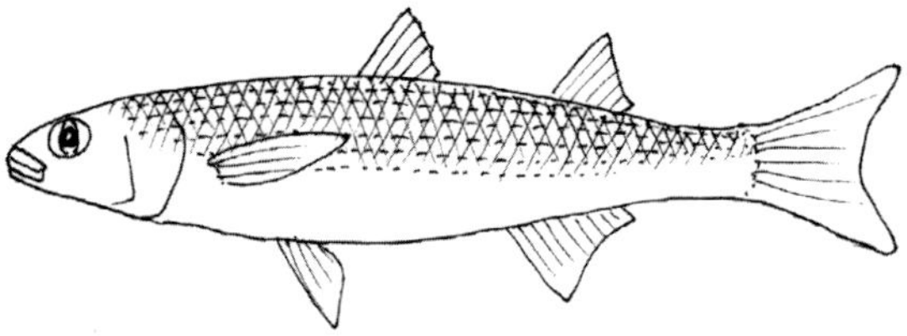

몸길이는 80cm쯤 된다. 등은 푸르스름한 잿빛이고 옆구리와 배는 하얗다. 몸은 둥글고 머리는 위아래로 납작하다. 위턱이 아래턱보다 조금 짧다. 눈은 하얗고 기름눈꺼풀이 덮인다. 몸 비늘에는 까만 점이 있어서 몸통을 따라 줄이 나 있는 것처럼 보인다. 가슴지느러미 뿌리 위쪽에 파란 점이 있다. 등지느러미는 두 개로 나뉜다. 꼬리지느러미 끝은 가숭어보다 깊게 파인다. 옆줄은 없다.

숭어는 바닥에 깔린 펄을 헤집고 먹이를 잡아먹는다. 그래서 숭어 몸에서 흙내가 나기도 한다.

꽁치

Cololabis saira

꽁치는 차가운 물을 좋아한다. 우리나라 동해와 남해에 살고 북태평양 바다에 산다. 차가운 물을 따라 동해 바다를 오르락내리락한다. 겨울에는 제주도 아래 먼바다까지 내려갔다가 봄이 되면 도로 올라온다. 혼자 안 다니고 물낯 가까이에서 떼로 우르르 몰려다닌다. 먹이를 찾아 떼를 지어 이리저리 옮겨 다닌다. 몸이 뾰족하고 길쭉해서 헤엄을 잘 친다. 큰 물고기한테 쫓길 때는 화살처럼 피슝, 피슝 물 위로 날아오르기도 한다.

봄이 되면 동해 바닷가로 잔뜩 몰려와서 알을 낳는다. 물에 떠 있는 모자반 같은 바다나물에 알을 낳는다. 알에는 가느다란 실이 나 있어서 바다나물에 칙칙 감겨 찰싹찰싹 붙는다. 알에서 나온 새끼는 물에 떠다니는 바닷말에 숨어 산다. 처음에는 플랑크톤을 먹다가, 자라면 작은 새우나 물고기 알이나 새끼 물고기 따위를 먹는다. 낮에 돌아다니면서 먹이를 잡아먹는다. 꽁치는 위가 없어서 먹이를 장에서 소화시킨다. 한두 해 산다.

이름 북녘에서는 '공치'라고 한다. 《전어지》에는 '공어(貢魚)'라 했고 속칭 '공치어(貢侈魚)' 한글로 '공치'라고 써 놓았다. 《자산어보》에 '소비추(酥鼻鯫) 속명 공멸(工蔑)'이라는 물고기가 꽁치라고 짐작되지만 확실하지는 않다. 요즘에는 소비추를 '까나리'로 보기도 한다. 영어로는 'pacific saury, mackerel pike', 일본에서는 '삼마(サンマ, 秋刀魚)', 중국에서는 '추도어(秋刀魚), 행도어(行刀魚)'라고 한다. 영어 'saury'는 그리스어인 'sauras'에서 온 말인데, 'sauras'는 도마뱀이나 바다 괴물이라는 뜻이다.

성장 5~8월에 알을 낳는다. 한 마리가 만 개쯤 낳는데 여러 번에 걸쳐 낳는다. 알은 물에 가라앉는다. 알에는 가느다란 실이 10올쯤 모여 나 있어 바다나물에 엉겨 붙어 덩어리진다.

고기잡이 걸그물로 많이 잡는다. 옛날부터 사람들이 알 낳으러 떼로 몰려올 때 꽁치를 잡았다. 그물로도 잡지만 동해에서는 맨손으로도 잡는다. 사람들이 모자반을 다발로 묶어서 물에 띄워 놓으면 꽁치가 아무것도 모르고 알을 낳으려고 다발 속으로 들어온다. 이때 손으로 잡는다. 이렇게 잡은 꽁치를 '손꽁치'라고 한다.

쓰임 회, 구이, 조림, 찌개로 먹고 통조림을 만들기도 한다. 값이 싼 데다 맛도 영양가도 좋아서 사람들이 즐겨 먹는다. 지푸라기로 굴비처럼 엮어서 꾸덕꾸덕 말려서도 먹는데, 이렇게 말린 꽁치를 '과메기'라고 한다. 꽁치는 껍질과 그 주변 살에 영양분이 많기 때문에 껍질을 벗기지 않고 요리하는 것이 좋다.

30 cm
동해, 남해
5~8월

다른 이름 공치(북), 청갈치
분포 우리나라, 북태평양
먹이 플랑크톤, 새우, 새끼 물고기 따위
특징 떼로 몰려다닌다.

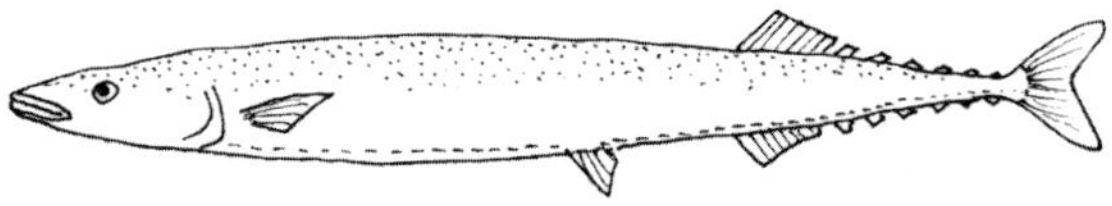

몸길이는 30cm쯤 된다. 주둥이가 짧고 뾰족하고 단단하다. 아래턱이 위턱보다 조금 길다. 살아 있을 때에는 아래턱 끝이 노랗다. 몸은 가늘고 긴 원통형이다. 등은 검푸르고 배는 하얗다. 등지느러미와 뒷지느러미는 몸 뒤쪽에서 서로 마주 보고 있다. 그 뒤로 작은 토막지느러미가 5~7개 있다. 배지느러미는 몸 가운데에 있다. 꼬리지느러미는 가위처럼 갈라졌다. 몸 아래쪽으로 옆줄이 하나 있다.

꽁치 알 둥그런 알에는 가느다란 실이 잔뜩 나 있다. 바다나물에 척척 엉겨 붙어서 덩어리진다.

동갈치목
날치과

날치

Cypselurus agoo

날치는 따뜻한 물을 좋아한다. 여름에는 동해 위쪽까지 올라왔다가 추워지면 다시 제주도 저 아래로 내려간다. 우리나라 온 바다에 살고 일본과 대만과 온 세계 온대 바다에도 산다. 물낯 가까이에서 떼로 헤엄쳐 다니고 물속 깊게는 안 들어간다. 플랑크톤이나 작은 새우 따위를 잡아먹는다. 가슴지느러미가 새 날개처럼 길어서 물 위로 펄쩍 뛰어올라 수십 미터를 날아간다. 더 멀리 일이백 미터를 날기도 한다. 물낯에서 50~90cm 높이로 뛰어오르는데 때로는 3~10m 높이까지 뛰어오른다. 빠르게 헤엄치다가 꼬리로 물낯을 세게 치면서 뛰어올라 커다란 가슴지느러미를 쫙 펴고 날아가는데, 새처럼 퍼덕이지 않고 미끄러지듯 날아간다. 물을 세게 박차서 뛰어오르려고 꼬리지느러미 아래쪽 반이 위쪽보다 훨씬 커졌다. 물에 내릴 때는 비행기가 내리듯이 꼬리부터 배, 가슴 순서로 스르르 내린다. 꼬리를 물에 담그고 지그재그 노 젓듯이 움직이면서 물수제비뜨며 날기도 한다. 심심해서 나는 게 아니고 다랑어나 청새치 같은 큰 물고기가 쫓아오면 도망가려고 난다. 날다가 배 안으로 뛰어들기도 한다. 먼바다에서 살다가 봄이 되면 바닷가 가까이로 와서 바닷말이 어우렁더우렁 숲을 이룬 곳에서 알을 낳는다. 알에는 가늘고 기다란 실이 잔뜩 달려 있어서 바닷말에 칙칙 들러붙는다. 알에서 나온 새끼는 한 해가 지나면 어른이 된다.

이름 하늘을 난다고 이름이 '날치'다. 지역에 따라 '날치어(전남), 날치고기(강원)'라고도 한다. 《자산어보》에는 '비어(飛魚) 속명 날치어(辣峙魚)'라고 하고 '새처럼 날개가 있는데 푸른빛이 뚜렷하다. 한번 날개를 펼치면 수십 걸음을 날 수 있다'고 썼다. 영어로는 'flying fish', 일본에서는 '도비우오(トビウオ, 飛魚)', 중국에서는 '연어(燕魚), 비어(飛魚)'라고 한다.
성장 암컷 한 마리가 알을 1만 5000개쯤 낳는다. 알은 투명하고 동그랗다. 물에 가라앉아 다른 물체에 달라붙는다. 알에는 가늘고 기다란 실이 30~40올쯤 나 있다. 물 온도가 25도일 때 일주일쯤 지나면 새끼가 나온다. 5~6cm쯤 크면 날기 시작한다.
고기잡이 밤에 배를 타고 나가 환하게 불을 밝히면 떼로 몰려든다. 이때 그물을 내려서 잡는다. 《자산어보》에는 '맛은 매우 싱겁고 안 좋다. 망종(양력 6월 5~6일) 때가 되면 바닷가에서 알을 낳는다. 어부들이 불을 밝히고 작살로 잡는다. 홍도와 가거도에서 나지만 흑산도에서도 가끔 볼 수 있다'고 써 놓았다.
쓰임 여름이 제철이다. 살은 희고 투명하다. 지방이 적어 맛이 산뜻하고 담백하다. 회, 구이, 탕을 끓여 먹는다. 날치 알로는 주먹밥이나 초밥을 만들어 먹는다.

35 cm
동해, 남해
봄

다른 이름 날치고기, 날치어
분포 온 세계 온대 바다
먹이 플랑크톤, 새우 따위
특징 물 위를 난다.

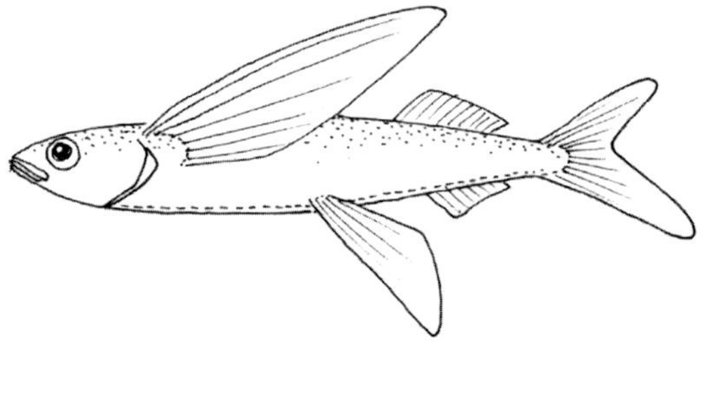

몸길이는 35cm쯤 된다. 머리는 숭어 머리처럼 뭉툭하고 눈이 댕그랗게 크다. 등은 평평하고 배는 삼각형으로 뾰족하다. 등은 파르스름한 밤색이고 배는 하얗고 반짝거린다. 가슴지느러미는 파르스름하고 아주 크다. 배지느러미도 크다. 꼬리지느러미는 가운데가 깊게 파이고 아래쪽 지느러미가 더 길쭉하다. 옆줄은 배 아래쪽에 한 줄 있다.

날치는 가슴지느러미만 날개처럼 펴지지만, 상날치는 가슴지느러미와 배지느러미가 날개처럼 펴진다.

날치 알에서 새끼가 나와 커 가는 모습이다. 날치알에는 가느다란 실이 수십 올 나 있다.

바다 위를 나는 날치 날치는 커다란 가슴지느러미를 쫙 펴고 하늘을 난다.

학공치

Hyporhamphus sajori

학공치는 따뜻한 물을 좋아한다. 우리나라 온 바다와 일본과 대만 바다에도 산다. 봄여름에 따뜻한 물을 따라 올라오고, 가을이 되면 도로 남쪽으로 내려간다. 《자산어보》에는 '음력 8~9월에 바닷가 가까운 곳까지 들어왔다가 다시 물러간다'고 나와 있고, 《우해이어보》에는 '비를 좋아해서 매번 가을비가 내릴 때를 골라 떼를 지어 물 위로 떠오른다'고 적혀 있다. 학공치는 물 깊이가 50m 안팎인 얕고 잔잔한 바닷가나 강어귀 물낯 가까이에서 떼 지어 돌아다닌다. 어린 물고기는 강어귀 민물에도 들어간다. 물 위로 높이 뛰어오르기도 하고, 깜짝 놀라면 몸을 반달 모양으로 이리저리 휘면서 물낯을 뛰듯이 도망친다. 사오월에 물이 얕고 바다풀이 수북이 자란 바닷가에서 알을 낳는다. 알 낳을 때가 되면 작은 무리를 지어 다니는데, 맨 앞에는 덩치가 가장 큰 암컷이 앞장서고 그 뒤로 수컷과 암컷이 뒤따른다. 알에는 끈끈한 실이 10올쯤 달려 있어서 바다나물에 척척 감긴다. 알에서 나온 새끼는 주둥이가 안 뾰족하다. 한 달쯤 크면 아래턱이 뾰족하게 나오기 시작한다. 새끼 때에는 플랑크톤을 먹다가 크면 물에 둥둥 떠다니는 작은 동물들을 잡아먹는다. 2~3년쯤 사는 것으로 짐작하고 있다.

사람들은 흔히들 '학꽁치'라고도 하는데 꽁치하고는 전혀 다른 물고기다. 학공치 아래 주둥이는 바늘처럼 길게 뾰족하다. 또 꽁치는 등지느러미와 뒷지느러미 뒤로 토막지느러미가 있지만 학공치는 없다.

이름 입이 학 주둥이처럼 길게 튀어나와 있어서 '학공치'라고 한다. 북녘에서는 '공미리'라고 한다. 지역에 따라 '꽁치(경남), 청갈치(강화도), 공미리, 꽁치(충남, 전남)'라고 한다. 《자산어보》에는 '침어(鱵魚) 속명 공치어(孔峙魚)', 《전어지》에는 주둥이가 학처럼 아주 길어서 '학치어(鶴侈魚)', 《우해이어보》에는 '공시(魟鰣)는 상비어(象鼻魚)이다. 이곳 사람들은 곤치(昆雉)라고 한다'고 했다. 영어로는 부리가 반쪽이라고 'halfbeak', 일본에서는 '사요리(サヨリ, 細魚)', 중국에서는 '침구어(針口魚), 침취어(針嘴魚)'라고 한다.

성장 암컷 한 마리가 알을 3000개쯤 낳는다. 알은 누르스름하다가 새끼가 나오기 바로 전에 거무스름한 밤색으로 바뀐다. 알에서 나온 새끼는 한 해가 지나면 20cm, 2년이면 25cm쯤 큰다. 두 해쯤 크면 어른이 된다.

고기잡이 학공치는 알을 낳으러 올 때 낚시나 걸그물, 두릿그물로 잡는다. 꽁치처럼 손으로 잡기도 한다.

쓰임 봄가을이 제철이다. 회로 먹거나 굽거나 조려 먹는다. 배 속에 까만 막을 벗겨 내야 쓴맛이 안 난다.

40~50 cm
온 바다
4~5월

다른 이름 공미리(북), 꽁치, 청갈치
분포 우리나라, 일본, 대만, 중국, 러시아
먹이 떠다니는 작은 동물, 플랑크톤
특징 아래턱이 침처럼 뾰족하게 길다.

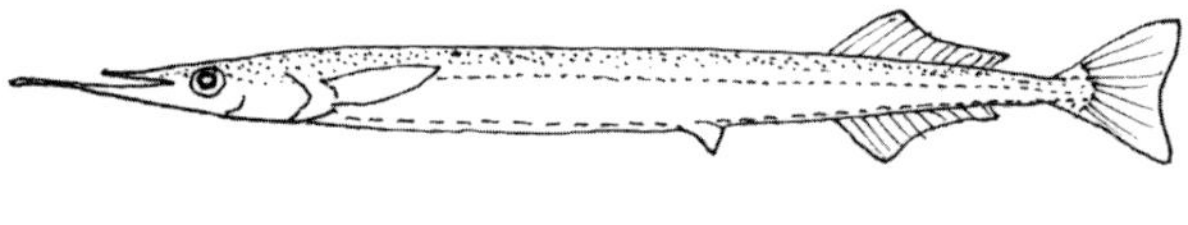

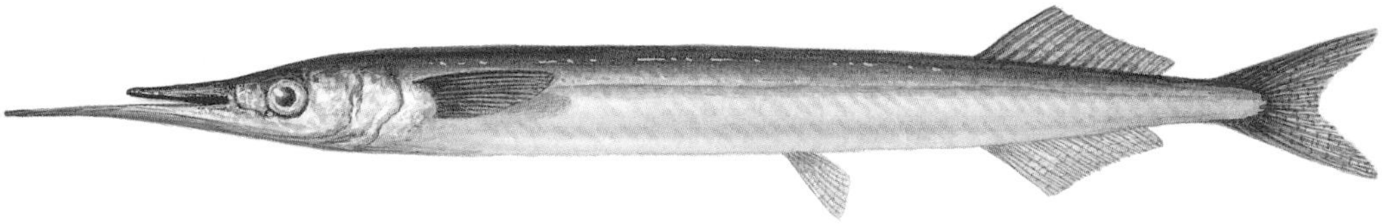

몸길이는 40~50cm쯤 된다. 등은 파랗고 배는 하얗다. 몸은 길쭉하다. 아래턱이 길게 자라고 끝이 빨갛다. 비늘은 아주 얇고 연하다. 등지느러미와 뒷지느러미가 몸 뒤쪽에서 위아래로 마주 났다. 꼬리지느러미 끝은 가위처럼 갈라졌다. 옆줄이 배 아래쪽에 한 줄 있다.

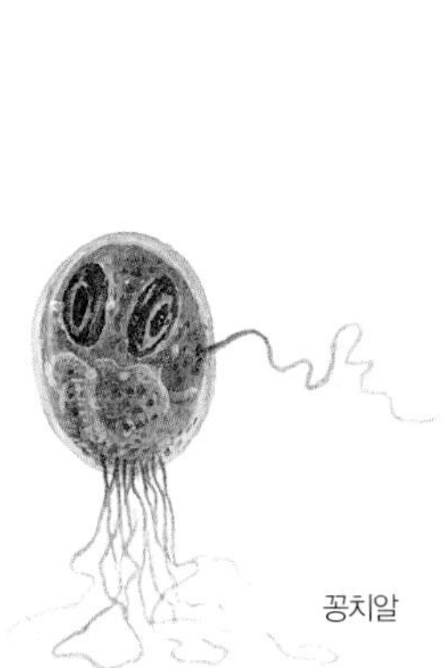

꽁치알

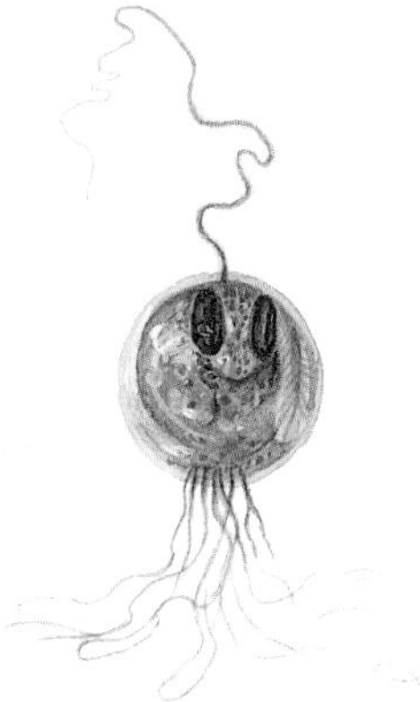

학공치알

꽁치알과 학공치알은 닮은 듯하지만 서로 다르다. 꽁치알은 타원형이고 학공치알은 동그랗다. 또 꽁치알은 한 쪽에 열 가닥쯤 실 다발이 났고 옆구리로 한 올이 나지만, 학공치알은 실 한 올이 실 다발과 마주 보고 난다.

달고기

Zeus faber

달고기는 따뜻한 물을 좋아하는 물고기다. 남해와 서해, 제주 바다에 살고 따뜻한 물이 올라오는 동해 울릉도나 독도에서도 볼 수 있다. 대만, 일본, 인도양, 남아프리카에도 산다. 물 깊이가 70~360m쯤 되는 바다 밑바닥을 어슬렁어슬렁 헤엄쳐 다닌다. 등지느러미 앞쪽 가시가 꼬리지느러미에 닿을 만큼 실처럼 길어져서 물속에서 하늘거린다. 먹이가 보이면 몰래 다가가서는 주둥이를 길게 쭉 빼서 잡아먹는다. 주둥이가 두 배나 길어진다. 작은 물고기나 오징어나 새우 따위를 게걸스럽게 닥치는 대로 잡아먹는다. 자기 몸무게만큼 잡아먹기도 한다. 4~6월 동안 짝짓기를 하고 알을 낳는다. 어릴 때는 바닷말이 수북이 자란 바닷가에서 살다가 크면 깊은 곳으로 내려간다. 15년쯤 산다.

우리나라 바다에는 달고기과에 달고기, 민달고기 두 종이 산다. 몸에 둥근 까만 점이 있으면 달고기고, 없으면 민달고기다. 또 민달고기는 주둥이와 눈 사이가 오목하지만 달고기는 볼록하다. 민달고기는 달고기보다 깊은 곳에서 산다. 몸길이도 달고기보다 커서 70cm쯤 된다.

이름 몸통에 보름달처럼 동그란 점무늬가 있다고 이름이 '달고기'다. 지역에 따라 '정갱이(전남), 허너구(경남)'라고 한다. 우리나라 사람들은 달고기 몸통에 난 점무늬를 보름달처럼 생겼다고 했지만, 일본 사람들은 화살을 쏘아 맞히는 둥근 과녁처럼 생겼다고 여겨서 '마토우다이(マトウダイ, 的鯛)'라고 한다. 영어로는 'john dory', 네덜란드 사람들은 둥근 해를 닮았다고 '태양물고기(zonnevis)'라고 한다. 그리스에서는 '성 베드로 물고기'라로 하는데, 예수 일행이 세금을 내야 할 때 베드로가 예수가 일러 준 대로 이 물고기 입에서 금화를 꺼내 세금을 냈다고 한다. 이때 물고기 몸에 난 손자국이 둥근 점으로 남게 되었다는 이야기에서 왔다. 지금도 독일, 프랑스에서는 '성 베드로 고기(seintpierre)'라고 한다. 학명 '*Zeus faber*'에서 'zeus'는 그리스 신들 가운데 최고신인 제우스를 뜻한다.
성장 알은 물 위에 뜬다. 알에서 나온 새끼는 1년이면 10cm쯤 큰다.
고기잡이 다른 물고기를 잡으려고 쳐 놓은 그물에 함께 잡혀 올라온다.
쓰임 살은 하얗고 담백하다. 회로 먹거나 매운탕을 끓여 먹는다. 일본 사람들은 고급 물고기로 여긴다.

30~50 cm
온 바다
4~6월

다른 이름 정갱이, 허너구
분포 우리나라, 일본, 대만, 인도양, 남아프리카
먹이 작은 물고기, 오징어, 새우, 게 따위
특징 몸통에 까만 점무늬가 있다.

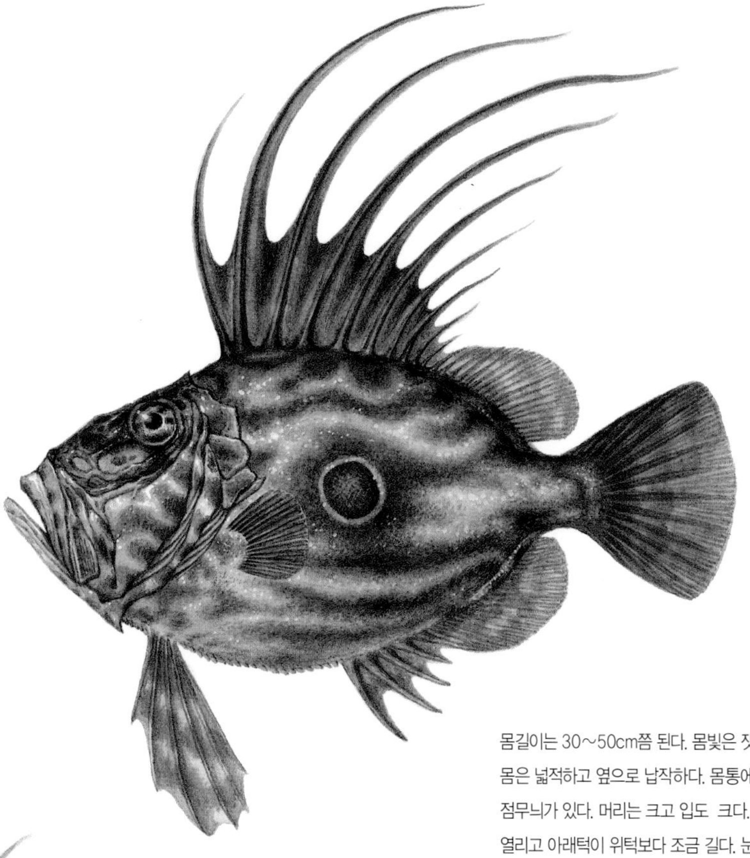

몸길이는 30~50cm쯤 된다. 몸빛은 잿빛 밤색이다. 몸은 넓적하고 옆으로 납작하다. 몸통에 동그랗고 까만 점무늬가 있다. 머리는 크고 입도 크다. 입은 위쪽으로 열리고 아래턱이 위턱보다 조금 길다. 눈이 머리 위쪽에 있다. 눈 앞쪽이 볼록하다. 등지느러미 앞쪽 가시가 길다. 옆줄은 크게 휘어져 내려온다.

민달고기 *Zenopsis nebulosa*
몸 등쪽은 푸르스름한 잿빛이고 옆줄 밑으로는 은빛이다. 물 깊이가 200m 안팎인 바다 밑바닥에서 산다. 물고기나 새우, 오징어 따위를 잡아먹는다.

새끼 민달고기 새끼 민달고기는 온몸에 까만 점이 나 있다. 크면서 없어진다.

큰가시고기목
큰가시고기과

큰가시고기

Gasterosteus aculeatus

큰가시고기는 바닷가에 살다가 강을 거슬러 올라오는 물고기다. 우리나라 남해와 동해, 남해와 동해로 흐르는 강에서만 볼 수 있다. 일본, 중국, 사할린에도 산다. 큰가시고기는 강어귀나 바닷가에서 떼로 몰려다니며 살다가 삼사월 진달래꽃 필 무렵에 강을 거슬러 올라온다. 짝짓기 때가 되면 수컷 몸빛이 발그스름하게 바뀐다. 물이 많고 느릿느릿 흐르는 시냇가나 도랑에 들어가서, 수컷이 새 둥지처럼 생긴 집을 짓는다. 물풀을 입으로 물어다가 얼기설기 엮어서 둥실둥실하게 짓는다. 그러고는 암컷을 데려와 집 안에 알을 낳게 한다. 알을 낳으면 암컷은 집을 떠나 죽는다. 수컷은 남아서 알에서 새끼가 나올 때까지 곁을 지킨다. 알을 노리고 오는 다른 물고기를 쫓아내고 지느러미를 흔들어 신선한 물을 집에다 넣어 준다. 새끼가 둥지를 떠나면 온 힘을 다해 알을 지킨 수컷도 스르르 힘이 빠져 죽는다. 새끼는 플랑크톤이나 작은 새끼 물고기나 새우 따위를 먹으며 큰다. 2~3cm쯤 크면 집을 나오고 가을에 강을 내려간다. 한 해가 지나면 다 큰 어른이 된다.

우리나라에는 가시고기, 큰가시고기, 잔가시고기, 청가시고기, 두만가시고기가 산다. 청가시고기와 두만가시고기는 동해 북부 지방에만 살고 사는 모습도 잘 밝혀지지 않았다. 가시고기, 큰가시고기, 잔가시고기는 경남, 경북, 강원도에도 산다. 세 물고기는 모두 집을 짓는다. 가시고기와 잔가시고기는 물풀 줄기에 둥지를 트는데, 큰가시고기는 바닥에 집을 짓는다. 가시고기와 잔가시고기는 강에 사는 민물고기로 바다로 잘 내려오지 않는다. 동해와 남해로 흐르는 물이 맑고 물풀이 수북하게 자란 강 중류에서 산다.

이름 등에 큰 가시가 났다고 '큰가시고기'다. 영어로는 'three-spined stickleback', 일본에서는 '이토요(イトヨ, 絲魚)'라고 한다.
성장 암컷 한 마리가 알을 100개쯤 낳는다. 1~2주쯤 지나면 알에서 새끼가 나온다.
고기잡이 수가 많이 줄어서 함부로 잡으면 안 된다.
쓰임 멸종 위기종이다.

10cm 안팎
동해
3~4월

다른 이름 없음
분포 우리나라, 중국, 일본, 캄차카 반도
먹이 플랑크톤, 새끼 물고기, 새우 따위
특징 새 둥지 같은 집을 짓는다.

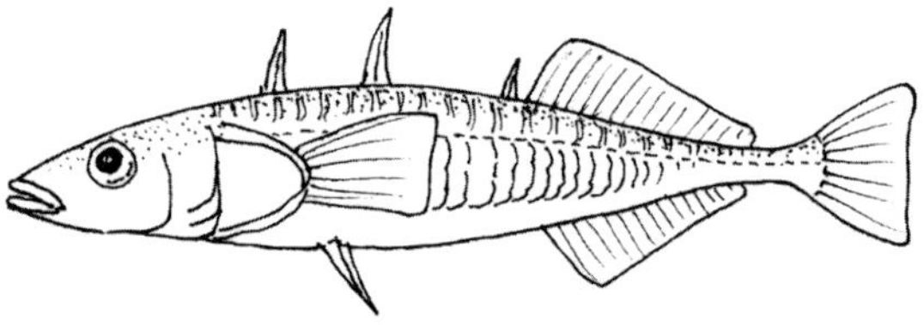

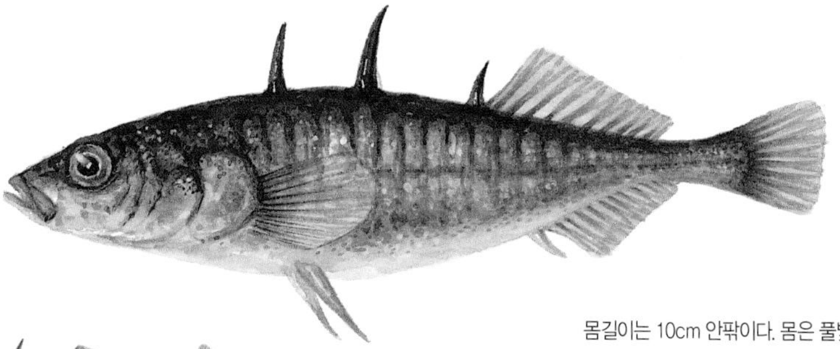

혼인색

몸길이는 10cm 안팎이다. 몸은 풀빛이고 진한 점이 자글자글 나 있다. 배는 하얗다. 몸이 길쭉하고 옆으로 납작하다. 옆구리에 뼈판이 나란히 늘어서서 주름이 진다. 등지느러미 앞에 뾰족한 가시가 세 개 있다. 배지느러미도 가시로 바뀌었다. 옆줄은 뚜렷하다.

가시고기 *Pungitius kaibarae*

등에 가시가 났다고 가시고기다. 등에 짧지만 뾰족한 가시가 아홉 개쯤 나 있다. 큰가시고기보다 조금작다. 동해로 흐르는 맑고 차가운 강에 사는 멸종 위기 민물고기다.

잔가시고기 *Pungitius sinensis*

가시고기처럼 강에서 사는 멸종 위기 민물고기다. 물이 느릿느릿 흐르고 물풀이 수북이 난 중류쯤에서 산다. 가시고기보다 작다. 겨울에는 암수 모두 몸빛이 금빛으로 반짝이다가, 짝짓기 철이 되면 수컷 몸이 까매진다.

2

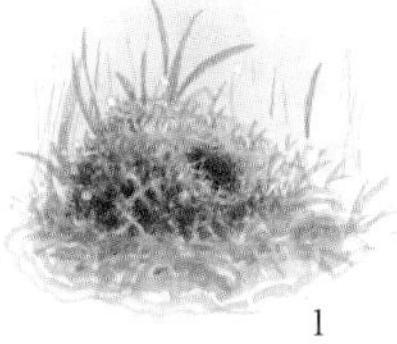

1

3

4

큰가시고기 집짓기

1. 큰가시고기는 어른 주먹만 하게 동그란 둥지를 물 바닥에 튼다. 입구가 하나다.
2. 수컷이 암컷을 둥지로 데려온다. 암컷은 알을 낳고 곧 떠난다.
3. 수컷만 혼자 남아 알을 지킨다. 먹지도 자지도 않고 지킨다.
4. 새끼가 나오면 수컷은 힘이 다 빠져 죽는다.

가시고기 둥지 가시고기, 잔가시고기는 물풀 가운데쯤에 집을 짓는다.

해마

Hippocampus coronatus

해마는 아무리 봐도 물고기처럼 안 생겼다. 머리는 말처럼 생겼고 꼬리는 원숭이 꼬리처럼 길고 동그랗게 말린다. 몸에는 비늘이 없고 단단한 널빤지를 여러 장 붙여 갑옷을 입은 것처럼 보인다. 몸빛이나 몸 무늬가 저마다 다 달라 같은 것이 거의 없을 정도다. 우리나라 온 바다에 살고 일본에도 산다. 바닷속에서 꼬리를 바닷말에 감고 몸을 꼿꼿이 세우고 물살에 흔들흔들 움직이며 붙어 있다. 입 앞을 지나가는 작은 플랑크톤을 긴 주둥이로 쪽 빨아 먹는다. 헤엄을 칠 때도 몸을 안 누이고 꼿꼿이 선 채로 꼬리를 말고 등지느러미와 가슴지느러미를 흔들어 헤엄친다.

해마는 한여름이 되면 암컷과 수컷이 한 마리씩 짝을 짓는다. 서로 꼬리를 감아 꼭 껴안듯이 짝짓기를 한다. 짝짓기 때가 되면 몸빛이 잿빛으로 바뀐다. 수컷이 배주머니를 불룩하게 부풀리면 암컷이 그 안에다 알을 200개쯤 낳는다. 수컷 배주머니는 알을 담아 두는 주머니 노릇을 한다. 알에서 새끼가 나올 때까지 한 달쯤 주머니에 넣고 다닌다. 알에서 새끼가 나오면 수컷 배에서 빠져나간다. 그래서 꼭 수컷이 새끼를 낳는 것 같다. 새끼를 낳으면 더 이상 돌보지 않는다. 새끼는 두세 달이면 다 크고 두 해쯤 산다.

이름 해마(海馬)는 '바다에 사는 말'이라는 한자 이름이다. 《동의보감》에는 '수마(水馬)'라고도 한다면서 '남해에서 사는데 크기는 수궁(守宮)만 하고 대가리는 말 같으며 몸뚱이는 새우 같고 등은 곱사등처럼 되고 몸빛이 누르스름하다. 새우의 한 종류인 것 같다'고 적어 놓았다. 영어로는 'sea horse, common sea horse', 일본에서는 용과 닮았다고 '다쓰노오타시고(タツノオトシゴ, 龍之落子)', 중국에서는 '관해마(冠海馬)'라고 한다. 학명인 '*Hippocampus*'는 앞쪽은 말, 뒤쪽은 괴물이라는 뜻인 그리스 말에서 온 이름이다.
성장 수컷이 배에서 알을 2~6주쯤 품으면 새끼가 나온다. 이틀 동안 새끼를 내보낸다. 갓 나온 새끼는 1cm쯤 되고, 태어나자마자 작은 플랑크톤을 먹는다.
고기잡이 멸종 위기종이어서 온 세계에서 보호하고 있다. 함부로 잡으면 안 된다.
쓰임 해마는 잡아서 약으로 많이 썼다. 《동의보감》에는 '성질이 평하고 따뜻하며 독이 없다. 부인이 힘들게 애를 낳을 때 해마를 손에 꼭 쥐면 쉽게 애를 낳을 수 있다. 암컷과 수컷 한 쌍을 함께 햇볕에 말려 쓴다'고 써 놓았다. 사람들이 보려고 수족관에서 일부러 키우기도 한다.

10 cm 안팎
온 바다
여름

다른 이름 없음
분포 우리나라, 일본
먹이 작은 플랑크톤
특징 수컷이 배주머니에서 새끼를 키운다.

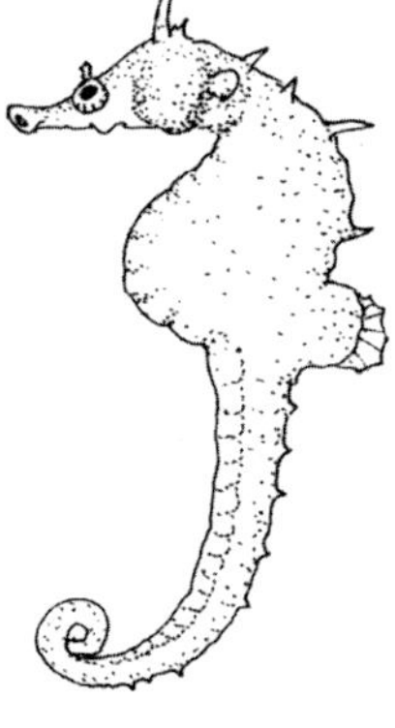

몸길이는 10cm 안팎이다. 몸빛은 밤색인데 사는 곳에 따라 달라진다. 몸에 비늘이 없고 뼈판으로 덮여 있다. 주둥이가 길쭉하고 입은 작고 이빨은 없다. 머리 위로 돌기가 삐죽 솟았다. 등지느러미가 조금 크고 뒷지느러미는 아주 작다. 배지느러미와 꼬리지느러미는 없다.

실고기 *Syngnathus schlegeli*
몸이 실처럼 길고 가늘다. 해마처럼 몸이 뼈판으로 덮여 있고 주둥이가 대롱처럼 길쭉하다. 바닷가 바닷말 숲에 숨어 산다. 해마처럼 수컷 꼬리지느러미 앞에 있는 주머니에서 새끼를 키운다.

수컷 배주머니 해마 수컷은 배주머니가 있다. 새끼가 알에서 나올 때까지 배주머니에 알을 넣은 채로 다닌다.

미역치

Hypodytes rubripinnis

미역치는 바닷가 가까이에 사는 물고기다. 우리나라 동해, 남해에 살고 일본 중부 이남에도 산다. 바다풀이 수북하게 자라고 바위가 울퉁불퉁 많은 곳에서 무리를 지어 산다. 몸빛이 얼룩덜룩해서 바위틈에 숨으면 감쪽같아 찾기 어렵다. 몸집은 작은데 바다풀과 바위 사이를 쏜살같이 헤집고 다닌다. 바늘처럼 뾰족한 등지느러미 가시를 세웠다 눕혔다 한다. 큰 물고기가 다가와서 위험을 느끼면 등지느러미 가시를 고슴도치처럼 바짝 세우고 냉큼 도망간다. 등지느러미 가시는 독가시여서 큰 물고기도 함부로 못 달려든다. 바닷가에서 흔히 볼 수 있다.

이름 미역이 수북하게 자라는 바위 밭에 산다고 이름이 '미역치'가 되었다. 지역에 따라 '쏠치, 쐐치, 쌔치' 라고도 한다. 영어로는 'tiny stinger, redfin velvetfish'라고 하고 일본에서는 '하오코제(ハオコゼ, 葉䲅)' 라고 한다.

성장 7~8월에 짝짓기를 하고 알을 낳는다. 알은 물 위에 뜬다. 알에서 나온 새끼 가슴지느러미는 부채처럼 크다.

고기잡이 낚시질을 하면 곧잘 잡힌다. 등지느러미 가시는 독가시여서 찔리면 몹시 아프다. 손으로 잡을 때 조심해야 한다.

쓰임 먹지 않는다.

10 cm
동해, 남해
7~8월

다른 이름 쏠치, 쐐치, 쌔치
분포 우리나라, 일본
먹이 작은 동물 따위
특징 등지느러미가 독가시다.

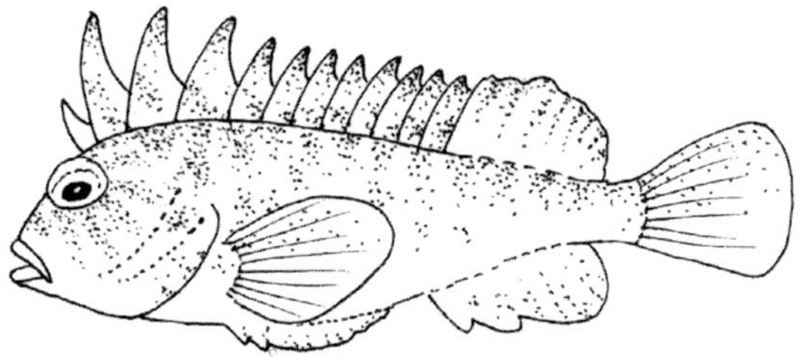

몸길이는 10cm쯤 된다. 몸은 잿빛과 빨간 밤빛 무늬가 섞여 얼룩덜룩하다. 머리 앞쪽 경사가 가파르고 주둥이가 짧다. 위아래 턱 길이는 같다. 비늘은 살갗에 묻혀 있다. 등지느러미가 머리 가까이에서 시작된다. 등지느러미 가시가 길다. 꼬리지느러미에는 밤빛 줄무늬가 나 있다. 옆줄이 등 쪽으로 치우쳐 한 줄 있다.

쑤기미

Inimicus japonicus

쑤기미는 따뜻한 물을 좋아한다. 우리나라 서해, 남해, 제주 바다에 산다. 일본 중부 이남, 동남 중국해, 말레이시아, 인도양, 홍해, 하와이에도 산다. 물 깊이가 200m 안쪽에 있는 바위 밭이나 흙모래 바닥에서 산다. 바닷가에 사는 놈은 까만 밤색이지만 깊은 곳에 사는 놈은 몸빛이 더 붉고, 심해에 사는 놈은 노랗다. 바닥을 파고 들어가 몸을 숨기거나 바위나 돌이나 바다풀 사이에서 자기 둘레 색깔과 비슷한 몸빛으로 감쪽같이 몸을 숨기고 있다. 그렇게 숨어서 꼼짝 안 하고 있다가 작은 물고기나 새우 따위가 가까이 오면 덥석 잡아먹는다. 등지느러미 독가시로 찔러서 잡아먹기도 한다.

《자산어보》에는 '등지느러미에 센 독이 있다. 화가 나면 고슴도치처럼 되고, 적이 가까이 오면 찌른다. 사람도 찔리면 견디기 힘들 만큼 아프다. 이럴 때 솔잎 삶은 물에 찔린 곳을 담그면 신통하게 낫는다' 고 나와 있다. 무서운 독가시가 있어도 건들지 않으면 사람한테 덤비지 않는다.

이름 독가시로 쏜다고 이름이 '쑤기미'다. 범처럼 무섭다고 '범치'라고도 한다. 지역에 따라 '쑥쑤기미(거제), 쐬미(여수), 노랑범치(충남), 범치(서해안, 제주)'라고 한다. 《자산어보》에 '석어(螫魚) 속명 손치어(遜峙魚)'나 '석자어(螫刺魚) 속명 수염어(瘦髥魚)'라고 한 물고기라고 짐작한다. 영어로는 'devil stinger, lumpfish, stonefish, poisonfish', 일본에서는 귀신처럼 못생기고 멍청한 물고기라고 '오니오코제(オニオコゼ, 鬼虎魚)', 중국에서는 '귀유(鬼鮋)'라고 한다. 학명인 '*Inimicus*'는 '해치려 드는'이란 뜻이다.

성장 6~8월에 알을 낳는다. 알은 낱낱이 흩어져 물에 뜬다. 물 온도 20~24도에서 이틀쯤 지나면 새끼가 나온다.

고기잡이 바닥까지 그물을 내려 잡는다. 걸그물, 끌그물, 자리그물로 잡는다. 낚시로도 잡는다. 많이 안 잡힌다. 등지느러미에 독가시가 있어서 만질 때 조심해야 한다. 독가시에 찔리면 혈압이 떨어지고 숨을 못 쉬고, 심할 때는 온몸을 떨고 기절하기도 한다. 빨리 병원에 가야 한다.

쓰임 못생겼지만 맛있다. 겨울이 제철이다. 살이 희고 쫄깃하다. 회, 국, 매운탕, 찜, 튀김, 찌개로 먹는다. 복어와 맛이 비슷해서 일본에서는 복어가 안 잡히는 여름에 복어 대신 회나 탕을 끓여 먹는다.

30 cm 안팎
서해, 남해, 제주
6~8월

다른 이름 범치, 쑥쑤기미, 쐬미, 바다쑤기미, 노랑범치
분포 우리나라, 일본, 동남 중국해, 말레이시아, 인도양, 홍해, 하와이
먹이 작은 물고기, 새우 따위
특징 등지느러미가 독가시다.

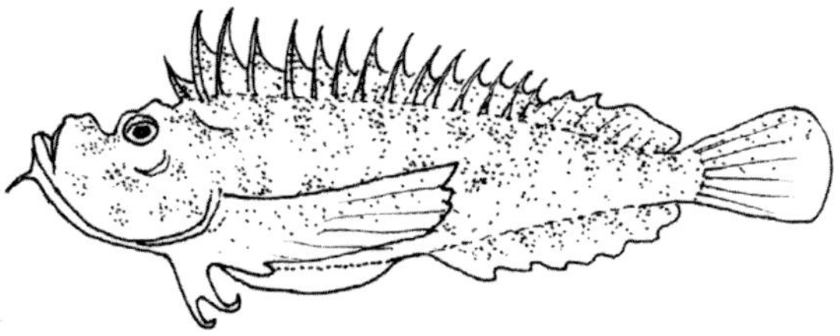

몸길이는 30cm 안팎이다. 몸빛은 사는 곳에 따라 다르다. 검은 밤빛도 있고 붉은 밤빛도 있고 노란 것도 있다. 몸통 앞쪽은 위아래로 납작하고 뒤쪽은 옆으로 납작하다. 비늘은 없고 살갗은 거칠거칠하고 도톨도톨하다. 머리는 크고 울퉁불퉁하다. 입은 작고 위로 열려 있다. 아래턱이 위턱보다 길다. 눈은 작고 툭 불거졌다. 등지느러미 가시가 아주 뾰족하다. 가슴지느러미는 크고 맨 아래쪽 줄기 두 개가 따로 떨어진다. 옆줄은 하나다. 옆줄 따라 작은 촉수처럼 생긴 돌기가 나 있다.

통쏠치 *Erosa erosa*
얕은 바다 밑바닥에서 산다. 쑤기미처럼 등지느러미 가시가 독가시다. 쏘이지 않도록 조심해야 된다. 쑤기미와 사는 모습이 비슷하다.

쏠배감펭

Pterois lunulata

쏠배감펭은 따뜻한 물을 좋아한다. 우리나라 남해와 제주 바다에 살고 일본, 동중국해, 서태평양, 인도양, 호주, 홍해, 남아프리카 열대 바다에도 산다. 낮에는 바위틈에 숨어 있다가 밤이 되면 나와 돌아다닌다. 느긋하게 헤엄치다가도 먹이를 보면 재빨리 다가가서 커다란 가슴지느러미로 구석으로 몰아 독가시로 찌른 뒤 큰 입으로 덥석 삼킨다. 덩치 큰 물고기가 잡아먹으려고 하면 기다란 등지느러미를 곧추세우고 가슴지느러미를 새 날개처럼 활짝 편다. 큰 물고기도 뾰족뾰족 솟은 가시가 무서워서 덤비지를 못한다. 지느러미에 아주 센 독이 있어서 사람이 찔리면 정신을 잃을 정도다. 덤비는 물고기가 없으니 물속을 느긋하게 헤엄쳐 다닌다.

이름 쏠배감펭은 전남에서 '쫌뱅이'라고 한다. 영어로는 가슴지느러미를 활짝 펴면 꼭 사자 갈기 같다고 'lion fish'라고 하고 'butterfly fish, fireworks fish, sting fish'라고도 한다. 일본에서는 '미노카사고(ミノカサゴ, 蓑笠子)'라고 한다. 옛날 린네는 가슴지느러미가 새 날개처럼 생기고 무서운 독이 있다고 '하늘을 나는 전갈(Svorpana volitana)'이라는 뜻으로 학명을 지었다.

성장 아직 잘 알려지지 않았다. 여름에 짝짓기를 하고 말랑말랑한 주머니에 싸인 쫀득쫀득한 알 덩어리를 낳는다. 알 덩어리는 물에 뜬다.

고기잡이 일부러 잡지는 않는다.

쓰임 지느러미를 쫙 펴고 헤엄치는 모습이 예뻐서 사람들이 수족관에 넣어서 기른다.

30 cm
제주, 남해
여름

다른 이름 쫌뱅이
분포 우리나라, 일본, 호주, 홍해, 남아프리카
먹이 작은 물고기
특징 독이 있는 지느러미를 활짝 편다.

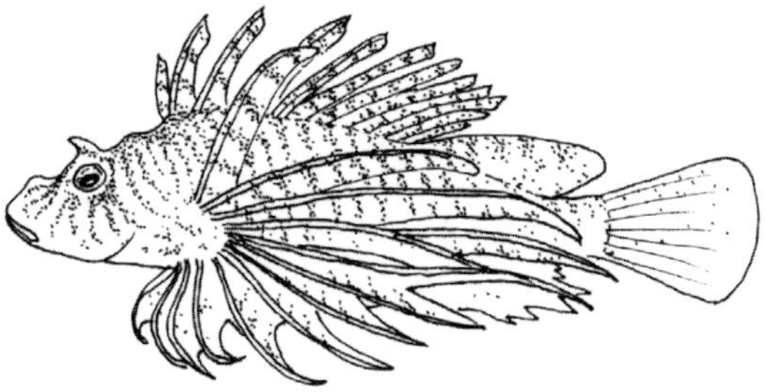

몸길이는 30cm까지 자란다. 몸빛은 분홍빛이 돌고 검은 밤색 줄무늬가 나 있다. 눈은 크고 두 눈 사이가 움푹 들어간다. 가슴지느러미가 아주 크다. 등지느러미 가시와 가슴지느러미 줄기가 아주 길다. 지느러미를 잇는 얇은 막이 깊게 파인다. 등지느러미와 가슴지느러미와 뒷지느러미에는 까만 밤색 점이 줄지어 나 있다. 꼬리지느러미 끄트머리는 둥글다.

활짝 편 가슴지느러미 덩치 큰 물고기가 다가오면 새 날개처럼 생긴 가슴지느러미를 활짝 편다. 그러면 다가오던 물고기가 깜짝 놀란다. 지느러미 가시에 독이 있어서 덩치 큰 물고기도 어쩌지 못한다. 쏠배감펭 독가시는 송곳처럼 뾰족하다. 잘못 찔렸다간 큰일 난다.

쏠배감펭 독가시

쏨뱅이목
양볼락과

볼락

Sebastes inermis

볼락은 물 온도가 15~25도인 따뜻한 바다에 산다. 우리나라 남해와 제주, 동해 남쪽에 살고 일본에도 있다. 바위가 많은 바닷가에 산다. 깊이와 사는 곳에 따라 몸 빛깔이 많이 다르다. 얕은 곳에 사는 놈은 잿빛 밤색이지만, 깊은 곳에 사는 놈은 붉은빛을 많이 띤다. 바위가 많은 곳이나 그늘에 숨어 사는 볼락은 까매서 '돌볼락'이라고 한다. 낮에는 바위틈에 숨어 있다가 밤이 되면 나와서 먹이를 찾는다. 새우나 갯지렁이나 작은 물고기 따위를 한입에 덥석덥석 삼킨다. 하지만 겁이 많아서 조금만 놀라도 후닥닥 흩어졌다가 조용해지면 다시 슬금슬금 떼로 모인다. 날씨가 사납거나 바람만 세게 불어도 바위틈에 숨어서 안 나온다. 볼락은 알을 안 낳고 새끼를 낳는다. 11~12월 초겨울에 암컷과 수컷이 비스듬히 배를 맞대고 짝짓기를 한다. 짝짓기를 하고 한 달쯤 지나서 연기를 내뿜는 것처럼 새끼를 낳는다. 갓 나온 새끼는 물에 떠다니는 바닷말 더미 밑에 수십 마리씩 떼를 지어 숨어 지낸다. 몸이 6cm쯤 크면 물 밑으로 내려가 바위 밭에서 산다.

이름 볼락은 지역에 따라 '뽈낙, 뽈낙이, 뽈라구(전남, 경남)'라고 한다. 《자산어보》에는 '박순어(薄脣魚) 속명 발락어(發落魚)'라고 적혀 있다. 볼락이라는 이름은 이 발락어에서 온 것 같다. 《우해이어보》에는 '보라어, 보락(甫鮥), 볼락어(乶犖魚)'라고 하면서 '우리나라 방언에 엷은 자주색을 보라(甫羅)라고 하는데, 보(甫)는 아름답다는 뜻이어서 보라(甫羅)는 아름다운 비단이라는 말과 같다. 보라(甫羅)라는 물고기 이름도 여기에서 왔을 것이다'라고 써 놓았다. 영어로는 'black rock fish, darkbanded rockfish', 일본에서는 눈이 크다고 '메바루(メバル, 目張)'라고 한다.

성장 11~12월에 짝짓기를 한 뒤 수컷 정자가 암컷 몸속에서 한 달쯤 기다렸다가 12~1월에 수정이 된다. 어미는 새끼를 8만 5000마리쯤 낳는다. 새끼는 1년이면 8~9cm, 3년이면 16cm, 5년이면 19cm쯤 큰다. 3년쯤 크면 어른이 된다.

고기잡이 볼락은 갯바위에서 낚시로 많이 잡는다. 겁은 많아도 한 놈이 미끼를 덥석 물면 다른 놈도 따라서 덥석덥석 문다. 그러면 낚시질 한 번에 네댓 마리를 주렁주렁 낚기도 한다. 그럴 때 낚시꾼들은 '볼락꽃이 피었다'고 한다. 일 년 내내 잡히지만 사오월에 많이 잡힌다.

쓰임 봄부터 여름까지가 제철이다. 회, 구이, 조림, 탕으로 먹는다. 볼락 무리 가운데 맛이 으뜸이라고 한다. 깊은 바다보다 얕은 바다에서 잡히는 것이 맛이 더 좋고, 크기가 작은 것도 맛이 좋다.

30 cm 안팎
남해, 동해, 제주
12~1월

다른 이름 뽈낙, 뽈낙이, 뽈라구
분포 우리나라, 일본
먹이 새우, 게, 갯지렁이, 오징어, 물고기 따위
특징 겨울에 새끼를 낳는다.

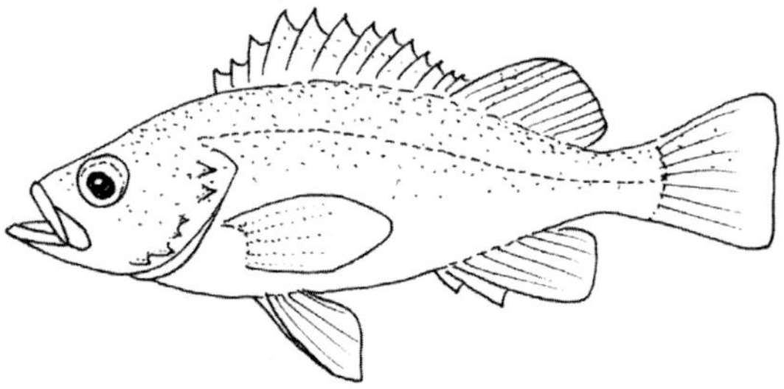

몸길이는 30cm 안팎이다. 몸빛은 사는 곳에 따라 다르다. 몸통 옆에 짙은 밤색 구름무늬가 있다. 눈이 댕그랗게 크고 앞쪽 아래에 날카로운 가시가 두 개 있다. 주둥이는 뾰족하고, 입은 크고 작은 이빨이 여러 개 촘촘히 나 있다. 아래턱 앞 끝에 난 이빨은 밖으로 드러난다. 아가미뚜껑에 가시가 다섯 개 있다. 등지느러미 앞쪽 가시가 크고 뾰족하다. 꼬리지느러미 끝은 반듯하다. 옆줄은 하나다.

불볼락 *Sebastes thompsoni*
온몸이 빨갛고 등에 꺼먼 줄무늬가 대여섯 줄 나 있다. 볼락보다 크다. 바다 밑바닥 바위 밭에 살면서 작은 새우나 게, 물고기, 갯지렁이 따위를 잡아먹는다. 볼락처럼 새끼를 낳는다. '열기'라고도 한다

새끼 낳는 볼락 볼락은 새끼를 낳는다. 어미 배 속에서 알까기를 하고 새끼가 되어 나온다.

조피볼락

Sebastes schlegelii

조피볼락은 물 깊이가 10~100m쯤 되는 바다에 산다. 우리나라 온 바다에 살지만 서해에 많다. 일본, 중국에도 산다. 바위가 울퉁불퉁 많고 바다풀이 수북이 자란 바닷가에서 많이 산다. 해가 뜨면 떼로 모이는데 아침, 저녁에 가장 힘차게 몰려다닌다. 하지만 자기 사는 곳을 멀리 안 떠난다. 작은 물고기나 새우나 게나 오징어 따위를 잡아먹는다. 밤에는 저마다 흩어져서 먹이를 찾거나 바위틈에서 가만히 쉰다.

조피볼락은 물이 차가워지는 겨울에 짝짓기를 하고 이듬해 봄에 새끼를 수십만 마리 낳는다. 조피볼락은 알을 안 낳고 새끼를 낳는 난태생이다. 물이 차가워지는 가을이면 깊은 곳으로 더 들어가거나 따뜻한 남쪽으로 내려갔다가 봄이 되면 위로 올라온다.

이름 조피볼락은 '우럭'이라는 이름으로 더 많이 알려졌다. '개우럭, 검처구'라고도 한다. 《자산어보》에 몸빛이 검다고 '검어(黔魚) 속명 검처귀(黔處歸)'라고 하고 '비늘이 잘고 등이 검고 지느러미 줄기가 매우 강하다'고 써 놓았다. 《전어지》에 '울억어(鬱抑魚)'라고 하며 '등은 튀어나왔고 빛깔이 검다. 배는 불룩하고 까만 무늬가 있다'고 한 물고기가 조피볼락일 거라고 짐작한다. 영어로는 바위밭에 사는 물고기라고 'rockfish, jacopever', 일본에서는 몸빛이 검다고 '구로소이(クロソイ, 黑曹以)', 중국에서는 '갈군(褐君), 흑석로(黑石鱸), 흑군(黑鮶)'이라고 한다.

성장 암컷이 새끼를 30만 마리쯤 낳는다. 갓 나온 새끼는 7mm 안팎이고 물 위에 떠다니는 바다풀과 함께 둥둥 떠다닌다. 2년쯤 지나면 24cm, 4년에 35cm, 6년에 40cm쯤 큰다. 다 크면 어른 팔뚝만 하다. 새끼일 때는 동물성 플랑크톤을 먹지만 크면서 게, 새우, 곤쟁이, 갑각류 새끼를 즐겨 먹는다.

고기잡이 우리나라에서 많이 기르는 바닷물고기 가운데 하나다. 바다에 그물로 가두리를 쳐 놓고 키운다. 바닷가 바위에서 낚시로도 많이 잡는다. 등지느러미 끝이 바늘처럼 뾰족해서 손이 찔리면 눈물이 찔끔 날 만큼 아프다. 잡을 때 조심해야 된다. 걸그물이나 주낙으로도 잡는다.

쓰임 살은 단단하고 희며 맛이 좋아서 사람들이 즐겨 먹는다. 겨울이 제철이다. 회, 조림, 구이, 매운탕으로 먹는다.

30~70 cm
서해, 남해, 동해
봄

다른 이름 우럭, 개우럭, 검처구
분포 우리나라, 일본, 중국
먹이 작은 물고기, 새우, 게, 오징어 따위
특징 새끼를 낳는다.

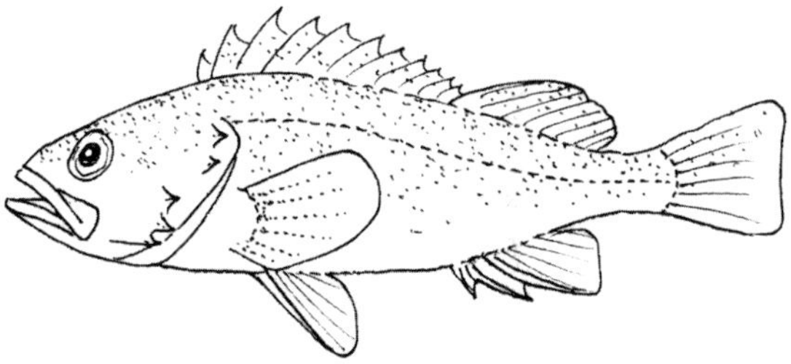

몸길이는 30~70cm쯤 된다. 온몸이 거뭇하고 까만 점무늬가 자글자글 나 있다. 몸통에 두툼한 검은 줄무늬 두세 개가 희미하게 나 있다. 배는 연한 잿빛이다. 눈이 댕그랗게 크고 입술은 두툼하다. 눈 뒤쪽으로 검은 줄무늬가 두세 줄 비스듬히 나 있다. 아가미뚜껑에는 짧은 가시가 5개 있고 비늘이 없다. 등지느러미 앞쪽 가시가 억세다. 꼬리지느러미 끄트머리는 자른 듯하고 위아래가 허옇다. 옆줄은 하나다.

오뉴월이 되면 조피볼락 암놈이 새끼를 낳는다. 엄마 배 속에서 수십만 마리 새끼가 후드득후드득 빠져나온다.

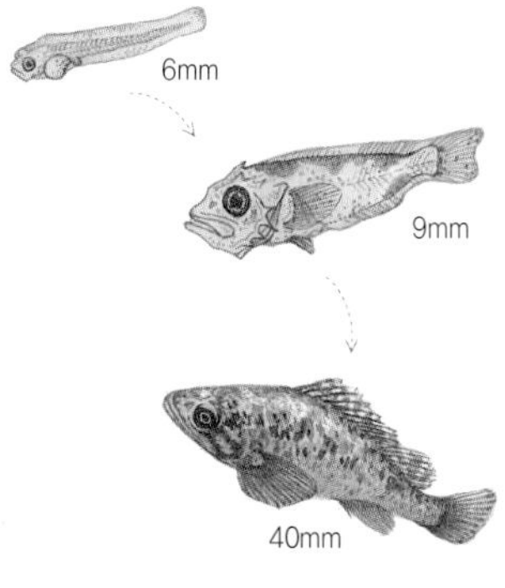

조피볼락 새끼가 커 가는 모습이다.

쏨뱅이

Sebastiscus marmoratus

쏨뱅이는 조금 찬 물을 좋아한다. 우리나라 바닷가나 섬 둘레에 물살이 제법 세고 얕은 물속 바위 밭에서 산다. 남해, 제주 바다에 살고 일본, 대만, 중국 바닷가에도 산다. 늘 돌 틈에 숨어 살면서 멀리 헤엄쳐 나가지 않는다. 바닷가 얕은 곳에 사는 놈은 몸빛이 거무스름한 밤빛이고 깊은 곳에 살면 더 빨갛다. 여름에는 얕은 곳으로 올라왔다가 겨울에는 깊은 곳으로 들어간다. 밤에 나와 어슬렁거리면서 멸치나 청어, 노래미 같은 작은 물고기나 새우나 게 따위를 잡아먹는다.

쏨뱅이는 물이 차가워지는 가을부터 이듬해 3월까지 짝짓기를 한다. 암컷과 수컷이 서로 배를 맞대고 짝짓기를 한다. 쏨뱅이는 난태생이다. 한겨울에 암컷은 새끼를 낳는다. 새끼는 플랑크톤처럼 떠다니며 살다가 크면 바닥으로 내려간다. 두 해가 지나면 어른이 된다.

이름 가시로 쏘는 물고기라고 '쏨뱅이'다. 지역에 따라 '삼베이, 삼뱅이(부산, 경남), 쏨팽이(전남)'라고 한다. 《자산어보》에 '정어(赬魚) 속명 북제귀(北諸歸)'라고 써 놓고 '생김새는 검어와 닮았다. 아주 큰 눈이 앞으로 툭 튀어나왔다. 몸빛이 빨갛고, 맛은 검어를 닮아 담박하다'고 써 놓은 물고기라 짐작한다. 하지만 이 이름은 쏨뱅이뿐만 아니라 닮은 물고기도 함께 말한 것 같다. 영어로는 전갈처럼 쏜다고 'scorpion fish' 또는 'marbled rockfish', 일본에서는 삿갓을 쓴 물고기라는 뜻으로 '가사고(カサゴ, 笠子)', 중국에서는 '갈창유(褐菖鮋)'라고 한다.

성장 짝짓기 때가 되면 수컷 항문 뒤에 작은 돌기가 튀어나온다. 암컷 한 마리가 새끼를 1만~2만 마리쯤 낳는다. 두 해가 지나면 14cm, 4년이면 21cm, 6년이면 24cm쯤 큰다.

고기잡이 갯바위에서 낚시로 많이 잡는다. 쏨뱅이는 등지느러미 가시에 독이 있다. 머리와 아가미뚜껑에도 뾰족한 가시가 있다. 손으로 잡을 때는 조심해야 한다. 지느러미 가시에 쏘이면 아주 시큰시큰 아프다. 지느러미에 독이 있어도 맛은 좋아서 남해나 제주도 사람들이 많이 잡는다. 걸그물이나 주낙으로도 잡는다.

쓰임 겨울이 제철이다. 살이 하얗고 딴딴하고 맛이 산뜻하다. 경남 통영 지방에서는 '죽어도 삼뱅이', '살아도 삼배, 죽어도 삼배'라는 말이 있다. 죽었을 때나 살았을 때나 다른 고기보다 맛이 세 배나 더 좋다는 말이다. 회로 먹거나 탕을 끓이거나 구워 먹는다.

30 cm 안팎
제주, 남해
겨울

다른 이름 삼베이, 삼뱅이, 쏨팽이
분포 우리나라, 일본, 대만, 동중국해
먹이 새우, 게, 작은 물고기 따위
특징 겨울에 새끼를 낳는다.

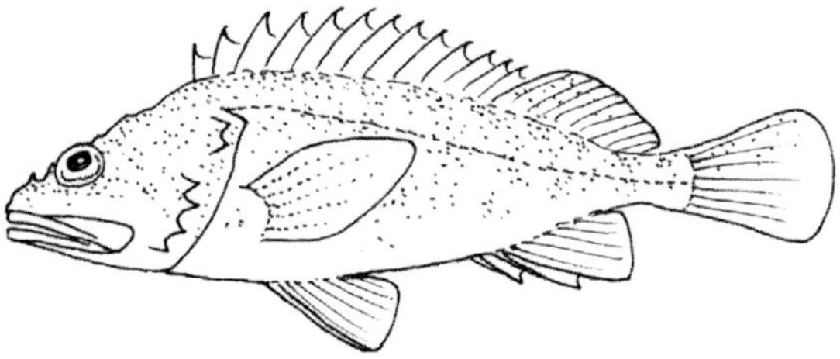

몸길이는 30cm 안팎이다. 몸빛은 거무스름한 밤색이거나 불그스름하고 하얀 점무늬가 흐드러졌다. 눈이 댕그랗게 크고 두 눈 사이가 움푹 파였다. 주둥이는 비쭉하게 길고 입술이 두툼하다. 머리와 아가미뚜껑에 가시가 있다. 등지느러미 가시가 뾰족하다. 꼬리지느러미 끝은 반듯하다. 옆줄 하나가 뚜렷하다.

쏨뱅이 암컷은 알을 배고 있다가 한겨울에 새끼를 낳는다. 새끼는 플랑크톤처럼 물에 둥둥 떠다닌다.

쏨뱅이목
성대과

성대

Chelidonichthys spinosus

성대는 따뜻한 물을 좋아한다. 우리나라 온 바다와 일본, 동중국해, 필리핀, 뉴질랜드에 산다. 물 깊이가 100m 안쪽이고 모래가 쫙 깔린 바닥에 사는 물고기다. 발그스름한 몸빛과 달리 가슴지느러미는 풀빛이고 파란 점이 10~20개쯤 나 있고 끄트머리가 파랗다. 커다란 가슴지느러미는 부채처럼 접었다 폈다 할 수 있다. 양쪽 가슴지느러미 앞쪽에 지느러미줄기 세 개가 길게 갈라졌다. 꼭 사람 손가락으로 땅을 짚듯이 이 지느러미줄기로 바닥을 짚고 걸어 다닌다. 눈은 머리 위에 달려서 위쪽과 앞쪽 밖에 못 보지만, 이 지느러미줄기로 바닥을 파서 모랫바닥에 숨은 먹이를 귀신같이 찾아낸다. 지느러미줄기로 맛도 볼 수 있다. 갯지렁이나 작은 물고기나 새우 따위를 잡아먹는다. 서둘러 헤엄칠 때는 커다란 가슴지느러미를 부채처럼 쫙 펴서 비행기가 날듯이 헤엄을 친다. 가끔 해거름이나 해 뜰 참에 위를 옴쭉옴쭉 움직여서 '호우, 호우' 하고 운다. 같은 종끼리 서로 부르는 소리라고 여겨진다. 서해에 사는 성대는 겨울에 제주도 서쪽 바다 바닥에 내려가 겨울을 나고 이듬해 4월쯤에 다시 올라와 짝짓기를 하고 알을 낳는다.

이름 지역에 따라 '씬대, 승대(전남), 끗달갱이(경북), 싱대(충남)'라고 한다. 《자산어보》에 '청익어(靑翼魚) 속명 승대어(僧帶魚)'라고 나오는데, '큰 놈은 두 자쯤 된다. 목은 아주 크고 모두 뼈로 되어 있다. 머리뼈에는 살이 없고 몸이 둥글다. 입가에 푸른 수염이 두 개 있다. 등은 붉다. 옆구리에 날개가 있는데 부채처럼 접었다 폈다 한다. 날개는 푸르고 아주 뚜렷하다. 맛이 달다'고 했다. 영어로는 'bluefin sea robin, sea robin gurnard'라고 한다. 'sea robin'은 '바다 울새'라는 뜻이고, 'gurnard'는 '중얼대는 사람'이라는 뜻이어서 모두 성대가 소리를 내기 때문에 지은 이름 같다. 일본에서는 성대가 우는 소리를 듣고 '보우보우(ホウボウ, 魴鮄)'라는 이름이 붙었다고 한다. 중국에서는 가슴지느러미 색깔이 풀빛이라고 '녹기어(綠鰭魚)'라고 한다.

성장 알은 따로 떨어져 물에 뜬다. 알에서 나온 새끼는 한 해가 지나면 13cm, 3년이면 25cm, 5년이면 30cm쯤 큰다. 4년쯤 크면 어른이 된다.

고기잡이 그물로 잡는다. 그물에 걸려 올라와도 소리 내어 운다. 여러 마리가 울면 시끄러워 잠을 못 잘 정도다.

쓰임 겨울이나 봄에 잡은 성대는 소금을 뿌려 구워 먹는다. 살은 희고 단단하고 쫄깃하며 담백하다. 하지만 대가리는 아주 딱딱하고 살점이 하나도 없다. 요즘에는 회로도 먹는다.

35~40 cm
온 바다
4월

다른 이름 씬대, 승대, 끗달갱이, 싱대

분포 우리나라, 중국, 동중국해, 필리핀, 뉴질랜드

먹이 갯지렁이, 새우, 작은 물고기 따위

특징 가슴지느러미 줄기 세 개가 손가락처럼 갈라졌다.

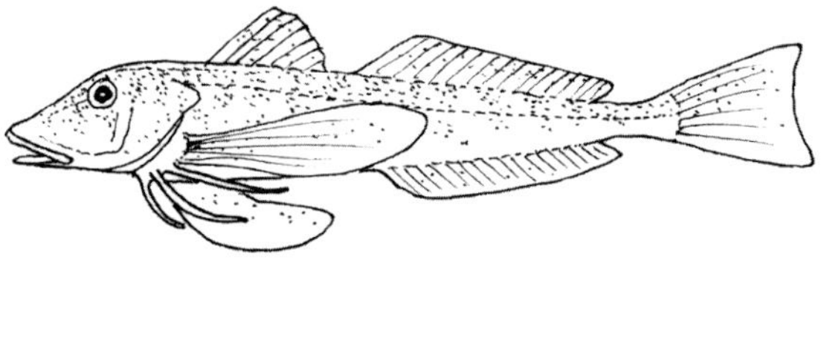

몸길이는 35~40cm쯤 된다. 몸빛이 붉고 살아 있을 때는 등에 빨간 점무늬가 있다. 머리는 제법 크고 단단하고 각졌다. 눈은 머리 위쪽에 달렸다. 등지느러미는 두 개가 따로 떨어져 있다. 가슴지느러미가 아주 크고 앞쪽 줄기 세 개가 따로 떨어져 갈라진다. 가슴지느러미 안쪽은 진한 풀색이고 파란 점무늬가 나 있고, 테두리는 파란색이다. 꼬리지느러미 끝은 반듯하다. 옆줄은 한 줄이다.

쭉지성대 *Dactyloptena orientalis*
성대처럼 바닥을 기어 다닌다. 성대보다 가슴지느러미가 훨씬 커서 몸 끝까지 활짝 펼친다. 머리 위에는 등지느러미 가시가 기다란 뿔처럼 우뚝 솟았다. 깊은 바다 밑바닥에 산다.

바닥을 기는 성대 가슴지느러미 앞으로 손가락마냥 기다란 지느러미줄기가 양쪽에 세 개씩 있다. 맛을 느끼는 이 지느러미로 손가락처럼 땅을 짚고 기어 다니며 먹이를 찾는다.

황성대 *Peristedion orientale*
성대처럼 바닥을 기어 다닌다. 가슴지느러미는 성대보다 훨씬 작다. 온몸이 발그스름하고 까만 줄무늬가 얼룩덜룩 나 있다. 주둥이 끝이 쇠뿔처럼 두 갈래로 갈라져 길쭉하게 나왔다. 턱에는 수염처럼 돌기가 나 있다.

양태

Platycephalus indicus

양태는 바닥에 붙어 사는 물고기다. 우리나라 서해와 남해, 제주 바다에 살고 일본과 동중국해, 열대, 온대 바다에도 산다. 물 깊이가 2~60m쯤 되고 바닥에 모래와 진흙이 깔린 따뜻한 바다에 산다. 머리가 납작하고 배도 납작해서 바닥에 납작 엎드려 있다. 한곳에 꼼짝 않고 머물러 있기를 좋아하고 잘 안 돌아다닌다. 몸빛이 누르스름해서 바닥에 숨으면 감쪽같다. 낮에는 눈만 내놓은 채 모래를 뒤집어쓰고 있다가 작은 물고기나 새우나 오징어나 게 따위가 멋도 모르고 가까이 다가오면 와락 달려들어 한입에 삼킨다. 겨울이 되면 깊은 바다로 들어가 바닥에 몸을 파묻고서 겨울잠을 잔다. 봄에 깨면 다시 얕은 바다로 올라와서는 겨우내 굶주린 배를 채우느라 정신없이 먹어 댄다.

오뉴월이면 짝짓기를 하고 모랫바닥에 알을 낳는다. 양태는 어릴 때는 수컷이었다가 다 크면 암컷으로 몸을 바꾼다. 크기가 20cm보다 작으면 거의 수컷이다. 더 크면서 하나둘 암컷으로 바뀌다가 몸 크기가 50cm가 넘으면 죄다 암컷이다.

이름 지역에 따라 '장대(전남), 낭태(부산), 망태'라고도 한다. 《자산어보》에 나오는 '회익어(灰翼魚) 속명 장대어(將帶魚)'가 양태인 것 같다. 머리가 납작하다고 영어로 'indian flathead', 일본에서는 생김새가 마치 옛날에 제사를 지내던 신관이 손에 쥐는 가늘고 긴 널빤지인 '고쓰(コツ)'를 닮았다고 '마고치(マゴチ, 眞鯒)'라고 한다.
성장 알에서 나온 새끼는 1년에 13cm, 3년에 32cm, 5년에 45cm, 7년에 54cm쯤 큰다. 3년쯤 지나 30cm쯤 크면 짝짓기를 할 수 있다. 큰 놈은 50cm가 넘고 무게가 2kg이나 나간다.
고기잡이 봄부터 가을까지 낚시로 잡거나 바다 밑바닥까지 닿는 그물을 끌고 다니면서 잡는다. 아가미에 뾰족한 가시가 두 개 있어서 찔리지 않게 조심해야 된다.
쓰임 가을이 제철이다. 살이 단단하고 맛있다. '양태 대가리는 개도 안 물어 간다'는 말이 있다. 머리가 납작해서 먹을 만한 살점 하나 안 붙어 있다는 우스갯소리다. 하지만 지금은 '구시월 양태'라는 말이 나올 만큼 맛있게 먹는 물고기다. 꾸덕꾸덕 말리거나 찌개나 찜, 구이, 튀김으로 먹는다. 복어처럼 얇게 썰어 회로 먹으면 맛있다.

50 cm
서해, 남해
5~6월

다른 이름 장대, 낭태, 망태
분포 우리나라, 일본, 동중국해
먹이 작은 물고기, 새우, 오징어, 게 따위
특징 어릴 때는 수컷이다가 다 크면 암컷이 된다.

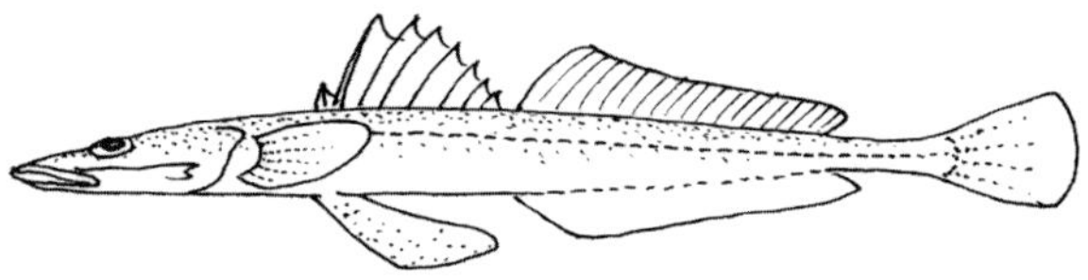

몸길이는 50cm 넘게 큰다. 몸빛을 사는 곳에 따라 바꾸는데 거무스름한 밤색에 꺼먼 점이 띠를 이룬다. 배는 하얗다. 머리가 크고 위아래로 납작하다. 눈은 머리 위에 있다. 아래턱이 위턱보다 길다. 몸은 아래위로 납작하고 길쭉한데 뒤로 가면서 점차 가늘어진다. 가슴지느러미는 크다. 꼬리지느러미에 까만 세로띠가 있다. 옆줄이 하나다.

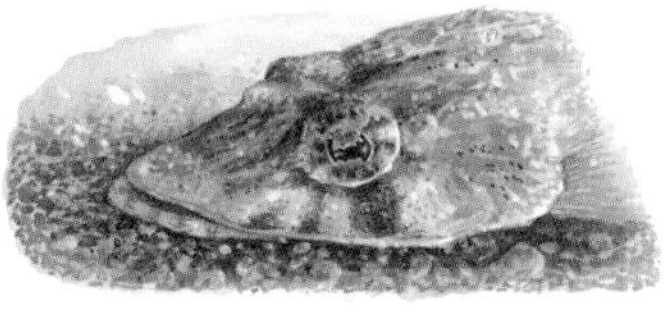

양태를 옆에서 보면 머리가 아주 납작하다. 눈동자 위에는 얇은 막이 덮여서 눈이 찌그러져 보인다. 그래서 양태를 먹으면 눈병이 난다는 헛소문도 있었다.

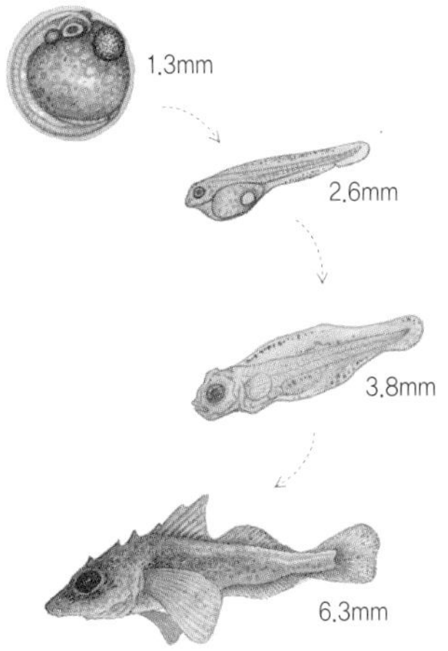

양태 알에서 새끼가 나와서 커 가는 모습이다.

쥐노래미

Hexagrammos otakii

쥐노래미는 바닷가에 많이 산다. 물 깊이가 100m 안쪽이고 물 흐름이 좋고 바닥에 모래와 자갈이 깔리고 갯바위가 많은 곳에서 산다. 노래미보다 조금 더 깊은 곳에 산다. 사는 곳에 따라 몸빛이 누런 밤색, 잿빛 밤색, 보랏빛 밤색으로 다르다. 우리나라 온 바다에 사는데 서해와 남해에 많다. 일본에도 산다. 부레가 없어서 헤엄쳐 다니기보다 바닥이나 바위에 배를 대고 가만히 있기를 좋아한다. 바닥에 사는 작은 새우나 게, 지렁이, 물고기를 잡아먹고 바다나물도 뜯어 먹는다.

쥐노래미는 11월부터 1월까지 추운 겨울에 알을 낳는다. 알은 서로 몽글몽글 딱 붙어 둥그렇게 덩어리져 모자반 같은 바다나물 줄기나 자갈이나 바위에 붙는다. 수컷은 알에서 새끼가 나올 때까지 곁을 지킨다. 알에서 나온 새끼는 물낯 가까이를 헤엄쳐 다니면서 플랑크톤을 먹다가, 자라면서 바다 밑바닥으로 내려간다. 바닷가 갯바위 물웅덩이를 가만히 들여다보면, 등지느러미에 검은 점이 자글자글 난 새끼들이 물 밑바닥을 부지런히 돌아다니는 모습을 종종 볼 수 있다. 노래미와 쥐노래미는 생김새가 닮았는데, 노래미는 옆줄이 하나고 쥐노래미는 옆줄이 다섯 줄이다. 또 꼬리지느러미 끄트머리가 노래미는 둥근데 쥐노래미는 반듯해서 서로 구분을 한다.

이름 주둥이가 쥐처럼 뾰족하고 온몸이 노랗다고 '쥐노래미'다. 살에서 노린내가 나서 '노래미'라는 이름이 되었다고 짐작하기도 한다. 또 옛날 사람들은 눈 위에 달린 돌기를 귀라고 여겨서 쥐노래미를 '귀 달린 물고기'라고 했다. 지역에 따라 '노래미, 놀래미(서해안), 게르치(부산), 돌삼치(강릉)'라고 한다. 《자산어보》에는 '서어(鼠魚) 속명 주노남(走老南)'이라고 하고 '생김새가 노래미와 닮았지만 머리가 약간 뾰족하다. 몸 빛깔이 붉은색과 까만색이 서로 섞여 있다. 노래미처럼 머리에 귀가 있다'고 써 놓았다. 영어로는 몸빛이 바다풀과 비슷한 풀색이라고 'greenling', 바다풀이 돋아나는 곳에 사는 물고기라고 'kelpfish', 일본에서는 꼭 먹어 봐야 할 맛있는 물고기라는 뜻으로 '아이나메(アイナメ, 相嘗)', 중국에서는 몸이 노랗다고 '황어(黃魚)', 옆줄이 여섯 줄이라고 '육선어(六線魚)'라고 한다.
성장 암컷 한 마리가 알을 1600~6000개쯤 낳는다. 물 온도가 11~13도일 때 25일쯤 지나면 새끼가 나온다. 암컷은 2년, 수컷은 1년이면 어른이 된다. 4년쯤 지나면 30cm쯤 큰다.
고기잡이 낚시로 많이 잡는다. 바닥까지 그물을 내리고 끌어서 잡기도 한다.
쓰임 봄부터 초여름까지 제철이다. 회로 먹고 말려서 구워 먹기도 한다.

20~50 cm
서해, 남해, 동해
11~1월

다른 이름 노래미, 놀래미, 게르치, 돌삼치
분포 우리나라, 일본
먹이 작은 새우, 게, 지렁이, 물고기, 바닷말 따위
특징 눈 위에 돌기가 귀처럼 쫑긋 솟았다.

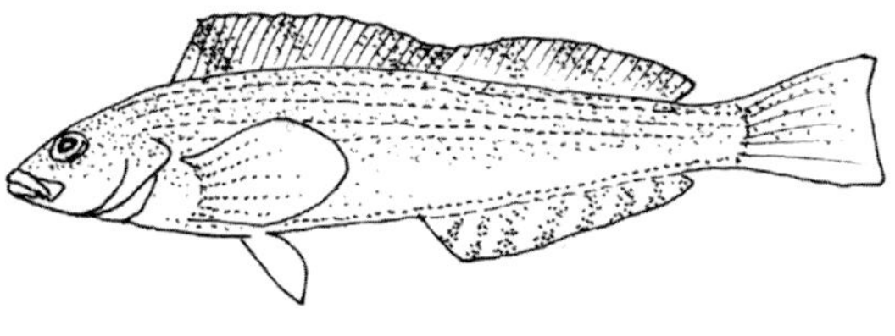

몸길이는 20~50cm쯤 된다. 머리가 뾰족하고 몸은 약간 길쭉하다. 누런 밤색 몸빛에 짙은 밤색 점무늬가 이리저리 나 있다. 몸빛은 사는 곳에 따라 달라진다. 몸통에는 옆줄이 다섯 줄 나 있다. 등 쪽에 석 줄, 몸 가운데와 배 쪽에 한 줄씩 있다. 꼬리지느러미 끄트머리가 자른 듯 반듯하다.

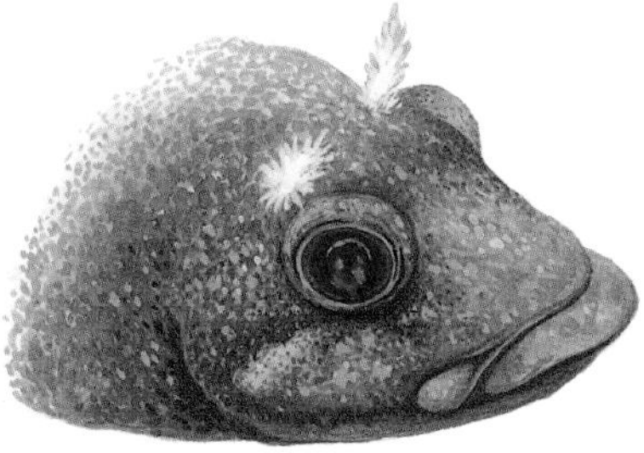

쥐노래미 눈 위에는 하얀 눈썹처럼 생긴 돌기가 귀처럼 쫑긋 솟았다. 마치 소리를 들으려고 귀를 쫑긋 세운 것처럼 보인다. 하얀 돌기는 보들보들하고 물속에서 하늘하늘 흔들린다.

알은 몽글몽글 덩어리져서 바다나물 줄기나 바위에 딱 붙는다.

알에서 새끼가 나올 때까지 수컷이 곁을 지킨다. 이때는 수컷 몸이 더 노래진다.

임연수어

Pleurogrammus azonus

임연수어는 찬물을 좋아하는 물고기다. 우리나라 동해에만 살고 일본, 오호츠크해, 북극, 남극에도 산다. 물 깊이가 150~200m쯤 되는 깊고 차가운 물에서 산다. 쥐노래미나 노래미 같은 노래미 무리는 바닥에 몸을 붙이고 살기 때문에 부레가 없는데 임연수어는 부레가 있어서 마음껏 헤엄쳐 다닌다. 정어리, 전갱이, 고등어, 새끼 명태 같은 물고기나 물고기 알, 오징어, 새우, 게, 곤쟁이, 바닥에 기어 다니는 여러 동물들을 가리지 않고 먹는다. 12월에서 이듬해 2월까지 알을 낳으러 얕은 바다로 떼 지어 몰려온다. 짝짓기 때가 되면 수컷 몸이 누런 밤색에서 푸르스름하게 바뀌고 몸 무늬가 더 짙어진다. 또 수컷 꼬리지느러미와 가슴지느러미 끄트머리가 까맣게 바뀌어서 암컷과 구별이 된다. 암컷은 물 깊이가 5~30m쯤 되는 바닷가 바위나 돌 틈에 여러 번 알을 낳는다. 알은 서로 붙어 둥그렇게 덩어리지고, 수컷이 곁을 지킨다. 새끼 때는 큰 무리를 지어 얕은 바다에서 지낸다. 어른이 되면 깊은 바다 바닥 가까이에서 산다. 육칠 년 산다.

이름 《신증동국여지승람》에는 함경도에서 '임연수어(臨淵水魚)'가 난다고 써 놓았고, 《난호어목지》에는 이것을 '임연수어(林延壽魚)'라 쓰고 한글로 '임연슈어'라고 적어 놓고는 '옛날 함경도에 사는 임연수(林延壽)라는 어부가 이 물고기를 잘 낚았다. 그래서 본토박이들이 임연수어라는 이름을 붙였다. 길주지(吉州志)에는 임연수어(臨淵水魚)라고 했는데 음은 같지만 잘못된 것이다'라고 써 놓았다. 《조선어명보》에는 '이면수어(利面水魚)'라고 써 있다. 지역에 따라 '이민수(함북), 찻치(함남), 새치(강원)'라고 한다. 알을 낳고 몸이 푸른 임연수어를 '청새치', 새끼를 '가르쟁이'라고도 한다. 영어로는 'arabesque greenling, atka-mackerel, atka fish'라고 한다. 'atka'는 임연수어가 잘 잡히는 알래스카 남쪽 섬 이름이다. 일본에서는 어린 물고기가 아름답다고 '홋케(ホッケ)'라고 한다.

성장 암컷이 알을 3000~7만 4000개쯤 낳는다. 새끼는 한 해가 지나면 21cm, 3년이면 28cm, 4년이 지나면 34cm쯤 큰다. 이삼 년이면 어른이 된다.

고기잡이 알을 낳으러 오는 겨울철에 그물이나 주낙으로 잡는다. 그물을 바다 밑바닥까지 내린 뒤 그물을 끌거나, 둘러싸서 잡는다. 어린 놈은 방파제나 갯바위에서 낚시로도 낚는다.

쓰임 겨울이 제철이다. 굵은 소금을 뿌려 구워도 먹고 튀기거나 조려 먹는다. 살도 맛있지만 껍질도 맛이 좋아서, 동해 바닷가 사람들은 껍질을 벗겨 쌈을 싸 먹기도 한다. '임연수어 껍데기는 시어머니도 안 준다'는 우스갯소리까지 있다.

40~60 cm
동해
12~2월

다른 이름 이민수, 찻치, 새치, 가르쟁이
분포 우리나라, 일본, 오호츠크해, 북극, 남극
먹이 작은 물고기, 오징어, 새우, 게, 해파리 따위
특징 임연수라는 어부가 잘 잡은 물고기라고 임연수어가 되었다고 전해진다.

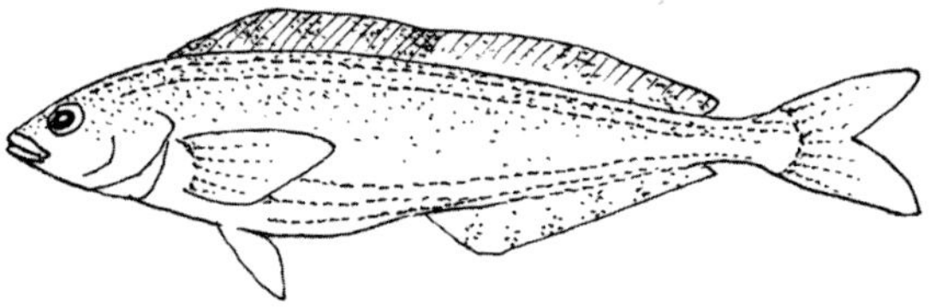

몸길이는 40~60cm쯤 된다. 몸은 옆으로 길쭉하고
좌우로 납작하다. 등은 누런 밤색이고 까만 띠무늬가
죽 나 있다. 머리는 작고 입은 비스듬히 나 있다.
등지느러미는 길쭉하다. 꼬리자루는 가늘고
꼬리지느러미는 가위처럼 갈라진다. 옆줄은 다섯 줄이다.

혼인색 짝짓기 때가 되면 수컷 몸빛이 누런
밤색에서 파르스름하게 바뀐다. 가슴지느러미
앞쪽은 까매진다.

삼세기

Hemitripterus villosus

삼세기는 차가운 물을 좋아한다. 우리나라 온 바다에 살고 일본, 베링해, 오호츠크해에도 산다. 울퉁불퉁한 바위가 많은 물 바닥에서 산다. 몸빛이나 생김새가 꼭 작은 돌 같아서, 바위 곁에 꼼짝 않고 있으면 돌인지 삼세기인지 아무도 모른다. 작은 물고기나 새우 따위가 멋도 모르고 가까이 다가오면 와락 잡아먹는다. 자기보다 덩치가 큰 물고기가 와서 집적거려도 꼼짝 안 하고 도망갈 생각을 안 한다. 기껏해야 복어처럼 배를 크게 부풀리며 으름장을 놓는다. 삼세기는 지느러미 가시가 삐죽빼죽 무섭게 나 있지만 삼세기랑 닮은 쑤기미와는 달리 지느러미에 독이 없다. 그러니까 배를 부풀리며 으름장을 놓는 것은 사실 허풍이다. 늦가을부터 이듬해 3월까지 얕은 바닷가로 올라와서 알을 낳는다. 홍합이 다닥다닥 붙은 바위에 알 덩어리를 너덧 개 낳아 붙인다.

이름 지역에 따라 '수베기(포항), 삼식이, 삼수기(강원), 멍칭이, 범치아재비(전라, 강원), 탱수(경남)'라고 한다. 영어로는 'sea raven, shaggy sea raven'이라고 하고, 일본에서는 '게무시카지카(ケムシカジカ, 毛虫鰍)'라고 한다.

성장 암컷 한 마리가 알을 3000~1만 개쯤 낳는다.

고기잡이 알을 낳으러 올 때 걸그물, 자리그물, 통그물로 잡거나 해녀들이 물질을 해서 잡는다. 동작이 굼떠서 손으로 쉽게 잡는다.

쓰임 예전에는 생김새가 험상궂어서 안 먹었다. 요즘에는 회, 매운탕, 조림, 찜으로 먹는다.

30~40 cm
온 바다
늦가을~3월

다른 이름 수베기, 삼수기, 범치아재비, 탱수

분포 우리나라, 일본, 베링해, 오호츠크해

먹이 작은 물고기, 새우 따위

특징 머리에 작은 돌기가 잔뜩 나 있다.

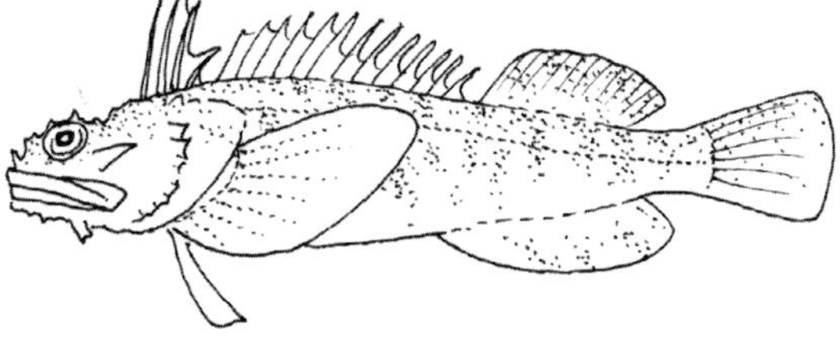

몸길이는 30~40cm 안팎이다. 몸빛은 어두운 밤색이고 얼룩덜룩하다. 사는 곳마다 몸빛이 다르다. 까만 밤색 네모 무늬가 군데군데 나 있다. 머리는 울퉁불퉁하고 작은 돌기들이 터실터실 잔뜩 나 있다. 눈은 머리 꼭대기에 있다. 살갗을 만져 보면 꺼칠꺼칠하다. 등지느러미 가시 끝이 뭉툭하다. 옆줄 한 줄이 뚜렷하다.

뚝지

Aptocyclus ventricosus

뚝지는 찬물을 좋아하고 물속 100~200m 깊이에서 산다. 우리나라 동해와 일본, 캐나다, 북태평양에 산다. 몸이 둥실둥실하고 살도 물컹물컹해서, 위에서 보면 마치 풍선을 훅 불어 놓은 것처럼 몸뚱이가 빵빵하다. 커다란 올챙이 같기도 하다. 누가 건들면 몸을 더 크게 부풀린다. 배에 동그란 빨판이 있어서 물속 바위에 딱 붙을 수 있다. 사람이 두 손으로 힘껏 잡아당겨도 안 떨어질 만큼 딱 붙는다. 플랑크톤이나 해파리를 먹는데, 먹이를 잡을 때만 헤엄쳐 다닌다.

겨울철이 되면 동해 바닷가로 몰려나와서 바위가 울퉁불퉁 많은 곳에서 알을 낳는다. 바위에 알 덩어리를 붙이고 수컷이 곁에서 알을 지킨다. 새끼가 잘 나올 수 있게 지느러미를 살랑살랑 흔들어 신선한 물을 대 준다.

이름 생김새가 웃겨서 겨울에 잡히는 바닷물고기 가운데 아귀와 물메기와 함께 '못난이 삼형제'라고 놀리던 물고기다. 지역에 따라 '도치(양양), 멍텅구리, 신퉁이(동해안)'라고 한다. 그런데 도치라는 물고기는 따로 있다. 살갗이 부드럽고 빨판이 있다고 영어로는 'smooth lumpsucker', 일본에서는 '호테이우오(ホテイウオ, 布袋魚)'라고 한다.
성장 암컷 한 마리가 알을 6만 개쯤 낳는다. 알은 동그랗고 하얗고 서로 엉겨 붙어 물에 가라앉아 다른 물체에 붙는다. 물 온도가 9도쯤 될 때 한 달쯤 지나면 알에서 새끼가 나온다.
고기잡이 겨울에 걸그물을 쳐서 잡는다. 잡아서 물통에 넣어 두면 배를 뒤집고 공처럼 둥둥 떠다닌다. 예전에는 징그럽게 생겼다고 잡은 뚝지를 도로 바다로 내던졌다.
쓰임 겨울이 제철이다. 살은 하얗고 맛이 담백하다. 회로도 먹고 탕도 끓여 먹는다. 뚝지 알을 삶으면 마치 하얀 시루떡처럼 보이는데 맛도 좋아서 동해 바닷가 아이들이 간식으로 먹었다.

35 cm
동해
겨울

다른 이름 도치, 멍텅구리, 신퉁이
분포 우리나라, 일본, 캐나다, 북태평양
먹이 동물성 플랑크톤, 해파리
특징 물속 바위에 딱 붙어 산다.

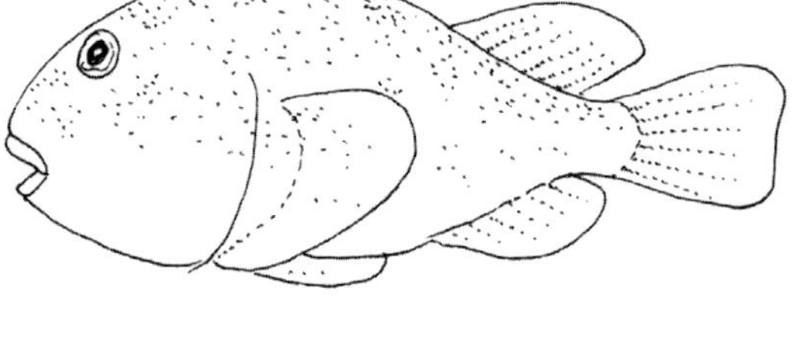

다 크면 몸길이가 35cm쯤 된다. 몸은 둥실하고 꼬리는 짧다. 몸빛은 푸르스름하거나 거무스름하고 까만 점이 잔뜩 나 있다. 몸에 비늘이 없고 매끈하다. 배지느러미는 빨판으로 바뀌었다. 등지느러미와 뒷지느러미가 몸 뒤쪽에 위아래로 마주 났다. 꼬리지느러미 끄트머리는 둥글다.

도치 *Eumicrotremus orbis*
뚝지처럼 바닷속 80~150m쯤 되는 물 바닥 바위에 딱 달라붙어 산다. 몸길이가 5~6cm쯤 된다. 머리와 몸에 원뿔 모양 돌기가 잔뜩 나 있다. 두 눈 사이에 돌기가 길쭉하게 나 있다.

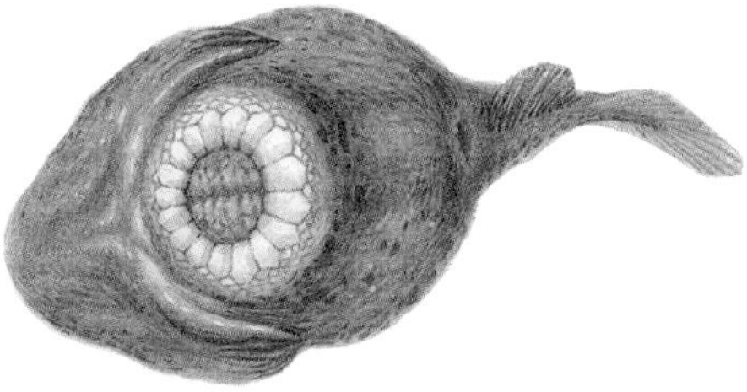

뚝지 빨판 꼼치처럼 배에 빨판이 있어서 돌이나 바위에 딱 붙는다.

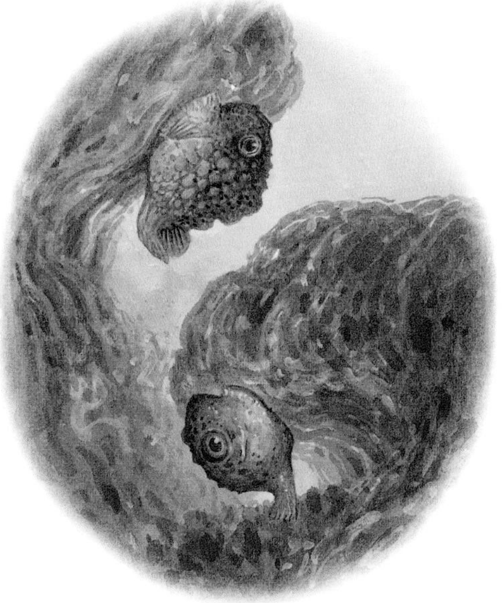

바위에 붙은 도치 도치도 배에 빨판이 있어서 바위에 딱 달라붙는다.

꼼치

Liparis tanakae

꼼치는 차고 깊은 바다에 사는 물고기다. 우리나라 모든 바다에 사는데 동해와 남해에서 많이 잡힌다. 일본과 동중국해에도 산다. 물 깊이가 50~100m쯤 되는 모랫바닥에서 산다. 살이 두부처럼 물컹물컹하고 흐늘흐늘해서 몸이 흐느적댄다. 배지느러미에 빨판이 있어서 바닥에 잘 붙어 있곤 한다. 헤엄을 치기보다 바다 밑바닥에 배를 대고 둥실둥실 돌아다닌다. 작은 새우나 조개나 물고기 따위를 잡아먹는 육식성 물고기다. 바다 밑바닥에서 어슬렁거리면서 살다가 겨울이 되면 얕은 바다로 올라와서 알을 낳는다. 알은 어른 주먹만 하게 덩어리져서 바위나 바다풀 줄기에 몽글몽글 붙는다. 한 해쯤 살고 알을 낳으면 죽는다.

이름 꼼치는 강에 사는 메기를 닮았다고 '물메기', 물고기가 곰처럼 미련해 보인다고 '물곰'이라고 한다. 옛날에는 잡아도 쓸모 없는 물고기라고 다시 바다에 텀벙 내던져 버렸다고 '물텀벙이'라고도 한다. 지역에 따라 '물메기(경남), 곰치, 물곰(강원), 잠뱅이, 물잠뱅이(충청), 물미기(전남)'라고 한다. 《자산어보》에는 '해점어(海鮎魚) 속명 미역어(迷役魚)'라고 했다. 해점어는 바다메기라는 뜻이고, 미역어는 무엇에 쓰는 물고기인지 잘 모르겠다는 뜻인데 그때 사람들이 쓰던 이름을 한자말로 쓴 것 같다. 영어로는 'Tanaka's snaifish, grassfish', 일본에서는 '가사우오(カサウオ, 草魚)', 중국에서는 '세문사자어(細紋獅子魚), 선생어(先生魚)'라고 한다.

성장 알은 둥그렇고, 가라앉아 서로 붙어 덩어리진다. 알 덩어리 지름은 5~15cm쯤 된다. 물 온도가 8~11도일 때 20일쯤 지나면 새끼가 나온다. 새끼는 한 해가 지나면 수컷이 32cm, 암컷이 40cm로 어른 팔뚝만큼 큰다.

고기잡이 꼼치는 겨울에 잡는다. 통발이나 걸그물로 잡거나 끌그물로 바닥을 훑어 잡기도 한다. 예전에는 꼼치를 잡으면, 미끈거리고 흐물거려서 징그럽다고 물에 텀벙텀벙 내다 버렸다. 하지만 지금은 안 버린다.

쓰임 겨울이 제철이다. 탕이나 국을 끓여 먹는다. 비린내가 안 나고 기름기가 없어 맛이 담백하다. 꾸덕꾸덕하게 말려서 굽거나 쪄 먹기도 한다. 꼼치 살갗은 비늘이 없어 매끈해 보이지만 만져 보면 꺼칠꺼칠하다. 껍질은 다른 물고기 비늘과 달라 칼로 벗겨지지 않는다. 그래서 몸통에 따뜻한 물을 부어 가면서 목장갑 낀 손으로 문지르면 껍질이 벗겨진다. 동해 바닷가에서는 '물곰탕', '곰치탕'이라고 해서 먹는다. 《자산어보》에는 '살이 아주 부드럽고 뼈도 무르다. 맛은 싱겁지만 술을 먹고 탈이 났을 때 먹으면 곧잘 낫는다'고 써 놓았다.

40~50 cm
동해, 남해, 서해
겨울

다른 이름 물메기, 물꽁, 물곰, 물텀벙이
분포 우리나라, 일본, 동중국해
먹이 작은 새우, 조개, 물고기 따위
특징 몸이 흐물흐물하다.

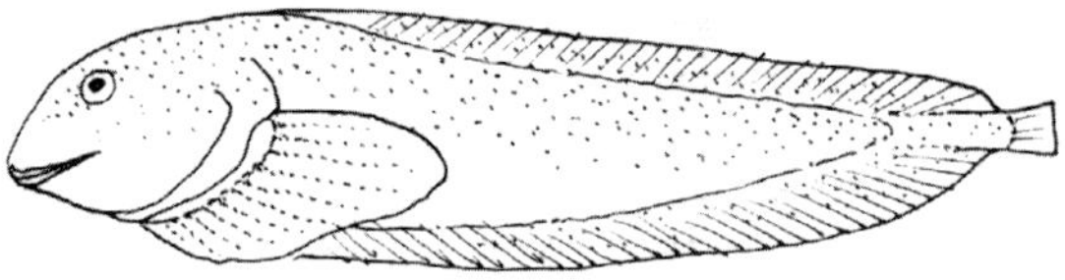

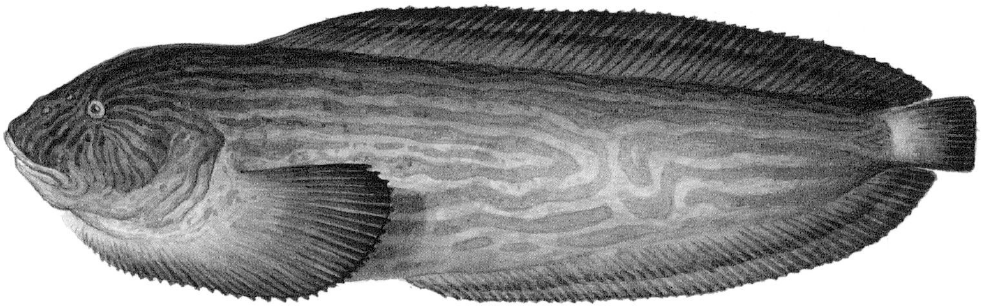

몸길이가 40~50cm쯤 된다. 머리가 크고 둥글다. 눈은 아주 작다. 몸은 꼬리 쪽으로 갈수록 옆으로 납작하다. 등 쪽은 옅은 누런 밤색이고, 구불구불한 까만 줄무늬가 있다. 배 쪽은 하얗다. 살은 물렁물렁하고 껍질에는 아주 작은 가시비늘이 있어서 까칠까칠하다. 등지느러미와 뒷지느러미가 꼬리지느러미와 쭉 이어진다. 꼬리지느러미 앞에는 하얀 점무늬가 있다. 배에는 빨판이 있다.

먹이 먹기 물 밑바닥을 뭉그적뭉그적 돌아다니면서 바닥에 있는 작은 새우나 조개 따위를 잡아먹는다.

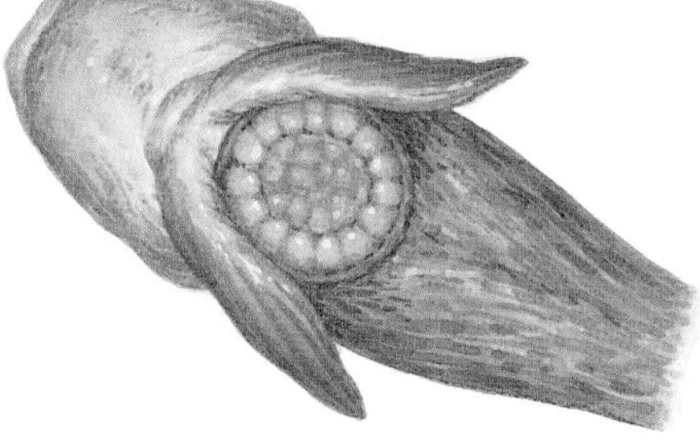

빨판 배지느러미에는 빨판이 있다. 몸이 흐늘거려서 바닥에 찰싹 달라붙어 있기를 좋아한다.

농어

Lateolabrax japonicus

농어는 따뜻한 물을 좋아하고 바닷가 가까이에 사는 물고기다. 우리나라 온 바다와 일본, 중국, 대만 바닷가에도 산다. 농어는 사오월에 얕은 바닷가로 몰려왔다가 동지가 지나 날씨가 쌀쌀해지면 알을 낳고 깊은 바다로 들어가 자취를 감추고 겨울을 난다. 《자산어보》에는 '음력 4~5월이면 나타나고 동지가 지나면 자취를 감춘다'고 나와 있다. 봄에 올라온 농어는 물살이 세고 파도가 치는 갯바위 가까이에서 산다. 물살이 잔잔한 곳에는 잘 가지 않는다. 새우나 작은 물고기 따위를 잡아먹는다. 숭어처럼 가끔 물 위로 뛰어오르기도 한다. 어릴 때는 민물을 좋아해서 강어귀에도 많이 살고 강을 거슬러 오르기도 한다. 겨울에 바닷가나 만에서 알을 낳는다. 새끼는 두 해쯤 지나면 어른이 된다. 어릴 때는 몸에 까만 점이 있다가 크면 사라진다.

이름 농어는 몸이 검다는 뜻인 '노(盧)'에 물고기 '어(魚)'자를 붙여 '노어(鱸魚)'라는 이름에서 '농어'가 되었다. 지역에 따라 '농에(통영), 까지맥이, 깔다구(부산, 경남), 껄떡이(전남)'라고 한다. 《난호어목지》에는 '거억정이', 《아언각비》에는 '노어(鱸魚)를 노응어라 한다'고 나와 있다. 《자산어보》에는 '노어(鱸魚)'라고 하고, '사람들이 어린 놈을 보로어(甫鱸魚), 걸덕어(乬德魚)라 한다'고 했다. 영어로는 'sea bass', 일본에서는 '몸이 아름답고 맛있는 고기'라는 뜻인 '스즈키(スズキ, 鱸)', 중국에서는 '노어(鱸魚)'라고 한다. 농어에 얽힌 재미난 이야기도 있다. 중국 주나라 무왕이 천하를 거의 한 손에 움켜지려는 때쯤 바다를 건너는데 배 위로 농어가 튀어 올라왔다. 그때부터 농어를 좋은 일이 생기게 하는 물고기로 여긴다.

성장 가을에서 이듬해 4월까지 알을 낳는다. 알은 동그랗고 저마다 흩어져 물에 둥둥 떠다닌다. 물 온도가 13~15도일 때 4~5일이면 새끼가 나온다. 1년이면 20cm, 2년이면 30cm, 3년이면 38cm, 5년이면 50cm쯤 큰다.

고기잡이 7~8월이 제철이다. 갯바위에서 낚시를 던지면 잘 문다. 파도가 쳐서 물살이 세고 물이 갑자기 깊어지는 곳을 좋아한다. 새벽녘이나 해거름에 잘 잡힌다. 《자산어보》에는 '아가미는 두 겹인데 얇고 약해서 낚싯바늘에 걸리면 잘 찢어진다. 민물을 좋아해서 장마가 져서 물이 넘칠 때 낚시꾼들은 바닷물과 민물이 만나는 곳으로 간다. 낚시를 던졌다가 바로 끌어올리면 농어가 따라와서 미끼를 문다'고 적혀 있다.

쓰임 '오월은 농어 철, 유월은 숭어 철', '오뉴월에 농엇국도 못 얻어먹었는가?'라는 옛말이 있다. 봄철에 잡은 농어가 맛이 으뜸이라고 하는 말이다. 회로도 먹고 매운탕을 끓이거나 구워 먹는다.

1m
온 바다
겨울

다른 이름 농에, 까지맥이, 깔다구, 껄떡이
분포 우리나라, 중국, 일본
먹이 새우, 게, 멸치 같은 작은 물고기
특징 어릴 때는 몸에 까만 점이 있다.

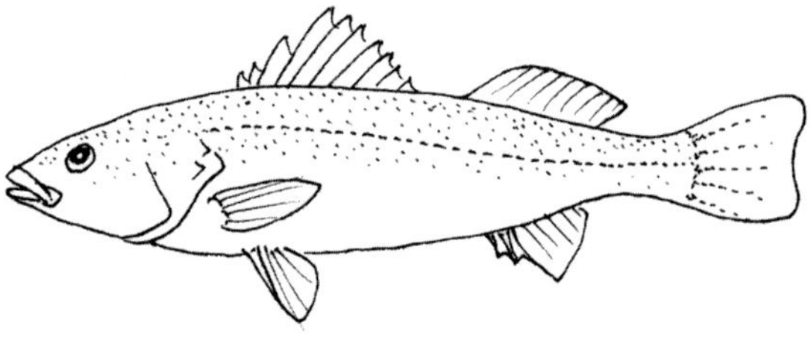

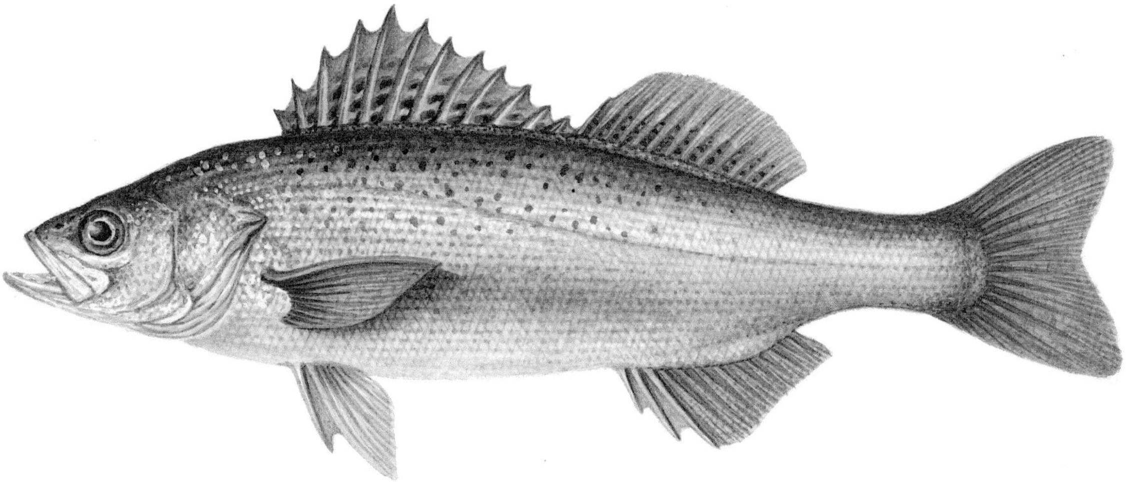

다 크면 1m쯤 된다. 등은 푸르스름한 잿빛이고 배는 하얗다. 등에는 자잘한 점이 흩어졌는데 크면서 없어진다. 몸은 둥그스름하고 뒤로 길쭉하게 날씬하다. 입은 크고 위턱보다 아래턱이 앞으로 나왔다. 등지느러미와 뒷지느러미 가시가 아주 억세다. 등지느러미에는 억센 가시가 12~15개 나 있다. 옆줄 하나가 곧게 뻗는다

점농어 *Lateolabrax maculatus*

농어와 생김새가 똑 닮았는데, 몸통에 까만 점이 나 있어서 '점농어'다. 서해에 많이 산다. 크기와 사는 모습도 농어와 비슷하다.

농어목
반딧불게르치과

돗돔

Stereolepis doederleini

돗돔은 물 깊이가 400~600m쯤 되는 바다 깊은 곳 바위 밭에서 사는 심해 물고기다. 우리나라 동해와 남해에 살고 일본, 러시아에도 산다. 워낙 깊은 곳에 살아서 사는 모습이 잘 밝혀지지 않았다. 크기가 사람보다 더 크게 자라고 깊은 물속 바위틈에 살면서 달고기처럼 깊은 물에 사는 물고기를 잡아먹거나 죽어서 바닥에 가라앉는 오징어 따위를 먹는다. 5~7월이 되면 알을 낳으러 60~70m쯤 되는 얕은 곳으로 올라온다. 알에서 깨어난 새끼는 바닷가에서 크다가 깊은 바다로 들어간다.

이름 이름에 돔이 들어가지만 참돔이나 감성돔과는 다른 무리에 드는 물고기다. 《자산어보》 맨 처음에 '대면(大鮸) 속명 애우질(艾羽叱)'이라는 물고기가 나오는데 이 물고기가 돗돔이라고 여겨진다. '큰 놈은 길이가 1장(杖, 약 3m) 남짓이고, 몸통은 몇 아름이나 된다. 생김새가 민어를 닮았고, 몸빛은 검은 밤색이다. 맛도 민어와 비슷하지만 더 진하다. 음력 3~4월쯤에 물 위에 뜬다'고 써 놓았다. 영어로는 'striped jewfish', 일본에서는 '오오쿠치이시나기(オオクチイシナギ, 大口石投)'라고 한다.

성장 1년에 3kg쯤 크며, 8년쯤 지나면 20kg쯤 커서 어른이 된다.

고기잡이 낚싯줄을 물속 깊이 드리워 잡는다. 《자산어보》에 돗돔 잡는 이야기가 나온다. '음력 6~7월에 상어를 잡는 사람들이 낚시를 물 밑바닥까지 내린다. 그러면 상어가 이것을 삼키고 거꾸로 쓰러진다. 상어는 힘이 아주 세서 낚시에 걸리면 꼬리를 흔들며 낚싯줄을 몸에 감고 힘을 주어 끊기도 한다. 그런데 이렇게 몸을 뒤척이다 보면 반드시 거꾸로 매달리게 된다. 이때 대면은 나자빠진 상어를 잡아먹는다. 하지만 상어 등지느러미에는 송곳 같은 가시가 있어서 대면이 상어를 물면 거꾸로 그 가시에 내장이 찔려 낚싯바늘에 걸린 꼴이 된다. 낚싯대를 들어 올리면 상어와 함께 따라 올라온다. 하지만 힘이 세서 어부 힘으로 다룰 수가 없다. 그래서 어부들은 밧줄로 그물을 만들어 꺼내기도 하고, 손을 물고기 입에 넣고 아가미를 잡아서 끌어 올리기도 한다'고 써 놓았다.

쓰임 여름과 가을이 제철이다. 가을에 잡히는 70cm쯤 되는 돗돔이 맛이 있다. 살은 복숭앗빛이 도는 흰색이다. 회나 소금구이로 먹는데, 맛이 황새치나 돛새치 같은 새치 무리와 비슷해서 새치 회 대신 먹기도 한다. 돗돔 간에는 비타민A가 굉장히 많이 들어 있어, 너무 많이 먹으면 머리가 아프고 살갗에 병이 생긴다. 《자산어보》에도 '대면 간에는 진한 독이 있어서, 이것을 먹으면 어지럽고 살갗이 헐고 짓무른다. 쓸개로는 살갗에 난 종기를 아물게 한다'고 써 놓았다.

2m 안팎
동해, 남해
5~7월

다른 이름 없음
분포 우리나라, 일본, 러시아
먹이 물고기, 오징어 따위
특징 깊은 물속에서 산다.

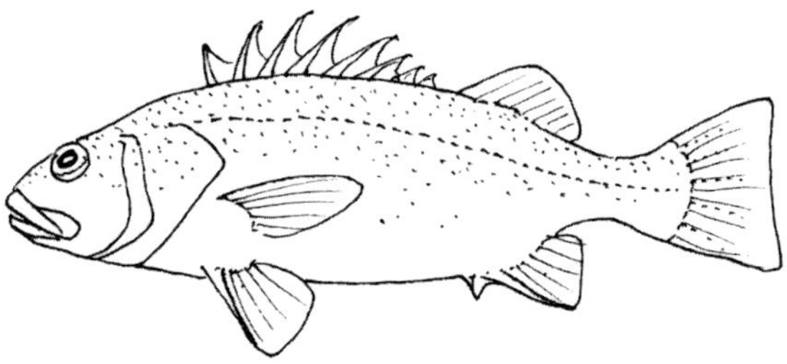

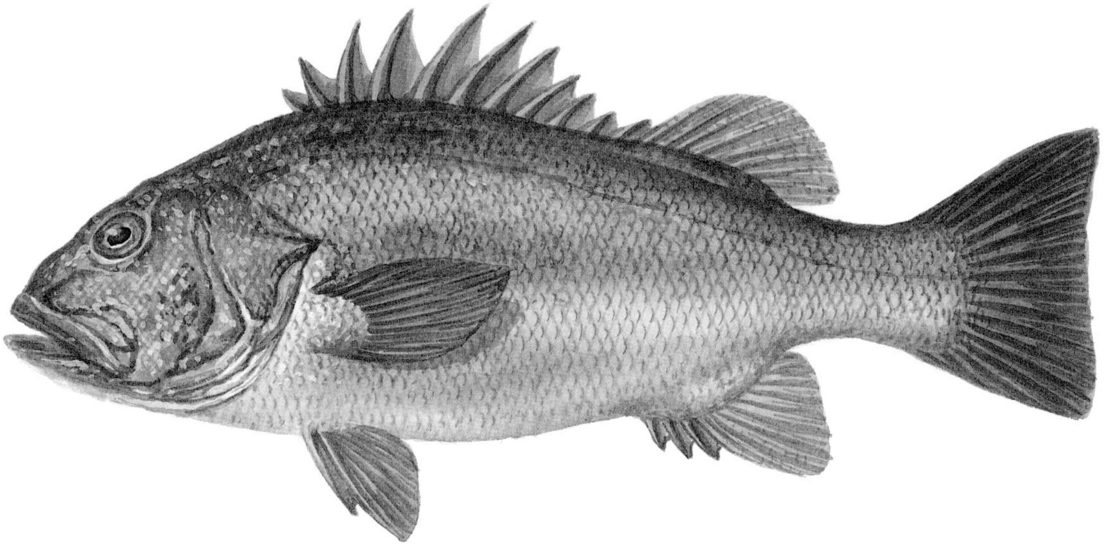

몸길이는 2m 안팎이다. 몸빛은 거무스름한 밤색이다. 어릴 때는 짙은 세로줄 무늬가 다섯 줄 있다. 몸통은 옆으로 납작하다. 입은 크고 입술이 두툼하다. 아가미뚜껑에 가시가 있다. 지느러미는 모두 어두운 색이고 등지느러미의 부드러운 가시와 꼬리지느러미 끄트머리는 하얗다. 꼬리지느러미 끝은 자른 듯 반듯하다. 옆줄은 하나다.

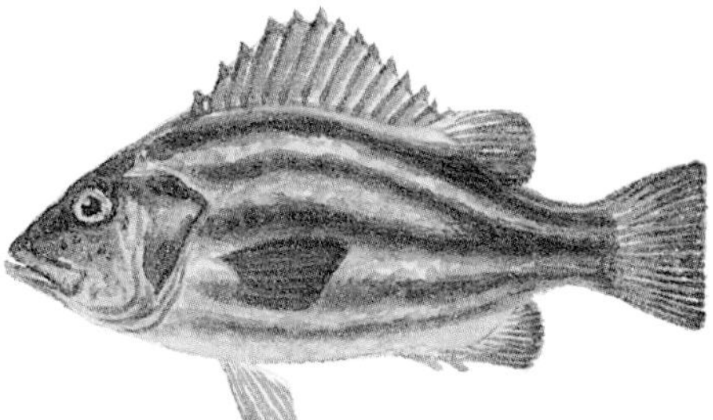

새끼 돗돔 새끼 때는 짙은 줄무늬가 다섯 줄 나 있다.

자바리

Epinephelus bruneus

자바리는 따뜻한 물을 좋아한다. 남해와 제주 바다에서 살고 일본, 대만, 중국, 말레이시아, 인도에도 산다. 물 깊이가 200m 안쪽인 바닷가 바위틈이나 굴에서 혼자 산다. 한번 집을 정하면 좀처럼 안 떠난다. 새끼 때부터 서로 가까이 있는 걸 안 좋아해서 자리다툼을 한다. 해거름부터 굴에서 나와 먹이를 잡아먹는다. 어릴 때는 작은 플랑크톤을 먹다가 크면서 물고기나 새우나 게 따위를 잡아먹는다. 덩치가 커서 1m 넘게 자란다. 몸에 밤색 띠무늬가 비스듬히 나 있는데 크면서 희미해지다가 늙으면 아예 사라진다.

이름 몸빛이 자줏빛인 바리라고 이름이 '자바리'다. 제주 사람들은 '다금바리'라고 하는데 다금바리라는 물고기는 따로 있다. 영어로는 'longtooth grouper, kelp grouper'라고 하고, 일본에서는 몸에 때가 끼고 더러워 보인다고 '구에(クエ, 九繪)'라고 한다. 중국에서는 '광문석반어(廣紋石斑魚)'라고 한다.
성장 알은 동그랗고 물에 뜨며 다른 물체에 잘 붙는다. 물 온도가 24~27도일 때 이틀이면 새끼가 나온다.
고기잡이 낚시로 잡는다. 자바리는 덩치가 크고 힘도 세다. 낚시에 걸려도 낚싯대가 활처럼 휘영휘영 휘고 안 딸려 나온다. 그래서 낚시꾼 사이에 '바다낚시의 황제'라는 별명까지 붙었다. 사람들이 마구 잡아대는 바람에 지금은 수가 많지 않다. 요즘에는 사람이 기르는 방법을 궁리하고 있다.
쓰임 초겨울이 제철이다. 버리는 것 없이 껍질, 내장, 뼈, 눈알까지 알뜰하게 다 먹는다. 회를 떠 먹으면 아주 맛있고 탕도 끓여 먹는다.

1 m
제주, 남해
8~10월

다른 이름 다금바리
분포 우리나라, 일본, 대만, 중국, 말레이시아, 인도
먹이 작은 물고기, 게, 새우 따위
특징 몸에 난 줄무늬가 크면서 없어진다.

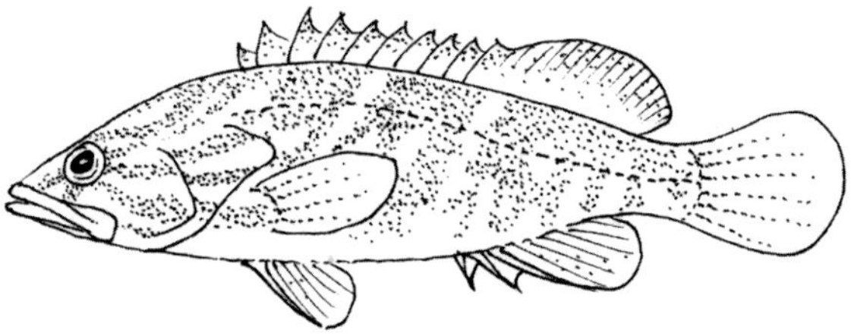

몸은 1m가 넘게 큰다. 몸빛은 거무스름한 밤색이다. 몸통에 까만 줄무늬가 여섯 줄 나 있다. 줄무늬는 앞쪽으로 비스듬히 휘어지는데 뚜렷하지 않고 얼룩얼룩하다. 나이가 들면 무늬가 없어진다. 입이 크고 아래턱이 위턱보다 길다. 꼬리지느러미 끄트머리는 둥글다.

붉바리 *Epinephelus akaara*

밤색 몸빛에 빨간 점무늬가 온몸에 동글동글 나 있다. 바닷가 바위 구멍이나 틈에 산다. 자바리처럼 한번 자리를 잡으면 안 떠난다. 몸길이가 40cm 안팎인 놈이 흔하다.

농어목
바리과

능성어

Epinephelus septemfasciatus

능성어는 따뜻한 물을 좋아한다. 우리나라 남해와 제주 바다에 살고 일본, 동중국해, 대서양, 인도양, 서태평양에도 산다. 물속에 바위가 많고 바닷말이 수북이 자란 곳에서 산다. 마음에 드는 한곳에 자리를 잡으면 좀처럼 안 떠나고, 텃세가 심해서 다른 물고기가 오면 쫓아낸다. 5~7cm쯤 되는 어린 새끼 때부터 혼자 산다. 15cm쯤 되는 작은 새끼끼리도 자리다툼을 한다. 새끼 때는 얕은 곳에 있다가 클수록 깊은 곳으로 자리를 옮긴다. 어릴 때는 바닷가 갯바위에서 살다가 조금 크면 바닷말이 수북이 자라고 바위가 많은 물 깊이가 50~60m쯤 되는 곳으로 옮겨 간다. 1m 넘게 크면 100~300m 깊은 바닷속에 바위가 많은 곳으로 또 옮겨 간다. 얕은 곳에 살면 몸빛이 밤빛이지만 깊은 곳에 살수록 빨갛다.

낮에는 바위틈에 숨어서 쉬다가 밤에 어슬렁어슬렁 나와서 전갱이나 고등어 같은 작은 물고기나 새우나 오징어 따위를 잡아먹는다. 몸집이 커서 1m 넘게도 큰다. 물질하는 해녀가 가까이 다가가도 안 무서워하고 도리어 사람한테 가까이 다가오기도 한다. 5월쯤에 짝짓기를 하고 알을 낳는다. 어릴 때는 몸에 까만 줄무늬가 줄줄이 나 있다. 크면서 줄무늬는 옅어지다가 없어지고 몸빛이 까만 보랏빛으로 바뀐다. 어릴 때랑 다 컸을 때랑 무늬가 다른 물고기다. 또 자라면서 암컷에서 수컷으로 몸을 바꾼다.

이름 지역에 따라 '아홉톤바리, 아홉톤배기(남해), 능시, 구문쟁이(제주)'라고 한다. 영어로는 'sea bass, convict grouper, seven-banded grouper'라고 한다. 일본에서는 '마하타(マハタ, 眞羽太)'라고 하는데, 하타(ハタ)는 지느러미가 억세고 가시가 두껍다고 붙은 이름이다.
성장 아직 잘 밝혀지지 않았다.
고기잡이 능성어는 한곳에 눌러살기 때문에 낚시로 많이 잡는다. 아침이나 저녁에 잘 낚이고 흐린 날에는 온종일 잡힌다. 끌그물이나 걸그물로도 잡는다. 요즘에는 사람들이 어린 새끼를 잡아다 바다에서 가둬 키운다.
쓰임 여름과 가을 사이가 제철이다. 회로 먹고 구워 먹어도 맛있다. 껍질도 맛있다.

50~100cm
남해, 제주
5월

다른 이름 아홉톤바리, 아홉톤배기, 능시, 구문쟁이
분포 우리나라, 일본, 서태평양, 대서양, 인도양
먹이 작은 물고기, 오징어, 새우, 게, 바닷말 따위
특징 어릴 때와 컸을 때 몸 무늬가 다르다.

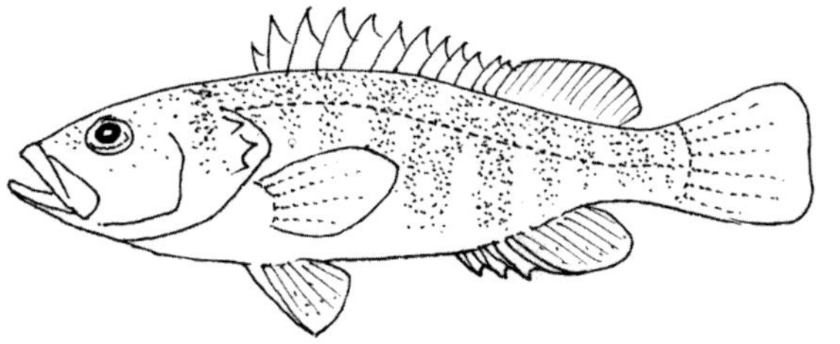

몸길이는 50~100cm쯤 된다. 어릴 때는 몸에 까만 줄무늬가 일곱 줄 나 있다. 나이가 들면 줄무늬가 없어지고 꼬리지느러미 끝에 하얀 띠무늬가 생긴다. 주둥이가 크고 아래턱이 위턱보다 조금 튀어나온다. 등지느러미와 뒷지느러미 가시는 굵고 뾰족하다. 꼬리지느러미 끄트머리는 둥그스름하다. 옆줄은 하나다.

새끼 능성어 새끼 능성어는 바닷가 얕은 갯바위 틈에서 산다. 몸빛이 불그스름한 잿빛이고 줄무늬가 뚜렷하다. 크면서 줄무늬는 옅어지고 몸빛도 빨개진다.

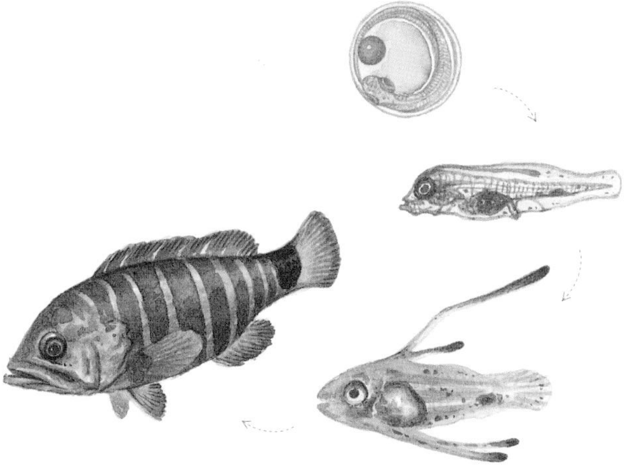

능성어가 커 가는 모습이다. 새끼 때는 지느러미가 실처럼 길다.

다금바리

Niphon spinosus

다금바리는 따뜻한 물을 좋아한다. 우리나라 남해와 제주 바다에 살고 일본, 중국, 필리핀에도 산다. 물 깊이가 100~200m쯤 되는 깊은 바닷속 바위 밭에서 산다. 자바리보다 깊은 물에서 산다. 자바리처럼 한번 집을 정하면 안 떠나고 산다. 낮에는 바위틈에 숨어 있다가 해거름에 나와서 작은 물고기나 오징어, 새우 따위를 잡아먹는다. 5~8월에 바위틈에 들어가 짝짓기를 하고 알을 낳는다. 깊은 물속에 살아서 사는 모습이 아직 덜 알려졌다.

이름 생김새가 농어를 닮아서 남해 바닷가 사람들은 '뻘농어'라고 한다. 등지느러미가 마치 톱날처럼 생겼다고 영어로는 'saw-edged perch'라고 한다. 일본에서는 낚아 올릴 때 몸부림이 거칠다고 거친(荒) 물고기(魚)라는 뜻으로 '아라(アラ)'라고 한다.

성장 봄부터 여름까지 알을 낳는다. 몸무게 20kg, 몸길이 1m까지 큰다. 우리나라에서는 늙은 다금바리가 잡힌 적이 없고 성장 속도에 대한 자료도 아직 없다.

고기잡이 낚시를 깊게 드리워서 잡거나 그물을 바닥까지 내리고 끌어서 잡는다. 드물게 잡힌다. 아가미뚜껑과 등지느러미 가시가 날카롭기 때문에 손으로 잡을 때 조심해야 한다.

쓰임 여름이 제철이다. 회나 소금구이로 먹는다. 회로 먹을 때는 바로 먹는 것보다 이삼일 뒤에 먹는 것이 더 맛있다. 살이 탱탱해서 얇게 썰어 먹는다.

1 m 안팎
제주, 남해
5~8월

다른 이름 뻘농어
분포 우리나라, 일본, 중국, 필리핀
먹이 작은 물고기, 오징어, 새우 따위
특징 깊은 물속에 산다.

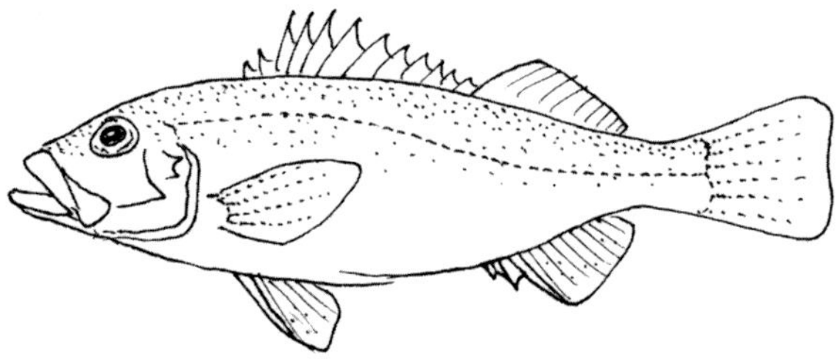

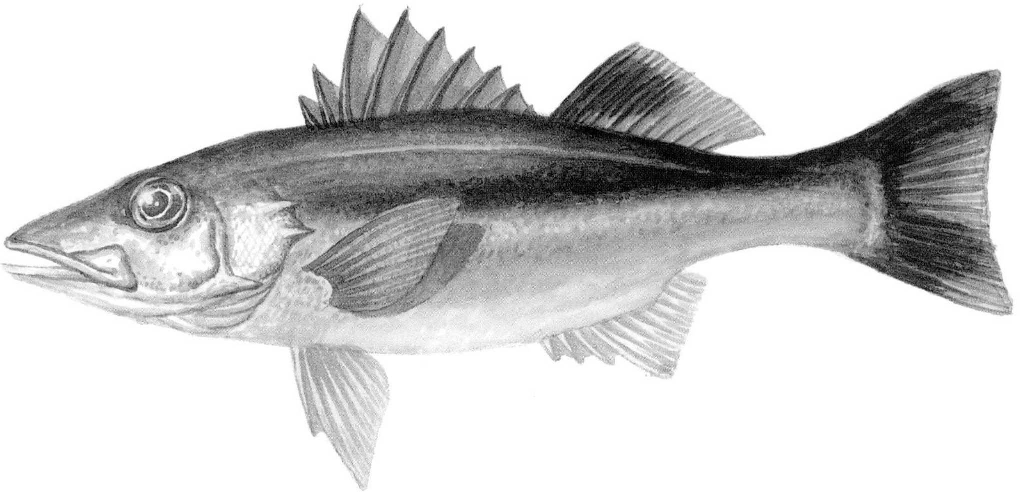

몸길이는 1m 넘게 큰다. 몸빛은 자주빛이 도는 푸른빛이고 등에 꺼먼 줄이 나 있다. 배는 하얗다. 새끼 때에는 눈을 가로지르는 밤색 띠가 꼬리까지 나 있다. 주둥이는 길고 끝이 뾰족하다. 아가미뚜껑에 뾰족한 가시가 있다. 등지느러미는 거센 가시와 부드러운 가시로 나뉘어 있다. 등지느러미 부드러운 가시와 꼬리지느러미 안쪽은 거무스름하고 끝은 하얗다. 꼬리지느러미 끝은 살짝 파인다. 옆줄은 하나다.

농어목
동갈돔과

줄도화돔

Apogon semilineatus

줄도화돔은 따뜻한 물에 사는 물고기다. 우리나라 온 바다에 사는데 제주 바닷가에서 자주 볼 수 있다. 태평양과 인도양 열대 바다에도 산다. 얕은 바닷가에서부터 물속 100m 깊은 곳까지 산다. 물속 바위 밭에서 떼 지어 돌아다니고, 몸집이 더 큰 자리돔과 함께 큰 무리를 이루기도 한다. 밤에 떼 지어 다니면서 작은 새우나 곤쟁이나 플랑크톤 따위를 먹고 산다. 다 커도 크기가 어른 손가락만 하다.

줄도화돔은 여름에 알을 낳는다. 암컷이 알을 낳으면 수컷이 알을 입에 한가득 넣는다. 입에 넣어 알을 지키는 것이다. 가끔 암컷이 입에 넣기도 한다. 절대 꿀떡 삼키지 않는다. 입에 알이 가득하니까 수컷은 새끼가 나올 때까지 아무것도 못 먹는다. 알에 신선한 물과 공기를 넣어 주려고 입만 뻥긋뻥긋한다. 알에서 나온 새끼가 입 밖으로 나와도 계속 곁을 지킨다. 큰 물고기가 새끼를 잡아먹으려고 덤비면 다시 새끼를 날름 입안에 넣어 지킨다. 수컷은 새끼가 나올 때까지 아무것도 못 먹으니까 살이 쪽 빠져 야위고 비실비실한데, 더러는 힘이 빠져 죽기도 한다.

이름 줄도화돔은 몸빛이 복숭아꽃처럼 분홍빛이 돌고 몸을 가로질러 까만 줄무늬가 있어서 이런 이름이 붙었다. '도화(桃花)돔'이라고도 한다. 옛날 사람들은 새끼를 키우느라 살이 빠져 머리가 바늘처럼 가늘어진다고 '침두어(針頭魚)'라는 한자 이름을 지어 줬다. 영어로는 몸빛이 추기경이 입는 분홍빛 옷 색깔과 닮았다고 'half-lined cardinal'이라고 한다. 일본에서는 짝짓기를 할 때 물낯에 떼 지어 다니며 염불을 외듯 중얼거리는 소리를 내는 물고기라고 '넨부쓰다이(*ネンブツダイ*, 念仏鯛)'라고 한다. 학명인 '*Apogon semiliseatus*'에서 속명인 '*Apogon*'은 그리스어로 '수염(Pogon)이 없는' 물고기라는 뜻이다. 이는 같은 무리가 턱 밑에 수염이 난 것과 달라서 붙은 이름이다.
성장 여름이 되면 짝짓기를 하고 알을 1만 2000~1만 5000개쯤 낳는다. 성장은 아직 밝혀지지 않았다.
고기잡이 일부러 잡지는 않는다. 낚시질할 때 가끔 걸려 나온다.
쓰임 잘 먹지 않는다. 일본에서는 말리거나 조려 먹기도 한다.

10~13 cm
온 바다
여름

다른 이름 도화돔
분포 우리나라, 일본, 필리핀, 인도네시아, 호주
먹이 작은 새우, 물고기 따위
특징 수컷이 입에 알을 넣어 지킨다.

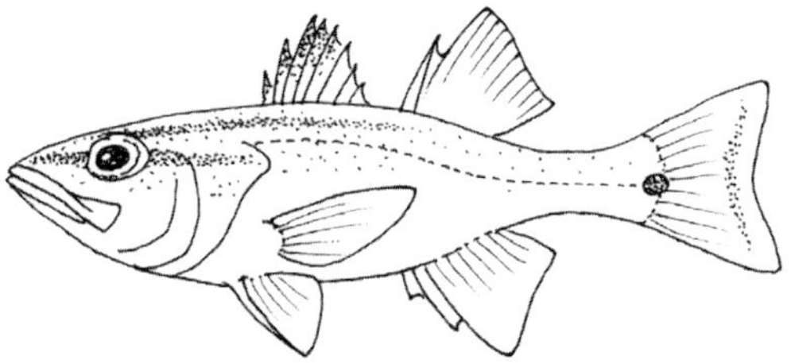

몸길이는 10~13cm쯤 된다. 몸은 복숭아꽃처럼 발갛다. 머리에서 몸통으로 까만 줄이 두 줄 나 있다. 한 줄은 눈을 지나고, 다른 한 줄은 눈 위로 지나간다. 눈은 크고 아래턱이 위턱보다 길다. 등지느러미는 두 개로 나뉘어 있다. 첫째 등지느러미 위쪽 끄트머리는 까맣다. 꼬리지느러미 바로 앞에는 까만 점이 있다. 꼬리지느러미는 가위처럼 갈라졌다. 옆줄은 하나다.

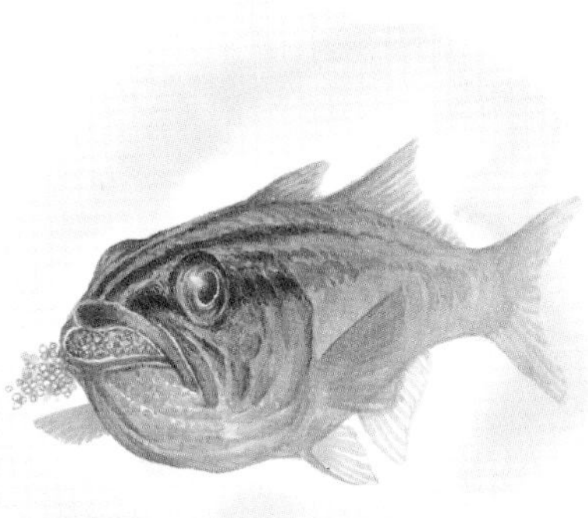

알을 지키는 줄도화돔 줄도화돔은 수컷이 알을 입에 넣고 지킨다. 알은 끈끈한 실로 얽혀 덩어리진다. 새끼가 나올 때까지 입에 넣고 다닌다.

옥돔

Branchiostegus japonicus

옥돔은 따뜻한 물에 사는 물고기다. 우리나라 제주 바다에 많고 남해에도 산다. 일본과 중국 바다에도 산다. 물 깊이가 30~150m쯤 되고 모래가 깔린 바닥에 산다. 모래에 구멍을 파고 들어가 있고 멀리 안 돌아다닌다. 바닥에 사는 작은 물고기나 게나 새우나 갯지렁이 따위를 먹고 산다. 날씨가 쌀쌀해지는 가을에 제주도 바닷가에서 알을 낳는다. 암컷은 이 년, 수컷은 사 년이 지나면 어른이 된다. 팔구 년쯤 산다. 우리나라에는 옥돔, 황옥돔, 옥두어, 등흑점옥두어 이렇게 넉 종이 산다.

이름 몸빛이 옥처럼 예쁘다고 '옥돔'이다. 제주도에서는 '오토미, 오톰이, 생선오름, 솔나리'라고 한다. 영어로는 머리가 꼭 말머리를 닮았다고 '빨간 말 머리 물고기(red horse head)'나 빨간 타일을 붙인 것처럼 몸빛이 예쁘다고 'red tilefish'라고 한다. 일본에서는 살이 달고 맛 좋은 빨간 물고기라는 뜻인 '아카아마다이 (アカアマダイ, 赤甘鯛)', 중국에서는 '마두어(馬頭魚)'라고 한다.

성장 암컷 한 마리가 알을 12만~22만 개쯤 낳는다. 수컷이 암컷보다 빨리 커서 두 해가 지나면 수컷이 18cm, 암컷이 16cm, 3년이면 22~23cm, 4년이면 25~26cm, 8년이면 수컷이 32cm, 암컷이 28cm쯤 큰다. 옥돔은 잡히는 철과 커 가는 사이에 암컷과 수컷 비율이 달라진다. 2~5월 잡히는 옥돔은 암컷 수가 훨씬 많다가 그 뒤로 수컷이 많아지면서 8~12월에는 암컷 수와 수컷 수가 엇비슷해진다. 또 크기가 12~26cm쯤 될 때는 암컷이 많고, 27cm쯤부터는 수컷이 많아지다가 32cm보다 더 크면 모두 수컷이다. 그 까닭은 아직 밝혀지지 않았다.

고기잡이 옥돔은 배를 타고 나가서 낚시로 많이 잡는다. 바다 밑바닥에 살기 때문에, 긴 낚싯줄에 낚시를 줄줄이 달고 추를 달아서 바다 밑바닥에 가라앉혀서 낚는다. 또 그물을 밑바닥까지 내리고 배로 끌어서 잡기도 한다. 제주도에서 많이 잡는다.

쓰임 겨울이 제철이다. 제주에서는 옛날부터 제사상에 오를 만큼 맛 좋은 물고기다. 영양가도 많아서 아기를 낳은 엄마나 병이 난 사람들이 먹으면 힘이 나고 몸도 빨리 좋아진다. 미역을 넣고 국을 끓여도 비린 맛이 안 나고 담백하다. 배를 갈라 꾸덕꾸덕하게 말린 뒤에 소금을 뿌려서 구워 먹기도 한다.

40~60 cm
제주, 남해
가을

다른 이름 오토미, 오톰이, 생선오름, 솔나리
분포 우리나라, 일본, 동남 중국해
먹이 게, 새우, 갯지렁이 따위
특징 몸빛이 옥처럼 예쁘다고 옥돔이다.

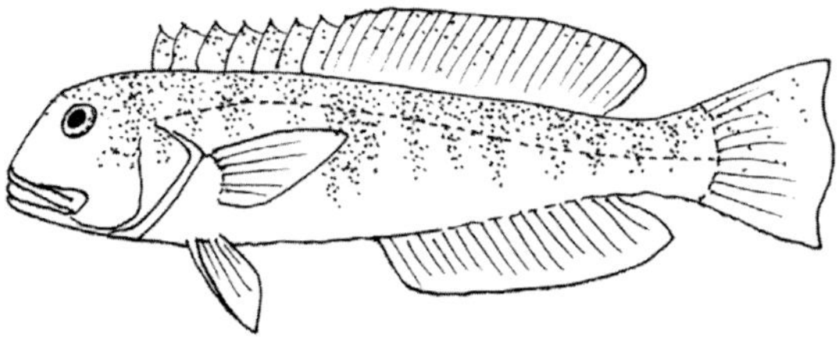

몸은 40~60cm까지 큰다. 몸은 길고 옆으로 납작하다. 등은 붉고, 배는 은백색이다. 옆구리로 노란 가로띠가 희미하게 나 있다. 눈은 머리 위쪽에 있다. 머리에서 입까지 반듯하다. 뺨에는 비늘이 없고, 아가미뚜껑에 세모난 은백색 무늬가 있다. 꼬리지느러미에 노란 선이 대여섯 줄 나 있다. 옆줄은 몸 위쪽에 등과 나란히 한 줄 있다.

옥두놀래기 *Xyrichtys dea*

옥돔과 생김새가 닮았다. 하지만 옥돔과 다른 무리인 놀래기 무리에 드는 물고기다. 옥돔처럼 온몸이 빨갛다. 그런데 첫째 등지느러미 가시와 둘째 등지느러미 가시가 길다. 모래가 깔린 바위 밭에서 산다. 모래 속에 들어가 잠을 잔다. 몸길이는 25cm 안팎이다.

빨판상어

Echeneis naucrates

빨판상어는 따뜻한 물을 좋아한다. 우리나라 온 바다와 온 세계 열대와 온대 바다에서 볼 수 있다. 혼자 헤엄쳐 다니기도 하지만 상어나 가오리나 거북이나 고래처럼 자기보다 덩치 큰 물고기나 동물에 자주 빌붙어 산다. 머리 위에 빨래판처럼 생긴 빨판이 있어서 덩치 큰 물고기 배에 딱 붙어 다닌다. 큰 물고기가 먹다 흘리는 찌꺼기를 받아먹고 산다. 찌꺼기가 떨어지면 냉큼 달려가 받아먹고는 다시 돌아와 착 달라붙는다. 그러니 늘 큰 물고기 입 쪽으로 머리를 두고 달라붙는다. 달라붙는 힘이 아주 세서 사람이 일부러 떼 내려 해도 안 떨어진다. 그럴 때는 뒤로 밀지 말고 앞으로 밀면 똑 떨어진다. 들러붙는 힘이 세서 큰 물고기 살갗을 파고들기도 한다. 그런데 붙어 다니는 큰 물고기가 잡히면 눈치 빠르게 떨어져 도망간다. 큰 물고기한테 붙어 더부살이하니까 다른 물고기에게 잡아먹힐 걱정이 없다.

이름 상어한테 많이 붙어 다닌다고 '빨판상어'다. 이름만 상어지 상어와 달리 뼈가 물렁하지 않고 단단한 경골어류다. 강원도에서는 '망치고기'라고 한다. 영어로는 상어에 잘 붙는다고 'shark sucker, sucking fish'라고 한다. 일본에서는 '고반자메(コバンザメ, 小板鮫)', 중국에서는 '인(鮣)'이라고 한다. 학명인 '*Echeneis*'는 배를 끌고 돌아다닌다는 뜻인 그리스 말에서 왔다. 옛날 사람들은 빨판상어가 배에 붙으면 배가 더 빨라지거나 느려진다고 믿었다. 옛날 로마 황제가 배를 이끌고 큰 싸움에 나갔다가 싸움에 져서 돌아왔는데, 까닭을 알아보니 황제가 탄 싸움배에 빨판상어가 다닥다닥 붙어 있어서 배가 빨리 못 나가 싸움에 졌다는 이야기가 있다.

성장 5~8월에 알을 낳는다. 중국 남쪽 바다에서 알을 낳는 것으로 짐작한다. 성장은 아직 잘 모른다.

고기잡이 사람들이 먹으려고 잡지는 않는다. 일본 사람들은 빨판상어가 큰 물고기를 데리고 온다고 여기기 때문에 잡으면 좋아한다.

쓰임 빨판으로 심장병 고치는 약을 만들기도 한다.

60~70 cm
온 바다
5~8월

다른 이름 망치고기
분포 온 세계 온대와 열대 바다
먹이 먹이 찌꺼기
특징 큰 물고기 몸에 붙어 산다.

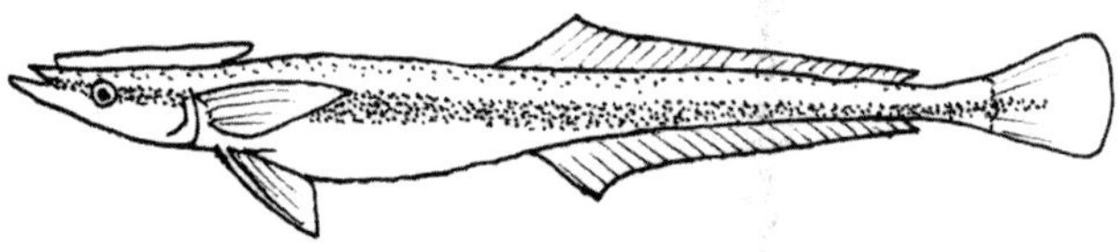

몸길이는 60~70cm쯤 된다. 1m 넘게 크기도 한다.
등은 연한 잿빛이고 배는 더 어둡다. 몸통 가운데로 까만 띠가 꼬리까지 나 있다. 그 띠를 따라 위아래 가장자리에 하얀 띠가 있다. 머리는 위아래로 넓적하고 빨판이 있다. 등도 넓적하다. 아래턱이 위턱보다 튀어나왔다. 등지느러미와 뒷지느러미, 꼬리지느러미는 검은 밤색이고, 가슴지느러미와 배지느러미는 허옇다. 꼬리지느러미 위아래 끄트머리가 하얗다.

빨판 빨판은 첫 번째 등지느러미가 바뀐 것이다. 생김새는 달걀처럼 둥그렇고 속은 마치 빨래판처럼 우툴두툴하다. 빨판으로 다른 물고기한테 착 붙는데 한번 붙으면 안 떨어진다.

개복치를 따라다니는 빨판상어 빨판상어와 동갈방어는 자기보다 덩치 큰 물고기를 따라다닌다.

방어

Seriola quinqueradiata

방어는 따뜻한 물을 좋아한다. 너른 난바다에서 살다가 따뜻한 물을 따라서 우리나라로 올라온다. 여름에는 동해 울릉도, 독도까지 올라간다. 동해로는 올라가도 서해로는 잘 안 올라간다. 우리나라 온 바다와 북태평양 서쪽 바다에 산다. 시속 30~40km 속도를 거뜬히 내면서 날쌔고 빠르게 헤엄을 친다. 물 깊이 6~20m쯤에서 많이 살고 40m까지도 들어간다. 어린 방어는 물낯 가까이에 많고 클수록 깊은 곳에서 산다. 밤에 돌아다니면서 정어리나 고등어, 오징어 따위를 잡아먹는다. 깜깜한 밤에 불빛을 보면 잘 모여드는데 작은 소리만 나도 금세 바다 밑으로 도망간다.

방어는 따뜻한 남쪽 난바다에서 3~4월에 알을 낳는다. 알에서 나온 새끼는 바다에 둥둥 떠다니는 모자반 같은 바닷말 밑에서 떼 지어 숨어 지낸다. 새끼 때는 몸빛이 어른과 달라서 황금빛이고 까만 줄무늬가 가로로 줄줄이 나 있다. 몸이 한 뼘쯤 크면 모자반을 떠나 마음껏 헤엄쳐 다닌다. 여름에는 바닷가에서 머물다가 겨울이 되면 따뜻한 남쪽 바다로 내려간다. 팔 년쯤 산다.

이름 《전어지》에 '방어(魴魚)'라고 나오고, 살에 지방이 많고 큰 놈을 '무태방어(無泰魴魚)'라고 했다. 《자산어보》에 나오는 '해벽어(海碧魚) 속명 배학어(拜學魚)'를 방어 무리 가운데 하나로 보기도 한다. 경북 영덕에서는 크기에 따라 10cm 안팎인 방어를 '곤지메레미', 30cm 안팎을 '메레미' 또는 '되미', 60cm 이상이면 '방어'라고 한다. 영어로는 'yellow tail, amber fish', 일본에서는 '부리(ブリ, 鰤)'라고 하고 우리나라처럼 크기에 따라 다른 이름이 있다.
성장 암컷 한 마리가 알을 60만~300만 개쯤 낳는다. 알은 물에 둥둥 떠다니다가 물 온도가 20도 안팎일 때 50시간쯤 지나면 새끼가 나온다. 새끼는 빨리 자라서 한 해가 지나면 30cm쯤 크고, 3년이면 60cm, 5년이면 80cm쯤 큰다. 전갱이과 물고기이지만 옆줄에 모비늘이 없다.
고기잡이 우리나라에서 많이 잡히는 물고기 가운데 하나다. 겨울철 방어는 살이 통통하게 올라서 맛이 좋다. 낚시나 그물로 잡는다. 남해에서는 5월쯤 모자반에 숨어 사는 새끼를 모자반째 통째로 그물로 잡아서 사람들이 기르기도 한다. 《세종실록》 1437년 기록을 보면 방어는 대구, 연어와 함께 함경도와 강원도에서 가장 많이 잡히는 물고기라고 나와 있다.
쓰임 겨울이 제철이다. 회, 소금구이, 매운탕으로 먹는다. 봄에 알을 낳는 방어는 맛이 없다.

1.5 m
온 바다
3~4월

다른 이름 무태방어, 메레미, 되미, 곤지메레미
분포 우리나라, 일본, 대만, 대서양, 태평양
먹이 전갱이, 정어리, 고등어, 오징어 따위
특징 몸통 가운데에 노란 띠가 있다.

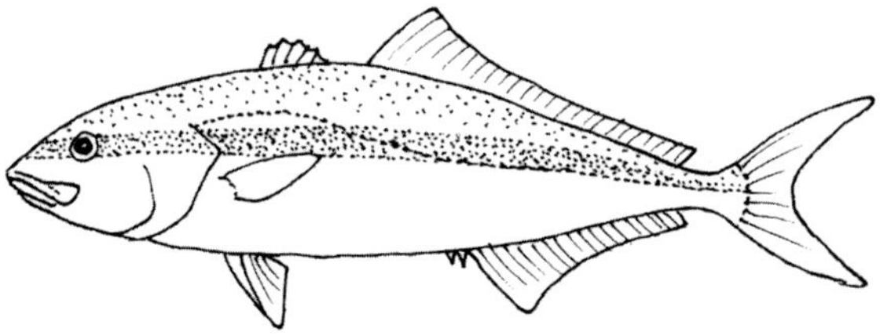

다 크면 1.5m쯤 된다. 등은 풀빛이 도는 파란색이고 배는 하얗다. 머리부터 꼬리자루까지 몸 옆으로 노란 띠가 하나 있다. 몸은 부시리보다 뚱뚱하고 꼬리자루가 잘록하다. 등지느러미는 두 개로 나뉘어 있고 앞쪽 등지느러미가 작다. 모든 지느러미는 노랗다. 가슴지느러미와 배지느러미 길이가 같다. 꼬리지느러미는 노랗고 깊게 갈라졌다. 옆줄은 한 줄이다.

새끼 방어 몸길이가 5~10cm쯤 되는 새끼는 어른 방어와 몸빛이 다르다. 몸이 황금색이고 까만 띠가 줄줄이 나 있다. 어른이랑 새끼 생김새가 영 딴판이다. 모자반 밑에 숨어 지낸다.

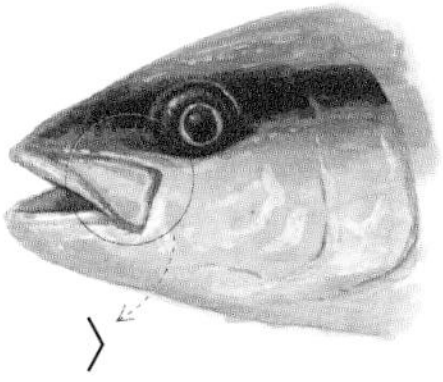
방어

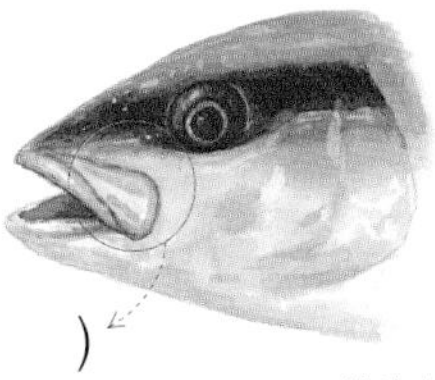
부시리

방어와 부시리와 잿방어 방어랑 부시리랑 잿방어는 생김새가 똑 닮았다. 머리 모양을 보고 서로 구분한다지만 언뜻 봐서는 똑같아 보인다. 부시리는 방어보다 위턱 끄트머리 모서리가 둥그스름하다. 방어는 직각이다. 잿방어는 눈을 지나는 까만 줄무늬가 더 위쪽으로 올라가고 희미하다.

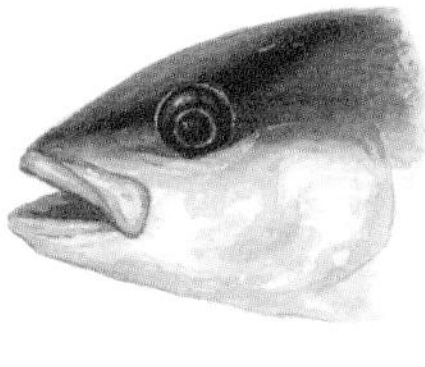
잿방어

전갱이

Trachurus japonicus

전갱이는 따뜻한 물을 따라 우르르 떼 지어 다닌다. 쓰시마 난류를 타고 봄에 올라왔다가 날씨가 추워지면 따뜻한 남쪽으로 내려간다. 우리나라 온 바다에 살고 일본, 동중국해에도 산다. 물 깊이가 10~100m쯤 되는 바닷속 가운데나 밑에서 몰려다닌다. 날씨가 좋으면 물낯으로도 올라온다. 작은 멸치나 새우나 새끼 물고기 따위를 잡아먹는다. 6~8월 여름에 남해로 올라와서 알을 낳는다. 알에서 나온 새끼는 해파리나 물에 둥둥 떠다니는 바닷말 밑에서 숨어 살다가 가을이 되면 먼바다로 나간다. 예닐곱 해를 산다.

전갱이는 몸통 옆줄을 따라 몸 비늘과 사뭇 다른 커다란 비늘이 다다닥 붙어 있다. 전갱이 무리는 거의 이런 비늘이 붙어 있다. 이 비늘 하나하나에는 짧고 뾰족한 가시가 하나씩 있다. 손으로 잡을 때는 찔리지 않게 조심해야 된다.

이름 전갱이는 지역에 따라 '전광어(경남, 전남, 충남), 매가리(전북, 경남), 가라지(전남), 각재기(제주), 매생이(전남)' 라고 한다. 《우해이어보》에 '미갈, 매갈(梅渴)' 이라고 적은 물고기를 전갱이라고 여기는데, 새끼 전갱이를 말하는 지역말이다. 영어로는 'horse mackerel, jack mackerel, yellow fin horse mackerel', 일본에서는 '마아지(マアジ, 真鯵)', 맛있다는 뜻인 '아지(アジ, 味)' 라고 한다. 중국에서는 '삼발어(鰺鮁魚)' 라고 한다.

성장 따뜻한 남쪽 바다에서는 두세 번, 북쪽 바다에서는 한 번 알을 낳는다. 알 낳기 알맞은 온도는 25~26도이다. 한 마리가 5만~50만 개쯤 낳는다. 물 온도 20도 안팎에서 40시간쯤 지나면 새끼가 나온다. 봄에 나온 새끼는 여섯 달쯤 지나 가을이면 13cm쯤 큰다. 한 해가 지나면 17cm, 3년이면 27cm, 4년이면 30cm쯤 큰다.

고기잡이 여름에 잡는다. 그물을 쳐 놓거나 바닥까지 그물을 내리고 끌어서 잡는다. 낚시로도 잡는다.

쓰임 7~8월이 제철이다. 소금구이, 조림, 튀김, 초밥으로 먹는다. 회로 먹어도 기름기가 많아서 고소하고 맛있다. 《우해이어보》에는 '젓갈로 담그는 것이 가장 좋다' 고 나와 있다.

40 cm
온 바다
6~8월

다른 이름 매가리, 가라지, 빈쟁이, 각재기, 매생이
분포 우리나라, 일본, 동중국해
먹이 플랑크톤, 새우, 작은 물고기 따위
특징 옆줄 따라 큰 비늘이 붙어 있다.

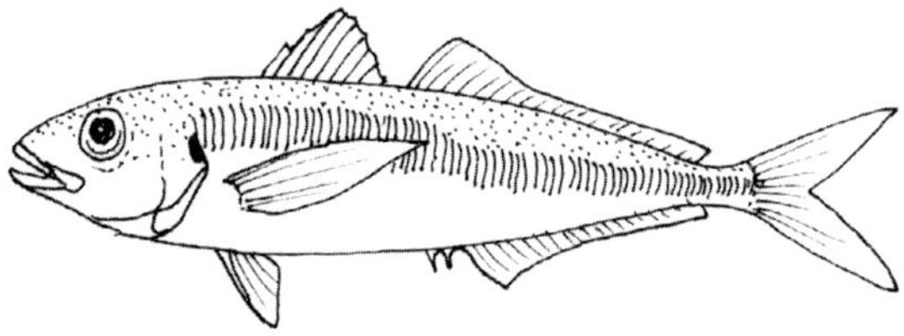

다 크면 40cm쯤 된다. 등은 파르스름한 풀빛이 돌고 배는 하얗다. 남쪽에 살수록 몸 빛깔이 짙고 북쪽에 살수록 옅어진다. 눈에는 기름눈꺼풀이 있다. 등지느러미는 두 개로 나뉘었다. 뒷지느러미 앞에는 가시 두 개가 따로 떨어져 있다. 꼬리지느러미는 깊게 갈라졌고, 꼬리자루는 아주 잘록하다. 몸에는 작고 둥근 비늘이 덮여 있는데 잘 떨어진다. 옆줄을 따라 큰 비늘이 붙어 있다.

갈전갱이 *Trachurus japonicus*
몸이 좌우로 납작하고 등이 높다. 옆줄이 머리끝에서 활처럼 휘어진다. 따뜻한 바다 밑바닥에서 산다. 흑산도에서는 '갈고등어'라고 한다. 잡아서 어묵을 만든다.

동갈돗돔

Hapalogenys nitens

동갈돗돔은 따뜻한 물을 좋아한다. 우리나라 서해와 남해에 많이 살고 일본, 대만, 동중국해에도 산다. 얕은 바닷가에서부터 물 깊이가 30~90m쯤 되고 모래가 깔린 바닥에서 산다. 민물과 짠물이 뒤섞이는 강어귀에서도 자주 볼 수 있다. 낮에는 끼리끼리 모여 있다가 밤이 되면 저마다 흩어진다. 어릴 때는 물속 바위틈에 옹기종기 잘 모여 있다. 게나 새우 따위를 많이 먹고 작은 물고기도 잡아먹는다. 몸 색깔과 무늬가 기분에 따라 짙고 연하게 바뀐다. 오뉴월에 짝짓기를 하고 알을 낳는다.

이름 동갈돗돔 입술은 꼭 사람 입술처럼 두툼하다. 또 운 좋게 낚시로 잡으면 오랜만에 찾아왔다고 '손님고기'라고도 한다. 영어로는 두툼한 입술이 골난 사람처럼 툭 불거졌다고 'black grunt', 일본에서는 '히게소리다이(ヒゲソリダイ)'라고 한다.
성장 알은 동그랗고 투명하다. 낱낱이 흩어져 물에 뜬다. 물 온도가 23도일 때 이틀이면 알에서 새끼가 나온다.
고기잡이 동갈돗돔은 수가 적어서 많이 안 잡힌다. 다른 물고기는 알을 낳은 뒤에는 맛이 없는데, 동갈돗돔은 오히려 맛이 더 좋다. 그래서 알을 낳는 봄과 여름에 낚시로 낚는다. 물에서 나오면 '꿀, 꿀' 하면서 돼지 소리로 운다.
쓰임 봄여름이 제철이다. 회로 먹는다.

40~50 cm
서해, 남해
5~6월

다른 이름 없음
분포 우리나라, 일본, 대만, 동중국해
먹이 게, 새우, 작은 물고기 따위
특징 입술이 두툼하다.

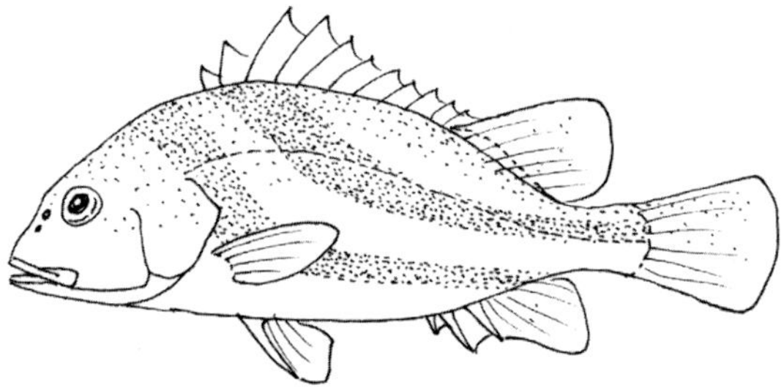

다 크면 몸길이가 40~50cm쯤 된다. 눈이 툭 불거졌고 머리 뒤로 등이 우뚝 솟았다. 몸은 밤색인데 넓고 까만 띠무늬 두 개가 비스듬하게 꼬리 쪽으로 나 있다. 몸은 단단한 비늘로 덮여 있다. 꼬리지느러미 끝이 둥글다. 옆줄은 하나다.

어름돔 *Plectorhinchus cinctus*
동갈돗돔과 닮았는데 몸이 더 커서 60cm쯤 된다. 동갈돗돔처럼 몸에 검은 줄무늬가 있지만 등지느러미와 꼬리지느러미에 동글동글한 검은 점이 나 있다. 우리나라 바닷가뿐만 아니라 열대 바다에도 산다.

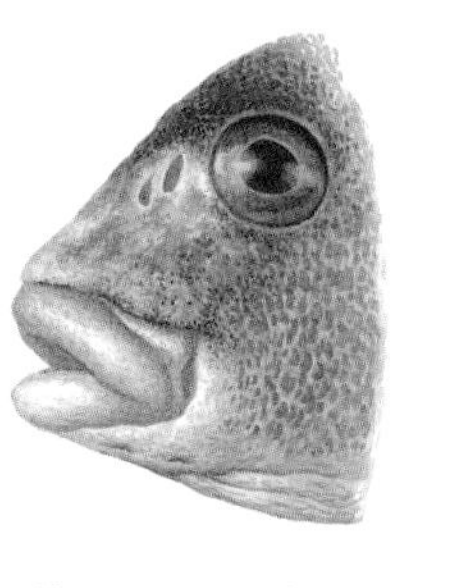

동갈돗돔 입술 동갈돗돔 입술은 두툼해서 꼭 사람 입술 같다.

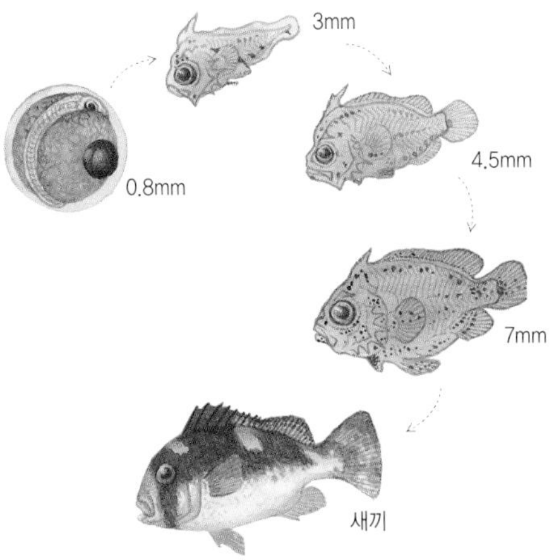

동갈돗돔 알에서 나온 새끼가 커 가는 모습이다.

감성돔
Acanthopagrus schlegel

감성돔은 따뜻한 바다를 좋아한다. 우리나라 온 바다에 살고 일본, 중국, 대만에도 산다. 물 깊이가 5~50m쯤 되는 얕은 바닷가에서 많이 산다. 바닥에 모래가 쫙 깔리고 바닷말이 숲으로 자라고 바위가 많은 곳을 좋아한다. 물 가운데나 바닥에서 헤엄쳐 다닌다. 주둥이가 뾰족하고 이빨이 튼튼해서 소라나 성게처럼 딴딴한 껍데기도 부숴 먹는다. 또 작은 물고기나 갯지렁이나 게나 새우나 홍합도 먹고, 돌에 붙은 김이나 파래도 뜯어 먹는 잡식성 물고기다. 4~6월에 바닷가 가까이 와서 짝짓기를 하고 알을 낳는다. 알에서 나온 새끼는 떼를 지어 만이나 바닷가에서 몰려다니고 강어귀에도 올라오고 바닷가 물웅덩이에도 산다. 크면 혼자 살거나 몇 마리가 무리를 지어 산다. 크면서 수컷에서 암컷으로 몸을 바꾼다. 날씨가 추워지면 깊은 바다로 들어가 옹기종기 모여서 잘 움직이지도 않고 먹지도 않고 겨울잠을 자듯이 지낸다. 봄이 되면 다시 바닷가로 온다.

이름 몸빛이 거무스름하다고 《자산어보》에는 '흑어(黑魚) 속명 감상어(甘相魚)', 《전어지》에는 '묵도미(墨道尾)' 라고 했다. 《우해이어보》에는 '감송' 이라 했다. 지역에 따라 '감성어, 감싱이(경남), 감성어(전남), 맹이, 남정바리(강원), 비드락(서해안)' 이라고 한다. 다른 나라에서도 검다는 뜻이 들어간 이름을 쓴다. 영어로는 'black porgy, black sea bream', 일본에서는 '검은 돔' 이란 뜻인 '구로다이(クロダイ, 黑鯛)', 중국에서는 '흑조(黑鯛), 오격(烏格), 오회(烏鱠)' 라고 한다.

성장 암컷 한 마리가 알을 10만~20만 개쯤 낳는다. 알은 따로따로 떨어져 물에 둥둥 떠다닌다. 물 온도가 20도 안팎일 때 이틀쯤 지나면 새끼가 나온다. 알에서 나온 새끼는 죄다 수컷이고 몸에 까만 줄무늬가 뚜렷하다. 한 해가 지나면 수컷 몸에서 난소가 크기 시작하고, 2~3년 뒤에는 암수한몸이다가 5년쯤 지나면 대부분 암컷이 된다. 한 해가 되면 12cm, 2년이면 20cm, 3년이면 24~30cm쯤 크고 다 크면 60~70cm쯤 된다. 9년쯤 되면 다 큰다.

고기잡이 그물로도 잡지만 낚시로 많이 잡는다. 새벽녘이나 해거름에 잘 잡힌다. 《우해이어보》에는 '입은 매우 좁고 작아서 미끼를 물면 뱉어 낼 수 없기 때문에, 사람들이 낚시하면 백 번 가운데 한 번도 안 놓친다' 고 써 놓았다. 호기심이 많지만 눈과 귀가 아주 밝아서 그물이나 낚싯줄만 봐도 커다란 가슴지느러미로 뒷걸음을 치며 도망치고, 낚시찌가 물에 퐁당 떨어지는 소리만 나도 숨는다고 한다.

쓰임 가을에서 겨울 사이가 제철이다. 회로 먹거나 구이, 탕, 찜, 조림, 튀김 따위로 먹는다. '오뉴월 감생이는 개도 안 먹는다' 는 말처럼 알을 낳은 뒤에는 맛이 별로 없다.

60~70 cm
온 바다
4~6월

다른 이름 감성어, 감싱이, 맹이, 남정바리, 비드락
분포 우리나라, 일본, 대만, 동남 중국해
먹이 작은 물고기, 갯지렁이, 소라, 성게, 새우 따위
특징 크면서 수컷에서 암컷으로 몸이 바뀐다.

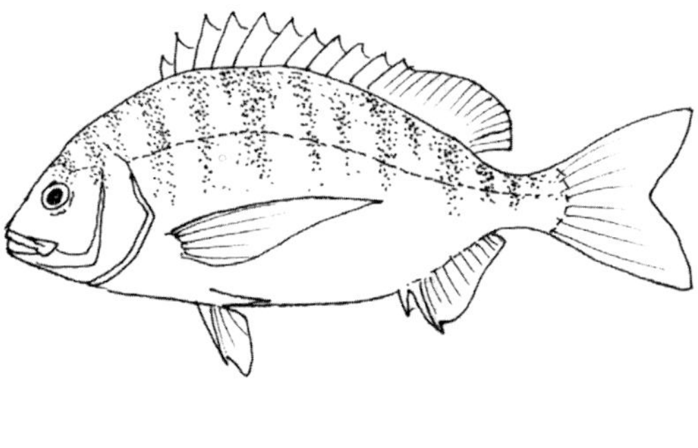

몸길이는 60~70cm쯤 된다. 몸은 거무스름한 잿빛이고 비늘이 반짝반짝 빛난다. 거무스름한 줄무늬가 희미하게 나 있다. 몸은 옆으로 납작하다. 눈은 크고 등은 높다. 주둥이는 뾰족하고 위아래 턱 앞쪽에 송곳니가 3개씩 나고 그 뒤로 어금니가 석 줄 난다. 아가미뚜껑 밑에는 비늘이 없다. 등지느러미, 꼬리지느러미, 뒷지느러미 가장자리가 조금 까맣다. 가슴지느러미가 크다. 꼬리지느러미 끝은 조금 파였다. 옆줄은 하나다.

새끼 감성돔 새끼일 때는 몸에 까만 줄무늬가 뚜렷하다. 크면서 옅어지거나 없어진다. 새끼 때에는 남정바리(강원), 뻰철이(경북), 비돔, 비드락(전남), 비디미, 배디미(서해), 살감싱이, 똥감생이(남해안), 뱃돔(제주)이라고 한다.

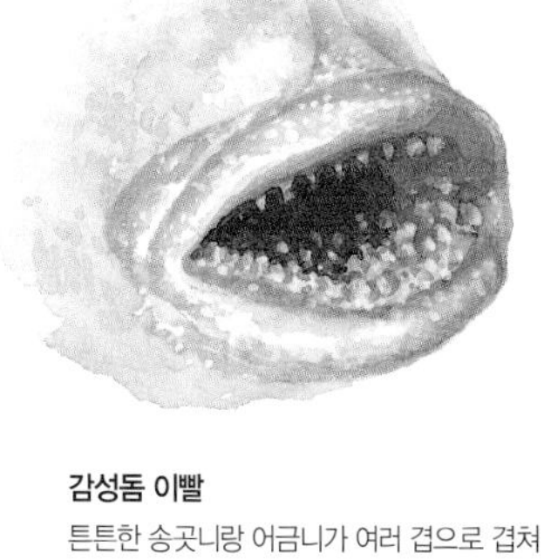

감성돔 이빨
튼튼한 송곳니랑 어금니가 여러 겹으로 겹쳐 난다. 아무거나 잘 잡아먹는다.

농어목
도미과

참돔

Pagrus major

참돔은 따뜻한 물을 좋아한다. 우리나라 온 바다에 사는데 남해와 제주 바다에 많이 산다. 일본과 동남 중국해, 대만, 하와이에도 산다. 찬물에서는 살지 못하고, 물 온도가 15쯤 되는 곳을 가장 좋아한다. 물 깊이가 30~150m쯤 되는 물 바닥이나 가운데쯤에서 헤엄쳐 다닌다. 혼자 살거나 무리 지어 다닌다. 바닥에 자갈이 깔리고 바위가 울퉁불퉁 솟은 곳을 좋아한다. 새우나 오징어나 작은 물고기를 잡아먹고, 이빨이 튼튼해서 껍데기가 딱딱한 게나 성게나 불가사리도 부숴 먹는다. 새우나 게를 많이 잡아먹으니까 그 색소가 몸에 쌓여 몸이 빨갛다. 겨울에는 더 깊은 바다로 숨거나 따뜻한 남쪽으로 내려간다. 물 온도가 14도 아래로 내려가면 먹이를 잘 안 먹다가 12도 아래로 내려가면 아무것도 안 먹는다. 5도 밑으로 물 온도가 내려가면 얼어 죽는다. 봄이 되면 다시 바닷가로 올라오고, 초여름부터 얕은 바닷가에서 짝짓기를 한다. 이때는 수컷 몸통이 검게 바뀐다. 해거름에 서로 몸을 뉘어서 알을 낳고 수정을 한다. 이삼십 년은 거뜬히 살고 오십 년까지도 산다.

이름 돔 가운데 진짜 돔이라고 참돔이다. 돔은 '도미'가 줄어서 된 말이다. 지역에 따라 '도미, 돔'이라고 하고, 어린 참돔을 '상사리(전남), 배들래기(제주)'라고 한다. 《자산어보》에는 머리가 딴딴하다고 '강항어(強項魚) 속명 도미어(道尾魚)'라고 한다고 적혀 있다. 《난호어목지》에는 '꼬리는 짧으며 가위처럼 갈라지지 않고 밋밋(禿)해서 독미(禿尾)라는 이름이 붙었다. 이 독미란 이름이 바뀌어 도미(道尾)가 되었다'고 쓰여 있다. 영어로는 'snapper, red seabream', 중국에서는 '진조(眞鯛), 가급어(加級魚), 홍가급(紅加級)'이라고 한다. 일본에서는 '마다이(マダイ, 眞鯛)'라고 한다.
성장 4~7월에 둥글고 투명한 알을 낳는다. 한 마리가 알을 30만~40만 개 낳으며, 큰 것은 100만~700만 개까지 낳는다. 알은 물에 둥둥 떠다니는데 물 온도가 20도 안팎이면 이틀쯤 지나 새끼가 나온다. 한 해가 지나면 14cm, 사오 년 지나면 35~45cm쯤 큰다.
고기잡이 끌그물, 두릿그물, 낚시로 잡는다. 요즘에는 사람들이 가둬 기르기도 한다.
쓰임 참돔은 도미 가운데 으뜸으로 쳐 주는 물고기다. 일본에서는 '썩어도 돔'이라는 말이 있을 정도다. 겨울부터 봄까지가 제철이다. 제사상이나 잔칫상에 빠지지 않고 올라왔다. 회, 찜, 구이, 조림, 탕으로 먹는다. 영양가가 높고 소화가 잘되어서 옛날부터 아기를 낳은 엄마가 몸조리할 때 먹었다.

1m
온 바다
4~7월

다른 이름 도미, 돔
분포 우리나라, 일본, 중국, 대만
먹이 새우, 게, 오징어, 성게, 불가사리, 작은 물고기 따위
특징 온몸이 빨갛고, 파란 점이 나 있다.

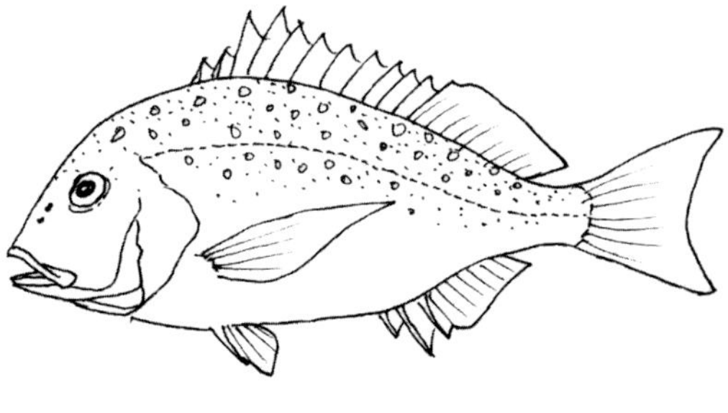

다 크면 몸길이가 1m가 넘기도 한다. 몸은 붉고 파란 점무늬가 숭숭 나 있다. 나이가 들수록 몸빛이 까매진다. 몸은 넓적하고 옆으로 납작하다. 눈 뒤로 등이 제법 높이 솟았다. 양턱에는 강한 어금니가 두 줄 나 있다. 송곳니가 윗턱 앞쪽에는 4개, 아래턱 앞쪽에는 6개 났다. 등지느러미 가시가 억세다. 꼬리지느러미는 가위처럼 갈라졌고 끄트머리가 까맣다. 옆줄은 한 줄이다.

새끼 참돔 참돔은 새끼 때랑 다 컸을 때랑 몸 무늬가 다르다. 어릴 때는 불그스름한 몸에 붉은 띠무늬가 다섯 줄 나 있다. 크면서 줄무늬가 없어진다.

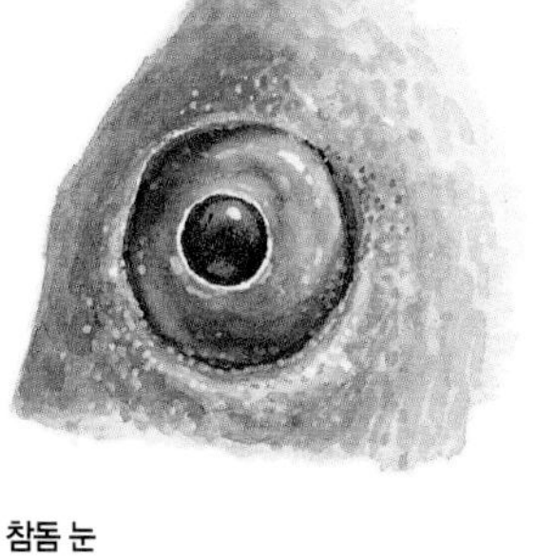

참돔 눈
많은 물고기가 참돔 눈처럼 생겼다. 눈 가운데가 볼록하게 튀어나왔다.

농어목
민어과

부세

Larimichthys crocea

부세는 따뜻한 물을 좋아한다. 우리나라 서해와 남해에 살고, 동중국해에도 산다. 참조기처럼 겨울에는 제주 남쪽 바다 물 깊이가 100m쯤 되는 대륙붕에서 떼 지어 겨울을 난다. 봄이 되면 서해로 올라오기 시작해서 7월쯤 되면 서해 바닷가로 올라와 알을 낳는다. 부세도 민어와 참조기처럼 부레로 소리를 낸다. 알 낳을 때가 되면 암컷과 수컷이 '뿌욱, 뿌욱' 소리를 내며 서로 따라다닌다. 소리가 커서 400~500m 떨어진 배 위에서도 들을 수 있다. 새끼 때에는 물에 떠다니는 동물성 플랑크톤을 먹으며 큰다. 다 큰 어른은 바닥 가까이 헤엄쳐 다니며 새우나 게나 작은 물고기 따위를 잡아먹는다.

부세는 참조기와 꼭 닮았다. 참조기처럼 배는 황금색을 띠고 입술은 빨갛다. 그래서 참조기와 헷갈리기 때문에 사람들이 참조기라고 속여 팔기도 한다. 부세는 참조기보다 꼬리자루가 더 길다. 참조기와 달리 머리 꼭대기에 다이아몬드 꼴 무늬가 없다. 또 부세 뒷지느러미에는 가시 2개와 연한 가시가 7~9개 있는데, 참조기는 가시 2개와 연한 가시가 9~10개 있다.

이름 부세는 지역에 따라 '부서, 조구'라고 한다. 한자로는 '富世'라고 하고 중국에서는 '대황어(大黃魚)'라고 한다. 영어로는 참조기보다 크다고 'large yellow croaker', 일본에서는 '후우세이(フウセイ, 富世)'라고 한다. 일본 말과 우리말이 비슷하다.

성장 알 낳기 좋은 물 온도는 19~24도이다. 알에서 나온 새끼는 한 해가 지나면 17cm, 4년이면 41cm, 6년이면 46cm쯤 크고 75cm나 크기도 한다.

고기잡이 부세는 4~8월에 끌그물로 잡는다. 중국에서는 조기보다 부세를 더 쳐주어서 사람들이 가둬 기른다.

쓰임 굽거나 찌거나 조리거나 매운탕을 끓여 먹는다. 어묵을 만들기도 한다. 중국에서는 부세 머리에 있는 이석(耳石)을 열 내리는 한약재로도 쓴다. 또 부레는 폐와 비장에 좋으며 기를 북돋워 주고 피를 잘 돌게 돕는다고 한다.

75cm
서해, 남해, 제주
7월

다른 이름 부서, 조구
분포 우리나라, 동중국해
먹이 새우, 게, 작은 물고기 따위
특징 참조기와 똑 닮았지만 꼬리자루가 길다.

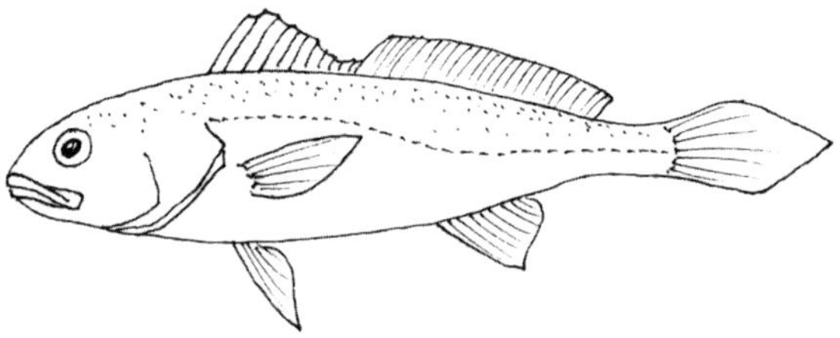

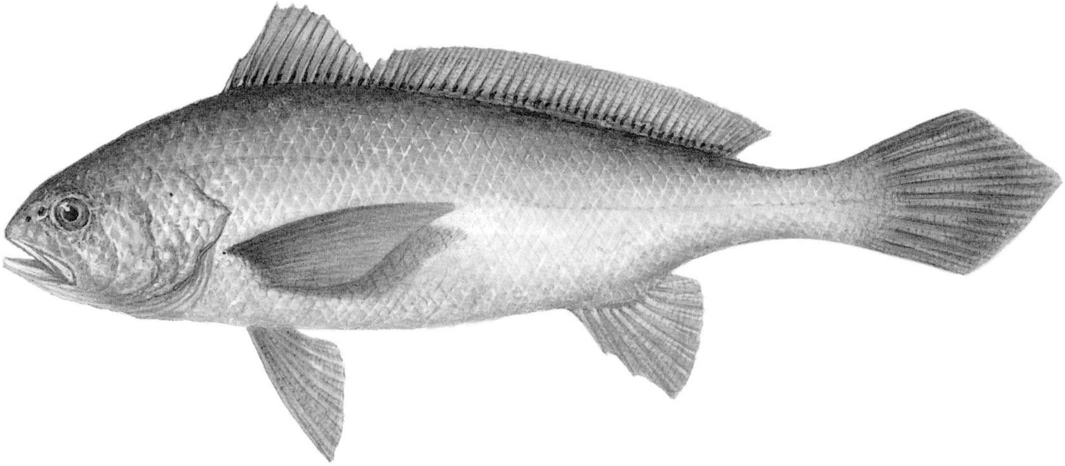

몸길이는 75cm쯤 된다. 몸은 긴 타원형이고 뒤쪽으로 갈수록 가늘다. 등은 잿빛 노란색이고 배는 황금빛이다. 주둥이 앞쪽이 둥글고 아래턱이 위턱보다 조금 길다. 입은 크고 양턱에는 크고 작은 이빨이 위턱에 2줄, 아래턱에 1줄로 나 있고 송곳니는 없다. 등지느러미와 뒷지느러미는 비늘로 덮여 있다. 꼬리자루가 조기보다 길다. 꼬리지느러미 끝은 둥근 쐐기꼴이다. 옆줄은 한 줄이다.

농어목
민어과

참조기

Larimichthys polyactis

참조기는 서해에서 떼로 몰려다니는 물고기다. 물 깊이가 40~160m쯤 되고 바닥에 모래나 펄이 깔린 대륙붕에 많이 산다. 겨울에는 따뜻한 제주도 남쪽 바다로 내려갔다가 날이 따뜻해지는 2월쯤부터 서해안을 따라 알을 낳으러 서서히 올라온다. 이때 물속에서 '뿌욱, 뿌욱' 하며 운다. 암컷과 수컷이 서로 위치를 알리거나 떼를 지어 헤엄칠 때 무리가 흩어지지 않으려고 내는 소리다. 부레를 옴쭉옴쭉 움직여 소리를 낸다. 우는 소리가 얼마나 큰지 배 위까지 크게 울려 퍼져서 뱃사람들 잠을 설치게 할 정도다. 옛날 사람들은 구멍 뚫린 대나무 통을 바다에 넣어 조기 떼가 몰려오는 소리를 들었다. 6월 말쯤 발해만까지 올라가 알 낳기를 다 마치고 도로 남쪽으로 내려온다. 모래나 펄이 깔린 물 밑바닥에서 지내다가 알 낳을 때는 물낯 가까이에 떠오른다. 물 위로 뛰어오르기도 한다. 바닷말을 뜯어 먹거나 새우나 작은 물고기를 잡아먹으며 8년쯤 산다.

이름 참조기는 진짜 조기라는 말이다. 조기(助氣, 朝起)는 기운이 펄펄 솟게 해 준다는 뜻이다. 귓속에 돌처럼 딴딴한 뼈가 두 개 있어서 '석수어(石首魚), 석두어(石頭魚)'라는 한자 이름도 있다. 지역에 따라 '노랑조기, 누렁조기, 황조기, 조구, 기름조기, 곡우살조기, 오사리조기'라고도 하고, '황강달이(평북), 황세기(충남), 황숭어리(전남), 황실(목포)'이라고도 한다. 《자산어보》에는 '추수어(踏水魚) 속명 조기(曹機)'라고 쓰고 '때맞춰 물길을 좇아와서 추수(踏水)라고 한다'고 적어 놓았다. 《동의보감》에는 '석수어(石首魚, 조기)'라고 했다. 영어로는 'redlip croaker, small yellow croaker', 일본에서는 소리를 내는 물고기라는 뜻으로 '기구치(キグチ, 黃愚痴)'라고 한다.

성장 한 마리가 알을 3만~7만 개쯤 낳는다. 알은 흩어져서 물 위에 뜬다. 물 온도가 20도면 사흘쯤 지나 새끼가 나온다. 1년에 15cm, 3년에 29cm, 5년에 35cm쯤 크고, 큰 놈은 40cm나 된다. 새끼 때에는 동물성 플랑크톤이나 물고기 알을 먹는다. 수컷이 암컷보다 조금 작다. 2년쯤 지나면 어른이 된다.

고기잡이 그물을 치거나 끌거나 둘러쳐서 봄에 알 낳으러 올라오는 조기를 잡는다. 가장 이름난 어장은 전남 영광 칠산 바다, 황해도 연평도 앞바다, 평안북도 대화도 앞바다이다. 칠산 앞바다는 철쭉꽃이 필 때, 위도는 살구꽃이 필 때 잡는다고 한다.

쓰임 참조기는 맛이 좋아서 제사상에도 빠지지 않고 올라간다. 참조기를 새끼줄에 둘둘 엮어서 꾸덕꾸덕하게 말리면 '굴비'라고 한다. 전라남도 영광에서 말린 굴비를 으뜸으로 쳐준다. 《증보산림경제》에서는 '소금에 절여 통째로 말린 것이 배를 갈라 말린 것보다 맛이 낫다'고 했다.

30 cm 안팎
서해, 남해, 제주
3~6월

다른 이름 노랑조기, 누렁조기, 황조기, 조구, 기름조기, 곡우살조기
분포 우리나라, 동중국해
먹이 새우, 게, 작은 물고기, 바닷말 따위
특징 '뿌욱, 뿌욱' 소리 내며 운다.

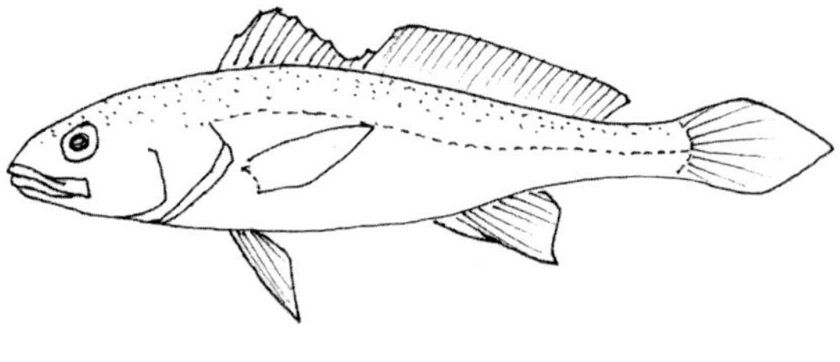

몸길이는 30cm 안팎이다. 등은 잿빛이고 배는
황금빛이다. 몸은 긴 타원형이고 옆으로 납작하다.
입술은 붉고 양턱에 이빨이 두 줄로 드문드문 나 있다.
앞니는 송곳니다. 아래턱이 위턱보다 조금 길다.
비늘은 머리까지 덮여 있다. 등지느러미는 길고
꼬리지느러미는 둥근 쐐기꼴이다. 옆줄이 뚜렷하다.

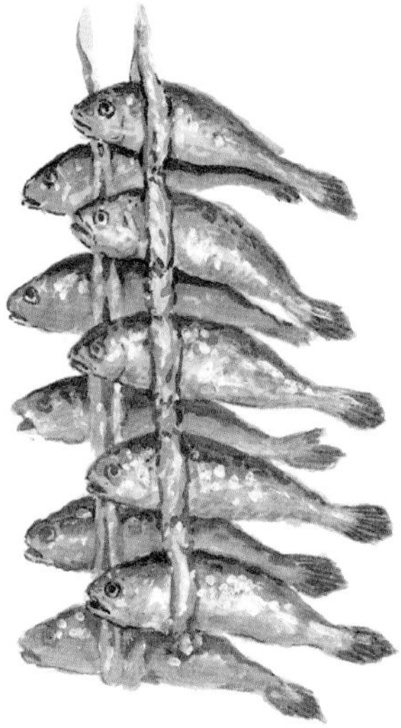

참조기를 줄줄이 엮어 꾸덕꾸덕하게 말리면
굴비가 된다.

1. 참조기 떼는 제주도 남서쪽에서 겨울을 난다.
2. 2월쯤부터 알을 낳으러 서해안을 따라 서서히
올라온다.
3. 2월 말쯤에는 흑산도 연해, 3월 말에서 4월
중순쯤에는 위도, 칠산 부근에 올라와 알을 낳기
시작한다.
4. 4월 말부터 5월 중순 사이에는 연평도
앞바다까지 올라온다.
5. 6월 초에는 압록강 대화도 가까이까지
올라간다.
6. 6월 말쯤 발해만에 도착해서 알 낳기를 다
마치고 다시 남쪽으로 내려온다.
7. 알에서 나온 새끼들은 9월쯤에는 서해
가운데로 내려온다.

농어목
민어과

민어

Miichthys miiuy

민어는 따뜻한 물에 사는 물고기다. 물 온도가 15~25도 되는 바다를 좋아한다. 우리나라 서해와 남해에 살고, 동해에는 거의 없다. 《자산어보》에도 '서쪽과 남쪽 바다에만 민어가 있다'고 적혀 있다. 동중국해에도 산다. 우리나라 서해에 사는 무리는 가을이 되면 남쪽으로 내려가 제주도 서쪽 바다에서 겨울을 나고 봄이 되면 다시 북쪽으로 올라온다. 제주도 남쪽에서 겨울을 나는 또 다른 무리는 봄이 되면 중국 바닷가로 올라간다. 물 깊이가 40~120m쯤 되고 바닥에 펄이 깔린 대륙붕에서 산다. 낮에는 바닥에 있다가 밤이 되면 물낯 가까이 올라오기도 한다. 밤낮을 오르락내리락하면서 작은 새우나 게, 오징어, 멸치 같은 작은 물고기 따위를 잡아먹는다. 여름부터 가을까지 알을 낳는데 남해에서는 7~8월, 서해에서는 9~10월에 낳는다. 조기가 그러는 것처럼 민어도 물속에서 '부욱, 부욱' 하고 개구리 울음소리를 낸다. 부레를 욱신욱신 움직여서 내는 소리다. 갓 나온 새끼는 민물과 짠물이 만나는 강어귀에도 올라온다. 13년쯤 산다.

이름 민어(民魚)는 '백성의 물고기'라는 뜻이다. 《자산어보》에는 '면어(鮸魚) 속명 민어(民魚)'라고 쓰면서 '면(鮸)과 면(免)은 소리가 같고 면(免)과 민(民)은 소리가 비슷하다. 그러므로 민어(民魚)는 곧 면어(鮸魚)에서 나온 이름이다'라고 하고 '민어 새끼를 암치어(巖峙魚)라고 한다'고 썼다. 《동의보감》에는 '회어(鮰魚)', 《세종실록지리지》《신증동국여지승람》《난호어목지》에는 '민어(民魚)', 《임원경제지》에는 '민어(鰵魚)'라고 했다. 또 크기에 따라 '암치, 보굴치, 어스래기'라는 딴 이름도 있다. 영어로는 'brown croaker', 일본에서는 '혼니베(ホンニベ, 本鮸)', 중국에서는 '면어(鮸魚), 민파어(鰵婆魚), 미어(米魚), 춘수(春水)'라고 한다.

성장 암컷 한 마리가 알을 100만~200만 개쯤 낳는다. 알 낳기 알맞은 온도는 22~25도이다. 새끼는 1년이면 33cm, 2년이면 43cm, 3년이면 51cm, 4년이면 56cm, 5년이면 60cm, 6년이면 63cm쯤 큰다. 3년이면 어른이 된다.

고기잡이 여름이 제철이다. 바닥까지 그물을 내려 배로 끌며 잡는다. 낚시로도 잡는다. 지금은 사람들이 가두어 기르기도 한다.

쓰임 '민어는 비늘밖에는 버릴 것이 없다'는 말이 있다. 여름철에 잡은 민어가 가장 맛이 좋다. 옛날부터 제사상에 오르고, 여름 더위를 이기려고 탕을 끓여 먹는다. '복더위에 민어탕이 일품'이라는 말이 있다. 회, 구이, 찜, 전, 만두로도 먹는다. 또 민어 부레는 맛이 좋아 먹기도 하지만 끓여서 질 좋은 아교를 만든다. 옛날에는 장롱이나 문갑을 민어 부레로 만든 아교로 붙였다.

80~100 cm
서해, 남해, 제주
7~10월

다른 이름 민애, 보굴치, 암치, 어스래기
분포 우리나라, 동중국해
먹이 새우, 게, 오징어, 멸치 따위
특징 '부욱, 부욱' 하고 운다.

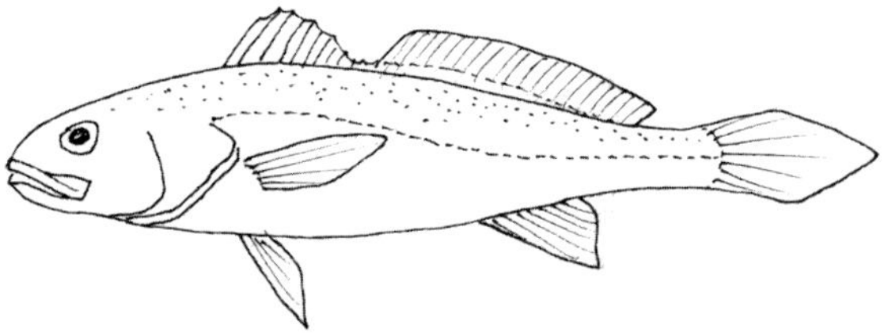

몸길이는 80~100cm쯤 된다. 몸빛은 검은 잿빛이거나 검은 밤색이다. 몸은 조금 납작한 원통형이고 옆으로 넓적하다. 주둥이는 무디고 위턱이 아래턱보다 조금 길다. 위아래 턱에 강한 송곳니가 한 줄 줄지어 나 있다. 아래턱에 구멍이 네 개 나 있다. 입만 빼고 온몸이 비늘로 덮여 있다. 등지느러미는 길고 등지느러미 앞쪽은 억센 가시고 뒤쪽은 부드러운 가시다. 가슴지느러미 끄트머리가 까맣다. 꼬리지느러미는 둥근 쐐기꼴이다. 옆줄이 한 줄 뚜렷하다.

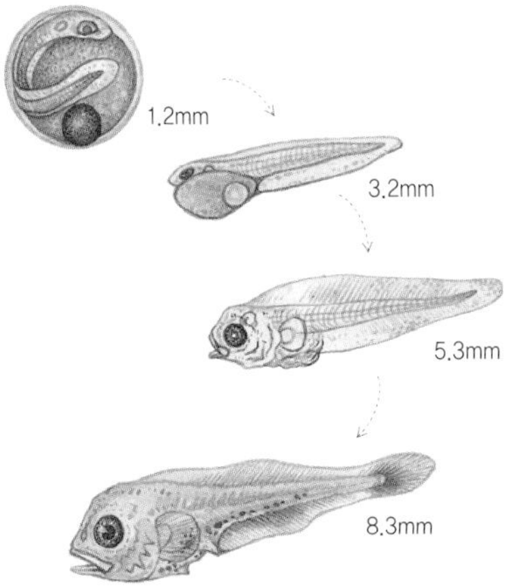

민어 알에서 나온 새끼가 커 가는 모습이다.

수조기

Nibea albiflora

수조기는 다른 조기처럼 따뜻한 물을 좋아한다. 우리나라 서해와 남해에 살고, 일본 남부와 동중국해에도 산다. 겨울에는 제주도 남쪽 바다에서 지내다가 봄이 되면 북쪽으로 올라온다. 물 깊이가 40~150m 되는 펄 바닥이나 모랫바닥에서 산다. 새우나 게나 작은 물고기 따위를 잡아먹는다. 5~8월에 짝짓기를 하고 알을 낳는다. 다른 조기 무리와 마찬가지로 짝짓기 때가 되면 소리를 내며 운다. 암컷과 수컷이 내는 소리가 다른데 암컷은 14cm, 수컷은 12cm 크기가 되면 부레가 다 자라서 소리를 뚜렷이 낼 수 있다. 알에서 나온 새끼는 두 해가 지나면 어른이 된다.

수조기를 닮은 민태는 따뜻한 물을 좋아한다. 우리나라 서해와 남해에 살고 동중국해, 인도양에도 산다. 바닥에 모래나 펄이 깔리고 물 깊이가 80m 안쪽인 얕은 바다에 산다. 조기 무리 가운데 크기가 가장 작다. 생김새가 조기랑 똑 닮았는데 조기와 달리 배가 노랗지 않다. 얼핏 보고 보구치 새끼라고 하는 사람도 있다. 물에 떠다니는 작은 플랑크톤이나 갯지렁이, 새우, 게, 오징어, 작은 물고기 따위를 잡아먹는다. 겨울에는 조금 깊은 바닷속으로 옮겼다가 따뜻한 봄이 되면 바닷가로 몰려와 알을 낳는다. 4~7월 사이에 알을 낳는다. 2~3년을 산다.

이름 수조기는 한자로 '秀助氣, 秀曺機'라고 한다. 《자산어보》에 '반애(盤厓)'라고 적은 물고기를 수조기로 짐작하고 있다. 경남 통영과 서해안에서는 '부세'라고 한다. 영어로는 'yellow drum', 중국에서는 '동라어(銅羅魚), 고어(姑魚), 황고어(黃姑魚)', 일본에서는 입속이 빨갛다고 '고이치(コイチ, 赤久智)'라고 한다.
성장 알은 3~7시쯤에 많이 낳는다. 알 낳기 알맞은 물 온도는 15~20도이다. 알에서 나온 새끼는 1년이 되면 15~17cm, 2년이면 23~24cm, 3년이면 31cm, 4년이면 35cm쯤 큰다.
고기잡이 물 밑바닥까지 그물을 내려 배가 끌면서 잡는다. 낚시로도 잡는다.
쓰임 맛있는 물고기로 굽거나 매운탕을 끓여 먹고 말려 먹기도 한다. 싱싱할 때는 회로도 먹는다.

40 cm
서해, 남해
5~8월

다른 이름 부세
분포 우리나라, 일본, 동중국해
먹이 새우, 게, 작은 물고기 따위
특징 다른 조기 무리처럼 소리 내어 운다.

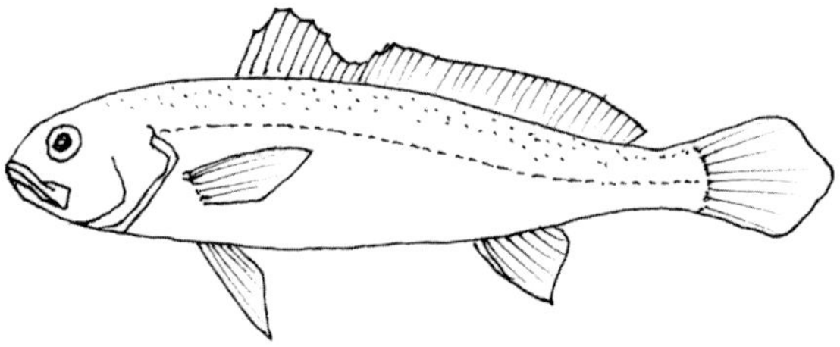

몸길이는 40cm쯤 된다. 몸과 머리는 옆으로 납작하고 뒤로는 길쭉하다. 등은 누르스름한 잿빛이고 배는 하얗다. 몸 비늘에 까만 점이 비스듬히 줄지어 나 있는데 옆줄 아래로는 나란하게 나 있지만 위로는 제멋대로 흩어져 있다. 위아래 턱에는 이빨이 두 줄 나 있다. 위턱이 아래턱보다 조금 길다. 가슴지느러미, 배지느러미, 뒷지느러미, 꼬리지느러미는 노랗다. 등지느러미와 꼬리지느러미 끄트머리는 까맣다. 꼬리지느러미는 쐐기꼴이다. 등지느러미와 뒷지느러미에는 비늘이 없다. 옆줄은 등줄을 따라 한 줄 있다.

민태 *Johnius grypotus*
몸길이는 20cm 안팎이다. 등은 푸르스름한 잿빛이고 배는 하얗다. 몸통은 옆으로 납작하다. 입은 작고 아래로 치우쳐 있다. 아래턱이 위턱보다 조금 짧다. 배 쪽에서 보면 아래턱에 구멍이 6개 나 있다.

보구치

Pennahia argentata

보구치는 따뜻한 물을 좋아한다. 우리나라 서해, 남해와 동해 남쪽에 산다. 동중국해와 인도, 태평양, 아프리카 바다에도 산다. 보구치는 참조기, 민어, 수조기 같은 조기 무리와 사는 곳이 비슷하고 생긴 모양도 닮았다. 참조기처럼 5~8월에 서해로 몰려와서 알을 낳는다. 알을 낳을 때 '뿌욱, 뿌욱' 운다. 암컷과 수컷이 서로 부르거나 떼를 지어 움직일 때 주고받는 소리다. 물 깊이가 5~10m쯤 되는 바닷가나 만에 들어와서 알을 낳는다. 알에서 나온 새끼는 플랑크톤을 먹으며 큰다. 어른이 되면 새우나 게나 갯가재, 오징어, 작은 물고기 따위를 잡아먹는다. 먹이를 잡을 때는 몸을 비스듬히 눕혀 먹이를 하나하나 쪼아 먹는다. 어른이 되면 물 깊이가 100m 안쪽이고 바닥에 모래나 펄이 깔린 대륙붕에서 떼 지어 산다. 겨울에는 제주도 서남쪽 바다로 내려가 겨울을 난다. 10년쯤 산다.

이름 '보굴, 보굴' 운다고 이름이 '보구치'다. 몸이 하얗다고 북녘에서는 '흰조기'라고 한다. 지역에 따라 '백조기, 보구치, 보굴치, 보거치(전남)'라고도 한다. 조기 무리 가운데 머리에 들어 있는 돌멩이 같은 뼈가 가장 크다. 옛날에는 참조기처럼 머리에 돌을 가진 물고기라는 뜻으로 '석수어(石首魚)', '석두어(石頭魚)'라 했다. 《자산어보》에는 '보구치(甫九峙)'라고 적고 '몸이 조금 크고 짤막하다. 머리는 작고 구부러져서 머리 뒤쪽이 높아 보인다'고 했다. 영어로는 'white croaker', 일본에서는 입속이 하얗다고 '시로구치(シログチ, 白久智)'라고 한다.

성장 한 마리가 알을 50만~60만 개쯤 낳는다. 새끼는 한 해가 지나면 16cm, 3년이면 27cm, 4년이면 30cm쯤 큰다. 두 해가 지나면 어른이 된다.

고기잡이 보구치는 조기 무리 가운데 가장 많이 잡힌다. 알을 낳으러 오는 봄여름에 끌그물이나 걸그물로 잡는다. 여름에 낚시로도 낚는다.

쓰임 살이 하얗다. 잡아서 굽거나 매운탕을 끓여 먹는다. 옛날에는 민어처럼 부레로 끈적끈적한 아교를 만들기도 했다. 중국에서는 부레를 즐겨 먹는다.

30~40 cm
서해, 남해, 제주
5~8월

다른 이름 흰조기(북), 백조기, 보굴치, 보거치
분포 우리나라, 동중국해, 인도, 태평양, 아프리카
먹이 새우, 게, 갯가재, 오징어, 작은 물고기 따위
특징 '보굴, 보굴' 운다.

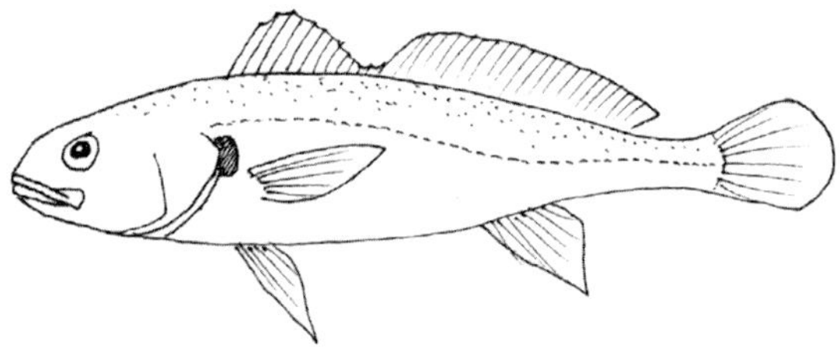

몸길이는 30~40cm쯤인데 70cm까지 크기도 한다. 온몸은 은빛으로 반짝반짝 빛난다. 등은 조금 옅은 잿빛이고 배는 하얗다. 아가미뚜껑 위에 크고 까만 점이 있다. 다른 조기 무리보다 등이 높다. 주둥이는 둥그스름하고 위턱이 아래턱보다 조금 길다. 비늘이 머리까지 덮여 있다. 지느러미는 모두 하얗고 투명하다. 꼬리지느러미 끝은 쐐기꼴이다. 입속이 하얗다. 옆줄은 한 줄이다.

나비고기

Chaetodon auripes

나비고기는 따뜻한 물을 좋아한다. 우리나라 제주 바다와 남해에 살고 일본, 대만, 중국 바다와 온 세계 열대, 온대 바다에 산다. 나비고기는 산호 밭에서 많이 산다. 늘 혼자 다니는데 짝짓기 때에는 짝을 지어서 둘이 다닌다. 뾰족한 주둥이로 산호를 톡톡 쪼아 먹고 바닷말, 작은 새우, 플랑크톤 따위도 먹는다. 덩치는 작아도 자기 사는 곳에 다른 물고기가 들어오면 득달같이 달려들어서 쫓아낸다. 낮에 돌아다니다가 밤이 되면 산호에 몸을 숨기고 쉰다. 가끔 새끼가 밀물이 빠져나간 물웅덩이에 남아 숨어 있기도 한다.

우리나라에 나비고기과 무리는 10종쯤 산다. 나비고기, 부전나비고기, 가시나비고기, 룰나비고기, 세동가리돔, 나비돔, 꼬리줄나비고기, 갈색띠돔, 두동가리돔, 좆대돔이 산다. 나비고기과 무리는 모두 몸빛이 예쁘다.

이름 가슴지느러미를 나비처럼 팔락이며 헤엄친다고 '나비고기'라는 이름이 붙었다. 몸빛도 노랑나비처럼 노랗다. 영어로는 'butterfly fish', 일본에서는 '조초우오(チョウチョウウオ, 蝶蝶魚)'라고 한다.
성장 알려진 것이 별로 없다.
고기잡이 먹으려고 잡지는 않는다.
쓰임 몸빛이 예쁘니까 사람들이 수족관에서 키운다.

15 cm 안팎
제주, 남해
모름

다른 이름 없음
분포 우리나라, 일본, 대만, 중국, 필리핀, 미크로네시아
먹이 산호, 바닷말, 작은 새우, 플랑크톤 따위
특징 나비처럼 예쁘다고 나비고기다.

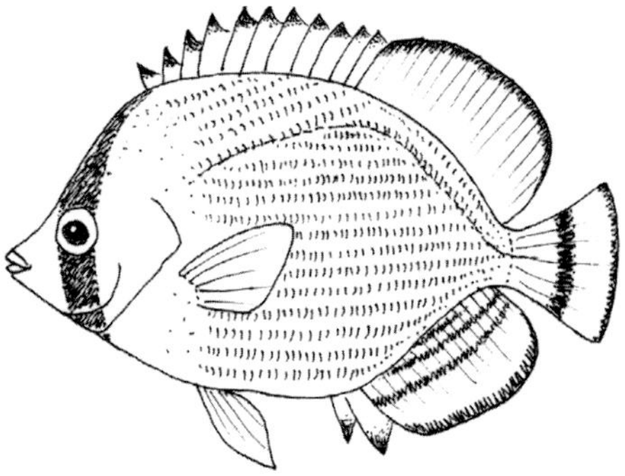

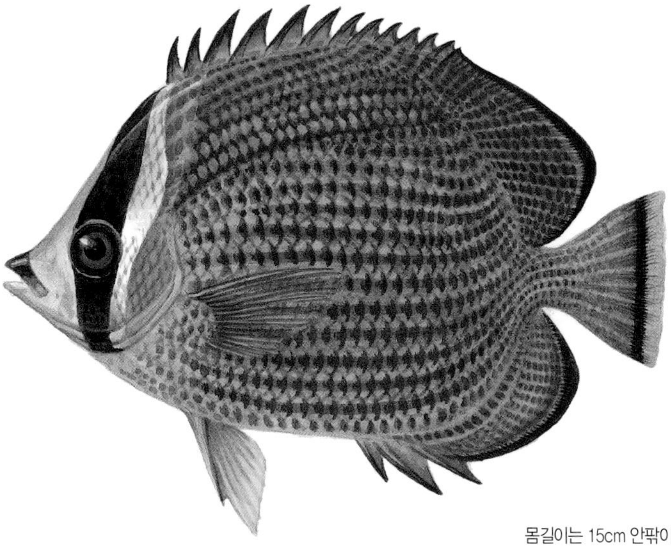

몸길이는 15cm 안팎이다. 몸은 좌우로 납작하고 옆으로 넓적하다. 몸빛은 누런 밤색이다. 등지느러미 앞에서 눈을 지나 밑으로 까만 줄무늬가 있다. 몸 비늘은 크고 머리와 등지느러미와 뒷지느러미는 작은 비늘로 덮여 있다. 등지느러미와 뒷지느러미 끄트머리도 까맣다. 꼬리지느러미에 까만 줄무늬가 있고 끄트머리는 하얗다. 옆줄이 둥그렇게 휜다.

세동가리돔 *Chaetodon modestus*

나비고기와 닮았다. 몸에 노란 줄이 석 줄 나 있고, 등지느러미 뒤쪽 아래에 까만 점이 댕그랗게 하나 있다. 꼭 커다란 눈 같아서 덩치 큰 물고기가 덤벼들 때 어디가 앞인지 헷갈리게 한다. 크기는 10cm쯤 된다.

청줄돔

Chaetodontoplus septentrionalis

청줄돔은 따뜻한 바다에 사는 물고기다. 우리나라 남해, 제주 바다와 일본, 대만, 중국해, 태평양 서부 열대 바다에 산다. 얕은 바닷가 바위 밭이나 산호 밭에서 산다. 수컷 한 마리와 암컷 여러 마리가 작은 무리를 지어 이리저리 헤엄쳐 다닌다. 어릴 때는 온몸이 까맣고 머리 쪽에 노란 줄무늬가 나 있고 등지느러미, 뒷지느러미 끄트머리와 꼬리지느러미가 노래서 어미 물고기와 몸빛이 전혀 다르다. 크면서 몸빛이 달라진다. 원래 열대 바다 물고기인데, 따뜻한 바닷물을 타고 올라와 제주 바다와 남해에서 살고 있다.

이름 노란 몸통에 파란 줄무늬 여러 개가 머리에서 꼬리까지 길게 나 있다. 그래서 이름이 '청줄돔'이다. 영어로는 'blue-lined angelfish', 일본에서는 '긴차쿠다이(キンチャクダイ, 巾着鯛)'라고 한다.
성장 아직 밝혀진 것이 별로 없다.
고기잡이 먹으려고 잡는지 않는다.
쓰임 몸빛이 예뻐서 사람들이 수족관에서 키운다.

20 cm 안팎
제주, 남해
모름

다른 이름 없음
분포 우리나라, 일본, 대만, 중국해, 서부 태평양
먹이 플랑크톤, 작은 새우 따위
특징 온몸에 파란 줄무늬가 나 있다.

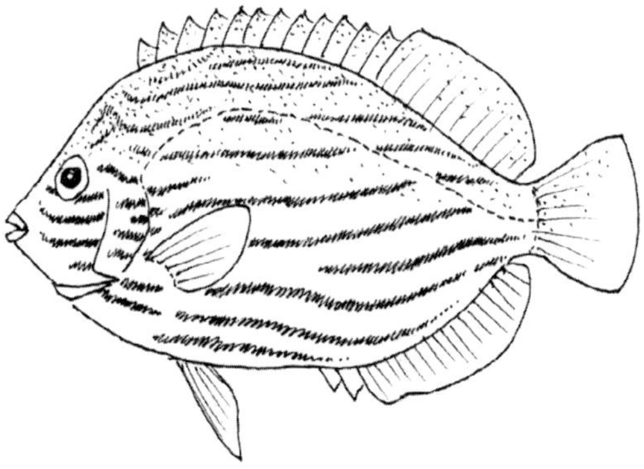

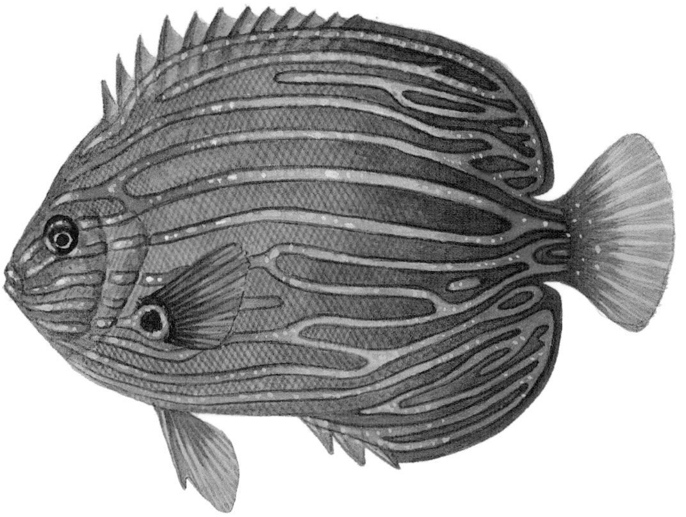

몸길이는 20cm 안팎이다. 몸은 노랗고 파란 줄무늬가 여러 줄 나 있다. 새끼일 때는 온몸이 까맣고 머리에서 배까지 노란 줄무늬만 있고 등지느러미, 뒷지느러미 끄트머리가 노랗다. 몸은 좌우로 납작하다.
등지느러미에는 억센 가시와 부드러운 가시가 이어진다.
배지느러미와 꼬리지느러미는 노랗다. 꼬리지느러미 끄트머리는 둥글다. 옆줄은 한 줄이다.

벵에돔

Girella punctata

벵에돔은 따뜻한 바다를 좋아한다. 우리나라 남해와 제주 바다에 많이 살고 울릉도와 독도에도 산다. 일본, 대만, 동중국해에도 산다. 돌돔처럼 물살이 세고 파도가 치는 바닷가 갯바위 가까이에서 산다. 밤에는 바위틈에 숨어 있다가 낮이 되면 나와서 먹이를 잡아먹고 해거름에 다시 집으로 돌아간다. 여름에는 갯지렁이나 작은 새우나 게 따위를 잡아먹고, 겨울에는 바닷말이나 바위에 붙은 김이나 파래 따위도 갉아 먹는 잡식성이다. 겁이 많아서 사람 그림자만 봐도 숨는다. 한 마리가 숨으면 모여 있던 무리가 모두 후닥닥 숨는다.

2~6월이 되면 짝짓기를 하고 알을 낳는다. 알에서 나온 새끼는 바다에 떠다니는 바닷말 더미 밑에 숨어 산다. 한 해가 될 때까지는 바닷가에 떼를 지어 산다. 10cm쯤 되는 작은 새끼들이 바닷가 물웅덩이에서 수십 마리씩 떼 지어 살기도 한다. 3년쯤 크면 바닷가에서 깊은 바닷속 바위밭으로 옮겨간다.

이름 몸이 까맣다고 지역에 따라 '흑돔(부산, 경남), 깜정고기, 수만이(전남), 구릿(제주)'이라고 한다. 영어로는 오팔 같은 푸른 눈을 가지고 있다고 'opaleye'라고 한다. 일본에서는 눈이 머리 앞쪽에 있다고 '메지나(メジナ, 眼仁奈)'라고 한다.
성장 알은 동그랗고 서로 떨어져 물에 뜬다. 물 온도가 15~21도일 때 이삼일 지나면 알에서 새끼가 나온다. 한 해가 지나면 11cm, 3년이면 20cm, 7년이면 30cm쯤 큰다. 암컷이 수컷보다 조금 작다.
고기잡이 6월부터 겨울까지 낚시로 많이 잡는다.
쓰임 겨울이 제철이다. 여름에 잡은 벵에돔 살에는 독특한 비린내가 나서 잘 안 먹는다. 하지만 겨울에는 그런 비린내가 싹 사라져서 맛이 좋다. 구워 먹거나 매운탕을 끓여 먹는다.

50 cm
남해, 제주, 울릉도, 독도
2~6월

다른 이름 흑돔, 깜정고기, 수만이, 구릿
분포 우리나라, 일본, 대만, 동중국해
먹이 갯지렁이, 게, 새우, 바닷말 따위
특징 이것저것 먹는 잡식성 물고기다.

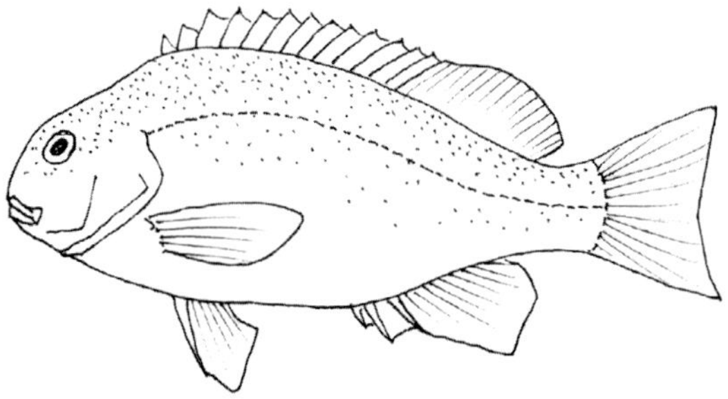

다 크면 몸길이가 50cm쯤 된다. 몸은 긴 타원형이고 옆으로 납작하다. 어릴 때는 몸빛이 까만 푸른빛이다가 크면 까무스름해진다. 비늘에 까만 점이 있어서 몸빛이 까맣게 보인다. 주둥이는 짧고 입에는 자잘한 이빨이 촘촘하게 나 있다. 꼬리 끝은 어릴 때에 잘린 듯이 반듯하다가 크면 눈썹달 모양이 된다. 옆줄은 한 줄이다.

돌돔

Oplegnathus fasciatus

돌돔은 따뜻한 바닷물을 좋아한다. 우리나라 동해와 서해 남쪽과 남해, 제주 바다에 산다. 일본 남부와 중국 남쪽 바닷가에도 산다. 먼바다보다 바닷가 갯바위가 많은 곳에서 산다. 갯바위에 사는 물고기 가운데 힘이나 생김새가 으뜸이라 '갯바위의 제왕'이라고 한다. 낮에는 바위틈을 어슬렁어슬렁 헤엄쳐 다니고 물낯 가까이 올라오기도 한다. 그러다 먹이를 보면 쏜살같이 달려든다. 이빨이 튼튼해서 성게나 소라나 조개도 아드득 깨서 속살을 쪽쪽 빨아 먹는다. 자기가 먹이를 먹을 때 다른 물고기가 가까이 오면 부레를 옴쭉옴쭉 움직여서 '구, 구' 소리를 낸다. 다른 물고기를 쫓아내려고 내는 소리다. 크기가 3cm쯤 되는 새끼는 물에 떠다니는 작은 새우 같은 갑각류를 먹고, 크기가 10cm 안팎이면 이것저것 안 가리고 먹는 잡식성이며, 크기가 15cm 넘게 크면 조개나 성게 같은 극피동물을 잘 먹는다. 밤에는 바위틈에 들어가 꼼짝 않고 쉰다.

이름 돌밭에서 산다고 '돌돔'이다. 지역에 따라 몸에 까만 줄이 나 있다고 '줄돔(부산), 청돔(충남), 갓돔, 갯돔, 돌톳(제주)'라고 한다. 새끼를 경남에서는 '아홉동가리', 울릉도에서는 '뺀찌'라고 한다. 영어로는 'parrot fish, black mouth, rock bream, striped beak perch'라고 하고 일본에서는 돌을 뜻하는 말이 들어가서 '이시다이(イシダイ, 石鯛)'라고 한다.

성장 5~8월에 짝짓기를 하고 알을 낳는다. 알은 무색투명하고 낱낱이 흩어져 물 위에 둥둥 떠다닌다. 물 온도가 20도 안팎이면 이틀쯤 지나 알에서 새끼가 나온다. 새끼들은 물에 떠다니는 바다풀 밑에 떼 지어 모여 있다. 4cm쯤 크면 까만 줄무늬가 나타난다. 어릴 때는 몸이 노랗고 까만 줄무늬가 뚜렷하다. 8cm쯤 크면 바위 밭으로 내려가 산다. 몸이 크면서 줄무늬는 흐릿해지다가 늙으면 온몸이 까무스름해지고 주둥이가 까맣게 바뀐다.

고기잡이 갯바위 낚시로 많이 잡는다. 그런데 튼튼한 이빨로 낚싯줄도 뚝뚝 잘 끊고, 눈도 밝고 의심도 많아서 미끼를 잘 안 문다. 힘도 장사라 낚싯대가 휘청휘청 휠 정도다. 가장 힘세고 멋진 물고기라고 '바다의 황제', '환상의 고기', '갯바위의 제왕' 같은 별명이 있다. 요즘에는 가둬 기르기도 한다.

쓰임 여름이 제철이다. 회, 소금구이, 매운탕으로 먹는다. 껍질을 데쳐 먹기도 하고 창자도 먹는다.

30~70 cm
온 바다
5~8월

다른 이름 줄돔, 청돔, 갓돔, 갯돔, 돌톳
분포 우리나라, 일본, 중국
먹이 게, 조개, 고둥 따위
특징 몸에 까만 줄무늬가 줄지어 나 있다.
크면서 줄무늬가 흐릿해진다.

몸길이는 30~50cm쯤 된다. 70cm까지 크기도 한다. 몸이 옆으로 납작하다. 어릴 때는 몸에 노랗고 까만 띠무늬 일곱 줄이 뚜렷하다. 크면서 몸빛이 거무스름해지고 띠무늬가 흐릿해지다가 없어진다. 다 자란 수컷은 주둥이만 까맣다. 눈 뒤로 등이 높다. 입은 작고 새 부리처럼 튀어나왔다. 이빨 사이에 석회질이 차서 서로 하나로 붙고 층을 이룬다. 이빨이 돌처럼 단단하다. 등지느러미 앞쪽은 가시가 억세고 뒤쪽은 부드럽다. 꼬리지느러미 끝 가운데가 안쪽으로 조금 파인다. 옆줄은 한 줄이다.

강담돔

Oplegnathus punctatus

강담돔은 따뜻한 물을 좋아한다. 동해와 서해 남쪽부터 남해, 제주 바다에 산다. 일본과 중국 남쪽 바다와 괌, 하와이에도 산다. 돌돔보다 더 따뜻한 곳에서 산다. 돌돔과 사는 모습이 비슷하다. 바닷가 바위 밭에 살면서 조개나 고둥, 성게 같은 껍데기가 딱딱한 먹이도 부숴 먹는다. 강담돔도 크면서 몸 무늬가 빽빽해지다가 돌돔처럼 흐려지면서 없어지는데, 늙은 돌돔은 주둥이가 까맣지만 강담돔은 하얗게 바뀐다. 우리나라에서는 돌돔보다 수가 적다.

이름 지역에 따라 '교련복(경남), 깨돔(경남), 얼룩갯돔(제주)'이라고도 한다. 영어로 'spotted parrot fish, rock porgy, stone wall perch', 일본에서는 '이시가키다이(イシガキダイ, 石垣鯛)'라고 하고, 나이가 든 물고기는 돌돔과 반대로 주둥이가 하얗게 된다고 '구치지로(クチジロ)'라고 한다. 중국에서는 '반석조(斑石鯛), 석원조(石垣鯛)'라고 한다.

성장 4~7월에 알을 낳는데, 돌돔보다 조금 늦게 낳는다. 알은 무색이고 바다 위로 흩어져 떠다니다가 이틀쯤 지나면 새끼가 나온다. 2~3cm 크기인 새끼는 떠다니는 바다풀 아래에 붙어 떼 지어 산다. 돌돔보다 빨리 자란다. 드물게 돌돔과 강담돔이 짝짓기를 해 알을 낳기도 한다. 그 새끼는 돌돔의 줄무늬와 강담돔의 까만 점무늬가 다 있다.

고기잡이 여름철에 바닷가에서 낚시로 잡는다.

쓰임 여름이 제철이다. 회, 구이, 매운탕으로 먹는다.

40~90 cm
온 바다
4~7월

다른 이름 교련복, 깨돔, 얼룩갯돔
분포 우리나라, 일본, 중국, 태평양
먹이 조개, 고둥, 성게 따위
특징 어릴 때는 몸에 까만 무늬가 잔뜩 나 있다.

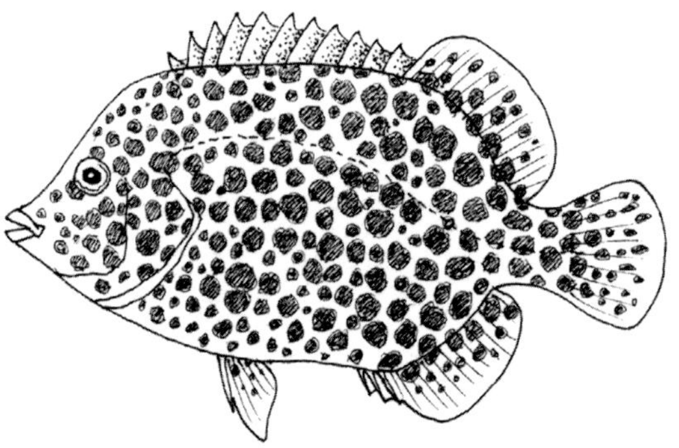

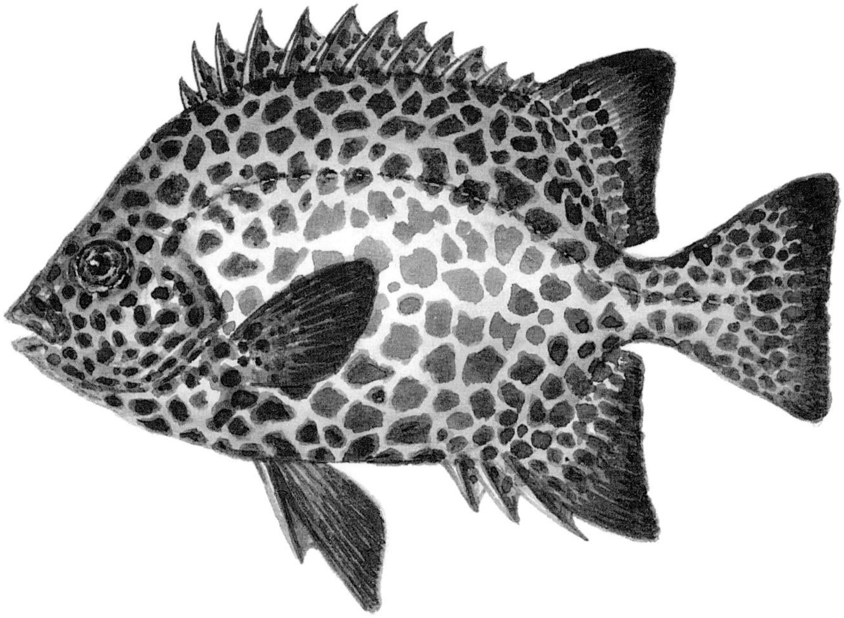

몸길이는 40~90cm쯤 된다. 몸 생김새와 이빨은 돌돔과 비슷하다. 몸은 옆으로 납작하고, 작은 빗살무늬로 덮여 있다. 양 눈 사이 앞쪽과 아래턱 아래쪽에는 비늘이 없다. 주둥이는 새 부리처럼 튀어나왔고 입은 작다. 몸에 까만 점무늬가 흐드러졌다. 지느러미에도 점무늬가 있다. 다 크면 무늬가 없어지고 주둥이만 하얗게 된다. 등지느러미는 억센 가시와 부드러운 가시가 막으로 이어진다. 부드러운 가시 앞쪽은 억센 가시보다 훨씬 길다. 꼬리지느러미 끄트머리는 가운데가 움푹 파이거나 똑바르다. 옆줄은 한 줄이다.

망상어

Ditrema temmincki

망상어는 남해와 동해 바닷가 갯바위나 방파제에서 쉽게 볼 수 있다. 그런데 사는 곳에 따라 몸빛이 많이 다르다. 잿빛 밤색에 반짝반짝 빛나는 망상어가 가장 많다. 바위 밭에 살면 불그스름하고, 바닷말이 수북이 자란 곳에 살면 옅은 풀빛을 띤다. 일본, 캐나다, 미국에서도 볼 수 있다. 떼 지어 다니면서 동물성 플랑크톤이나 갯지렁이나 작은 새우나 조개 따위를 먹고 산다.

망상어는 새끼를 낳는 물고기로 잘 알려져 있다. 가을에 수컷 한 마리가 암컷 4~10마리를 거느리고 짝짓기를 한다. 수컷이 교미기를 암컷 배 속에 밀어 넣고 정자를 넣으면 서너 달 동안 암컷 몸속에서 기다렸다가 수정이 된다. 몇 달 뒤에 아기를 밴 엄마처럼 어미 배가 불룩해진다. 새끼는 대여섯 달을 아기처럼 어미 배 속에서 영양분을 받아먹으며 지낸다. 이듬해 오뉴월이 되면 꼬리부터 후둑후둑 새끼가 빠져나온다. 갓 나온 새끼들은 크기가 벌써 어른 손가락만 하다.

이름 지역에 따라 '망사, 망상어(부산), 망싱이(경남), 맹이(강원), 망치어(전남), 바다망성어(남해)' 라고 한다. 또 생김새가 민물에 사는 붕어를 닮았다고 '바다붕어' 라고도 한다. 《자산어보》에는 망상어를 입이 작다고 '소구어(小口魚) 속명 망치어(望峙魚)' 라고 하면서 '큰 놈은 크기가 한 자쯤이고, 생김새는 도미를 닮았지만 높이는 더 높고 입이 작으며 빛깔이 희다. 태에서 새끼를 낳는다. 살이 연하며 맛이 달다' 라고 써 놓았다. 영어로는 'sea chub', 일본에서는 얕은 바다에 사는 납자루라는 뜻인 '우미타나고(ウミタナゴ, 海鱮)' 라고 한다.

성장 수컷 정자는 9월, 암컷 알은 12~1월에 성숙된다. 새끼는 1년이면 12cm, 2년이면 17cm, 3년이면 23cm쯤 큰다. 큰 것은 25cm가 넘는다.

고기잡이 갯바위에서 낚시로 많이 잡는다. 걸그물이나 함정그물을 쳐 놓고 잡기도 한다.

쓰임 봄여름이 제철이다. 구워 먹고 조려 먹고 탕을 끓여 먹는다. 망상어가 꼬리부터 새끼를 낳는다고 옛날에는 아기를 가진 엄마는 안 먹었다. 먹으면 아기를 거꾸로 낳는다고 했지만 그럴 일은 없다.

20~25 cm
남해, 동해
5~6월

다른 이름 망사, 망싱이, 맹이, 망치어
분포 우리나라, 일본, 캐나다, 미국
먹이 플랑크톤, 지렁이, 새우, 조개 따위
특징 새끼를 낳는다.

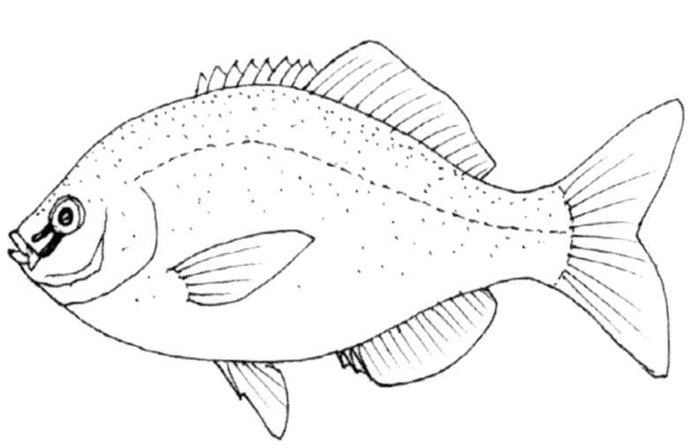

몸길이는 20~25cm쯤 된다. 몸빛은 잿빛 밤색이나 붉은 밤색이나 옅은 풀색이다. 사는 곳에 따라 몸빛이 다르다. 몸은 옆으로 납작하다. 입이 작고 눈은 크다. 눈 밑에서 위턱으로 까만 점무늬가 2개 있다. 등지느러미는 억센 가시와 부드러운 가시가 얇은 막으로 서로 이어진다. 배지느러미 뿌리 쪽에는 까만 점이 있다. 꼬리지느러미는 깊게 파인다. 옆줄이 뚜렷하다.

새끼 낳는 모습 망상어는 다른 물고기보다 새끼를 적게 낳는다. 한 번에 열 마리에서 서른 마리까지 낳는다. 갓 나온 새끼는 헤엄도 잘 치고 도망도 잘 친다.

흰동가리

Amphiprion clarkii

흰동가리는 따뜻한 물을 좋아한다. 우리나라 제주 바다에 살고 일본, 대만, 말레이시아, 호주, 인도양, 태평양, 홍해에 산다. 흰동가리는 말미잘과 더불어 살아가는 물고기다. 다른 물고기들은 말미잘 촉수에 독이 있어서 말미잘이랑 함께 못 산다. 그런데 흰동가리는 어릴 때 면역이 생기고, 살갗에서 끈끈한 물이 나와서 말미잘 독침에도 끄떡없다. 말미잘 속에 숨어 있으면 덩치 큰 물고기들이 어쩌지 못한다. 말미잘 속에 숨어 사는 대신 찌꺼기를 깨끗하게 치워 주고, 다른 물고기를 꾀어 와서 말미잘이 잡아먹을 수 있게 해 준다. 서로 돕고 사는 공생 관계다. 떠다니는 새우나 바다풀, 플랑크톤 따위를 먹는다.

여름에는 짝짓기를 하고 말미잘이 붙은 바위에 알을 낳아 붙인다. 알은 어미가 지킨다. 크기는 작아도 알을 낳은 곳으로 다른 물고기나 잠수부가 가까이 오면 사납게 달려든다. 사람 손을 물어뜯기도 한다. 말미잘에 커다란 암컷 한 마리와 그보다 작은 수컷 한 마리, 그리고 새끼 두세 마리가 무리를 지어 함께 산다. 암컷이 죽으면 수컷 몸이 바뀌어서 암컷이 된다. 13년쯤 산다.

이름 우리나라에 흔한 물고기가 아니어서 다른 이름은 없다. 영어로는 몸 빛깔이 광대처럼 알록달록하다고 'clownfish', 말미잘(anemone)과 함께 산다고 'yellow tailed anemone fish'라고 한다. 일본에서는 '구마노미(クマノミ, 熊之實)'라고 한다.
성장 10일쯤 지나면 알에서 새끼가 나온다.
고기잡이 먹으려고 잡지는 않는다.
쓰임 몸빛이 예뻐서 사람들이 수족관에서 기른다.

5~7 cm
제주
여름

다른 이름 없음
분포 우리나라, 일본, 태평양, 인도양
먹이 떠다니는 작은 새우, 바닷말 따위
특징 말미잘과 서로 도우며 함께 산다.

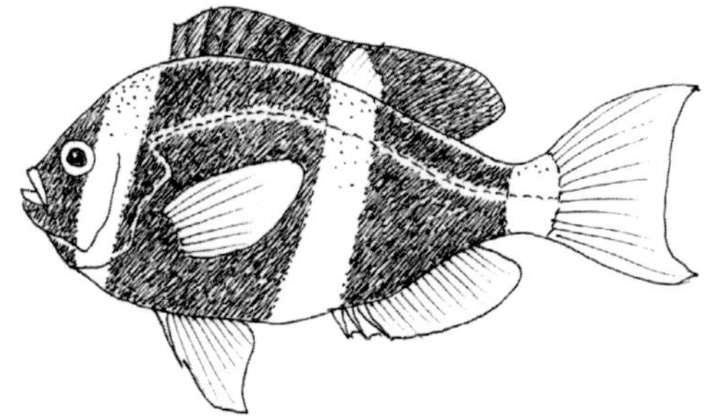

몸길이는 5~7cm쯤 된다. 15cm까지 크기도 한다. 몸빛은 불그스름하고, 하얀 띠가 눈 뒤와 몸통과 꼬리 자루에 석 줄 나 있다. 몸은 타원형이고 옆으로 납작하다. 사는 곳에 따라 몸빛이 다르다. 주둥이는 짧고, 아래턱이 위턱보다 튀어나왔다. 꼬리지느러미 끄트머리는 가운데가 조금 파이거나 반듯하다.

여러 빛깔 흰동가리 흰동가리는 사는 곳에 따라 몸빛이 여러 가지다. 몸빛이 달라도 모두 흰동가리다.

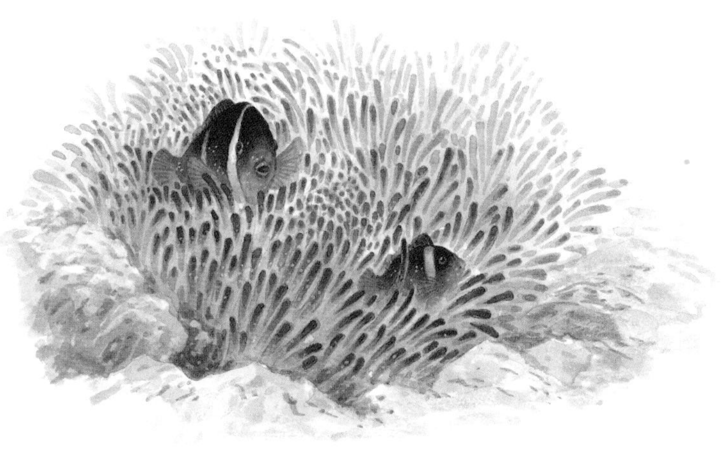

말미잘과 함께 사는 흰동가리 흰동가리는 말미잘과 함께 산다. 말미잘은 흰동가리를 지켜 주고, 흰동가리는 말미잘을 깨끗하게 해 주며 산다.

자리돔

Chromis notatus

자리돔은 물이 따뜻하고 바위가 울퉁불퉁 많은 바닷가나 산호 밭에서 산다. 몸 크기가 붕어만 한 자리돔들이 물속에서 떼로 몰려다닌다. 우리나라 제주 바다에 많고 따뜻한 물이 올라오는 울릉도, 독도까지 산다. 일본, 동중국해에도 산다. 따뜻한 바다에 사는 자리돔 무리 가운데 물 온도가 낮아도 가장 잘 견딘다. 꼬리 쪽에 눈알 크기만 한 하얀 점이 있어서 햇살을 받으면 반짝반짝 빛나는데 물 밖으로 나오면 감쪽같이 사라진다. 작은 입을 쫑긋거리면서 쪼그만 플랑크톤을 호록호록 잡아먹는다. 낮에는 떼 지어 다니다가 밤이 되면 돌 틈이나 산호 속에 들어가 쿨쿨 잠을 잔다.

유채꽃 피는 봄부터 한여름까지 짝짓기를 한다. 수컷이 바위에 움푹 파인 곳을 깨끗하게 치우고 암컷을 데려온다. 암컷은 알을 다 낳으면 뒤도 안 돌아보고 떠나는데 수컷은 알에서 새끼가 나올 때까지 내내 곁을 지킨다. 알에서 나온 새끼는 한 달쯤 물에 둥둥 떠다니다가 1cm쯤 자라면 바위 밭에 내려와 산다. 이삼 년쯤 산다.

이름 지역에 따라 '자돔, 자리(제주), 생이리(통영)'라고 한다. 영어로는 처녀 같은 물고기라고 'damselfish', 암초나 산호 밭에 산다고 'whitesdaddled reeffish, coralfish'라고 한다. 일본에서는 '스즈메다이(スズメダイ, 雀鯛)'라고 한다.
성장 암컷 한 마리가 알을 2만 개쯤 낳는다. 알 낳기 알맞은 물 온도는 20도이다. 4일쯤 지나면 알에서 새끼가 나온다. 7cm쯤 크면 어른이 된다.
고기잡이 옛날 제주도 사람들은 나무를 엮은 뗏목을 타고 나가서 그물로 자리돔을 잡았다. 이걸 제주도 사람들은 '자리 뜬다'고 했다. 지금은 긴 줄에 낚시를 여러 개 달아 잡거나, 자리그물이나 걸그물로 잡는다. 여름에 많이 잡는다.
쓰임 여름이 제철이다. 몸집이 작고 뼈가 억세지만 기름기가 있어서 고소하고 비린내가 없다. 잡아서 뼈째 썰어 회로 먹거나 물회를 만들어 먹는다. 소금을 뿌려 구워 먹거나 자박자박 조려 먹어도 맛있다. 젓갈도 담는다. 제주도에서는 '자리 물회', '자리 젓갈', '자리 소금구이'로 많이 먹는다.

15 cm 안팎
제주, 남해, 울릉도, 독도
봄~여름

다른 이름 자돔, 자리, 생이리
분포 우리나라, 일본, 동중국해
먹이 플랑크톤
특징 수컷이 알에서 새끼가 나올 때까지 곁을 지킨다.

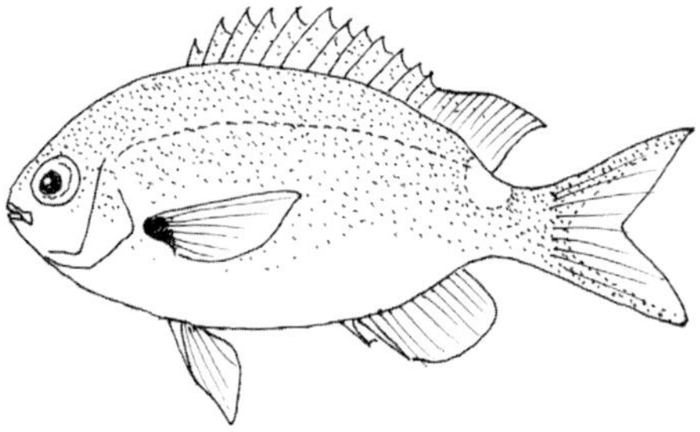

몸길이는 15cm 안팎이다. 몸빛은 거무스름한 밤색이다. 몸통은 옆으로 납작하다. 가슴지느러미가 몸에 붙은 곳에 거무스름한 점이 있다. 등지느러미가 끝나는 등에는 하얀 점이 있는데 물 밖으로 나오면 없어진다. 꼬리지느러미는 가위처럼 갈라졌다. 옆줄은 등지느러미가 끝나는 곳에서 끊어진다.

연무자리돔 *Chromis fumea*
등지느러미와 배지느러미와 꼬리지느러미가 파랗다. 열대 바다에 살고 우리나라에서는 제주 바다에서만 볼 수 있다. 물속 10~20m 바위 밭에서 산다.

노랑자리돔 *Chromis analis*
온몸이 노랗다고 노랑자리돔이다. 어릴 때는 노랗다가 크면 등 쪽이 밤색을 띤다. 물속 20~30m 바위 밭에서 산다. 무리를 안 짓고 혼자 산다.

알을 지키는 수컷 자리돔 수컷은 바위에 붙인 알에서 새끼가 나올 때까지 곁을 지킨다. 다른 물고기를 쫓아내거나 신선한 물이 들어가게 지느러미로 부채질을 한다.

샛별돔

Dascyllus trimaculatu

샛별돔은 따뜻한 물을 좋아하는 물고기다. 우리나라 제주 바다와 온 세계 열대 바다에 산다. 온몸이 새까맣지만 머리 위와 등에 새하얀 점이 있어서 눈에 잘 띈다. 어릴 때는 무리를 지어 다니기도 하고, 말미잘 숲에서도 산다. 흰동가리처럼 다른 물고기는 얼씬도 안 하는 말미잘 속에 들어가 제 몸을 지킨다. 서로 돕고 사는 공생 관계다. 다 크면 말미잘 숲을 떠난다. 동물성 플랑크톤이나 바다풀을 먹는다. 우리나라 제주 바다에서 가끔 볼 수 있다.

이름 어릴 때 까만 몸에 하얀 점이 샛별처럼 빛난다고 이름이 '샛별돔'이다. 영어로는 'domino, threespot humbug'라고 하고, 일본에서는 '미쓰보시구로수주메다이(ミツボシクロスズメダイ)'라고 한다.
성장 알려진 것이 별로 없다.
고기잡이 먹으려고 잡지는 않는다.
쓰임 사람들이 보려고 수족관에서 키운다.

15 cm
제주
모름

다른 이름 없음
분포 온 세계 열대 바다
먹이 플랑크톤, 바다풀
특징 온몸이 까맣고 머리와 등에 하얀 점이 하나씩 있다.

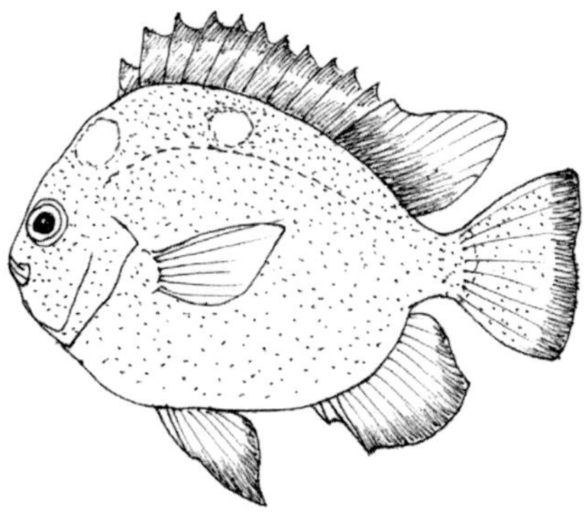

몸길이는 15cm쯤 된다. 온몸이 까맣고 머리 위와 등에 눈 크기만 한 하얀 점이 있는데 크면서 흐릿해진다. 주둥이는 짧고 둥글다. 눈 뒤로 등이 높게 솟는다. 등지느러미가 억센 가시와 부드러운 가시로 나뉘었다. 옆줄은 등지느러미의 부드러운 가시가 시작되는 곳에서 끝난다.

열대 바다에서 샛별돔은 말미잘 숲에서 떼를 지어 산다. 큰 물고기가 다가오면 말미잘 속으로 숨는다.

파랑돔

Pomacentrus coelestis

파랑돔은 따뜻한 물을 좋아해서 제주 바다와 남해에 사는데, 따뜻한 물을 따라 울릉도와 독도까지 올라가기도 한다. 일본과 남태평양 열대 바다까지 산다. 크기는 어른 손가락만 하지만 온몸이 파랗고 배지느러미, 뒷지느러미, 꼬리지느러미는 노래서 바닷속에서 눈에 확 띈다.

바닷가 바위 밭이나 산호 밭에서 산다. 몸집이 작아서 바위틈이나 산호 사이에 쏙쏙 잘 들어가 숨는다. 한여름에 수컷이 돌 밑에 자리를 잡고 암컷을 데려와 짝짓기를 한다. 암컷이 알을 낳으면 수컷이 곁을 지킨다. 알에서 나온 새끼들은 떼 지어 돌아다니며 작은 플랑크톤이나 새우를 먹으며 큰다.

이름 온몸이 파랗다고 파랑돔이다. 영어로는 'neon damselfish, heavenly damselfish'라고 한다. 일본에서는 '소라수주메다이(ソラスズメダイ, 空雀鯛)'라고 한다.
성장 아직 잘 알려지지 않았다.
고기잡이 사람들이 먹으려고 잡지는 않는다.
쓰임 몸빛이 예뻐서 수족관에서 기른다.

7~8 cm
제주, 남해
여름

다른 이름 없음
분포 우리나라, 일본, 남태평양 열대 바다
먹이 작은 동물이나 새우 따위
특징 온몸이 파랗다.

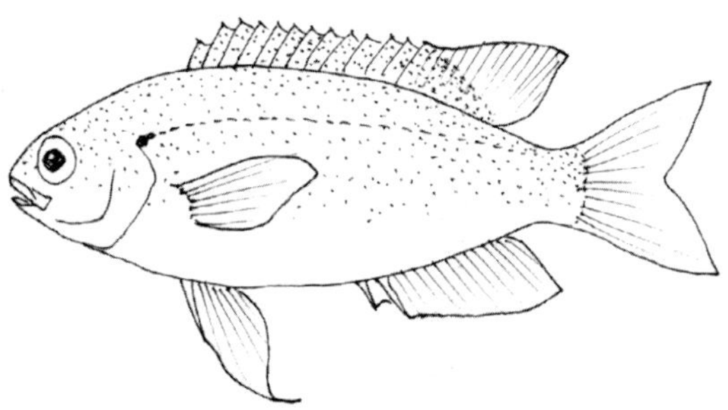

몸길이는 7~8cm쯤 된다. 몸빛이 파랗고 배지느러미, 뒷지느러미, 꼬리지느러미는 노랗다. 몸은 길쭉한 타원형이고 옆으로 납작하다. 등지느러미는 길다. 꼬리지느러미 끝은 안쪽으로 살짝 파였다. 옆줄은 몸 가운데쯤에서 끊긴다.

연산호 밭

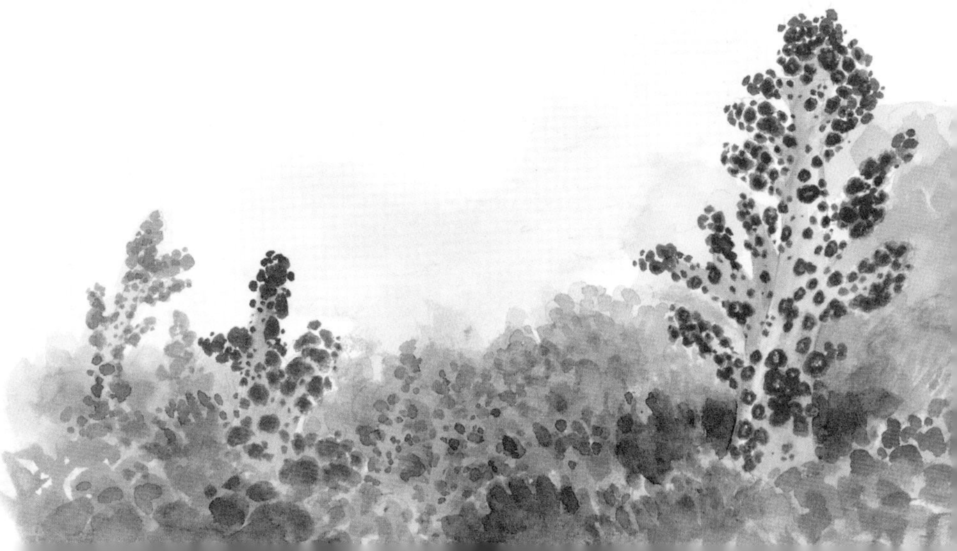

용치놀래기

Halichoeres poecilopterus

용치놀래기는 따뜻한 바다를 좋아한다. 우리나라 온 바다에 살고 일본, 대만, 중국, 필리핀에도 산다. 바닥에 바위가 울퉁불퉁 있고, 바위 사이에 모래가 깔려 있는 곳을 좋아한다. 주둥이가 길쭉하고 이빨이 송곳처럼 뾰족하고 강해서 바위틈에 숨어 있는 갯지렁이나 껍데기가 딱딱한 새우나 게나 조개 따위를 닥치는 대로 쪼아 먹는다. 다른 물고기가 안 먹는 해파리도 먹는다. 먹이 욕심이 많아서 먹잇감이 나타나면 물불을 안 가리고 떼로 달려든다. 해거름 무렵 어둑어둑해지면 이리저리 돌아다니면서 잠잘 곳을 찾는다. 그러고는 머리를 눕혀 모랫바닥을 파고 들어가 쿨쿨 잠을 잔다. 새벽 해 뜰 참이 되면 모래에서 머리를 내밀고 이리저리 눈을 굴리면서 나가도 되는지 살피고 나서야 밖으로 빠져나온다. 물 온도가 13~15도 아래로 떨어지면서 날씨가 쌀쌀해지고 물이 차가워지면 아예 모랫바닥에 들어가 이듬해 봄까지 겨울잠을 잔다. 물 온도가 16도 위로 올라가면 겨울잠에서 깨어난다.

용치놀래기는 암컷과 수컷 몸 빛깔이 아주 다르다. 그래서 사람들은 오랫동안 서로 다른 물고기인 줄 알았다. 암컷은 몸이 빨개서 붉은놀래기, 수컷은 몸이 파래서 청놀래기라고 했다. 그런데 알고 보니 같은 물고기였다. 어릴 때는 암컷과 수컷 몸빛이 불그스름해서 같다. 용치놀래기는 크면서 몸도 바꾼다. 어릴 때는 암컷이었다가 크면서 수컷으로 몸이 바뀐다. 또 용치놀래기는 우두머리 수컷 한 마리와 암컷 여러 마리가 함께 살아간다. 새끼 가운데 수컷은 따로 떨어져 무리를 만들고, 우두머리 수컷이 죽으면 암컷 가운데 한 마리가 수컷으로 몸을 바꿔 우두머리가 된다. 우리나라에는 놀래기 무리가 스무 종쯤 산다. 놀래기 무리는 크면서 몸을 바꾸는 물고기가 많다. 어렝놀래기, 황놀래기, 놀래기 따위도 크면서 암컷에서 수컷으로 몸이 바뀐다.

이름 뾰족한 이빨이 마치 용 이빨을 닮았다고 '용치놀래기'다. 지역에 따라 '용치(전남), 고생이(제주), 술뱅이, 수멩이(경남), 이놀래기(경북)'라고 한다. 영어로는 'multicolorfin rainbowfish', 일본에서는 '규우센(キュウセン, 救仙)', 중국에서는 '화기해저어(花鰭海猪魚)'라고 한다.
성장 알에서 암컷, 수컷이 나온다. 12~15cm쯤 크면 암컷에서 수컷으로 몸이 바뀌기 시작한다.
고기잡이 낚시에 걸려 올라오지만 낚시꾼들이 싫어하는 물고기다. 입이 작아 미끼만 빼 먹는다.
쓰임 살은 희고 맑고 담백해서 회나 구이, 매운탕으로 먹는다.

25cm
제주, 남해, 서해
늦은 봄

다른 이름 용치, 고생이, 수멩이, 이놀래기
분포 우리나라, 일본, 대만, 중국, 필리핀
먹이 갯지렁이, 조개, 새우, 게 따위
특징 어릴 때는 암컷이다가 크면 수컷으로 몸이 바뀐다.

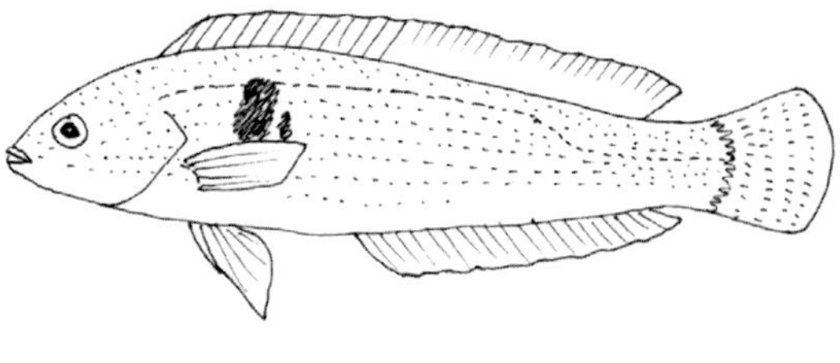

수컷

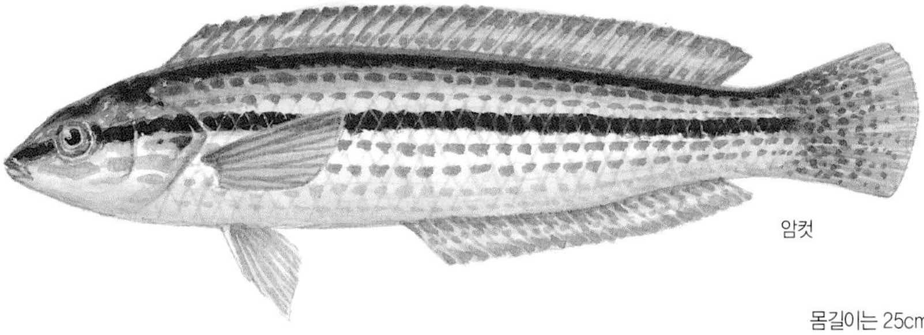

암컷

몸길이는 25cm쯤 된다. 몸은 옆으로 납작하고 긴 원통꼴이다. 수컷은 풀빛 몸에 가슴지느러미 뒤에 크고 까만 점이 있다. 암컷은 불그스름한 몸에 까맣고 빨간 띠가 나 있다. 주둥이가 길고 뾰족하다. 양턱 앞쪽에 송곳니가 네 개씩 있다. 등지느러미가 몸 뒤쪽까지 길게 이어진다. 꼬리지느러미 끄트머리는 둥글다. 옆줄은 한 줄이다.

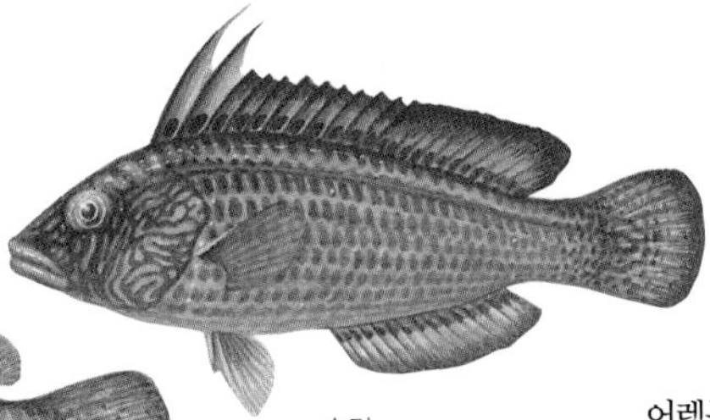

수컷

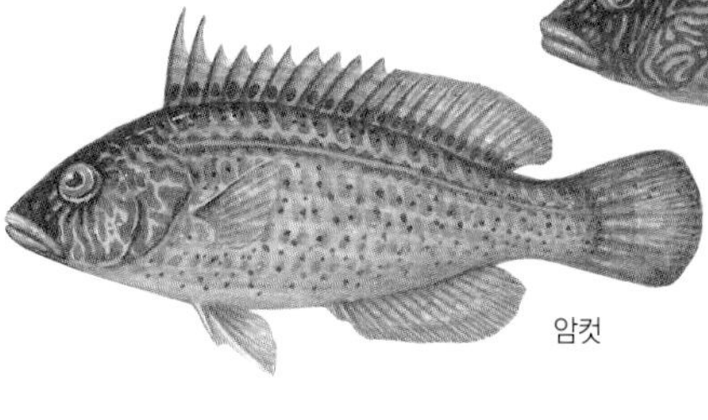

암컷

어렝놀래기 *Pteragogus flagellifer*

우리나라에 사는 놀래기 가운데 가장 따뜻한 바다를 좋아한다. 제주 바다에 흔하다. 다른 놀래기처럼 암컷과 수컷 생김새가 다르다.

암컷

황놀래기 *Pseudolabrus sieboldi*

놀래기나 용치놀래기보다 더 깊은 물속에서 산다. 낮에 돌아다니고 밤에는 바위틈에 숨어 잠을 잔다. 암컷이었다가 크면 수컷으로 몸이 바뀐다.

수컷

청줄청소놀래기

Labroides dimidiatus

청줄청소놀래기는 따뜻한 바다에 산다. 우리나라 제주 바다에 살고, 일본과 태평양 중부 열대와 온대 바다, 아프리카, 홍해, 호주에도 산다. 청소놀래기 무리는 다른 물고기 몸을 깨끗하게 청소해 준다. 이빨 사이에 낀 찌꺼기나 몸과 아가미에 붙어사는 기생충이나 너덜너덜 해어진 살갗도 깨끗하게 먹어 치운다. 물고기는 사람과 달리 손이 없으니까 다른 물고기한테 도움을 받아 몸 청소를 한다. 청소놀래기는 자기보다 덩치도 크고 사나운 물고기도 아랑곳하지 않고 청소를 해 준다. 청소놀래기는 한눈에 딱 알아볼 수 있게 몸 색깔이 뚜렷해서, 몸 청소를 받으러 온 큰 물고기가 딱 알아보고 잡아먹지 않는다. 청소놀래기가 청소할 마음이 있으면 꼬리를 위로, 머리를 아래로 까딱까딱 흔들면서 파도치듯이 헤엄친다. 그러면 청소 받고 싶은 큰 물고기가 알아채고 와서 청소를 받는다.

청줄청소놀래기는 청소놀래기 무리 가운데 가장 잘 알려졌다. 청줄청소놀래기가 바위틈에 있으면 몸 여기저기가 찝찝한 물고기가 다가온다. 그러면 청줄청소놀래기가 냉큼 나가서 청소를 해 준다. 청소 받는 물고기는 입을 떡 벌리고 아가미를 쫙 열고 꼼짝 않는다. 그러면 청줄청소놀래기가 입안을 마음대로 돌아다니고 아가미를 쿡쿡 들쑤시며 청소를 한다. 곰치나 자바리처럼 사나운 물고기도 청소가 끝날 때까지 꼼짝을 안 한다. 몸이 큰 어른청소놀래기가 입을 청소하고 작은 새끼들이 아가미를 청소해 주기도 한다. 한 마리 청소해 주는 데 일 분쯤 걸린다. 청소놀래기 말고도 청소새우나 어린 나비고기나 쥐치 따위도 다른 물고기 몸 청소를 해 준다.

이름 청소를 깨끗하게 잘하고 몸에 파란 줄무늬가 있어서 '청줄청소놀래기'다. '기생놀래기'라고도 한다. 영어로는 'blueback black wrasse, cleaner wrasse', 일본에서는 '지고베라(チゴベラ)'라고 한다.
성장 아직 밝혀진 것이 별로 없다.
고기잡이 안 잡는다.
쓰임 안 먹는다.

12 cm 안팎
제주
모름

다른 이름 기생놀래기
분포 우리나라, 일본, 중부 태평양
먹이 음식 찌꺼기, 기생충, 헌 살갗 따위
특징 다른 물고기 몸 청소를 해 준다.

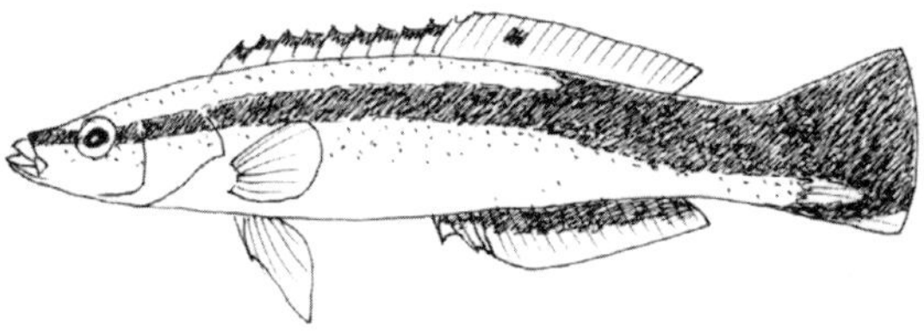

몸길이는 12cm 안팎이다. 몸통 앞쪽은 누렇고 뒤쪽은 파르스름하다. 주둥이부터 몸통을 따라 꼬리 끝까지 검푸른 줄무늬가 한 줄 있다. 줄은 처음에는 가늘다가 뒤로 갈수록 넓어진다. 몸은 갸름하고 길쭉하다. 입술이 두툼하고, 위턱 앞쪽에 앞니 두 개가 앞으로 튀어나왔다. 꼬리지느러미 끄트머리는 둥그스름하다.

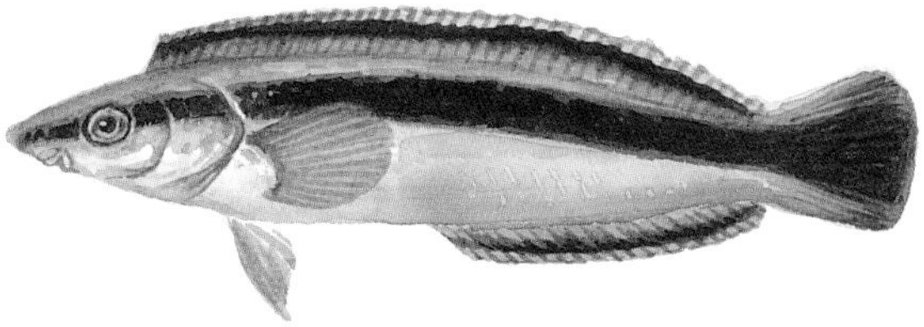

가짜청소베도라치
청줄청소놀래기는 덩치 큰 물고기가 안 잡아먹는다. 그러니까 가짜청소베도라치는 청줄청소놀래기 몸빛이나 생김새를 똑같이 흉내 내서 덩치 큰 물고기를 속인다. 큰 물고기가 깜박 속아 가까이 오면 살점을 뜯어 먹고 달아난다.

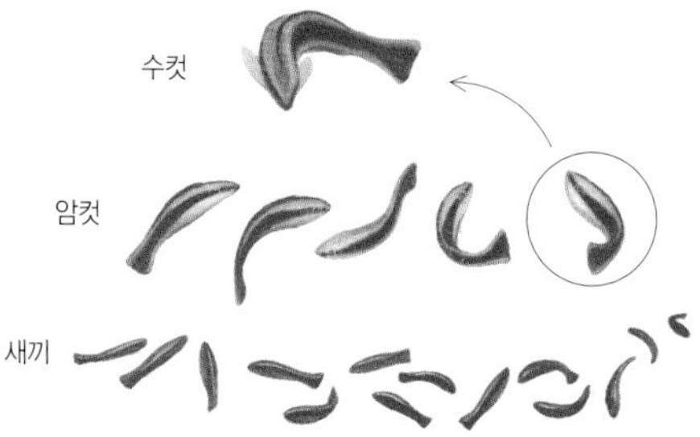

청줄청소놀래기 무리
수컷 한 마리가 암컷 여러 마리와 새끼들을 거느리고 산다. 수컷은 무리 우두머리여서 다른 수컷이 가까이 못 오게 쫓아내며 자기가 사는 둘레를 지킨다. 수컷이 죽으면 가장 힘센 암컷이 사나흘 뒤에 수컷이 된다.

청소하는 모습 덩치 큰 물고기가 다가와서 입을 쩍 벌리고 있으면 청줄청소놀래기가 와서 청소를 해 준다. 청소놀래기는 청소를 해 주면서 먹이도 먹고 천적 물고기한테 잡아먹힐 걱정이 없고, 큰 물고기는 몸을 청소할 수 있으니까 서로 도움이 된다.

혹돔

Semicossyphus reticulatus

혹돔은 따뜻한 물을 좋아한다. 우리나라 남해나 제주 바다에도 살고, 독도에도 큰 혹돔이 많다. 일본과 중국, 동중국해에도 산다. 온대 바다에 사는 놀래기 무리 가운데 가장 크다. 물 깊이가 20~30m쯤 되는 바위 밭에서 산다. 멀리 안 돌아다니고 바위틈이나 굴을 제집 삼아 산다. 자기 집으로 다른 물고기가 들어오면 쫓아낸다. 무리를 안 짓고 혼자 살거나 짝이랑 함께 산다. 낮에 나와서 어슬렁거리며 먹이를 찾는다. 혹돔은 턱 힘이 세고 이빨이 아주 굵고 강해서, 껍데기가 딱딱한 소라나 고둥이나 전복이나 가시가 삐쭉빼쭉 난 성게도 아무렇지 않게 이빨로 아드득 깨서 속살을 빼 먹는다. 깨진 껍데기 부스러기는 아가미구멍으로 뱉어 낸다. 작은 소라나 전복은 그냥 꿀꺽 삼킨다. 밤에는 굴로 돌아와 돌에 몸을 기대고 잔다. 봄에 힘이 센 수컷이 다른 수컷을 제치고 암컷과 짝짓기를 한다. 물낯 가까이 춤을 추듯 떠올라 알을 낳는다.

이름 머리에 사과만 한 혹이 난다고 '혹돔'이다. 혹돔은 이름에 돔이 들어가지만 사실 돔이 아니고 놀래기 무리에 드는 물고기다. 몸집이 크고 생김새가 돔을 닮았다고 '돔'이란 이름이 붙었다. 지역에 따라 '엥이(경남), 웽이(남해, 제주), 혹도미(전남)'라고 한다. 《자산어보》에는 '유어(瘤魚) 속명 옹이어(癰伊魚)'라고 써 놓고 '생김새가 도미를 닮아 몸이 약간 길고 눈은 작고 몸 빛깔은 붉다. 머리 뒤에 혹이 있는데 큰 놈은 주먹만 하다. 턱 아래에도 혹이 있다'고 써 놓았다. 영어로는 'bulgyhead wrasse, cold porgy'라고 한다. 일본에서는 혹돔이란 뜻 그대로인 '고부다이(コブダイ, 瘤鯛)', 겨울 돔이란 뜻인 '간다이(カンダイ, 寒鯛)'라고 한다. 중국에서는 혹이 있다고 '저류어(猪瘤魚), 융두어현(隆頭魚賢)'이라고 한다.

성장 새끼일 때는 몸통 가운데로 흰 줄이 나 있다. 또 지느러미마다 까만 점이 커다랗게 나 있다. 크면서 띠무늬와 까만 점이 없어진다. 수컷은 크면서 이마에 지방이 쌓여 사과만 한 커다란 혹이 생긴다. 암컷은 안 생긴다.

고기잡이 혹돔은 여름과 가을철에 낚시질로 잡는다. 힘이 워낙 세기 때문에 낚싯줄도 뚝뚝 끊기고 잘못하다가는 몸이 휘청거릴 정도다. 물에 안 빠지게 조심해야 된다.

쓰임 잡아서 회를 뜨거나 매운탕을 끓여 먹는다. 살은 희고 부드럽다. 여름에 맛이 있지만 일반 돔보다는 맛이 떨어진다. 《자산어보》에는 '혹을 삶아서 기름을 만든다. 맛은 도미와 비슷하지만 그것만 못하다. 머리에는 고깃살이 많은데 맛이 아주 깊다'고 써 놓았다.

1m
제주, 남해, 울릉도, 독도
봄

다른 이름 엥이, 웽이, 혹도미
분포 우리나라, 일본, 중국, 동중국해
먹이 전복, 소라, 새우, 게 따위
특징 수컷 머리에 사과만 한 혹이 생긴다.

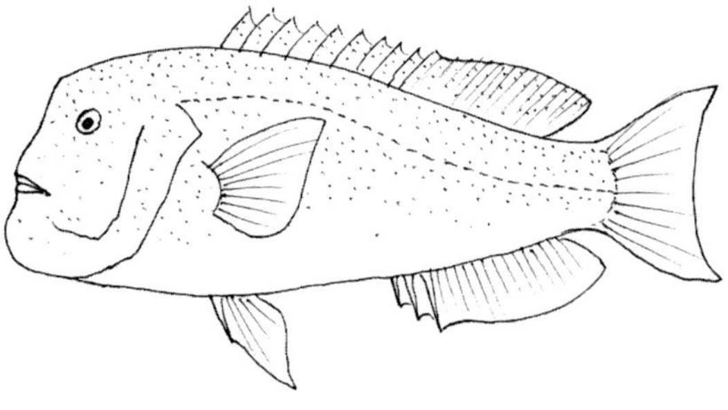

다 크면 몸길이가 1m쯤 된다. 몸빛은 빨갛다. 몸은 긴 타원형이고 옆으로 납작하다. 수컷은 이마에 혹이 나고, 암컷은 없다. 주둥이는 앞으로 튀어나왔다. 입에 큰 송곳니가 듬성듬성 나 있다. 꼬리지느러미 끝은 반듯하다. 옆줄은 한 줄이다.

혹돔 암수 수컷만 머리에 사과만 한 혹이 튀어나온다. 암컷은 안 튀어나온다.

새끼 혹돔 혹돔은 어릴 때 혹이 없다. 어릴 때는 몸통 가운데로 하얀 띠무늬가 한 줄 나 있다. 또 지느러미마다 까만 점이 커다랗게 나 있다. 다 큰 어른하고는 생김새가 딴판이다. 크면서 띠무늬와 까만 점이 없어진다.

굴에서 쉬는 혹돔 혹돔은 자기가 쉴 수 있는 굴이나 숨을 곳을 마련한다. 짝을 데려와 함께 살기도 한다. 낮에 먹이를 찾다가 밤이 되면 굴로 돌아와 쉰다.

농어목
황줄베도라치과

베도라치

Pholis nebulosa

베도라치는 조금 차가운 물을 좋아한다. 우리나라 온 바다에 살고 일본, 중국, 인도양, 태평양, 대서양에도 산다. 물 깊이가 20m보다 얕은 바다 펄 바닥이나 바위 구멍, 바위 그늘에서 산다. 바닷가 물속이나 물웅덩이 돌 틈에서도 숨어 지낸다. 몸이 뱀처럼 길쭉하고 몸에 비늘이 없고 몸에서 찐득찐득한 물이 나와서 미끌미끌하다. 그 덕에 삐쭉빼쭉 튀어나온 돌 모서리에 생채기 하나 안 나고 돌 틈이나 돌구멍을 들락날락하며 잘 산다. 낮에는 숨어 있다가 밤이 되면 나와서 먹이를 잡아먹는다. 작은 물고기나 새우나 작은 게 따위를 보면 닥치는 대로 잡아먹는다. 바다 위에 불을 켜 두면 몸을 구불거리며 물낯 가까이까지 먹이를 쫓아 올라오기도 한다.

베도라치는 겨울에 알을 낳는다. 알은 끈적끈적해서 서로 척척 달라붙어 알 덩어리가 된다. 알을 낳으면 수컷이 알 덩어리를 몸으로 감싸고 알에서 새끼가 나올 때까지 곁을 안 떠나고 지킨다. 《자산어보》에 '암수가 돌 틈에 숨어 함께 알을 품는데 알에서 새끼가 나온다'고 써 놓았다. 정약전은 이때 벌써 어른 물고기가 알을 품는다는 사실을 알고 있었다. 알에서 나온 새끼는 어미와 생김새가 딴판이다. 몸이 작고 온몸이 투명해서 속이 훤히 들여다보인다.

이름 북녘에서는 '놀맹이'라고 한다. 지역에 따라 '괴또라지(경북), 뽀드락지, 뻬드라치(경남), 실치, 뱅어(충남)'라고도 한다. 《자산어보》에 나오는 '홍점(紅鮎) 속명 홍달어 (紅達魚)'라는 물고기가 베도라치라고 짐작한다. 자산어보에는 홍점과 함께 '포도점(포도메기, 葡萄鮎)'이라는 물고기가 나오는데 '그물베도라치'라는 물고기다. 영어로는 'tidepool gunnel', 일본에서는 '긴뽀(ギンポ, 銀宝)'라고 한다.
성장 알려진 것이 별로 없다.
고기잡이 잡지 않는다. 가끔 낚시로 잡거나 그물에 걸려 올라온다.
쓰임 예전에는 침을 질질 흘리는 어린아이에게 베도라치를 고아 먹였다. 살은 맛있지만 잡어로 여긴다. 회로 먹거나 구워 먹기도 한다. 《자산어보》에는 '맛이 감미롭고 구이에 좋다'고 나와 있다.

20 cm 안팎
서해, 남해, 동해
겨울

다른 이름 놀맹이(북), 삐도라치, 괴또라지, 뽀드락지, 빼드라치
분포 우리나라, 일본, 인도양, 태평양, 대서양
먹이 플랑크톤, 작은 새우나 게
특징 수컷이 알을 지킨다.

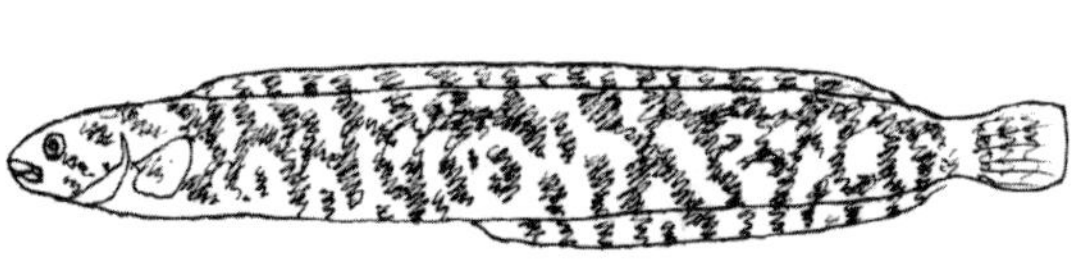

몸길이는 20cm 안팎이다. 몸은 길고 옆으로 납작하다. 몸빛은 누렇고 진한 밤색 무늬가 있다. 몸에 비늘이 없고 옆줄도 없다. 등지느러미와 뒷지느러미가 길어서 꼬리지느러미와 잇닿아 있다. 등지느러미에는 짧고 억센 가시가 있고, 등지느러미 밑 쪽에 삼각형 모양으로 까만 무늬가 줄지어 있다. 꼬리지느러미 끄트머리가 하얗다. 배지느러미는 아주 작다.

청베도라치 *Parablennius yatabei*
이름만 베도라치지 베도라치와는 아주 다른 물고기다. 베도라치보다 작아서 7~9cm쯤 된다. 바위틈에 살면서 이리저리 돌아다니며 산다. 자주 눈 위에 난 돌기를 쫑긋 세우고 머리만 내밀고 있다.

알을 품는 베도라치 베도라치 수컷은 알 덩어리를 몸으로 감싸서 새끼가 나올 때까지 지킨다.

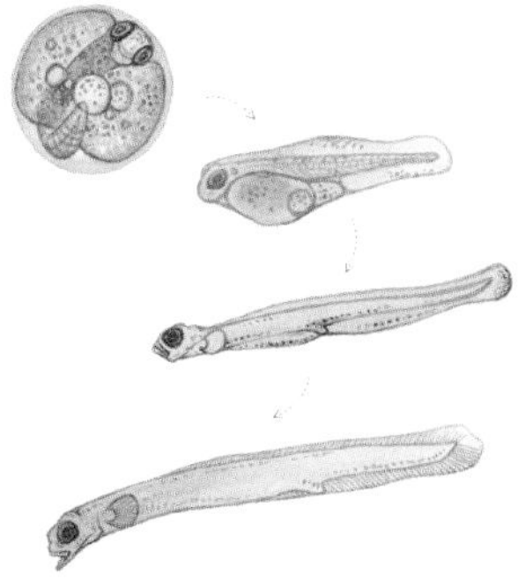

베도라치가 커 가는 모습이다. 갓 낳은 알은 깨알만 하다. 알끼리 붙어서 덩어리로 뭉친다. 알에서 나온 새끼는 온몸이 투명하다.

도루묵

Arctoscopus japonicus

도루묵은 찬물을 좋아하는 물고기다. 우리나라 동해와 일본, 사할린, 캄차카, 북태평양, 알래스카에도 산다. 물 깊이가 200~350m쯤 되는 깊은 바다 밑 모랫바닥에서 산다. 낮에는 모랫바닥에 몸을 파묻고 있다가 아침저녁에 나와 돌아다닌다. 작은 물고기나 명태 알, 새우 따위를 잡아먹고 바닷말도 뜯어 먹는다. 11월 말에서 12월이 되면 바닷말이 수북이 자라고 물 깊이가 1~15m쯤 되는 얕은 바닷가로 떼로 몰려와서 알을 낳은 뒤 다시 먼바다로 나간다. 알은 공처럼 둥그렇게 덩어리져서 바닷말에 붙는다. 알에서 깨어난 새끼는 3~4월까지 바닷가에서 떼로 몰려다니다가 5월이 지나면 깊은 바다로 들어간다. 5~7년을 산다.

이름 북녘에서는 '도루메기'라고 하고, 지역에 따라 '도루묵이, 도루매이, 은어(함북), 도룩맥이(함남)'라고 한다. 《전어지》에는 '은어'라고 하면서 '배 쪽이 운모 가루처럼 하얗고 빛이 나서 그 지방 사람들은 은어라고 한다'고 써 놓았다. 《세종실록》에는 도루묵 원래 이름이 '맥어(麥魚)'였는데 은어로 바뀌었다가 다시 맥어가 되었다고 '환맥어(還麥魚)'라고 한다고 적혀 있다. 《고금석림》에는 '고려 시대 어느 임금이 동해 바닷가로 피난 갔을 때, 목어(木魚)라는 물고기를 먹어 보고는 기가 막히게 맛이 좋아서 은어(銀魚)라는 이름을 붙여 주었다. 궁으로 돌아온 임금이 그 맛을 못 잊어 다시 먹었는데, 어째 그때 그 맛이 아니라서 '도로 목어라 하라'고 말하는 바람에 도루목(도루묵, 還木魚)이 되었다'는 이야기가 써 있다. 그 뒤로 사람들은 하던 일이 물거품이 돼서 다시 해야 할 때 '말짱 도루묵이네'라고 한다. 하지만 사실 '도루묵'이라는 이름은 옛 이름 '돌목'에서 바뀌었다고 한다. 옛날 사람들은 도루묵을 하찮은 물고기로 여겨서 힘들게 건져 올린 그물에 도루묵만 가득 차면 한숨을 쉬며 '말짱(모두) 도루묵이네'라고 했다고도 한다. 영어로는 'sailfin sandfish, sand fish'라고 하고, 일본에서는 천둥 치는 겨울철에 잡힌다고 '하타하타(ハタハタ, 鱩, 鰰)'라고 한다.

성장 암컷 한 마리가 알을 500~2000개쯤 낳는다. 알은 둥글고 연한 붉은빛이나 연한 밤빛을 띤다. 알은 쫀득쫀득하고 질기다. 물 온도가 6~10도일 때 두 달쯤 지나면 새끼가 나온다. 새끼는 1년이 지나면 7cm, 2년이면 15cm, 3년이면 19cm, 4년이면 21cm쯤 큰다. 3~4년이 지나면 어른이 된다.

고기잡이 겨울에 알 낳으러 올 때 잡는다. 끌그물이나 자리그물, 걸그물로 잡는다.

쓰임 겨울이 제철이다. 도루묵은 비린내가 안 나고 맛이 담백하다. 자박자박 조려 먹거나 매운탕을 끓여 먹거나 굵은 소금을 뿌려 구워 먹는다.

20~30 cm
동해
11~12월

다른 이름 도루메기(북), 도루묵이, 도루매이, 은어
분포 우리나라, 일본, 북태평양
먹이 어린 멸치, 명태 알, 플랑크톤 따위
특징 겨울에 바닷가로 몰려와 알을 낳는다.

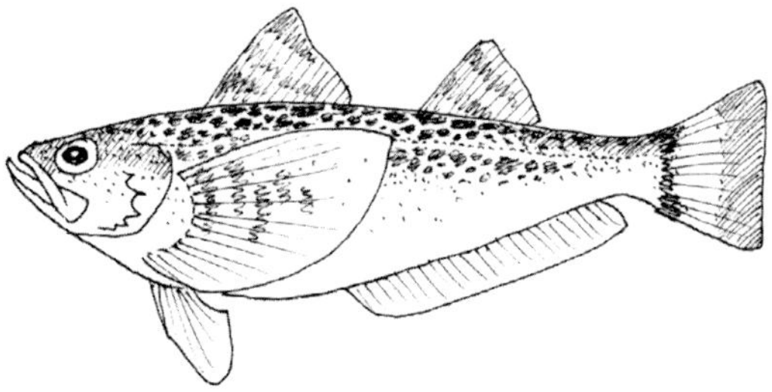

몸길이는 20~30cm쯤 된다. 등은 누렇고 까만 물결무늬가 있다. 배는 하얗다. 몸에는 비늘이 없고 반질반질하다. 옆줄도 없다. 입은 크고 비스듬히 위쪽을 향해 나 있다. 아가미뚜껑에 작은 가시가 다섯 개 있다. 등지느러미는 두 개인데 앞쪽 지느러미는 삼각형으로 뾰족 솟았다. 가슴지느러미가 넓적하게 크다. 뒷지느러미는 가슴지느러미 끝에서 시작해서 꼬리자루까지 길다. 꼬리지느러미 끝은 자른 듯 반듯하다.

도루묵 알 도루묵 한 마리가 알을 500~2000개쯤 낳는다. 알은 둥그렇게 덩어리져서 바닷말에 붙는다.

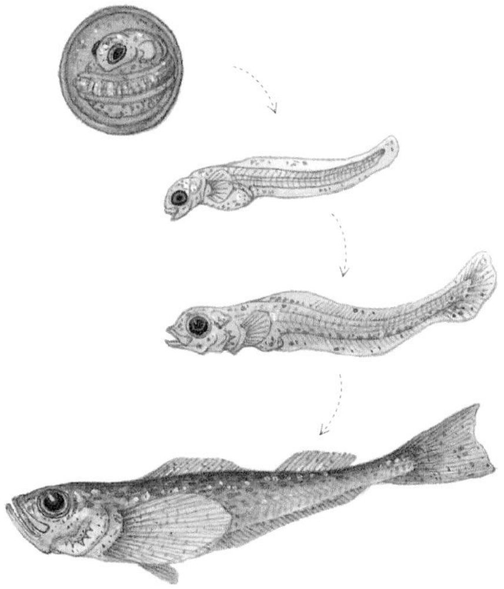

알에서 새끼가 나와 커 가는 모습이다. 새끼는 3년이 지나면 어른이 된다.

까나리

Ammodytes personatus

까나리는 바닷가 가까이 모래가 깔린 바닥에 떼 지어 산다. 맑고 차가운 물을 좋아한다. 남반구에는 안 살고 북반구 온대 바다에만 산다. 우리나라뿐만 아니라 일본, 알래스카, 시베리아 이남에도 산다. 날씨가 사납거나 물살이 세면 모래 속에 쏙쏙 들어가 숨고 머리만 쏙 내놓고 있다. 밤이 되거나 자기보다 큰 물고기가 다가올 때도 모래 속에 들어가 숨는다. 3~5cm 깊이로 파고 들어가는데 살짝만 건드려도 금세 튀어나와 다른 곳으로 쏙 숨는다. 물 온도가 19도를 넘어서 물이 따뜻해지면 아예 모래 속에 들어가 여름잠을 잔다. 여름잠을 자기 전에 먹이를 잔뜩 먹어서 몸에 살을 찌운다. 물 온도가 17도 밑으로 내려가 물이 차가워지는 가을에 깨어난다. 물에 떠다니는 플랑크톤이나 작은 동물을 잡아먹고, 물풀도 뜯어 먹는다. 동틀 때쯤 모래 속에서 재빨리 튀어나와 먹이를 잡는다. 겨울이 되면 짝짓기를 하고 알을 낳는다. 2~3년쯤 산다.

까나리는 서해나 남해에서도 많이 살고, 동해에서도 산다. 서해에 사는 까나리는 크기가 손가락만 한데, 동해에 사는 까나리는 꽁치만 하다. 동해에서는 까나리를 '양미리'라고 한다. 겨울에 시장에 줄줄이 엮여 나오는 양미리는 사실 까나리다. 양미리라는 물고기는 따로 있다.

이름 지역에 따라 '양미리(동해), 까나리(서해), 곡멸(남해), 꽁멸, 솔멸(전남)'이라고 한다. 《자산어보》에 나오는 '수비추(酥鼻鯫) 속명 공멸(工蔑)'을 까나리로 보는 사람도 있다. '수비추'는 주둥이가 뾰족하게 튀어나온 멸치라는 뜻이다. '큰 놈은 몸길이가 5~6치(10~12cm)쯤 된다. 몸이 가늘고 길며 머리가 작다. 주둥이가 반 치쯤 튀어나왔다. 몸빛은 푸르다'고 써 있다. 영어로는 'sand lance'라고 하는데, '모래 속에 사는 창처럼 생긴 물고기'라는 뜻이다. 일본에서는 '이카나고(イカナゴ, 玉筋魚)', 중국에서도 '옥근어(玉筋魚)'라고 한다.

성장 암컷 한 마리가 알을 2000~6000개쯤 낳는다. 알은 바닥에 가라앉는다. 10일쯤 지나면 새끼가 나온다. 1년이면 8cm, 2년이면 12cm, 3년이면 14cm쯤 큰다. 새끼는 한 해가 지나면 어른이 된다.

고기잡이 동해에서는 10~1월에 잡는다. 해 뜰 참에 모래에서 튀어나오는 까나리가 그물에 걸리게 해서 잡는다. 서해에서는 3~7월에 자리그물이나 함정그물로 잡는다. 밤에 배를 타고 나가서 불을 환하게 켜면 멋도 모르고 떼로 몰려드는데 그때 그물로 잡기도 한다.

쓰임 봄부터 초여름이 제철이다. 서해에서는 작은 까나리를 잡아서 액젓이나 젓갈을 담그고 멸치처럼 말려서도 먹는다. 동해에서는 겨울에 잡아서 꾸덕꾸덕 말려 구워 먹는다. 소금구이, 볶음, 조림, 찌개로도 먹고 회로도 먹는다. 살에서 기름을 짜기도 한다.

5~15cm
동해, 서해, 남해
겨울

다른 이름 양미리, 곡멸, 꽁멸, 솔멸
분포 우리나라, 일본, 알래스카
먹이 플랑크톤, 물풀
특징 모래 속에 잘 숨는다.

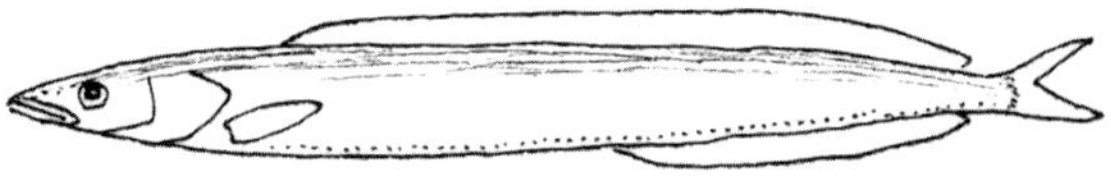

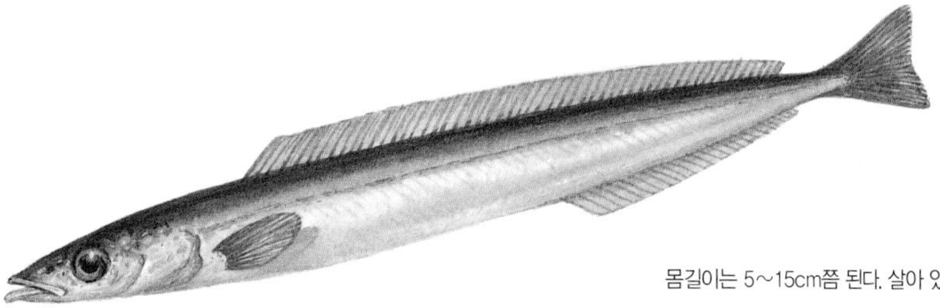

몸길이는 5~15cm쯤 된다. 살아 있을 때는 등이 밤색, 배는 은백색을 띠지만 죽으면 등 쪽이 푸르스름하게 바뀐다. 몸은 아주 가늘고 긴 원통꼴이고 작고 둥근 비늘로 덮여 있다. 몸에 가로로 비스듬하게 근육 주름이 잡힌다. 입이 뾰족한데 아래턱이 더 길고 뾰족하다. 이빨은 없다. 등지느러미는 꼬리자루까지 이어진다. 배지느러미는 없다. 옆줄이 등 쪽으로 붙어 한 줄 있다.

양미리 *Hypoptichus dybowskii*
까나리와 양미리는 생김새는 닮았지만 등지느러미 생김새가 다르다. 까나리는 등지느러미가 등을 따라 길쭉하고, 양미리는 등 뒤쪽에 삼각형으로 짧게 솟았다. 뒷지느러미도 등지느러미를 마주 보고 똑같이 아래로 솟았다. 양미리는 까나리보다 작다. 동해에서만 산다.

모래 속에 숨은 까나리 까나리는 조금만 겁이 나도 모래 속으로 쏙쏙 잘 숨는다. 여름에는 아예 모래 속에 들어가 꼼짝도 안 하고 잠을 잔다.

양미리 알 양미리는 봄부터 여름 들머리까지 두세 번에 걸쳐 바닷말이나 돌에 알을 붙여 낳는다. 수컷이 알에서 새끼가 나올 때까지 곁에서 지킨다.

문절망둑

Acanthogobius flavimanus

문절망둑은 민물이 섞이는 강어귀나 얕은 바닷가 모래펄 바닥에 산다. 때로는 강을 따라 올라오기도 한다. 물이 조금 더러워도 잘 산다. 우리나라 온 바다에 살고 일본, 중국에도 산다. 배에 빨판이 있어서 물속 바위나 바닥에 딱 붙어 있기를 좋아한다. 얕은 물가에 살아서 물살에 휩쓸리지 않으려다 배지느러미가 빨판으로 바뀌었다. 먹성이 좋아서 갯지렁이나 새우, 게, 물고기나 바닥에 있는 유기물을 가리지 않고 먹는다. 낮에는 먹이를 찾아 먹고 밤이 되면 옹기종기 모여 앉아 얌전하게 쿨쿨 잔다. 얼마나 정신없이 자는지 사람이 손으로 움켜쥐어도 모를 정도다. 문절망둑은 봄이 되면 집을 짓고 알을 낳는다. 수컷이 Y자 모양으로 진흙을 파서 집을 만들면 암컷이 들어와 알을 낳고 간다. 알이 깨어날 때까지 수컷이 곁을 지킨다. 새끼가 깨어나면 수컷은 죽는다. 한두 해 살고 서너 해 살기도 한다.

이름 문절망둑은 머리가 크다고 '대두어'라고도 한다. 북녘에서는 '망둥어'라고 하고, 지역에 따라 '문절이(전남, 경남), 망둑이(황해), 망동어, 망동이, 운저리(전남), 고생이(포항), 문저리(통영)'라고 한다. 부산 사람들은 맛이 고소하다고 '꼬시락', '꼬시래기'라고 한다. 《우해이어보》에는 '문절어(文鯽魚)는 다른 이름으로 수문(睡鮻)이며 해궐(海鱖)이다'라고 써 놓았다. 《자산어보》에 '대두어(大頭魚) 속명 무조어(無祖魚)'라 적은 물고기가 문절망둑이나 풀망둑인 것 같다. 영어로는 'yellowfin goby, common brackish goby'라고 하는데, 'goby'는 바닥에 사는 작은 고기라는 뜻인 라틴어 'gobio'에서 온 이름이다. 일본에서는 '마하제(マハゼ, 眞鰲)', 중국에서는 '자하호어(刺鰕虎魚), 유광어(有光魚)'라고 한다.

성장 물 깊이가 2~7m쯤 되는 진흙이나 모랫바닥에 수컷이 입으로 흙을 물어 내서 구멍을 판다. 건너편에 또 구멍을 파서 깊이 35cm쯤에서 굴 두 개가 하나로 합쳐진다. 여기서 다시 아래로 지름이 5cm쯤 되는 굴을 더 파내려 간다. 여기에 암컷이 알을 낳는다. 암컷 한 마리가 알을 6000~3만 개쯤 낳는다. 알 한쪽에는 실이 있어서 굴 벽에 붙는다. 암컷은 알을 낳은 뒤 굴을 빠져나가고 수컷이 한 달쯤 알을 지킨다. 알에서 나온 새끼는 그해 가을이면 7~8cm쯤 커서 어른이 되고 그해 겨울에 짝짓기를 한다.

고기잡이 문절망둑은 가을에 낚시로 많이 잡는다. 겨울을 나려고 아무거나 닥치는 대로 먹어서, 미끼를 꿰어 낚시를 던져 놓으면 넙죽넙죽 잘도 문다.

쓰임 가을이 제철이다. 회, 구이, 튀김, 탕으로 먹고 말려서도 먹는다. 《우해이어보》에는 '죽을 끓여 먹으면 향기가 그윽해서 쏘가리 맛과 비슷하다. 회로 먹으면 더욱 맛이 좋다'고 했다.

20 cm
온 바다
봄

다른 이름 망둥어(북), 망둑이, 운저리, 꼬시래기, 문주리
분포 우리나라, 일본, 중국
먹이 새우, 게, 작은 물고기, 유기물 따위
특징 좌우 배지느러미가 붙어 빨판으로 바뀌었다.

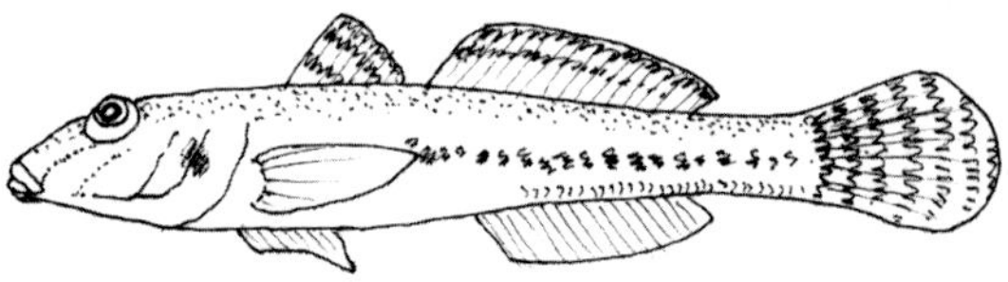

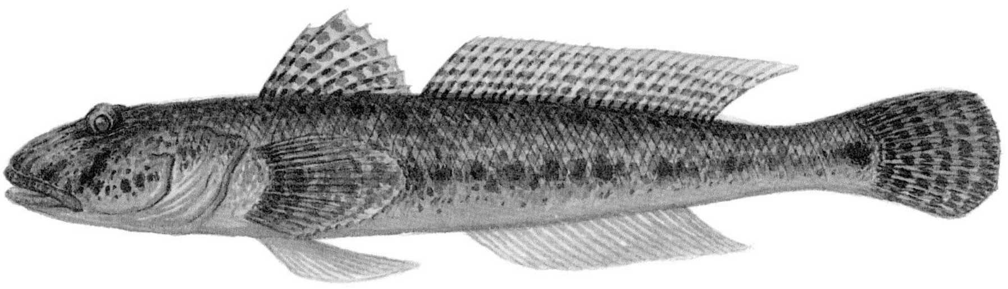

몸길이는 20cm쯤 된다. 몸은 잿빛 밤색이다. 몸통에는 밤색 점무늬가 이리저리 나 있다. 머리는 위아래로 조금 납작하고 몸은 옆으로 납작하다. 몸에 비해 머리와 입이 크다. 눈은 작고 머리 위쪽에 있다. 배지느러미가 서로 붙어서 둥그런 빨판으로 바뀌었다. 몸은 풀망둑보다 짤막하고 뚱뚱하다. 꼬리지느러미에 반점이 있고 끝이 둥글다. 옆줄은 없다.

풀망둑 *Synechogobius hasta*
풀망둑은 문절망둑과 아주 닮았다. 몸 빛깔은 연한 잿빛 밤색에 풀빛이 돈다. 문절망둑보다 훨씬 크게 자라지만 꼬리가 더 날씬하다. 몸길이가 50cm 넘게도 자란다. 문절망둑처럼 굴을 파고 알을 낳는다. 서해 바닷가에 많다.

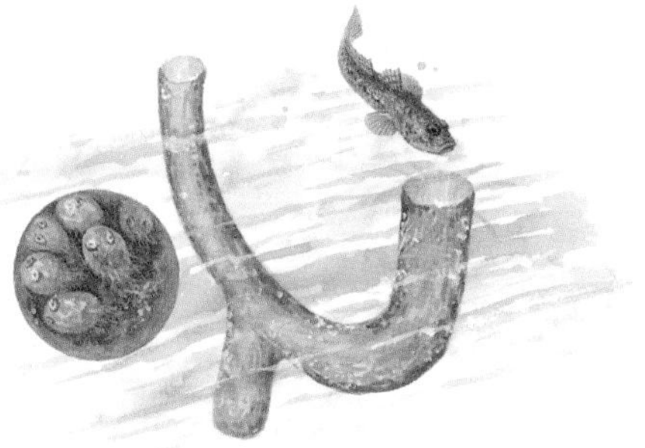

문절망둑은 알 낳을 때가 되면 펄 속에 Y자 모양으로 집을 짓는다. 그리고 그 속에 알을 낳는다.

짱뚱어

Boleophthalmus pectinirostris

짱뚱어는 질척질척한 갯벌에 구멍을 파고 산다. 우리나라 서해와 남해 갯벌에 살고 일본, 중국, 대만, 말레이시아에도 산다. 개펄에 나와 가슴지느러미를 팔처럼 써서 늘쩡늘쩡 기어 다니다 폴짝폴짝 뛰어오르곤 한다. '짱뚱이가 뛰니까 게도 뛰려다 등짝 깨진다'는 우스갯소리도 있다. 말뚝망둥어처럼 살갗으로도 숨을 쉬고, 아가미에 공기주머니가 있어서 물 밖에서도 숨을 쉴 수 있다. 공기주머니에 숨을 크게 들이쉬면 뺨이 공처럼 불룩해진다. 5~7월 짝짓기 철에는 수컷이 자기 집 둘레에서 연달아 높이 뛰어오르고 등지느러미를 쫙 펼쳐 암컷을 부른다. 암컷을 앞에 두고 수컷끼리 싸우기도 한다. 구멍 속 천장에 알을 5000개쯤 낳아 붙이면 수컷이 곁을 지킨다.

짱뚱어는 낮에는 구멍을 들락날락하면서 갯벌 흙을 갉작갉작 긁어서 유기물이나 물풀이나 작은 동물을 먹는다. 말뚝망둥어가 동물성이라면 짱뚱어는 식물성 먹이를 더 많이 먹는다. 두 눈이 머리 위쪽에 있어서 30m 멀리까지 잘 본다. 해 지기 한두 시간 전부터 구멍 속에 들어가 숨는다. 겨울이 되면 펄 속에 들어가 겨울잠을 잔다. 첫서리가 오면 들어가서 벚꽃이 피면 나온다.

이름 겨울잠을 오래 잔다고 '잠둥어'라고 하다가 '짱뚱어'라는 이름이 붙었다고 한다. 지역에 따라 '대광어(전남), 장등어(충남)'라고 한다. 《자산어보》에는 '철목어(凸目魚) 속명 장동어(長同魚)'라고 하며 '빛깔은 검고 눈은 볼록하게 튀어나왔다. 헤엄을 잘 못 치고 펄 위에 있기를 좋아한다. 물 위를 뛰면서 물낯을 스치듯 뛰어다닌다'고 써 놓았다. 짱뚱어나 말뚝망둥어를 말하는 것 같다. 《난호어목지》에는 '탄도어(彈塗魚), 망동어'라고 나오는데 망동어는 '눈이 툭 튀어나와서 마치 사람이 멀리 바라보려 애쓰는 모습 같아서 망동어라고 한다'고 하고, 탄도어는 '땅 위에서 펄쩍펄쩍 뛰어다니는 물고기'라고 써 놓았다. 영어로는 'bluespotted mud hopper, mud skipper'라고 하고, 일본에서는 '무쓰고로우(ムツゴロウ, 鯥五郎)', 중국에서는 '대탄도어(大彈塗魚)'라고 한다.

성장 3일쯤 지나면 알에서 새끼가 나온다. 새끼는 1년이면 10cm, 2년이면 13cm, 3년이면 15cm, 4년이면 16cm쯤 큰다. 두 해가 지나면 어른이 된다.

고기잡이 사람들은 갯벌에서 훌치기낚시로 잡는다. 긴 낚싯줄에 낚싯바늘을 달고 갯벌에 멀리 던져 짱뚱어를 잽싸게 훌쳐서 잡는다.

쓰임 가을이 제철이다. 탕을 끓여 먹고 굽거나 말려 먹는다.

20 cm 안팎
서해, 남해
5~7월

다른 이름 잠둥어, 대광어, 장등어
분포 우리나라, 일본, 대만, 남중국해, 말레이시아
먹이 펄 속 영양분이나 미생물, 작은 플랑크톤
특징 물 밖에 나와 돌아다닌다.

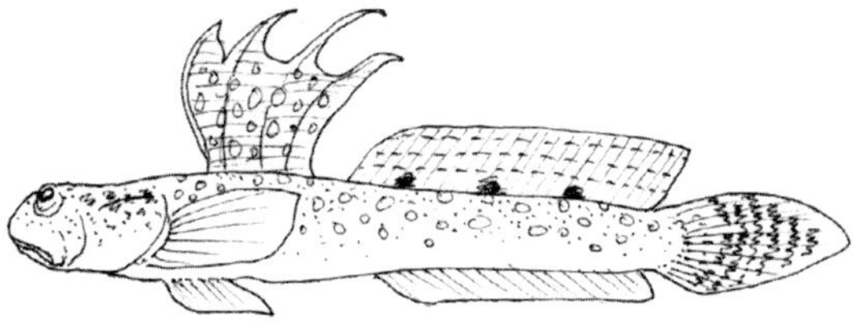

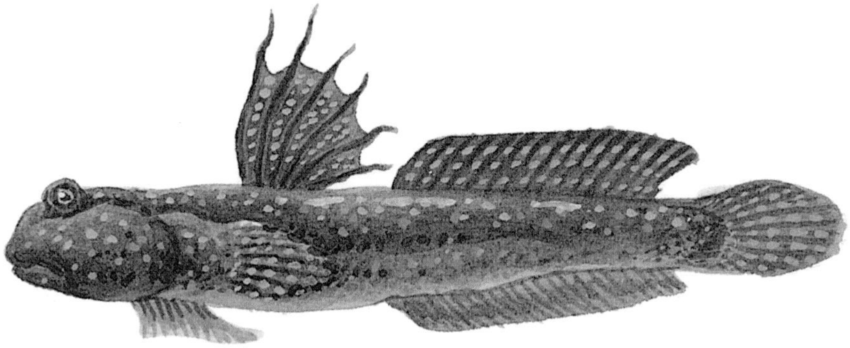

다 크면 20cm 안팎이다. 몸은 짙은 잿빛이고 파란 점이 흩어져 있다. 등지느러미와 꼬리지느러미에도 파란 점이 나 있다. 눈은 작고 머리 위로 툭 튀어나왔다. 입은 아래쪽으로 나 있다. 몸은 가늘고 긴 원통형이다. 머리는 위아래로 납작하고 몸통은 뒤로 갈수록 옆으로 납작하다. 배에는 빨판이 있다. 등지느러미는 두 개로 나뉘었다. 옆줄은 없다.

짝짓기 철이 되면 암컷을 차지하려고 수컷끼리 싸움을 한다. 입을 크게 벌리고 등지느러미를 활짝 펴서 펄쩍펄쩍 뛰면서 싸운다.

말뚝망둥어

Periophthalmus modestus

말뚝망둥어는 갯벌에 구멍을 파고 사는 물고기다. 우리나라 서해와 남해 갯벌에 살고 일본, 중국, 대만, 호주, 인도, 홍해에도 산다. 물고기지만 물속에서 헤엄치기보다는 오히려 물 밖에서 더 잘 지낸다. 물 밖에서도 거뜬히 숨을 쉬며 살 수 있다. 물속에서는 아가미로 숨을 쉬고, 물 밖에서는 아가미 속에 있는 주머니에 공기를 잔뜩 집어넣거나 살갗으로 숨을 쉰다.

너른 갯벌에서 혼자 살면서 일정한 땅을 자기 구역으로 지키며 산다. 갯벌에서 가슴지느러미를 두 팔처럼 써서 어기적어기적 기어 다닌다. 눈이 머리 위로 툭 불거져서 사방을 훤히 잘 본다. 깜짝 놀라거나 도망갈 때면 온몸을 용수철처럼 통통 튕기면서 뛰어 달아난다. 물수제비뜨듯이 물낯을 튕기며 달아나기도 한다. 갯벌을 이리저리 돌아다니며 갯지렁이나 작은 새우 따위를 잡아먹는다. 또 갯벌 진흙을 갉작갉작 긁어서 훑어 먹기도 한다. 갯벌로 밀물이 슬금슬금 밀려오면 갯벌에 박혀 있는 말뚝이나 바위에 잘 올라간다. 배지느러미가 합쳐져서 빨판이 되었는데, 그 빨판으로 배를 딱 붙이고 있다. 햇볕이 쨍쨍 내리쬐어도 잘 버틴다. 말뚝망둥어는 여름이 되면 갯벌에 굴을 파고 그 속에 알을 낳는다. 암컷이 알을 낳으면 수컷이 곁을 지킨다. 서리가 내리면 굴속에 들어가 겨울잠을 자고 이듬해 벚꽃이 필 때쯤에야 나온다.

이름 말뚝에 잘 올라간다고 '말뚝망둥어'라는 이름을 얻었다. 생김새도 말뚝을 닮았다. 지역에 따라 '말뚝고기, 나는망동어(서해안), 나는문절이(전남)' 라고 한다. 영어로는 'walking fish, goby, mud hopper, mud skipper' 라고 하고, 일본에서는 '도비하제(トビハゼ, 跳沙魚)', 중국에서는 '탄도어(彈塗魚)' 라고 한다.
성장 암컷 한 마리가 알을 2000~1만 3000개쯤 낳는다. 알은 짧은 타원형이다. 새끼는 크면서 몸이 작아졌다가 갯벌로 나오면 몸이 굵어진다. 갓 나온 새끼는 몸에 색깔이 없다가 크면서 몸빛을 띤다.
고기잡이 낚시로 훌쳐서 잡는다.
쓰임 예전에는 잡아다 국을 끓여 먹었다는데 요즘에는 잘 안 먹는다. 말려 먹기도 한다. 일본에서는 튀겨 먹는다.

10 cm
서해, 남해
여름

다른 이름 말뚝고기, 나는망동어, 나는문절이
분포 우리나라, 일본, 중국, 대만, 호주, 인도, 홍해
먹이 갯지렁이, 작은 새우, 펄 속에 사는 작은 동물
특징 갯벌에 박힌 말뚝에도 잘 올라간다.

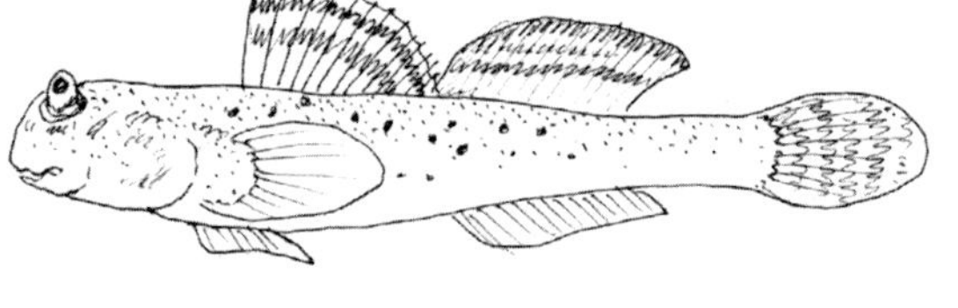

다 크면 몸길이가 10cm쯤 된다. 몸 색깔은 검은 밤색이다. 눈이 머리 위쪽에 툭 튀어나왔고 서로 바짝 붙어 있다. 주둥이는 짧고 둔하게 생겼다. 입은 아래쪽에 붙어 있고 위턱이 아래턱보다 길다. 등지느러미는 두 개고 까만 줄무늬가 길게 나 있다. 배지느러미는 빨판으로 바뀌었다. 꼬리지느러미 끝은 둥글다. 옆줄은 없다.

말뚝망둥어는 배지느러미가 서로 붙어서 빨판으로 바뀌었다. 바위나 말뚝에 착 달라붙는다.

말뚝망둥어는 물 밖에서도 숨을 쉬면서 기어 다닌다. 펄 흙을 온몸에 뒤집어쓰고 다닌다.

농어목
독가시치과

독가시치

Siganus fuscescens

독가시치는 따뜻한 바다에서 산다. 따뜻한 물이 올라오는 제주 바다에 많이 사는데 요즘에는 남해에도 살고, 여름에는 동해 속초 앞바다까지 올라오기도 한다. 일본, 동중국해, 태평양, 인도양에도 산다. 물 깊이가 10m 안팎이고 바닷말이 숲을 이루고 바위가 울퉁불퉁 솟은 곳에 산다. 낮에 떼를 지어 몰려다니면서 바닷말을 뜯어 먹는다.

7~8월이 되면 바닷말에 알을 붙여 낳는다. 알에서 나온 새끼는 물에 둥둥 떠다니면서 동물성 플랑크톤을 먹으며 큰다. 2년쯤 크면 어른이 된다. 등지느러미, 배지느러미, 뒷지느러미 가시가 모두 송곳처럼 뾰족하고 독을 가지고 있다.

이름 독이 있는 지느러미 가시를 가진 물고기라고 이름이 '독가시치'다. 제주도 사람들은 '따치'라고 한다. 서양 사람들은 바닷말을 뜯어 먹는 입 모양이 꼭 토끼 같다며 'rabbitfish'라고 한다. 일본에서는 '아이고(アイゴ, 阿乙吳)', 중국에서는 '람자어(藍子魚)'라고 한다.

성장 알은 동그랗고 투명하다. 물속으로 가라앉아 다른 물체에 붙는다. 새끼는 2년이 지나면 25cm, 4년이면 30cm, 6년이면 35cm쯤 큰다.

고기잡이 남해안과 제주도 바닷가 갯바위에서 낚시로 많이 잡는다. 잡았을 때는 가시에 찔리지 않게 조심해야 된다. 찔리면 머리가 아프고 얼굴과 눈이 빨갛게 달아오르기도 한다. 몇 시간 동안 아프다. 걸그물이나 끌그물로 잡기도 한다.

쓰임 겨울이 제철이다. 살에서 특이한 냄새가 나는데 살아 있을 때 먹으면 냄새가 덜 난다. 회를 떠 먹는다. 찌개, 구이, 튀김으로도 먹는다.

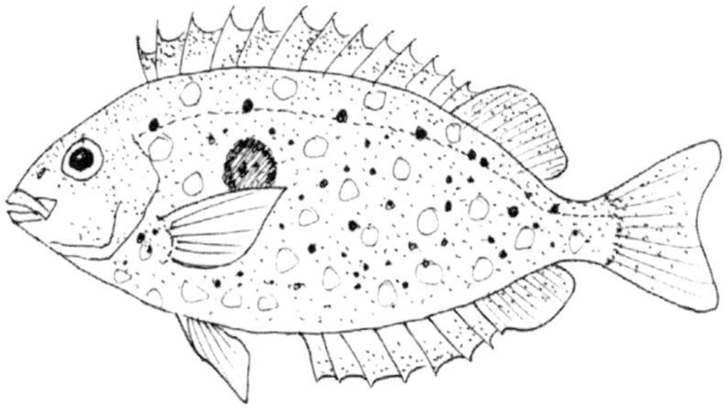

40 cm
제주, 남해
7~8월

다른 이름 따치
분포 우리나라, 일본, 동중국해, 태평양, 인도양
먹이 바다풀, 새우, 갯지렁이 따위
특징 가시에 독이 있다.

몸길이는 40cm쯤 된다. 몸은 옆으로 아주 납작하다. 몸빛은 누런 밤색이고, 흰 점과 까만 점이 잔뜩 나 있다. 사는 곳에 따라 몸빛이 달라진다. 입은 작고 둥글다. 등지느러미와 뒷지느러미, 배지느러미에 날카로운 가시가 있다. 비늘은 작고 둥글다. 꼬리지느러미 끄트머리는 얕게 파인다. 옆줄은 등과 나란히 한 줄 나 있다.

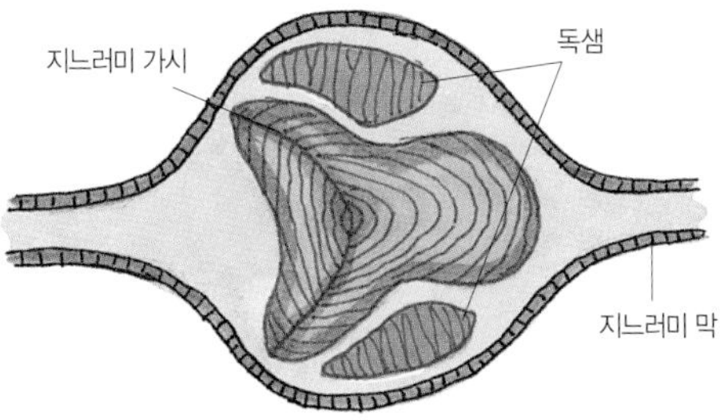

독가시 단면도

깃대돔

Zanclus cornutus

깃대돔은 따뜻한 물에서 산다. 우리나라에서는 제주 바다에서만 볼 수 있다. 일본, 필리핀, 태평양, 인도양에도 산다. 물 깊이 10~180m 사이를 돌아다니며 산다. 바위 밭이나 산호 밭에 많이 있다. 짝을 지어 다니거나 가끔 무리를 이뤄 떼로 몰려다니기도 한다. 혼자 다닐 때도 있다. 등지느러미는 낫 모양으로 생겼고 자기 몸길이보다도 길다. 물속을 헤엄치면 부드러운 긴 수염처럼 흐느적거린다. 길쭉한 주둥이로 산호를 톡톡 쪼아 먹거나 해면동물을 잡아먹는 잡식성 물고기다. 주둥이가 길쭉해서 바위나 돌 틈에 숨은 작은 동물도 날름날름 잘 빼 먹는다. 1995년 이후에 우리 바다에 사는 물고기로 기록되었다.

이름 등지느러미 줄기 하나가 깃대처럼 길게 늘어졌다고 '깃대돔'이다. 영어로는 옛날 아프리카 무어인들이 복을 가져다주는 물고기라고 여겨서 'moorish idol, spined moorish idol'이라고 한다. 일본에서는 '쓰노다시(ツノダシ)'라고 한다.

성장 아직 잘 알려지지 않았다.

고기잡이 안 잡는다.

쓰임 예쁘게 생겨서 사람들이 보려고 수족관에서 많이 기른다. 하지만 키우기가 무척 까다롭다.

25cm
제주
모름

다른 이름 없음
분포 우리나라, 일본, 필리핀, 태평양, 인도양
먹이 산호, 해면동물
특징 등지느러미 앞 줄기가 깃대처럼 길다.

몸길이는 25cm쯤 된다. 몸은 마름모꼴로 생겼고 옆으로 납작하다. 몸빛은 노르스름하고 까만 줄무늬가 두 줄 나 있다. 등지느러미가 낫처럼 길게 늘어진다. 입이 새 부리처럼 툭 튀어나왔다. 주둥이에 말안장처럼 생긴 빨간 무늬가 있다. 꼬리지느러미는 까맣고 끄트머리는 하얗다. 가운데가 조금 파였다. 옆줄은 둥글게 휜다.

두동가리돔 *Heniochus acuminatus*

깃대돔처럼 등지느러미가 길쭉하게 늘어져서 깃대돔이랑 똑 닮았다. 깃대돔 주둥이가 뾰족하다면, 두동가리돔 주둥이는 조금 둥그스름하다. 등지느러미와 꼬리지느러미는 노랗다. 깃대돔처럼 산호 밭에 많이 산다. 깃대돔과 생김새는 닮았지만 이 물고기는 나비고기과 무리에 드는 다른 물고기다.

두동가리 싸움 두동가리돔은 자기 사는 곳으로 딴 두동가리돔이 들어오면 서로 입으로 쪼면서 싸운다. 언뜻 보면 뽀뽀하는 것 같다.

분장어

Eupleurogrammus muticus

분장어는 따뜻한 물을 좋아한다. 우리나라 서해와 남해에 살고, 서부 태평양과 인도양 열대 바다에도 산다. 물 깊이가 80m쯤 되는 바닷가에서 살며 강어귀에도 올라간다. 물속 가운데나 바닥 가까이에서 헤엄쳐 다닌다. 밤에 자주 물낯 가까이 올라온다. 작은 물고기나 새우, 오징어 따위를 잡아먹는다. 6~7월에 알을 낳고 10월쯤이면 먼바다로 나간다. 갈치와 사는 모습이 비슷한데 수가 훨씬 적다.

분장어는 갈치와 생김새가 똑 닮았다. 언뜻 봐서는 갈치 새끼처럼 생겼다. 갈치보다 크기가 작고, 두 눈 사이가 더 솟았다. 배지느러미가 퇴화해서 작은 돌기 한 쌍이 남아 있다. 갈치는 옆줄이 가슴지느러미 위쪽에서 둥그렇게 휘어져 내려오는데, 분장어는 옆줄이 반듯하다. 갈치 이빨은 갈고리처럼 휘어지지만 분장어 이빨은 송곳처럼 뾰족하다.

이름 북녘에서는 '늦갈치'라고 하고, 경기도에서는 '빈쟁이'라고 한다. 다른 나라에서는 갈치와 닮았다고 영어로는 'crest head cutlass fish, small head hairtail'이라고 하고, 일본에서는 '오시로이타치우오(オシロイタチウオ, 粉刀魚), 조센타치우오(チョウセンタチウオ, 朝鮮刀魚)'라고 한다.
성장 아직 잘 알려지지 않았다.
고기잡이 서해에서 가끔 잡힌다. 일부러 잡지는 않고 가끔 그물에 딸려 나온다. 몸 빛깔이 살아 있을 때는 반짝반짝 빛나는 푸른색이지만 죽으면 은회색으로 바뀐다. 후릿그물이나 바닥 끌그물로 잡는다.
쓰임 갈치보다 영 맛이 없고, 허드레 물고기로 여긴다.

30~70 cm
서해, 남해
6~7월

다른 이름 늦갈치(북), 빈쟁이
분포 우리나라, 태평양, 인도양
먹이 작은 물고기, 새우, 오징어 따위
특징 갈치와 생김새가 똑 닮았다.

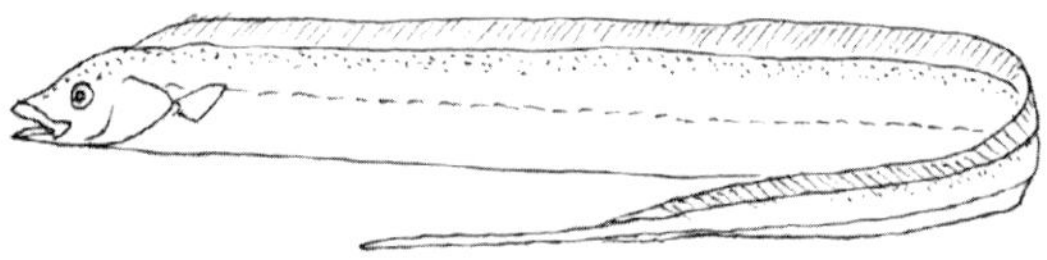

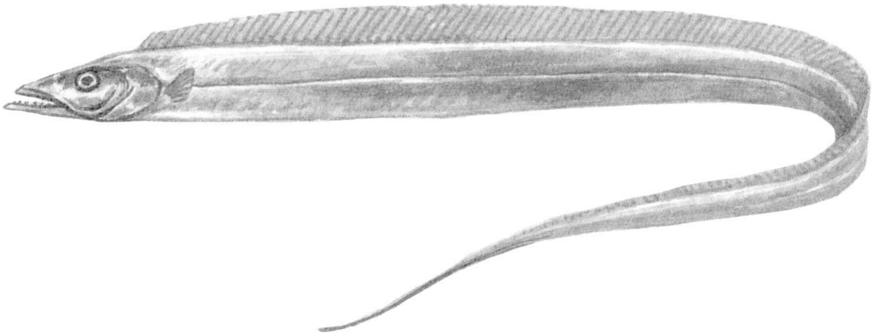

몸길이는 30~40cm쯤 된다. 70cm까지 큰다. 몸은 길고 옆으로 납작하다. 온몸은 은백색이고 반짝반짝 빛난다. 두 눈 사이가 툭 튀어나왔다. 입은 뾰족하고 아래턱이 더 앞으로 나왔고 이빨이 뾰족하다. 등지느러미는 길고 꼬리지느러미는 없다. 배지느러미는 퇴화해서 한 쌍의 돌기로 바뀌었다. 옆줄이 한 줄 반듯하게 나 있다. 부레가 없다.

홍갈치 *Cepola schlegeli*

물 깊이가 100m쯤 되는 모랫바닥이나 개펄에서 산다. 온몸이 붉다. 몸길이는 50cm쯤 된다. 남해와 울릉도에 사는데 보기 어렵다.

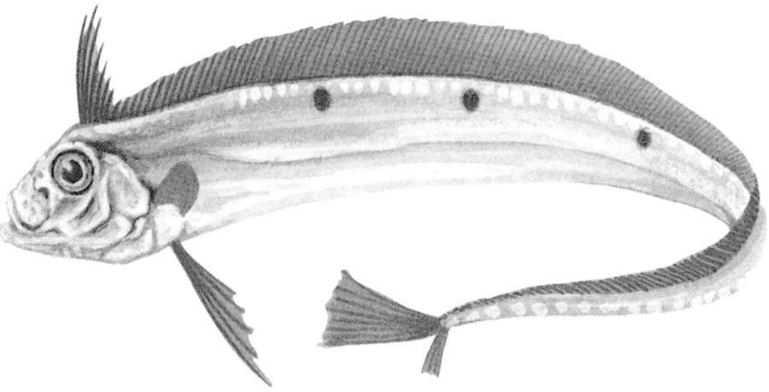

투라치 *Trachipterus ishikawae*

분장어랑 닮았지만 전혀 다른 물고기다. 먼바다에서 살고 보기 힘들다. 몸길이가 2m 안팎이다.

갈치

Trichiurus lepturus

갈치는 따뜻한 바다에 산다. 온 세계 열대와 온대 바다에 산다. 2~3월쯤에는 제주도 남서쪽 바다에서 겨울을 보내다가, 4월쯤 북쪽으로 무리를 지어 올라온다. 여름에는 남해와 서해, 중국 바닷가에 머무르며 알을 낳는다. 6월부터 10월까지 알을 낳는데 8월에 한창 많이 낳는다. 겨울에는 제주도 밑 따뜻한 바다로 도로 내려간다. 갈치는 물속 50~300m 깊이에서 산다. 어린 갈치는 낮에 바다 깊이 있다가 밤이 되면 물낯으로 올라오고, 다 큰 어른은 오히려 낮에 물낯 가까이에서 먹이를 잡다가 밤이 되면 바닷속으로 내려간다. 어린 새끼는 작은 플랑크톤이나 새우, 물벼룩 따위를 잡아먹다가 크면서 멸치나 정어리, 전어 같은 작은 물고기와 새우, 오징어 따위를 잡아먹는다. 이빨이 송곳처럼 뾰족하고 안쪽으로 휘어져 먹이를 한번 덥석 물면 놓치지 않는다. 먹을 게 없으면 자기 꼬리나 다른 갈치 꼬리도 잘라 먹고 서로 잡아먹기도 한다. 갈치는 꼬리지느러미가 없어서 등지느러미를 물결치듯 움직여 헤엄을 친다. 또 물속에서 하늘을 쳐다보며 꼿꼿이 서 있고, 그렇게 선 채로 먹이를 잡거나 헤엄을 치기도 하며 잠도 잔다. 6~7년 산다.

이름 갈치에 '갈'자는 칼을 뜻하는 옛말이다. 생김새나 몸빛이 기다란 칼처럼 생겼다고 갈치라는 이름이 붙었다. 북녘에서는 '칼치'라고 하고, 지역에 따라 '깔치, 갈티, 빈쟁이'라고 하고, 새끼는 '풀치'라고 한다. 《자산어보》에는 '군대어(裙帶魚) 속명 갈치어(葛峙魚)'라고 적고 '모양은 긴 칼과 같다'고 써 놓았다. 《난호어목지》에는 '꼬리가 가늘고 길어 칡넝쿨 같다고 갈치(葛侈)라고 한다'고 했다. 다른 나라도 칼이나 띠 모양과 닮았다고 보았다. 영어로는 'hairtail, cutlassfish, scabbardfish, ribbonfish, bandfish', 중국에서는 '백대어(白帶魚), 수대(瘦帶)', 일본에서는 '다치우오(タチウオ, 太刀魚)'라고 한다.

성장 암컷 한 마리가 알을 1만 2000~12만 개쯤 낳는다. 두세 번쯤 알을 낳는다. 알은 물에 떠다니고 연누런색이다. 알에서 나온 새끼 몸은 폭이 넓고 머리가 크며 띠 모양이 아니다. 새끼는 다른 물고기처럼 꼬리지느러미가 있는데, 크면서 꼬리가 칼처럼 길어지다 없어진다. 한 해가 지나면 30~40cm, 4년쯤 지나면 1m쯤 큰다. 두 해쯤 크면 어른이 된다.

고기잡이 7~11월에 잡는데, 여름에 한창 잡는다. 낚시, 주낙, 그물로 잡는다. 밤에 불을 환하게 켜고 잡는다.

쓰임 여름이 제철이다. 회나 구이, 찌개, 국, 탕으로 먹고 젓갈도 담는다. 살갗에 붙은 은빛 가루를 긁어모아 가짜 진주나 립스틱, 매니큐어에 넣는다. 이 은빛 가루는 배탈을 일으켜 먹을 때는 긁어낸다.

1m 안팎
제주, 남해, 서해
6~10월

다른 이름 칼치(북), 깔치, 풀치, 빈쟁이
분포 우리나라, 온 세계 온대 바다
먹이 정어리, 전어, 조기, 오징어, 새우 따위
특징 몸이 긴 칼처럼 생겼다.

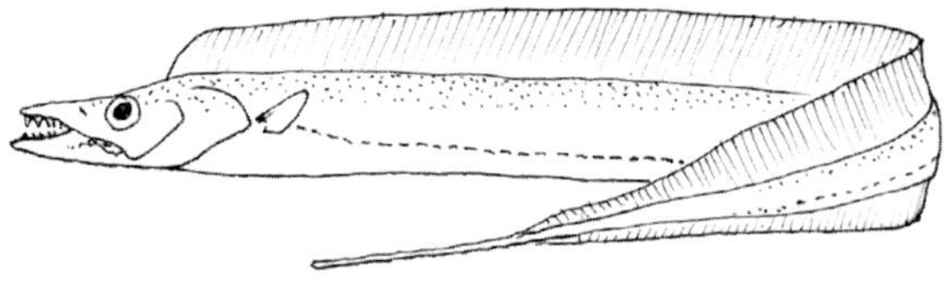

다 크면 1m가 넘는다. 몸빛은 온통 은빛이고 번쩍번쩍 빛이 난다. 비늘은 없다. 몸은 옆으로 납작하고 뱀처럼 길다. 눈은 크고 이빨이 뾰족하고 송곳니가 길다. 아래턱이 위턱보다 앞으로 나왔다. 등지느러미는 꼬리까지 길게 이어진다. 꼬리지느러미, 배지느러미는 없다. 항문은 몸 가운데보다 앞쪽으로 있다. 옆줄은 한 줄이다.

몸을 세우고 헤엄치는 갈치 갈치는 물속에서 하늘을 쳐다보며 꼿꼿이 서 있다. 꼿꼿이 선 채로 기다란 등지느러미를 물결처럼 움직이면서 헤엄치기도 한다. 잠을 잘 때도 꼿꼿이 서서 잔다.

가다랑어

Katsuwonus pelamis

가다랑어는 물 온도가 17~28도가 되는 온대와 열대 바다에 무리지어 산다. 먼바다에서 떼 지어 다니다가 봄이 되면 따뜻한 물을 따라 제주 바다를 거쳐 남해로 올라오고 날이 추워지면 다시 아래로 내려간다. 물 깊이 안 들어가고 바닷가 가까이로도 안 온다. 수천수만 마리가 물낯 가까이에서 아주 빠르게 헤엄쳐 다닌다. 몸이 물렛가락처럼 생겨서 양 끝이 뾰족하고, 등지느러미를 눕힐 수 있어서 빠르게 헤엄을 친다. 또 물 저항을 줄이려고 비늘이 퇴화해서 거의 없고, 살갗에서 끈끈한 물이 나와서 살갗을 보호하고 마찰을 줄인다. 느긋할 때는 30~60km로 헤엄치는데, 천적에게 쫓길 때에는 시속 70~80km 넘는 속도로 헤엄칠 수 있다. 잠을 잘 때도 헤엄을 친다. 가다랑어는 다랑어 무리 가운데 몸집이 가장 작아서, 청새치나 상어처럼 덩치가 큰 천적을 피하려고 큰 배나 고래처럼 자기보다 큰 물체 꽁무니도 잘 쫓아다닌다. 멸치나 날치, 전갱이, 고등어 같은 자기보다 작은 물고기를 잡아먹고 오징어나 게나 새우 따위도 먹는다. 6년쯤 산다.

이름 지역에 따라 '가다랭이, 가다리(경남), 소용치(제주), 멍치(제주), 목맨둥이(원산), 다랭이(포항)' 라고 한다. 북녘에서는 '강고등어' 라고 한다. 영어로는 'bonito, skipjack tuna' 라고 하고, 일본에서는 '가쓰오(カツオ)' 라고 한다.

성장 가다랑어는 열대 바다에서 짝짓기를 하고 알을 10만~200만 개 낳는다. 온대 바다에서는 여름을 중심으로 봄에서 초가을까지, 열대 바다에서는 일 년 내내 알을 낳는다. 알에서 나온 새끼는 한 해가 지나면 41cm, 2년이면 69cm, 3년이면 79cm, 4년이면 82cm로 자란다.

고기잡이 가다랑어는 다랑어 무리 가운데 가장 많이 잡힌다. 가다랑어는 상처가 나거나 낚시에 물린 가다랑어를 보면 눈 깜짝할 사이에 흩어져 버릴 만큼 민감하다. 물낯 가까이에서 헤엄치기 때문에 낚시로도 잡지만 요즘에는 그물로 많이 잡는다. 우리나라는 원양 어업으로 많이 잡는다. 배 여러 척이 한 무리가 되어 잡는다. 작은 어탐선 두세 척이 고기 떼를 찾아내면, 그물을 가지고 있는 본선과 어탐선이 고기 떼를 그물로 둘러싸서 잡는다. 우리나라에서는 고기 떼가 올라오는 봄여름에 잡는다.

쓰임 잡은 가다랑어는 대부분 통조림을 만든다. 회로 먹으면 배탈이 날 수 있어 익혀 먹는다. 일본에서는 나무토막처럼 딴딴하게 말려서 대패로 밀듯이 얇게 포를 떠서 국물을 우려내는 데 쓴다. 일본 사람들은 이 포를 '가쓰오부시' 라고 한다. 가다랑어 췌장에 있는 랑게르한스섬에서는 당뇨병을 고치는 인슐린 약을 얻는다.

50~100 cm
남해, 제주
여름

다른 이름 강고등어(북), 가다랭이, 가다리
분포 우리나라, 태평양 열대 바다
먹이 작은 물고기, 오징어, 게, 새우 따위
특징 몸통에 줄무늬가 나 있다.

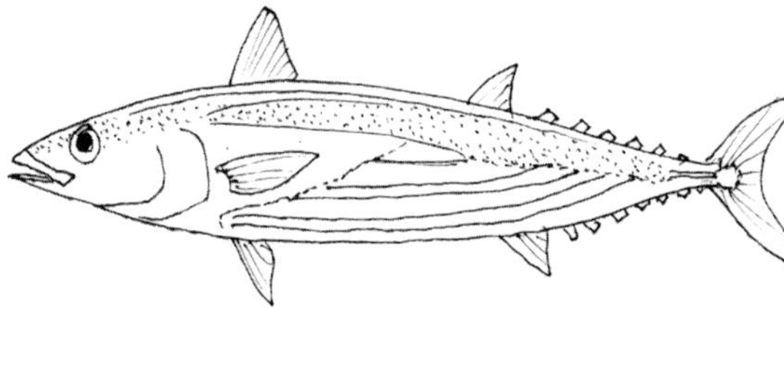

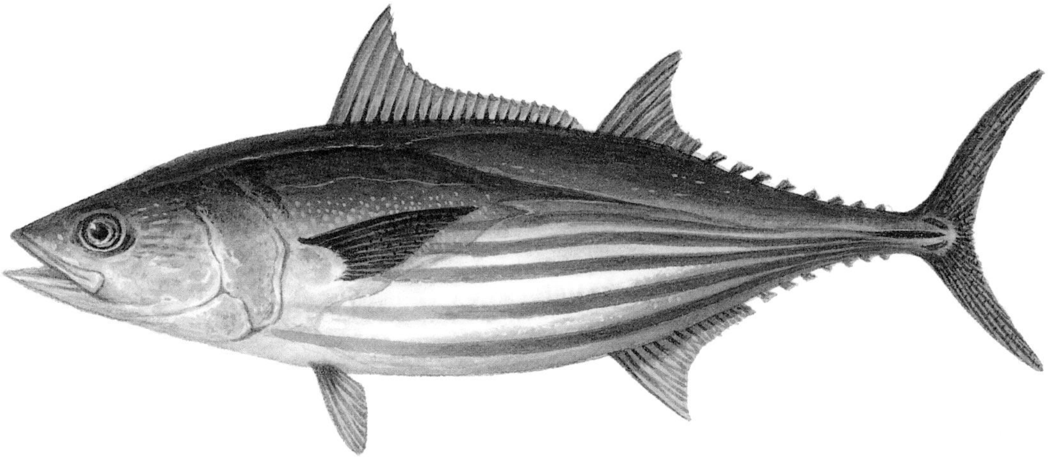

몸길이는 50~100cm쯤 되고, 1m가 넘기도 한다. 등은 파랗고 배는 하얗다. 몸통 옆으로 짙은 줄이 4~10줄 나 있는데, 살아 있을 때는 잘 안 보인다. 살갗은 미끈하다. 주둥이는 짧고 뾰족하며, 눈은 크고 머리 가운데보다 위쪽에 있다. 양턱에 작은 이빨이 한 줄로 나 있다. 등지느러미 두 개가 떨어져 있고, 뒷지느러미와 꼬리지느러미 사이에 조그만 토막지느러미가 줄지어 있다. 꼬리지느러미 끝은 안쪽으로 둥글게 파인다. 옆줄은 한 줄이다.

농어목
고등어과

줄삼치

Sarda orientalis

줄삼치는 물 온도가 14~23도쯤 되는 따뜻한 물을 좋아한다. 우리나라 남해와 제주 바다에 살고 온 세계 온대, 열대 바다에 산다. 이름은 줄삼치이지만 생김새는 가다랑어를 더 닮았다. 사는 모습도 가다랑어처럼 무리를 지어 따뜻한 바다 물길을 따라 여기저기를 헤엄쳐 다닌다. 따뜻한 물을 따라 동해까지 올라오기도 한다. 물낯 가까이 헤엄쳐 다닌다. 다랑어 무리와 함께 떼 지어 헤엄쳐 다니기도 한다. 작은 물고기나 오징어, 새우 따위를 잡아먹는다. 6~7월에 짝짓기를 하고 알을 낳는다. 알은 흩어져서 물 위에 떠다니다가 새끼가 나온다.

이름 생김새가 삼치를 닮고 등에 줄이 나 있다고 '줄삼치'지만 사실은 가다랑어를 더 닮았다. 이빨이 날카로워서 '이빨다랑어'라고도 한다. 지역에 따라 '고시, 야내기(전남), 망에(경남)'라고 한다. 영어로는 'striped bonito, belted bonito'라고 하고, 일본에서는 큰 이빨을 가진 가다랑어와 닮은 물고기라는 뜻으로 '하가쓰오(ハガツオ, 歯鰹)'라고 한다.
성장 아직 잘 모른다.
고기잡이 그물을 둘러쳐서 잡거나 걸그물로 잡는다. 낚시로 잡기도 한다.
쓰임 가을과 겨울이 제철이다. 신선할 때 회로 먹으면 맛있다. 구워 먹기도 한다. 오래 두면 나쁜 냄새가 나기 때문에 신선할 때 피를 빼 두는 것이 좋다.

1m
제주, 남해
6~7월

다른 이름 이빨다랑어, 고시, 야내기, 망에
분포 온 세계 온대와 열대 바다
먹이 작은 물고기, 오징어, 새우 따위
특징 이름과 달리 가다랑어를 닮았다.

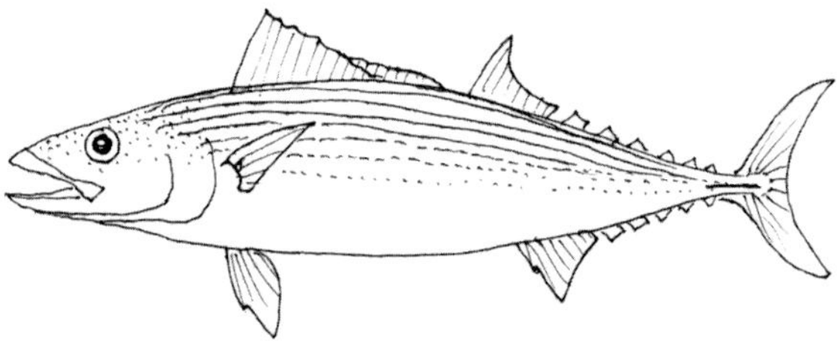

몸길이는 1m쯤 된다. 등은 푸르스름하고 까만 줄무늬가 예닐곱 줄 나 있다. 배는 하얗다. 주둥이가 뾰족하고 이빨이 크고 단단하며 안쪽으로 굽었다. 등지느러미는 두 개로 나뉘었다. 두 번째 등지느러미와 뒷지느러미 뒤로 토막지느러미가 있다. 꼬리자루는 잘록하고 그 위로 돌기가 하나 도드라졌다. 꼬리지느러미 끄트머리는 둥글게 파인다. 옆줄은 한 줄이다.

농어목
고등어과

고등어

Scomber japonicus

고등어는 물 온도가 10~22도쯤 되는 따뜻한 물을 좋아한다. 우리나라 온 바다와 태평양, 대서양, 인도양 온대와 아열대 바다에 산다. 철 따라 따뜻한 바닷물을 따라 떼로 몰려다닌다. 겨울에는 제주도 남쪽 바다에서 지내다가, 쑥이 돋는 이삼월 봄에 제주 바다로 올라온다. 오뉴월에 따뜻한 물을 따라 남해로 올라와서 한 무리는 서해로, 또 한 무리는 동해로 올라간다. 서해로 올라가는 무리가 많으면 동해로 올라가는 무리가 적고, 동해로 올라가는 무리가 많으면 서해 무리가 적다고 한다. 작은 새우나 멸치 같은 먹이를 따라 올라간다. 고등어를 쫓아 다랑어나 돛새치 같은 큰 물고기가 따라오기도 한다. 물낯이나 물 가운데쯤에서 헤엄쳐 다니는데, 아주 겁이 많아서 조그만 소리에도 부리나케 도망치고, 천둥 치고 큰 파도가 일어도 놀라서 숨는다. 5~7월쯤 짝짓기를 하고 알을 낳는다. 날씨가 쌀쌀해지면 다시 우르르 남쪽으로 내려와 먼바다로 몰려 나간다. 어릴 때는 바닷가나 포구로도 몰려온다.

이름 등이 둥글게 부풀어 오른 물고기라고 이름이 '고등어(高登魚)'다. 지역에 따라 '고동어(함남), 고망어(함북, 강원)'라고 한다. 크기에 따라 작은 고등어부터 '고도리, 열소고도리, 소고도리, 통소고도리'라고도 한다. 《동국여지승람》에는 옛날 칼 모양을 닮았다고 '고도어(古刀魚)', 《재물보》에는 '고도어(古道魚)', 《자산어보》에는 몸에 파란 무늬가 나 있다고 '벽문어(碧紋魚) 속명 고등어(皐登魚)'라고 나와 있다. 영어로는 'common mackerel, chub mackerel', 일본에서는 '마사바(マサバ, 眞鯖)', 중국에서는 '청화어(青花魚)'라고 한다.

성장 한 마리가 알을 30만~100만 개쯤 낳는다. 알은 동그랗고, 낱낱이 흩어져 떠다닌다. 사나흘이면 새끼가 나온다. 1년이면 25~30cm, 2년이면 32~35cm, 6년쯤 지나면 40cm쯤 큰다.

고기잡이 《자산어보》에는 '고등어는 낮에 아주 빠르게 헤엄쳐 다녀서 잡기 어렵다. 밝은 곳을 좋아해서 밤에 불을 밝혀 잡는다. 맑은 물에서 놀기 좋아해 그물을 칠 수가 없다'고 적어 놓았다. 요즘에도 밤에 나가 배에 불을 환하게 켜 놓고 떼로 몰려들면 낚시나 그물을 둘러쳐서 왕창왕창 잡는다. 고등어는 성질이 급해서 잡자마자 바로 죽는다.

쓰임 고등어는 영양가가 높고 값도 싸서 사람들이 즐겨 먹는다. 조림, 구이, 찜, 회로 먹는다. 고등어는 쉽게 썩기 때문에 배를 갈라서 짠 소금을 잔뜩 집어넣어 소금에 절인다. 이런 고등어를 '간고등어', '자반고등어'라고 한다.

40~50 cm
온 바다
5~7월

다른 이름 고동어, 고망어, 고도리
분포 우리나라, 일본, 대만, 필리핀
먹이 작은 새우, 멸치 따위
특징 등이 파랗고 얼룩무늬가 있다.

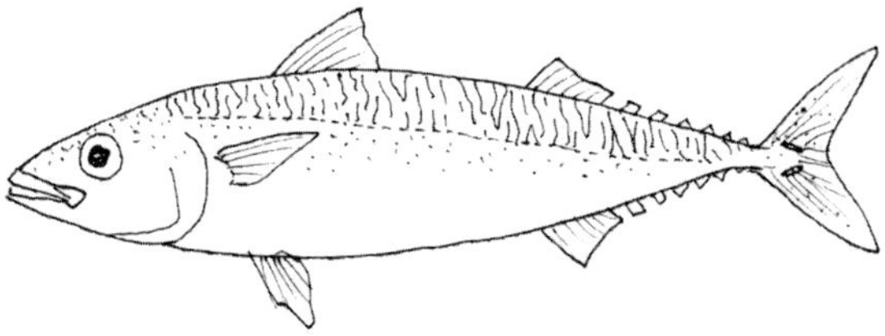

몸길이는 40~50cm쯤 된다. 등은 파랗고 까만 물결무늬가 구불구불 났다. 배 쪽은 무늬가 없고 하얗다. 눈에는 기름눈꺼풀이 있다. 비늘은 아주 작고 잘 떨어진다. 등지느러미는 두 개인데 멀리 떨어져 있다. 뒷지느러미는 두 번째 등지느러미와 마주 난다. 등지느러미와 뒷지느러미 뒤로 토막지느러미가 5개 있다. 꼬리 자루는 아주 잘록하다. 꼬리지느러미는 깊이 파였다. 옆줄은 하나다.

위아래 몸빛

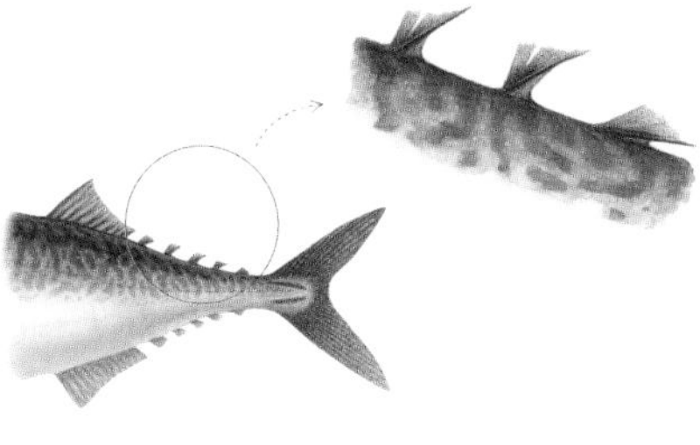

토막지느러미 등지느러미와 뒷지느러미 뒤로 작은 토막지느러미가 토막토막 나 있다. 제법 날카롭다.

고등어 보호색 고등어 등은 파르스름하고 배는 하얗다. 고등어 몸빛은 천적 눈을 피하려는 보호색이다. 갈매기 같은 새가 하늘에서 내려다보면 바다색과 닮아서 못 알아보고, 상어처럼 큰 물고기가 밑에서 올려다보면 밝은 햇살처럼 보여서 못 알아본다.

삼치

Scomberomorus niphonius

삼치는 따뜻한 물을 좋아한다. 우리나라 남해와 서해, 제주 바다에서 볼 수 있고 일본과 중국 따뜻한 바다에도 산다. 머나먼 난바다에서 겨울을 나고, 봄이 되면 따뜻한 물을 따라 우리나라로 온다. 구시월에는 먹이를 따라 다시 남쪽으로 내려간다. 삼치는 몸이 칼처럼 길쭉하고 어른 양팔을 한껏 벌린 만큼 크다. 헤엄을 아주 빨리 쳐서 시속 100km가 넘을 때도 있다. 웬만한 자동차만큼 빠르게 헤엄친다. 물낯 가까이를 빠르게 헤엄치면서 고등어, 멸치, 갈치, 전갱이, 꽁치 같은 작은 물고기를 잡아먹는다. 작은 물고기는 통째로 삼키고, 큰 먹이는 날카로운 이빨로 잘라 먹는다. 여름 들머리부터 바닷가로 몰려와 알을 낳는다. 암컷과 수컷이 한 마리씩 짝을 지어 알을 낳는다. 짝짓기 때가 되면 몸빛이 까맣게 바뀐다. 이때 삼치를 '먹물삼치'라고 한다. 알에서 나온 새끼는 한 해가 지나면 벌써 몸길이가 50cm쯤 자란다. 두 해가 지나면 다 큰 어른이 된다. 8년쯤 산다.

이름 삼치는 지역에 따라 '망어(동해), 망에(통영)'라고 하는데, 옛날 사람들은 삼치를 '망어'라고 했다. 《우해이어보》에는 삼치를 삼차(參差)라고 읽고, 맛이 방어보다 더 시다고 '초어'라고 했다. 《자산어보》에는 '망어(蟒魚) 속명을 그대로 따름'이라고 나와 있고, 《난호어목지》에는 '마어(麻魚)'라 하고, 한글로 '삼치'라고 썼다. 《재물보》에는 '망어(芒魚)'라고 썼다. 모두 삼치를 한자로 쓰면서 생긴 이름 같다. 삼치라는 이름이 어디에서 왔는지는 정확하게 밝혀지지 않았다. 영어로는 'chub mackerel, spanish mackerel', 일본에서는 '사와라(サワラ, 鰆)', 중국에서는 '마교(馬鮫), 발어(鲅魚)'라고 한다.

성장 4~6월에 물 온도가 10~20도쯤일 때 알을 낳는다. 암컷 한 마리가 알을 20만~80만 개쯤 낳는다. 알은 물에 떠다닌다. 알에서 나온 새끼는 여섯 달이 지나면 33~46cm, 1년이면 57cm쯤 큰다.

고기잡이 삼치는 봄에도 많이 잡지만 늦가을에 잡은 삼치가 기름기가 있어서 더 맛이 좋다. 낚시나 걸그물, 두릿그물, 자리그물, 끌그물로 잡는다.

쓰임 구이, 조림, 튀김, 탕으로 먹는다. 금방 잡았을 때는 회로도 먹는다. 《난호어목지》에는 '물고기 잡는 사람들은 즐겨 먹지만, 사대부는 그 이름을 싫어해서 잘 먹지 않는다'고 나와 있다. 이름에 '망할 망(亡)' 자가 있어서 그렇다는 이야기가 있다.

1m
남해, 서해, 제주
4~6월

다른 이름 망어, 망에
분포 우리나라, 일본, 동중국해
먹이 멸치, 까나리, 정어리 같은 작은 물고기
특징 몸에 잿빛 점무늬가 줄지어 나 있다.

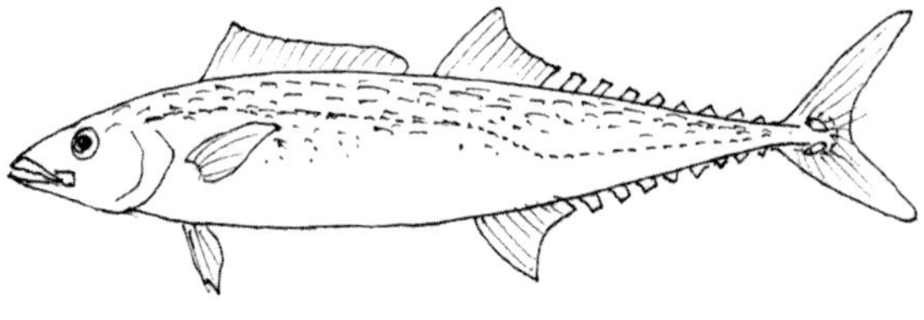

다 크면 1m가 넘는다. 몸은 반짝반짝 빛나고 반들반들하다. 등은 파르스름하고 배는 하얗다. 몸통 옆으로 잿빛 점무늬가 일곱 줄쯤 줄지어 나 있다. 주둥이가 뾰족하고 이빨이 아주 날카롭다. 부레가 없다. 몸통은 가늘고 길쭉하다. 꼬리자루에 토막지느러미가 6~9개쯤 있다. 가슴지느러미, 등지느러미, 꼬리지느러미는 까맣고, 뒷지느러미는 하얗다. 꼬리지느러미는 깊게 파였다. 옆줄은 하나인데, 두 번째 등지느러미 뒤쪽에서 아래쪽으로 휘어져 내려온다.

삼치 이빨 삼치 이빨은 송곳처럼 뾰족하다. 삼치 무리는 다 이빨이 날카롭고 뾰족하다.

황다랑어

Thunnus albacares

황다랑어는 물 온도가 18~31도 사이인 따뜻한 온대와 열대 바다에서 사는 물고기다. 태평양, 대서양, 인도양에서 산다. 다랑어 무리 가운데 가장 폭넓은 물 온도에 적응한 물고기다. 떼를 지어 물낯 가까이에서 헤엄치며 돌아다니고, 다른 다랑어 무리와 섞여 돌아다니기도 한다. 따뜻한 물을 따라 우리나라 제주 바다와 남해로 올라오는데 동해로는 잘 안 올라간다. 헤엄쳐 다니면서 고등어, 날치 같은 작은 물고기나 오징어, 새우 따위를 잡아먹는다.

이름 다 크면 두 번째 등지느러미와 뒷지느러미가 길며 노란색을 띠고 있어 '황다랑어'라고 한다. 전남에서는 '황다랭이'라고 한다. 영어로는 'yellowfin tuna'라고 하고, 일본에서는 지느러미를 깃발(ハタ)이라고도 하는 데서 '기하다(キハダ)'라는 이름이 붙었다.
성장 북반구와 남반구를 합치면 일 년 내내 짝짓기를 하고 알을 낳는데, 여름에 가장 많이 낳는다. 알을 200만~400만 개 낳는다. 알에서 나온 새끼는 두 해가 지나면 1m쯤 크고 어른이 된다. 2m까지 자란다.
고기잡이 먼바다로 원양 어선이 나가서 잡는다. 커다란 그물로 둘러쳐서 잡거나 낚시로도 잡는다. 우리나라 원양 어선이 잡는 물고기 가운데 거의 절반을 차지한다.
쓰임 살은 복숭앗빛을 띠며 조금 단단하고 담백한 맛이 난다. 통조림을 만들고, 회로 먹거나 초밥을 만들어 먹는다.

2m
제주, 남해
사철

다른 이름 황다랭이
분포 온 세계 온대와 열대 바다
먹이 물고기, 오징어, 새우 따위
특징 등지느러미와 뒷지느러미가 낫처럼 휘었다.

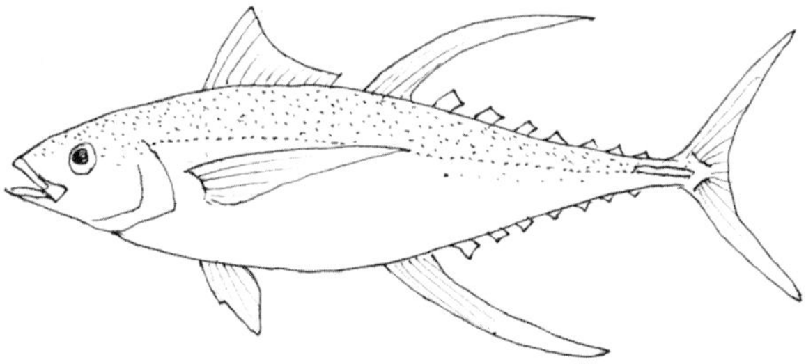

다 크면 몸길이가 2m쯤 되고 몸무게는 200kg쯤 된다. 등은 거무스름한 파란색이고 배는 하얗다. 주둥이는 짧고 뾰족하다. 가슴지느러미가 길어서 두 번째 등지느러미가 시작하는 곳까지 이른다. 두 번째 등지느러미와 뒷지느러미가 크면서 낫처럼 길어지고 색깔은 노랗다. 토막지느러미도 노랗다. 꼬리자루는 잘록하고 꼬리지느러미는 위아래로 가늘고 길게 뻗는다.

참다랑어

Thunnus orientalis

참다랑어는 온 세계 온대와 열대 바다를 돌아다니며 산다. 다른 다랑어보다 찬물도 잘 견뎌서 봄이 되면 우리나라에 올라와 동해를 거쳐 사할린과 쿠릴 열도까지 올라간다. 봄여름에 북쪽으로 올라갔다가 가을이면 남쪽으로 내려온다. 물속 깊게는 잘 안 들어가고 큰 무리를 지어 물낯 가까이에서 헤엄쳐 다니며 바닷가 가까이에 오기도 한다. 한 번도 안 쉬고 쉴 새 없이 헤엄쳐 다닌다. 온몸에 근육이 잘 발달해 있고 모세혈관이 몸 구석구석까지 뻗어 있어 다른 물고기와 달리 어느 정도 체온이 일정한 편이다. 헤엄쳐 다니면서 멸치나 꽁치, 청어처럼 작은 물고기나 새우, 오징어 따위를 잡아먹는다. 20년쯤 산다.

참다랑어는 한때 한 종으로 여기다가 지금은 태평양에 사는 무리 (*Thunnus orientalis*), 대서양에 사는 무리 (*Thunnus thyunnus*), 남반구에 사는 무리 (*Thunnus maccoyii*)를 서로 다른 아종으로 갈라놓았다. 태평양에 사는 참다랑어가 가장 맛이 좋고 몸길이가 3m까지 자란다. 태평양 무리는 필리핀 앞바다에서 대만에 이르는 바다에서 알을 많이 낳고, 대서양 무리는 플로리다 앞바다와 지중해 시칠리아 섬 앞바다에서 알을 많이 낳는다

이름 흔히 '참치'라고 하지만 다랑어가 올바른 이름이다. 우리나라 첫 원양 어선이 잡아온 참다랑어를 참치라고 하면서 다랑어 대신 참치라는 말이 쓰이게 되었다. 1957년 참다랑어를 처음 잡아왔을 때는 '진(眞)치'라고 했다. 지역에 따라 '참다랭이, 다랭이, 다랑어(강원, 경남북), 참치(동해 연안)'라고 하고 북녘에서는 '다랑어'라고 한다. 영국에서는 다랑어 무리를 'tuna'라고 한다. 'tuna'는 '날아가다'라는 뜻인 그리스어 'thuno'에서 바뀐 이름이다. 영어로는 'bluefin tuna', 일본에서는 '마구로(マグロ, 鮪)'라고 한다.
성장 무게가 270~300kg인 참다랑어는 알을 천만 개쯤 낳는다. 알이 둥둥 떠다니다 새끼가 나온다. 새끼는 석 달쯤 되면 몸길이 33cm, 무게 680g까지 큰다. 1년이면 길이 58cm, 무게 38kg쯤 크고, 3년이면 97cm, 5년이면 140cm, 10년이면 250cm쯤 큰다. 다 크면 몸길이가 3m, 무게가 600kg쯤 나간다.
고기잡이 참다랑어는 주낙이라는 낚시질로 많이 잡는다. 그물로 고기 떼를 둥그렇게 둘러쳐서 잡기도 한다. 잡자마자 머리와 내장을 없애고 영하 60도 아래로 꽁꽁 얼린다.
쓰임 다랑어 무리 가운데 가장 비싸고 맛도 으뜸으로 친다. 살이 붉다. 기름기가 끼는 12~2월에 가장 맛이 좋다. 회나 초밥을 만들어 먹는다. 통조림도 많이 만든다.

3m
제주, 남해, 동해
봄~여름

다른 이름 다랑어(북), 참치, 참다랭이, 다랭이
분포 온 세계 온대와 열대 바다
먹이 멸치, 꽁치, 청어처럼 작은 물고기, 새우, 오징어 따위
특징 체온이 늘 일정하다.

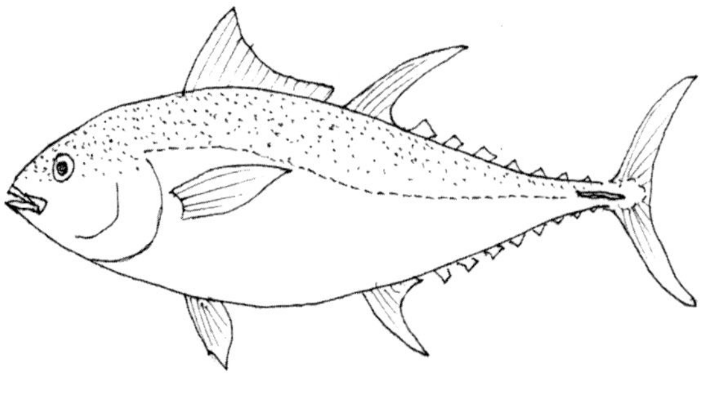

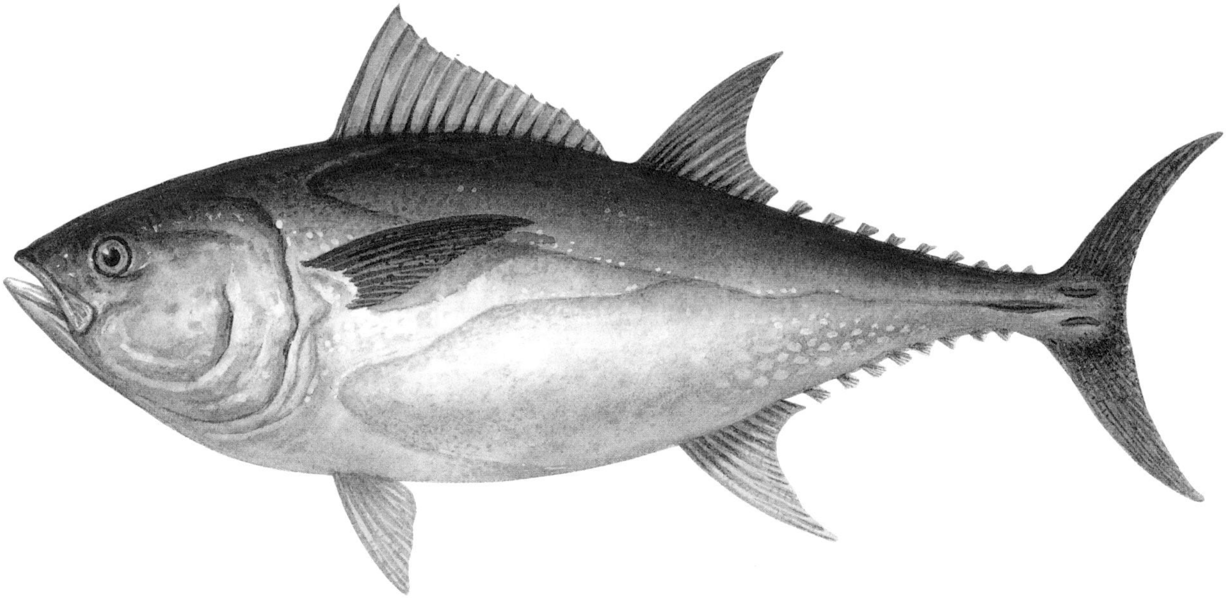

다 크면 몸길이가 3m쯤 된다. 등은 거무스름한 파란색이고 배는 하얗다. 어릴 때에는 몸 옆구리에 10~20개 줄이 나 있다. 주둥이는 뾰족하고 눈은 머리 가운데보다 조금 위쪽에 있다. 등지느러미는 두 개로 나뉘었다. 가슴지느러미는 짧아서 두 번째 등지느러미 시작하는 곳까지 안 닿는다. 두 번째 등지느러미와 뒷지느러미는 짧고 낫 모양이다. 두 번째 등지느러미와 뒷지느러미 뒤로 토막지느러미가 있다.
꼬리자루는 잘록하고 꼬리지느러미 끄트머리는 안쪽으로 둥글게 파인다.

농어목
황새치과

돛새치

Istiophorus platypterus

돛새치는 온 세계 따뜻한 열대나 온대 바다를 돌아다니며 산다. 여름철에는 따뜻한 바닷물을 따라 우리나라 남해까지 올라온다. 새치 무리 가운데 바닷가로 가장 가깝게 다가온다. 여러 마리가 무리를 지어 물낯 가까이를 빠르게 헤엄쳐 다닌다. 물고기 가운데 가장 빠른 물고기로 100km 넘는 속도를 낼 수 있다. 배지느러미는 살에 파인 홈으로 접어 넣을 수 있다. 긴 등지느러미를 물낯 밖으로 내놓고 헤엄치기도 한다. 작은 물고기나 오징어 따위를 잡아먹는데, 먹이 떼를 찾으면 여러 마리가 긴 등지느러미를 접고 천천히 뒤따르다가 빠르게 헤엄쳐 물고기 떼를 둘러싼다. 먹이 떼가 구름처럼 모이면 못 도망가도록 에두르다가, 물고기 떼로 갈마들며 뛰어 들어가 잡아먹는다. 기다란 주둥이를 마구 휘둘러 물고기를 쳐서 잡아먹기도 한다. 사냥을 할 때는 돛을 접었다 폈다 하고, 파란 몸 색깔을 눈 깜짝할 사이에 까만색으로 바꾸고는 한다. 헤엄치다가 배에 부딪쳐 쇠꼬챙이 같은 주둥이로 배에 구멍을 내기도 한다

이름 등지느러미가 돛처럼 활짝 펼쳐진다고 '돛새치'다. 지역에 따라 '돛새치(전남), 배방치(포항), 부채(경남)'라고도 한다. 영어로는 등지느러미가 돛 모양 같다고 'sailfish'라고 한다. 일본에서는 등지느러미가 바나나 잎처럼 펼쳐진다고 '바쇼우카지키(バショウカジキ)'라고 한다.
성장 여름에 짝짓기를 하고 알을 낳는데 봄가을에도 알을 낳는다. 각 대륙 바닷가에서 알을 낳는다. 알에서 나온 새끼는 빠르게 큰다. 어릴 때는 주둥이 부리 길이가 같지만 크면서 윗부리가 점점 길어진다. 알에서 깨어난 새끼가 1~2cm쯤 되면 길어지기 시작한다. 1.6m쯤 크면 어른이 된다.
고기잡이 우리나라에서는 원양 어선이 많이 잡아온다. 원양 어선에서 잡는 새치 무리 가운데 가장 많이 잡힌다. 우리나라 바닷가에서는 거의 안 잡힌다. 긴 낚싯줄에 낚시를 여러 개 달아 물속에 늘어뜨려 잡는 주낙으로 많이 잡는다. 그물로도 잡는다. 태평양 원주민들은 물낯으로 올라올 때 작살로 찔러서 잡기도 한다.
쓰임 살은 청새치보다 더 짙은 붉은색이고 기름기가 적고 섬유질이 많다. 다랑어처럼 얼려서 회로 먹거나 통조림을 만든다. 새치 무리 가운데 살이 부드러운 편이 아니어서 인기가 적다.

3m 안팎
남해, 제주
여름

다른 이름 배방치, 부채
분포 온 세계 온대와 열대 바다
먹이 작은 물고기, 오징어 따위
특징 등지느러미를 돛처럼 접었다 폈다 한다.

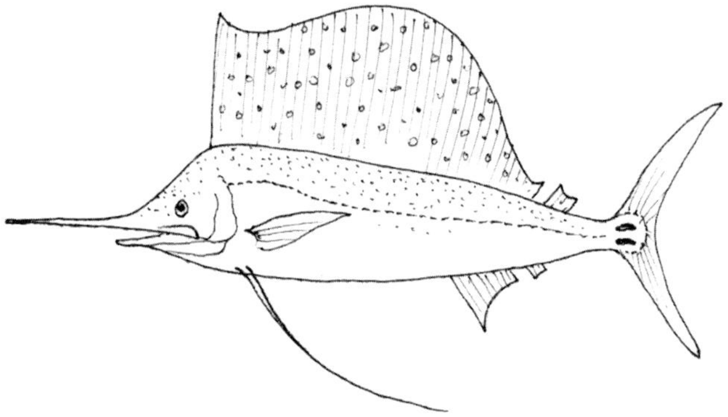

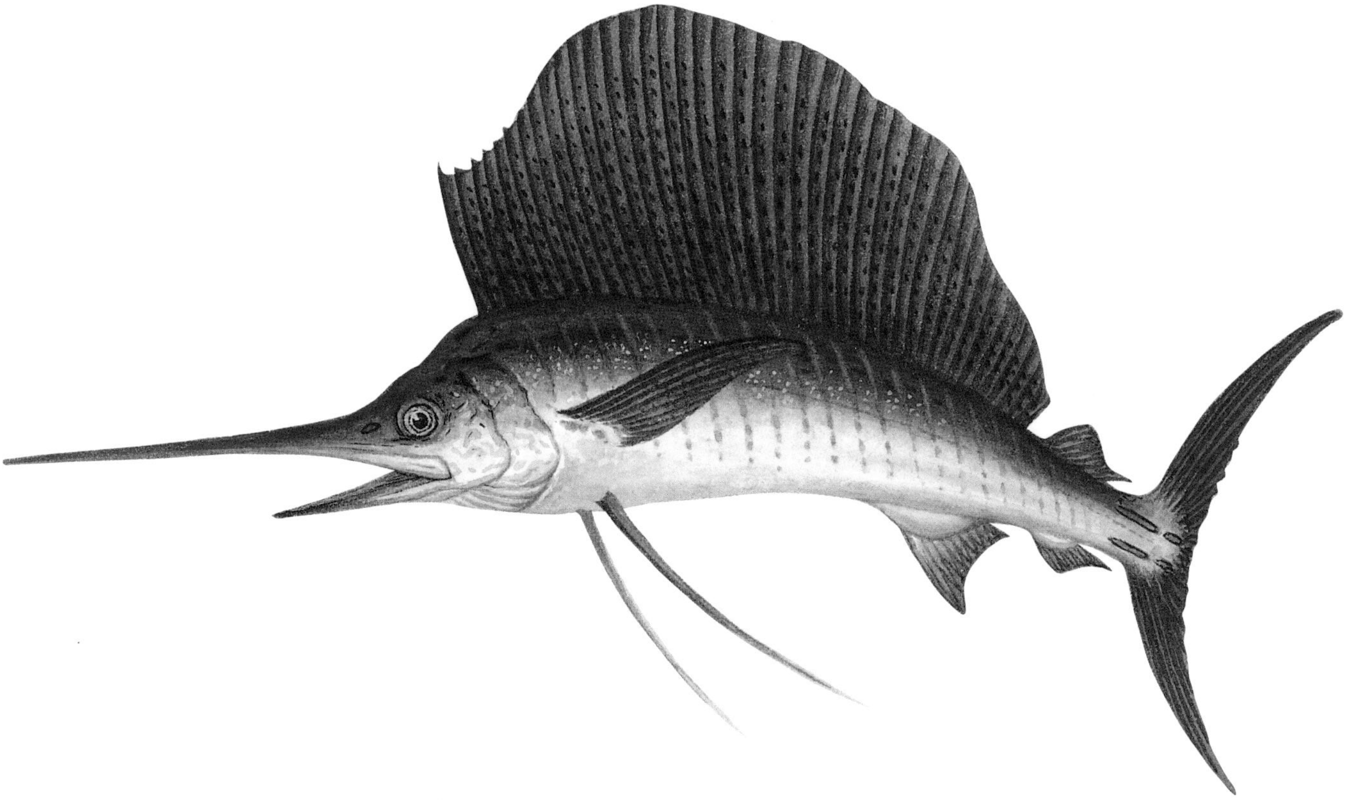

몸길이는 3m 안팎이다. 등은 파랗고 배는 하얗다. 위쪽 주둥이가 창처럼 길고 뾰족하다. 몸은 길쭉하고 몸통이 두툼하다. 몸에는 진한 파란 점들이 줄무늬로 열일곱 줄쯤 나 있다. 첫 번째 등지느러미는 돛처럼 크고 파랗고 까만 점이 흐드러졌다. 배지느러미는 실처럼 가늘고 길다. 꼬리자루에 두드러진 돌기가 두 개 솟았다. 꼬리지느러미 끄트머리는 둥그스름하게 파인다. 옆줄은 한 줄이다.

농어목
황새치과

청새치

Tetrapturus audax

청새치는 온대와 열대 바다에서 산다. 태평양, 인도양, 대서양처럼 너른 바다에서 헤엄쳐 다니다가 따뜻한 물을 따라 우리나라 제주 바다에 올라온다. 철 따라 먹이를 찾거나 짝짓기를 하려고 남북으로 먼 거리를 오르락내리락한다. 물낯 가까이에서 헤엄쳐 다니는데 혼자 다니기를 좋아하고 짝짓기 때에는 두세 마리가 무리를 짓기도 한다. 상어처럼 뾰족한 등지느러미가 물 밖으로 드러나기도 한다. 다른 새치 무리처럼 헤엄을 아주 잘 친다. 가끔 물 밖으로 뛰어오르고 바닷속 200m까지도 들어간다. 정어리나 고등어, 날치, 전갱이, 꽁치처럼 작은 물고기를 쫓아가서 잡아먹는다. 꼬챙이처럼 길고 뾰족한 주둥이를 휘둘러 먹이를 기절시킨 뒤 잡아먹기도 한다. 다른 새치 무리처럼 가끔 배에 부딪쳐 뾰족한 주둥이로 구멍을 내기도 하고, 배 위로 튀어 올라 어부들을 다치게 한다. 우리나라에는 돛새치, 청새치, 녹새치, 백새치, 황새치 다섯 종이 올라온다. 새치 무리는 모두 위턱이 쇠꼬챙이처럼 길다. 황새치는 배지느러미가 없고, 꼬리자루에 돌기가 한 개만 솟아 있어서 다른 새치와 다르다.

이름 새치 무리 가운데 등이 파랗다고 청새치다. 부산에서는 '용삼치'라고 한다. 어떤 사람들은 새치라는 말이 물 밖으로 뛰어오르는 모습을 새처럼 나는 모습에 빗대어 지은 이름라고도 하고, 새 부리처럼 뾰족한 부리를 가졌기 때문이라고도 한다. 《자산어보》에 '관자어(鸛觜魚) 속명 한새치(閑璽峙)'라는 물고기가 나오는데 '머리가 황새 부리와 닮았다'고 했다. '한새'는 '황새'의 옛말이다. 어류학자 정문기 박사는 이 물고기를 '청새치'라고 했는데, 청새치가 아니라 '동갈치'로 보는 사람도 있다. 영어로는 주둥이가 창처럼 뾰족하다고 'spearfish', 몸통에 줄무늬가 있다고 'striped marlin, barred marlin'이라고도 한다. 일본에서는 '진짜 새치'라는 뜻으로 '마카지키(マカジキ, 眞梶木)'라고 한다.

성장 북반구에서는 5~7월에 짝짓기를 하고, 암컷은 한 번에 알을 1100만~2900만 개쯤 낳는다. 알에서 나온 새끼들은 물에 둥둥 떠다니며 큰다. 1년마다 20~35cm씩 몸이 자란다.

고기잡이 청새치는 상어만큼 몸집이 아주 크다. 주낙으로 다랑어를 잡다가 같이 잡히는 때가 많다. 낚시로 잡거나 때로는 작살로 잡는다.

쓰임 청새치는 새치 무리 가운데 맛을 으뜸으로 쳐준다. 살은 연붉은빛을 띤다. 회로 먹거나 구워 먹는다. 훈제를 해서 먹기도 한다.

3~4 m
제주
5~7월

다른 이름 용삼치
분포 온 세계 열대와 온대 바다
먹이 멸치, 정어리, 고등어, 꽁치, 날치, 전갱이 따위
특징 주둥이가 창처럼 뾰족하다.

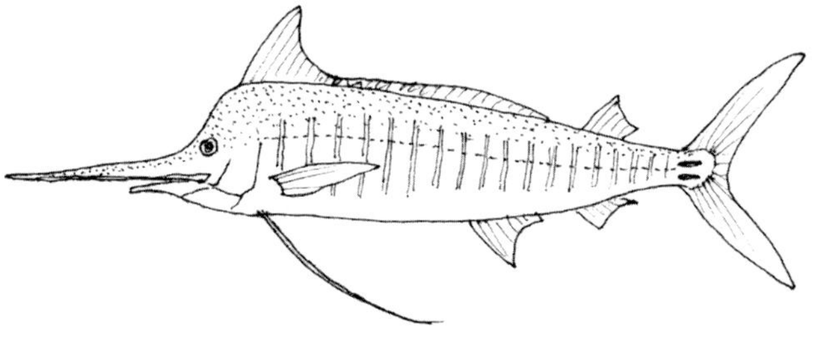

몸길이는 3~4m쯤 되고 몸무게는 440kg까지 나간다. 등은 파랗고 배는 하얗다. 몸통에 파란 띠무늬가 10~15개쯤 나 있다. 몸은 가늘고 길며 옆으로 납작하다. 주둥이는 뾰족하고 위턱이 꼬챙이처럼 길어져 뾰족하다. 양턱에는 작은 이빨이 고르게 나 있다. 등지느러미는 두 개로 나뉘었는데 앞쪽 등지느러미가 더 길다. 첫 번째 등지느러미 앞쪽이 상어 지느러미처럼 뾰족 솟았다가 낮아진다. 배지느러미는 가늘고 길다. 뒷지느러미는 두 개로 나뉘었다. 꼬리자루에는 돌기가 두 개 솟았다. 꼬리지느러미 끄트머리는 둥글게 파였다. 옆줄은 한 줄이고 곧게 뻗는다.

청새치는 빠르게 헤엄치다가 가끔 물 위로 펄쩍 뛰어오른다.

병어

Pampus argenteus

병어는 따뜻한 바다에서 산다. 겨울이면 제주도 남쪽 바다로 내려갔다가 봄이 오면 서해와 남해로 몰려온다. 일본, 중국, 인도네시아, 인도양에도 산다. 바닷속 50~150m 깊이쯤에서 무리 지어 산다. 작은 새우, 플랑크톤, 갯지렁이, 해파리 따위를 잡아먹는다. 5~7월에 얕은 바닷가나 강어귀로 몰려와서 알을 낳는다. 알에서 나온 새끼는 3cm쯤 크면 먼바다로 나간다.

병어와 꼭 닮은 '덕대'라는 물고기가 있다. 시장에서는 병어랑 덕대를 다 '병어'라고 하면서 판다. 생김새나 맛이 똑같다. 머리 뒤에 난 물결무늬가 옆줄 밑에서도 뒤쪽까지 뻗어 있으면 '병어'고 그렇지 않으면 '덕대'다. 또 아가미뚜껑이 눈 밑까지 오면 '덕대'고 안 오면 '병어'다.

이름 병어는 서해 바닷가에서 '병치, 편어'라고 한다. 《자산어보》에는 '편어(扁魚) 속명 병어(甁魚)'라고 하면서 '머리가 작고 목덜미는 움츠러들고 꼬리는 짤막하다. 등이 툭 튀어나오고 배도 튀어나와 생김새가 사방으로 뾰족하여, 길이와 높이가 거의 비슷하다. 입이 매우 작고, 몸 빛깔은 창백하다'고 써 놓았다. 《난호어목지》에는 '창(鯧)'이라고 했다. 영어로는 'silver pomfret', 일본에서는 가다랑어가 잡히는 때에 함께 잡히고 맛을 견주어도 빠지지 않는다고 진짜 가다랑어라는 뜻인 '마나가쓰오(マナガツオ, 真魚鰹)'라고 한다.

성장 암컷 한 마리가 알을 3만~10만 개쯤 낳는다. 알에서 나온 새끼는 1년이면 11cm, 2년이면 17cm, 3년이면 20cm쯤 큰다. 3년쯤 크면 어른이 된다.

고기잡이 알 낳으러 올 때 끌그물, 자리그물, 걸그물로 잡는다. 맛이 좋아서 우리나라 사람들이 수백 년 전부터 병어를 잡았다는 기록이 있다. 《신증동국여지승람》에서 병어를 경기도와 전라도 몇몇 지방에서 나는 토산물로 적어 놓았고, 《난호어목지》에도 병어가 '서해와 남해에서 나는데, 호서의 도리해(桃里海)에서 많이 난다'고 써 놓았다.

쓰임 여름이 제철이다. 회로도 먹고 구이나 찜이나 조림으로 먹는다. 《자산어보》에는 '맛이 달고 뼈가 연해서 회나 구이, 국에 모두 좋다'고 나와 있다.

20~160 cm
서해, 남해, 제주
5~7월

다른 이름 병치, 편어
분포 우리나라, 일본, 인도양, 중국, 인도네시아
먹이 작은 새우, 플랑크톤, 갯지렁이, 해파리 따위
특징 몸이 마름모꼴로 생겼다.

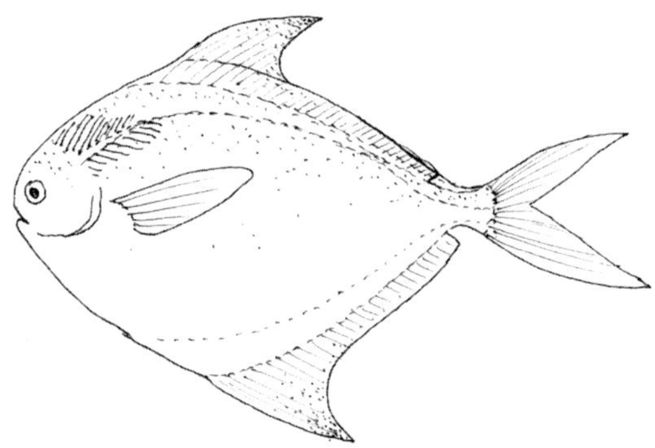

몸길이는 20~30cm쯤 된다. 60cm까지 큰다. 온몸은 미끈하고 파르스름한 은빛이 돌아 반짝거린다. 몸은 마름모꼴이고 옆으로 납작하다. 머리는 작고 주둥이는 짧고 입술이 없다. 비늘은 작은 둥근 비늘이고 잘 떨어진다. 옆줄이 뚜렷하다. 등지느러미와 뒷지느러미는 낫처럼 생겼다. 배지느러미는 없다. 꼬리지느러미는 가위처럼 깊게 파인다.

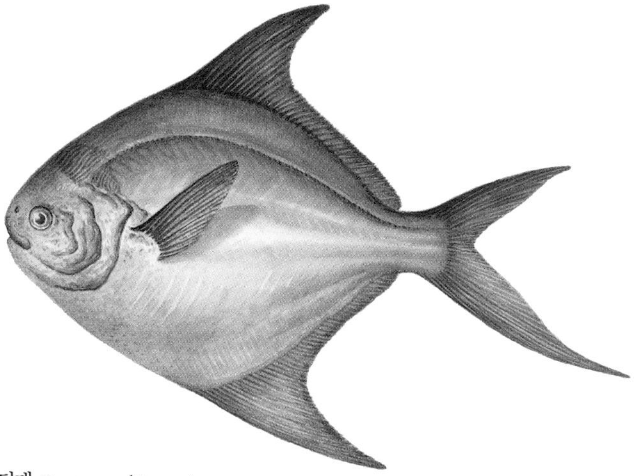

덕대 *Pampus echinogaster*

병어와 똑 닮았다. 시장에 나오는 병어는 대부분 덕대다. 병어보다 크기가 작다. 머리 뒤에 난 물결무늬를 보고 구분한다.

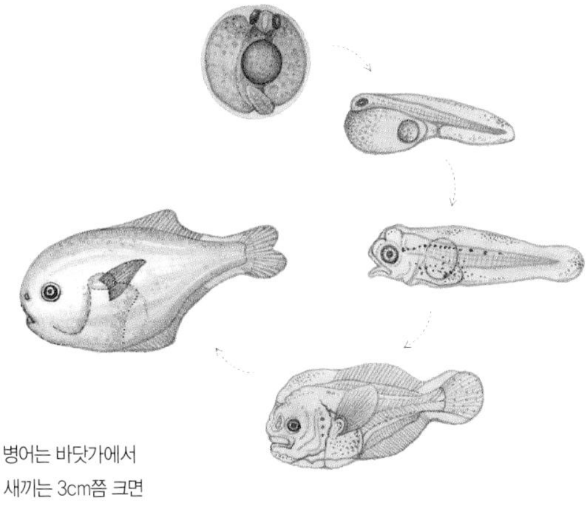

병어가 커 가는 모습이다. 병어는 바닷가에서 알을 낳는다. 알에서 나온 새끼는 3cm쯤 크면 먼바다로 나간다.

넙치

Paralichthys olivaceus

넙치는 조금 차가운 물을 좋아한다. 우리나라 온 바다에 살고 일본과 동중국해에도 산다. 물 깊이가 20~200m쯤 되고 바닥에 모래가 깔린 곳을 좋아한다. 낮에는 모래 속에 몸을 숨기고 눈만 빼꼼 내놓고 있다가, 밤이 되면 먹이를 찾아 돌아다닌다. 헤엄을 칠 때면 납작한 몸이 부드럽게 너울너울 파도치듯이 움직인다. 알맞은 곳에 가면 몸빛을 주변 색깔에 맞게 바꾼다. 몸빛이 바뀌는 데 오래 걸리지 않는다. 바닥에 숨어 있다가 지나가는 작은 물고기나 새우, 게, 오징어를 잡아먹고 흙 속에 숨어 있는 조개나 갯지렁이도 먹는다. 바닥에 붙어 살기 때문에 몸이 가오리처럼 위아래로 납작해 보이지만, 사실은 옆으로 납작하다. 눈만 한쪽으로 쏠렸을 뿐 다른 기관은 모두 양쪽이 똑같다. 넙치 눈은 태어날 때부터 한쪽으로 쏠려 있지 않았다. 갓 나온 새끼는 다른 물고기랑 똑같이 눈이 몸 양쪽에 붙어 있다. 알에서 나온 지 한 달쯤 지나면 두 눈이 한쪽으로 쏠린다. 앞에서 볼 때 눈이 왼쪽으로 쏠리면 넙치고, 오른쪽으로 쏠리면 가자미 무리다. 새끼 때에는 물에 떠다니지만 눈이 한쪽으로 몰린 뒤에는 물 바닥으로 내려가 산다. 20년 넘게 산다.

이름 몸이 넓적하다고 넙치다. 흔히 '광어(廣魚)'라고 한다. 《자산어보》에는 '접어(鰈魚) 속명 광어(廣魚)'라고 써 놓았다. 접어는 넙치나 가자미를 두루 일컫는 말이다. 또 눈이 한쪽에 달렸다고 '비목어(比目魚)'라고 했는데 이것도 접어와 마찬가지로 두루 쓰인 말이다. 영어로는 'bastard halibut, olive flounder', 중국에서는 '아평(牙鲆), 유아평(油牙鲆), 편구(偏口), 좌구(左口)', 일본에서는 '히라메(ヒラメ, 鮃)'라 한다.
성장 봄에 가까운 바닷가로 나와 밤에 알을 낳는다. 한 마리가 40만~50만 개쯤 여러 번에 걸쳐 낳는다. 알은 저마다 흩어져 물에 떠다닌다. 물 온도가 20도 안팎일 때 이틀쯤이면 새끼가 나온다. 1년쯤 지나면 30~32cm, 2년에 41~45cm, 5년에 67~76cm, 6년에 73~83cm 크기로 빠르게 큰다.
고기잡이 일 년 내내 잡지만 가을과 겨울이 제철이다. 걸그물, 바닥 끌그물, 자리그물로 잡고 낚시로도 낚는다. 요즘에는 가둬 기르기도 한다.
쓰임 가을부터 이듬해 2월쯤까지가 가장 맛이 좋고 알을 낳는 봄여름은 맛이 떨어진다. 살은 하얗고 쫀득하고 비린내가 없어서 맛을 으뜸으로 친다. 회, 조림, 구이, 탕, 튀김, 초밥으로 먹는다. 옛날부터 엄마가 아기를 낳고 몸조리를 할 때 미역국에 함께 넣어 끓여 먹었다. 그러면 엄마 젖도 잘 나오고 몸도 거뜬해진다.

50~80 cm
서해, 남해, 동해
봄

다른 이름 광어
분포 우리나라, 일본, 동중국해
먹이 작은 물고기, 새우, 게, 오징어 따위
특징 눈이 왼쪽으로 쏠려 있다.

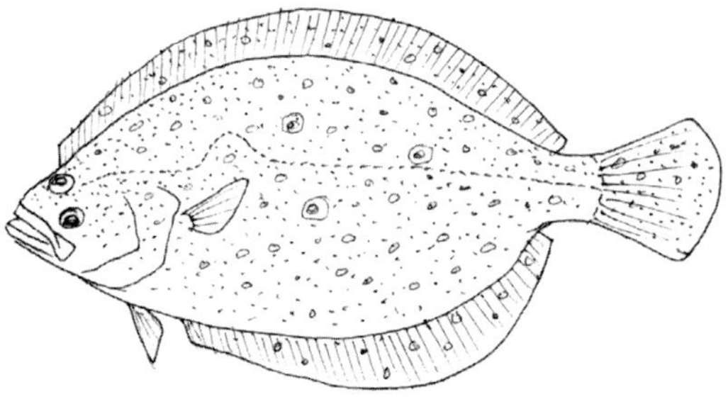

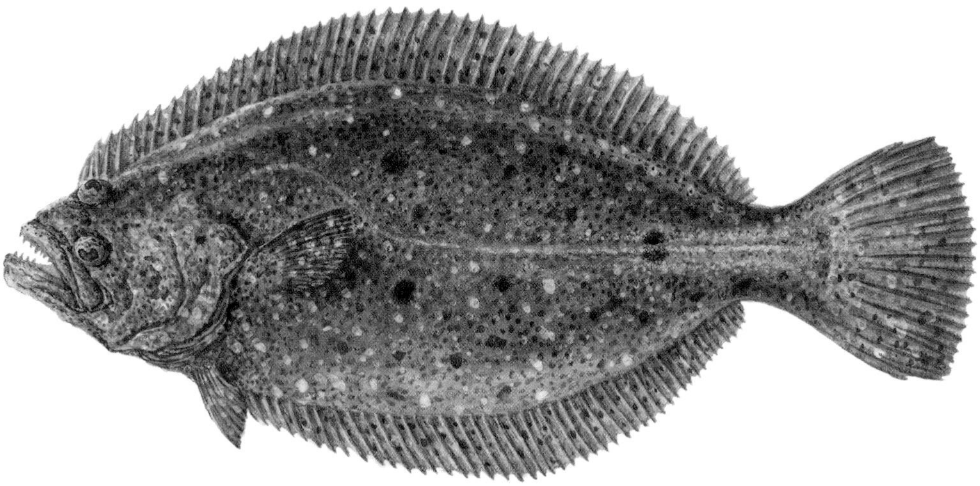

몸길이가 50~80cm쯤 되고 1.5m 넘게도 큰다. 몸은 긴 타원형이다. 눈 달린 쪽은 누런 밤색이고 하얀 점이 흩어져 있다. 눈 없는 쪽은 하얗다. 입은 꽤 큰 편이고, 양턱에는 강한 송곳니가 한 줄로 줄지어 나 있다. 등지느러미와 뒷지느러미는 길고, 꼬리지느러미는 끝이 둥그스름하다. 배지느러미가 양쪽에 있다. 옆줄은 한 줄인데, 가슴지느러미 위쪽으로 둥글게 휘어져 내려와 곧게 꼬리까지 간다.

눈이 없는 쪽 몸은 새하얗다. 눈만 쏠렸지 가슴지느러미가 있다. 사람이 기른 넙치는 얼룩덜룩한 무늬가 생기기도 한다.

넙치 눈 넙치를 앞에서 보면 눈 두 개가 왼쪽으로 쏠려 있다. 오른쪽으로 쏠리면 가자미다.

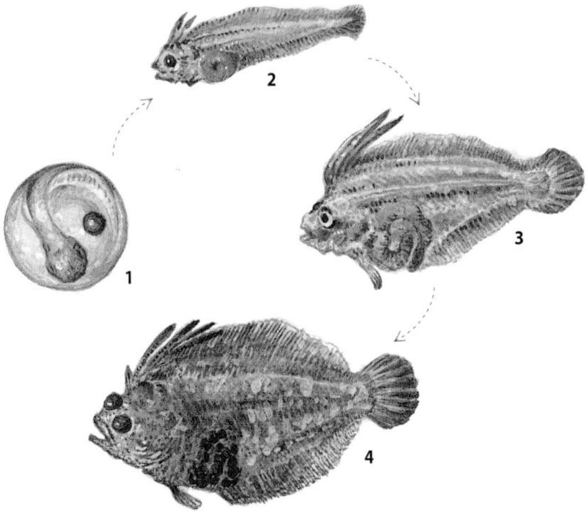

1. 봄에 바닷가 가까이에 알을 낳는데 한 마리가 40만~50만 개쯤 낳는다.
2. 8mm쯤 크면 눈이 한쪽으로 쏠리기 시작한다.
3. 몸이 15mm쯤 크면 왼쪽으로 눈이 다 모인다. 눈이 한쪽으로 쏠리는 데 한 달쯤 걸린다.
4. 눈이 한쪽으로 쏠리면 물 밑바닥으로 내려가 산다. 몸 색깔도 어미와 똑같아진다.

돌가자미

kareius bicoloratus

돌가자미는 우리나라 온 바다에 사는데 서해에 많다. 일본과 대만, 동중국해, 사할린에도 산다. 물 깊이가 30~100m쯤 되는 모랫바닥이나 개펄 바닥에 산다. 때때로 강어귀로 올라오기도 한다. 바닥에 붙어 있다가 갯지렁이나 작은 새우, 조개 따위를 잡아먹는다. 몸길이가 5~13cm쯤 되면 갯지렁이나 젓새우, 작은 갑각류 따위를 잘 먹고, 14cm 넘게 크면 새우나 망둑어 따위를 잘 먹는다.

서해에 사는 돌가자미는 여름에 북쪽으로 올라갔다가 겨울이면 남쪽으로 내려온다. 또 여름에는 깊은 곳에 있다가 11~2월까지 바닷가 가까이로 와 알을 낳는다. 알에서 깨어난 새끼는 얕은 물에서 살다가 크면 깊은 곳 바닥으로 내려간다.

이름 몸에 돌처럼 딱딱한 돌기가 튀어나왔다고 '돌가자미'다. 북녘과 부산에서는 '돌가재미'라고 하고, 서해 사람들은 '도다리'라고 한다. 남해 사람들이 '도다리'라고 하는 물고기는 '문치가자미'다. 다른 나라도 돌이란 뜻이 들어가 영어로는 'stone flounder', 일본에서는 '이시가레이(イシガレイ, 石鰈)'라고 한다. 《우해이어보》에는 '목면소(木棉鮇), 석린소(石鱗鮇)'라고 하고 '껍질이 서해 바닷가에서 나는 가느다란 돌비늘처럼 매끄럽게 빛이 난다. 이 물고기는 목면(木棉, 목화)이 열매를 맺을 때 많이 잡혀서, 목면화(木棉鮇)라는 이름을 붙였다'고 써 있다.

성장 한 마리가 알을 20만~80만 개쯤 낳는다. 알은 투명하고 동그랗고, 흩어져 물 위로 뜬다. 3일쯤 지나면 새끼가 나온다. 1년이면 15cm, 2년이면 23cm쯤 큰다. 암수 모두 2년쯤 지나면 어른이 된다.

고기잡이 가을부터 얕은 바다로 올라올 때 낚시로 많이 잡는다. 서해보다 동해 바닷가에서 잡은 돌가자미가 더 맛있다.

쓰임 겨울이 제철이다. 살은 하얗다. 고기 맛이 쫄깃하고 담백하다. 회, 구이, 튀김, 찜, 탕, 조림으로 먹는다. 《우해이어보》에는 '맛이 아주 좋아서 여러 가자미 가운데 가장 맛있다'고 적혀 있다. 《동의보감》에는 '비목어((比目魚, 가자미)'라고 해서 '성질이 평하고 맛이 달며 독이 없다. 허한 것을 보하고 기력을 세게 한다. 많이 먹으면 기(氣)를 동(動)하게 한다'고 적어 놓았다

20~50 cm
온 바다
11~2월

다른 이름 돌가재미(북), 도다리
분포 우리나라, 일본, 대만, 동중국해, 사할린
먹이 갯지렁이, 작은 새우, 조개 따위
특징 몸에 돌처럼 딱딱한 돌기들이 튀어나왔다.

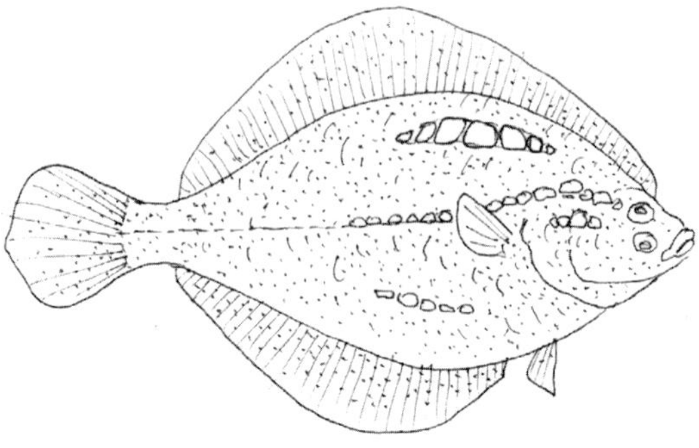

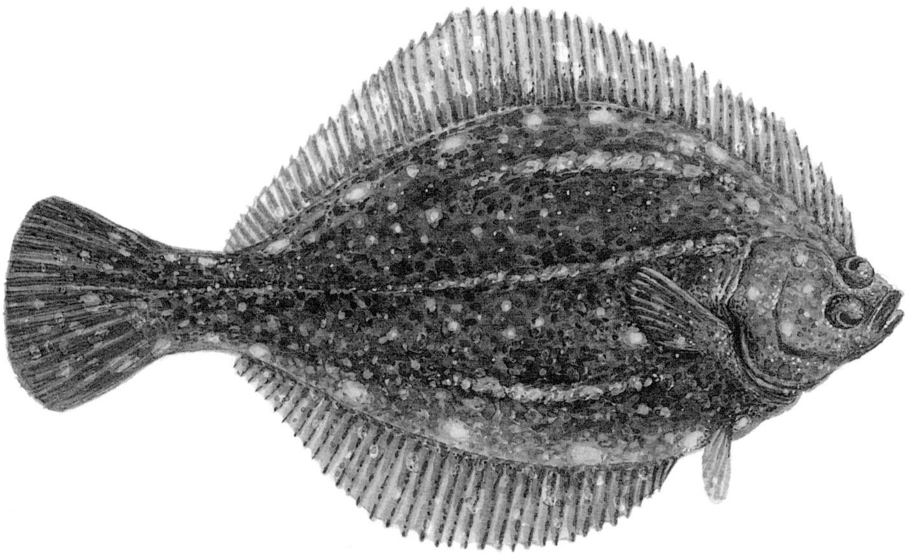

몸길이는 20~50cm이다. 눈 있는 쪽은 누런 밤색이고 하얀 점이 나 있다. 눈 없는 쪽은 하얗다. 몸은 타원형이고 옆으로 납작하다. 살갗에는 비늘이 없다. 눈 있는 쪽에 돌처럼 단단한 돌기가 두세 줄 있다. 두 눈은 앞에서 보면 오른쪽으로 쏠렸다. 입은 작고 양턱에 이빨이 한 줄 났다. 옆줄은 눈 있는 쪽과 없는 쪽 모두 뚜렷하고, 꼬리 끝까지 거의 곧게 뻗는다. 꼬리지느러미 끄트머리는 둥글다.

참가자미

Pleuronectes herzensteini

참가자미는 우리나라 온 바다에 산다. 일본과 동중국해, 사할린, 쿠릴 열도에도 산다. 찬물을 좋아해서 동해에 많다. 물 깊이가 150m 안쪽이고 펄이나 모래가 깔린 바닥에 붙어 산다. 눈이 쏠린 쪽은 바닥 모래 색깔인데 자기 사는 곳에 맞춰 몸 색깔을 이래저래 바꾼다. 모래나 진흙 바닥에 파묻혀 눈만 빠끔 내놓고 있다가 새우나 갯지렁이, 조개, 게 따위를 잡아먹는다. 3~6월이 되면 바닷가 얕은 곳으로 올라와서 알을 낳는다. 참가자미도 어릴 때는 눈이 몸 양쪽에 붙어 있다. 크면서 두 눈이 한쪽으로 쏠리면서 바닥에 내려가 산다. 9월이 지나 물이 차가워지면 다시 깊은 곳으로 옮겨간다. 10년 넘게 산다. 우리 바다에는 가자미 무리가 스무 종쯤 산다. 참가자미와 층거리가자미, 용가자미는 동해에 많이 산다.

이름 진짜 가자미라고 '참가자미'다. '참가재미, 가재미'라고도 하며, 동해 바닷가에서는 그냥 '도다리'라고 한다. 한자로는 눈이 한쪽에 나란히 있다고 '비목어(比目魚)', 나비처럼 납작하다고 '접(鰈)'이라고 한다. 두 눈이 한쪽으로 쏠리게 된 이야기가 있다. 옛날 원나라 왕이 가자미로 회를 떠서 반쪽만 먹고 나머지 반을 물에 내던져 버렸다. 그랬더니 그 반쪽이 꿈틀꿈틀 살아나서 가자미가 됐다. 그래서 눈이 한쪽에만 있다고 한다. 또 옛날 사람들은 눈이 하나뿐이라 두 마리가 서로 딱 붙어야 두 눈이 생기니까 그렇게 서로 평생 붙어다닌다고 생각했다. 《자산어보》에는 가자미 무리를 '소접(小鰈) 속명 가잠어(加簪魚)'라고 했고, 《우해이어보》에는 가자미와 넙치를 '비목어(比目魚)'라고 하고 가자미는 '穌魚(소어)'라고 따로 일컫는다고 했다. 《지봉유설》에는 광어(廣魚, 넙치)와 설어(舌魚, 서대)를 첩류(鰈類)라 하고, 한글로 비목어를 가자미, 광어를 넙치라 했고 비목어는 동해에서 난다고 하였다. 영어로는 'brown sole, small-mouthed sole', 일본에서는 '마가레이(マガレイ, 真鰈)'라고 한다.

성장 한 마리가 두 번에 걸쳐 알을 50만~100만 개쯤 낳는다. 알은 낱낱이 떨어져 물에 둥둥 뜬다. 물 온도 16도에서 사흘쯤 지나면 새끼가 나온다. 새끼는 6mm쯤 크면 눈이 한쪽으로 쏠리고, 16mm쯤 크면 바닥으로 내려간다. 한 해가 지나면 10cm, 3년이면 19cm, 4년이면 24cm쯤 큰다.

고기잡이 알을 낳는 3~6월에 많이 잡는다. 그물을 쳐 놓거나 바닥에 닿게 끌면서 잡고 낚시로도 잡는다. 다른 가자미보다 덜 잡힌다.

쓰임 회, 탕, 구이로 먹고 꾸덕꾸덕 말려서도 먹는다. 동해 바닷가 사람들은 참가자미를 삭혀서 가자미식해를 만들어 먹는다.

50 cm
동해, 남해, 서해
3~6월

다른 이름 참가재미, 가재미, 도다리
분포 우리나라, 일본, 동중국해
먹이 젓새우, 플랑크톤, 물고기, 갯지렁이 따위
특징 앞에서 보면 눈이 오른쪽으로 쏠렸다.

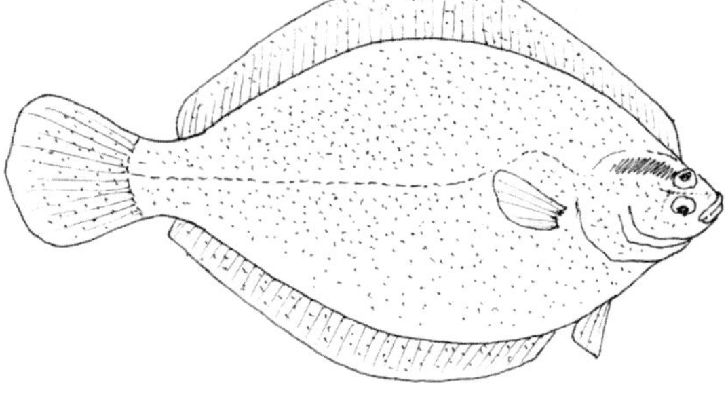

다 크면 몸길이가 50cm쯤 된다. 몸은 둥글고 넓적하다. 앞에서 보면 두 눈이 오른쪽으로 쏠렸다. 두 눈 사이에 비늘이 없다. 주둥이가 뾰족하다. 눈이 있는 쪽 몸은 푸르스름한 누런 밤색에 까만 점이 흩어져 있다. 눈 있는 쪽은 빗비늘, 없는 쪽은 둥근 비늘로 덮여 있다. 옆줄은 가슴지느러미 위에서 둥글게 휘어진다. 꼬리지느러미 끝은 둥그스름하다. 눈이 없는 쪽 등과 배 가운데쯤부터 꼬리까지 가장자리를 따라 누런 띠가 있다.

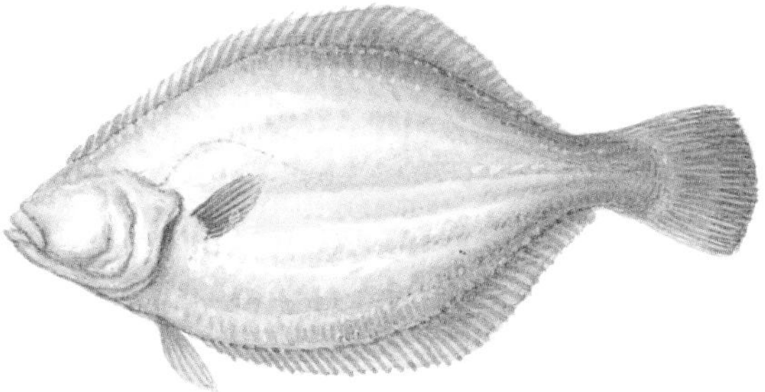

참가자미 눈 없는 쪽 눈 없는 쪽은 하얗다. 흔히 눈 달린 쪽을 등, 눈 없는 쪽을 배라고 하지만 잘못 말하는 것이다. 등과 배 가장자리를 따라 노란 색이 꼬리까지 V자 꼴을 이룬다.

문치가자미

Pleuronectes yokohamae

문치가자미는 서해, 남해, 동해 어디에도 살지만 남해에 가장 흔하다. 일본과 동중국해에도 산다. 남해에서 도다리라고 하는 물고기는 대부분 문치가자미다. 다른 가자미 무리처럼 얕은 바다 바닥에서 살면서 사는 곳에 따라 몸빛을 바꿀 수 있다. 모래 속에 몸을 파묻고 있다가 갯지렁이나 게나 새우 따위를 잡아먹는다. 봄에 알을 낳으러 바닷가로 몰려오고 겨울이 되면 남쪽으로 내려가 겨울을 난다. 다른 곳으로 옮길 때에도 바닥에 붙어 있는 자세 그대로 헤엄을 친다. 12~2월에 물 깊이가 10~40m쯤 되는 얕은 바닷가로 올라와 짝짓기를 하고 알을 낳는다. 3주일쯤 지나면 새끼가 나온다. 새끼 때는 식물성 플랑크톤이나 쪼그만 새끼 조개나 새우 따위를 잡아먹는다. 눈이 한쪽으로 몰리기 전에는 플랑크톤처럼 바다 물낯에 둥둥 떠다니다가, 두 눈이 한쪽으로 몰리게 되면 바다 밑바닥으로 내려간다. 5~6년쯤 사는 것으로 짐작한다.

문치가자미는 참가자미와 생김새나 몸빛이 많이 닮았다. 참가자미는 두 눈 사이 튀어나온 부분에 비늘이 없고 물에 뜨는 알을 낳는데, 문치가자미는 두 눈 사이에 비늘이 있고 가라앉아 바닥에 붙는 알을 낳는다. 또 눈이 없는 쪽 등지느러미와 뒷지느러미 아래쪽으로 노란 띠가 있으면 참가자미고 없으면 문치가자미다.

이름 남해에서는 '도다리'라고 한다. 옛날 사람들은 가자미나 넙치 무리를 눈이 한쪽에만 있다고 '외눈박이 물고기', 눈이 나란히 나 있다고 '비목어(比目魚)'라고 했다. 《자산어보》에서 '소접(小鰈) 속명 가잠어(加簪魚)'라고 한 물고기 가운데 하나이다. 영어로는 'marbled sole', 일본에서는 '마코가레이(マコガレイ, 眞子鰈)'라 한다.

성장 한 마리가 알을 30만~50만 개쯤 낳는다. 알은 동그랗고 속이 훤히 비치는데 바닥에 가라앉아 붙는다. 물 온도가 15도 안팎이면 3주쯤 지나 새끼가 나온다. 20cm쯤 크면 어른이 된다.

고기잡이 봄에서 가을까지 많이 잡는다. 낚시로 많이 잡고 물 바닥까지 그물을 내려 끌면서 잡기도 한다.

쓰임 회, 구이, 튀김, 조림, 국으로 먹고 말려서도 먹는다. 남해 바닷가 사람들은 '봄 도다리'라고 하며 봄에 쑥과 함께 넣어 '도다리쑥국'을 끓여 먹는다.

30~50 cm
온 바다
12~2월

다른 이름 문치가재미, 도다리
분포 우리나라, 일본, 동중국해
먹이 갯지렁이, 게, 새우 따위
특징 두 눈 사이가 도드라졌고 비늘이 있다.

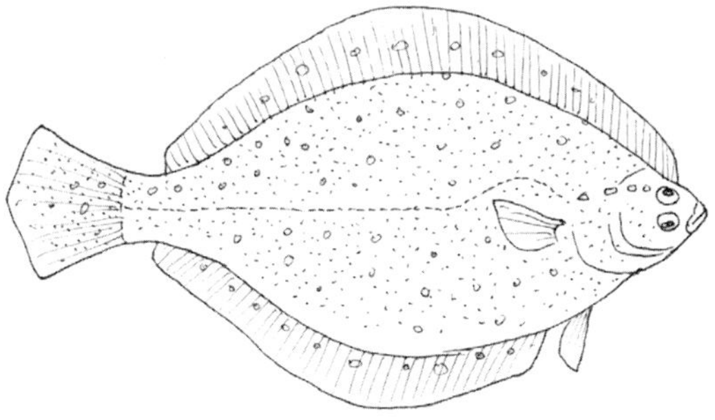

몸길이는 수컷이 30cm, 암컷 50cm쯤 된다. 암컷이 수컷보다 크다. 몸은 넓적한 타원형이다. 몸빛은 진한 밤색에 까만 반점이 나 있다. 지느러미와 배지느러미에도 둥근 반점이 있다. 비늘은 작고 눈 있는 쪽은 빗살 비늘이, 눈 없는 쪽은 둥근 비늘이 덮여 있다. 두 눈 사이에 비늘이 있고, 옆줄이 가슴지느러미 위에서 둥그렇게 한번 휘어지다가 그 뒤로는 꼬리지느러미까지 쭉 뻗는다. 눈은 앞에서 보면 오른쪽으로 쏠린다. 주둥이는 뾰족하다. 위턱에는 이빨이 없고 아래턱에 이빨이 한두 개 나 있다.

도다리

Pleuronichthys cornutus

도다리는 우리나라 어느 바다에나 산다. 중국과 일본, 대만 바닷가에도 산다. 다른 가자미보다 제법 깊은 물에 산다. 물 깊이가 100m 안쪽이고 바닥에 모래와 진흙이 깔린 곳에서 산다. 바닥에 파묻혀 살면서 물고기나 작은 조개나 게, 갯지렁이, 새우 따위를 잡아먹는다. 서해에 사는 도다리는 가을에서 겨울에 남쪽으로 내려가 제주도 서쪽 바다에서 겨울을 나는 것으로 짐작하고 있다. 가을에서 겨울 사이에 짝짓기를 하고 알을 낳는다.

도다리는 가자미 무리 가운데 하나다. 가자미 무리는 생김새가 모두 닮아서 헷갈린다. 돌가자미, 문치가자미, 범가자미, 도다리를 사람들이 모두 뭉뚱그려 '도다리'라고 한다. 하지만 도다리는 다른 가자미와 달리 몸이 마름모꼴이고 두 눈 사이에 돌기가 있어 다르다.

이름 여수에서는 '담배도다리'라고 한다. 《자산어보》에는 가자미 무리가 나비처럼 납작하고 나비처럼 풀나풀 헤엄친다고 '소접(小鰈)'이라고 했다. 《우해이어보》에는 '도달어(鮡達魚)'라고 쓰고 '도다리는 가을이 지나면 살이 찌기 시작해서, 큰 것은 3~4자(尺)나 된다. 그래서 이곳 사람들은 가을도다리(秋鮡, 추조)라고 하고, 서리도다리(霜鮴, 상소)라고도 한다'고 적어 놓았다. 몸에 작은 점이 많다고 영어로는 'fine spotted flounder', 일본에서는 눈 사이에 돌기가 있다고 '메이타가레이(メイタガレイ, 目板鰈)'라고 한다. 가자미, 넙치, 서대를 아우르는 가자미아목의 'Pleuronectida'는 몸이 납작하다는 뜻인 그리스어 'plerron'과 헤엄친다는 뜻인 'nektes'가 합쳐져 '몸이 납작하고 헤엄치는 무리'라는 뜻이다.
성장 늦가을부터 이듬해 봄까지 짝짓기를 하고 알을 여러 번에 걸쳐 낳는다. 알은 물에 둥둥 떠다니다가 새끼가 나온다. 새끼는 다른 물고기처럼 눈이 양쪽에 달렸는데 2.5cm쯤 크면 바닥에 내려가 산다. 이때가 되면 눈이 한쪽으로 쏠린다. 한 해가 지나면 10~11cm, 3년이면 21cm, 4년이면 24cm쯤 큰다. 크면서 바다 깊이 들어간다.
고기잡이 바다 밑바닥에 살기 때문에, 그물을 바닥에 닿도록 한 뒤 배로 그물을 끌어서 잡는다. 4~6월에 많이 잡는다. 다른 가자미보다 바다 깊이 살기 때문에 낚시로는 잘 안 잡힌다.
쓰임 회나 구이, 탕을 끓여 먹는다. 일본 사람들은 알 낳기 전인 가을을 제철로 여긴다.

30 cm
서해, 남해, 제주
늦가을~이듬해 봄

다른 이름 담배도다리
분포 우리나라, 일본, 대만, 중국
먹이 물고기, 조개, 게, 갯지렁이, 새우 따위
특징 눈이 오른쪽으로 쏠리고 등이 높아 마름모꼴이다.

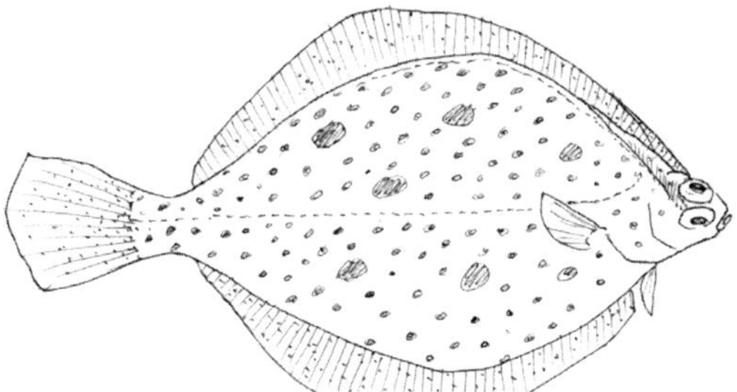

몸길이는 30cm쯤 된다. 앞에서 보면 눈이 몸 오른쪽에 있다. 다른 가자미보다 등이 높아 몸이 마름모꼴이고 눈이 튀어나와 있고 두 눈 사이에 날카로운 돌기가 있다. 주둥이는 짧고 입은 작고 이빨이 없다. 눈 있는 쪽 몸빛은 누렇고 짙은 점무늬가 온몸에 흩어져 있다. 옆줄은 꼬리지느러미까지 곧게 쭉 뻗었다. 배지느러미는 작고 뒷지느러미 앞에 있다. 꼬리지느러미 끄트머리는 둥그스름하다.

참서대

Cynoglossus joyneri

참서대는 우리나라 서해와 남해, 제주 바다에 산다. 일본 남부와 동중국해에도 산다. 가자미나 넙치를 닮았는데 몸이 소 혓바닥처럼 더 갸름하다. 또 가자미 무리처럼 눈이 한쪽으로 쏠렸는데, 두 눈이 앞에서 봤을 때 오른쪽으로 치우쳐 있다. 물 깊이가 70m 안쪽인 바닷가에 많이 산다. 펄과 모래가 섞인 바닥에 납작 붙어 산다. 낮에는 바닥에 숨어 있다가 밤에 나와 갯지렁이나 새우, 게 따위를 잡아먹는다. 눈이 작게 퇴화해서 큰 쓸모가 없고, 냄새를 맡아 먹이를 찾는다.

우리나라에는 참서대와 납서대 두 무리가 산다. 참서대 무리에는 개서대, 용서대, 물서대, 칠서대, 까치서대, 박대, 흑대기, 보섭서대가 있다. 납서대 무리에는 노랑각시서대, 각시서대, 궁제기서대, 납서대, 동서대, 뿔서대가 있다. 생김새가 서로 닮아 헷갈린다. 온 세계에 110종쯤 산다.

이름 사람들은 그냥 '서대'라고 한다. 《자산어보》에 '우설접(牛舌鰈)', '금미접(金尾鰈) 속명 투수매(套袖梅)', '박접(薄鰈) 속명 박대어(朴帶魚)'라고 나온 물고기가 서대 무리 같다. 우설접 생김새를 '크기가 손바닥만 하고 소 혓바닥 길이쯤 된다'고 썼다. 《전어지》에는 '설어(舌魚), 셔대', 《재물보》에는 '서대, 북목어(北目魚), 혜저어(鞋底魚)'라고 썼다. 우리나 다른 나라 사람이나 생김새가 혀를 닮았다고 이름을 붙였다. 영어로는 빨간 혀와 닮았다고 'red tongue sole', 일본에서도 혀와 닮았다고 '아카시타비라메(アカシタビラメ, 赤舌平目)'이다.

성장 6~7월 여름에 알을 낳는다. 알은 물에 뜬다. 알에서 나온 새끼는 몸길이가 1.6cm쯤 되면 오른쪽 눈이 몸 왼쪽으로 옮겨간다. 이때부터 바닥에 내려가 산다. 물에 둥둥 떠서 살 때는 가슴지느러미가 있지만 바닥에 내려가면 없어진다. 1년이면 10cm, 3년에 17cm, 4년에 21cm쯤 큰다. 2년쯤 지나 14cm쯤 크면 어른이 된다. 어릴 때는 요각류, 단각류 따위를 먹는다.

고기잡이 바다 밑바닥에 살기 때문에, 그물을 바닥까지 내려서 배로 끌어 잡는다. 6~10월에 많이 잡는다.

쓰임 6~7월이 제철이다. 서대 무리 가운데 가장 맛이 좋다. 꾸덕꾸덕 말려서 조림, 구이, 찜, 찌개로 먹는다. 옛날에는 생김새 때문에 잘 안 먹었다. 지금은 지방이 적고 비타민, 단백질, 무기질과 인, 칼슘 따위가 많이 들어 있어 몸에 좋아 많이 먹는다. 프랑스 사람들은 '뫼니에르'라는 서대 요리를 즐겨 먹는다.

20cm 안팎

서해, 남해, 제주

6~7월

다른 이름 서대

분포 우리나라, 일본, 동중국해

먹이 갯지렁이, 새우, 게 따위

특징 몸이 소 혓바닥을 닮았다.

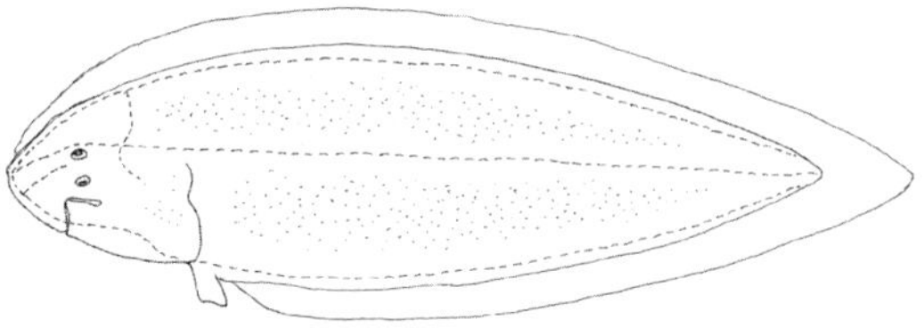

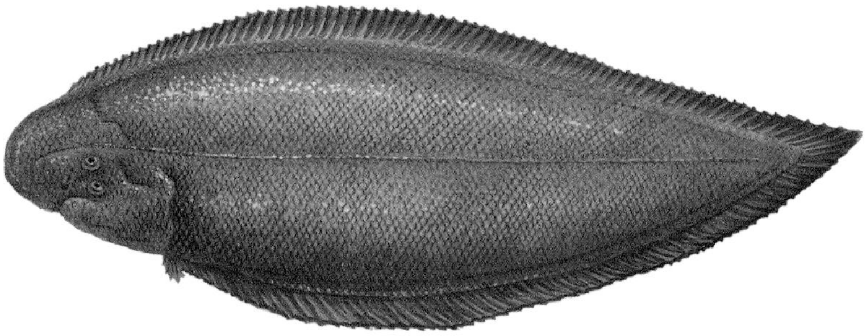

몸길이는 20cm 안팎이다. 눈이 있는 쪽은 붉은 밤빛이고, 없는 쪽은 하얗다. 눈이 있는 쪽은 커다란 빗비늘로 덮여 있고, 눈이 없는 쪽은 둥근비늘로 덮여 있다. 몸은 혀 모양으로 길쭉하고 가름하다. 눈은 작고 입이 활처럼 휘어진다. 주둥이는 끝이 둥글다. 눈이 있는 쪽에는 옆줄이 몸 가운데와 등과 배 쪽에 3개 있지만, 눈이 없는 쪽에는 옆줄이 없다. 등지느러미, 뒷지느러미, 꼬리지느러미는 서로 이어졌다. 가슴지느러미는 없다.

노랑각시서대 *Zebrias fasciatus*

몸에 짙은 줄무늬가 있다. 까만 꼬리지느러미에 노란 점무늬가 있다. 서해와 남해에 물 깊이가 100m 안쪽인 바닥에 산다. 20cm쯤 큰다.

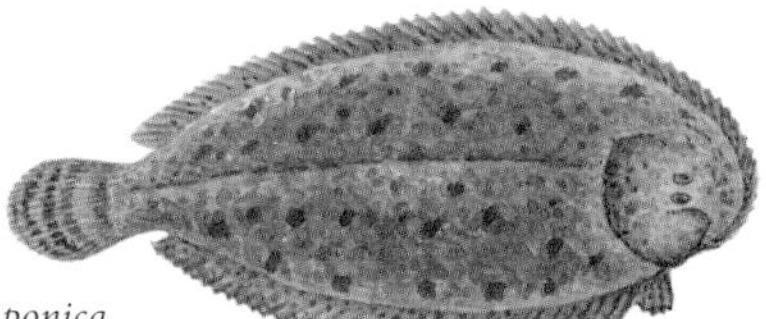

납서대 *Heteromycteris japonica*

몸은 잿빛 밤색이고 까만 점이 흩어져 있다. 남해에 많이 산다. 모래에 몸을 묻고 숨어 있을 때가 많다. 14cm쯤 큰다.

흑대기 *Paraplagusia japonica*

온몸이 거무스름하고 까만 점이 흩어져 있다. 우리나라 온 바다에 산다. 얕은 바닷가 모랫바닥이나 개펄 바닥에 산다. 35cm쯤 큰다.

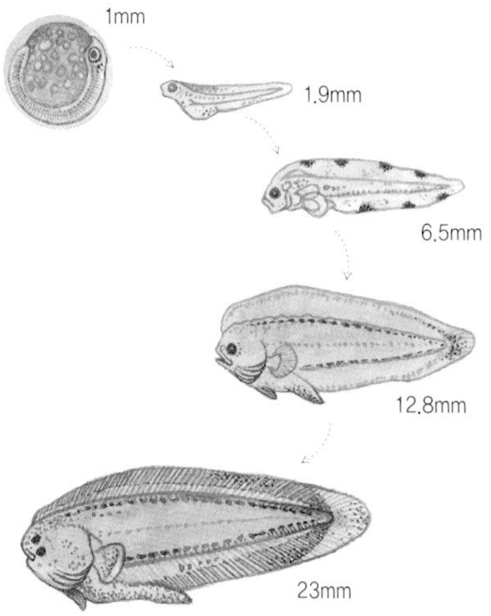

참서대 알에서 새끼가 나와 커 가는 모습이다.

객주리

Aluterus monoceros

객주리는 더운 물을 좋아한다. 우리나라 남해와 동해에 살고 온 세계 온대와 열대 바다에 산다. 무리를 지어 얕은 바다에서 헤엄쳐 다닌다. 바닥에 모래가 깔리고 바위가 많은 곳을 좋아한다. 물에 떠다니는 작은 동물들을 잡아먹고 다른 물고기들은 얼씬도 하지 않는 해파리도 뜯어 먹는다. 6월쯤에 알을 낳는 것 같은데, 사는 모습은 아직 잘 밝혀지지 않았다. 쥐치 무리 가운데 몸이 70cm 넘게 크는 쥐치다.

이름 영어로는 'unicorn filefish, triggerfish' 라고 하고 일본에서는 '우수바하기(ウスバハギ, 薄葉剝)' 라고 한다.

성장 아직 잘 알려지지 않았다.

고기잡이 다른 물고기를 잡을 때 함께 잡히며 동해에 쳐 놓은 자리그물에 가끔 들어가 잡힌다.

쓰임 물회로 많이 먹는다. 구이, 조림으로도 먹는다.

75 cm
남해, 서해
6월

다른 이름 없음
분포 온 세계 온대와 열대 바다
먹이 작은 동물, 해파리 따위
특징 몸이 좌우로 매우 납작하다.

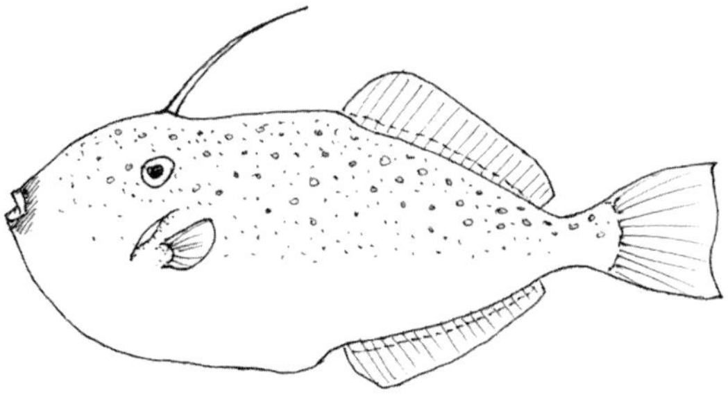

몸길이는 75cm쯤 된다. 몸빛은 누런 잿빛에 검은 점들이 있다. 몸은 좌우로 납작하다. 머리 위에 뾰족한 가시가 하나 있다. 주둥이는 뾰족하고 입은 작다. 등지느러미와 뒷지느러미는 서로 비슷하고 위아래로 마주 났다. 꼬리지느러미 끝은 자른 듯 반듯하다. 옆줄이 없다.

파랑쥐치 *Balistoides conspicillum*

제주 바다에 산다. 물 깊이가 50m 안쪽인 산호 밭이나 바위 밭에 산다. 무리를 안 짓고 한두 마리씩 산다. 성게나 새우, 조개 따위를 먹는다. 몸길이는 30cm쯤 된다.

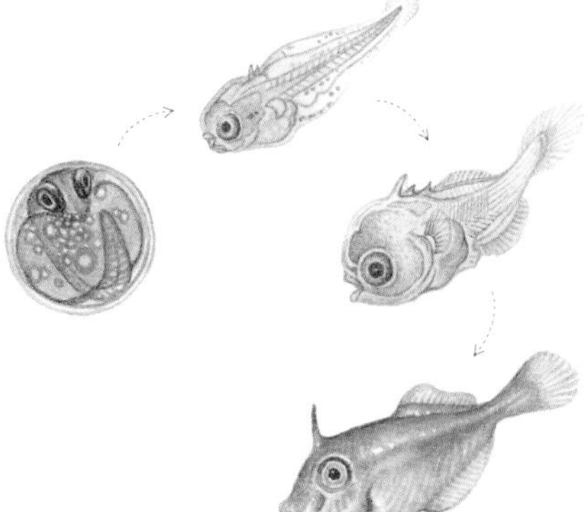

객주리가 커 가는 모습이다. 알에서 새끼가 나와 크면서 머리 위로 뾰족한 가시 하나가 자란다.

복어목
쥐치과

쥐치

Stephanolepis cirrhifer

쥐치는 따뜻한 물을 좋아한다. 우리나라 남해와 제주 바다에 살고 일본, 대만, 동중국해, 호주, 아프리카에도 산다. 물 깊이가 20~50m쯤 되는 물속 바위 밭에서 떼를 지어 산다. 별일 없을 때는 지느러미를 쫙 펴고 앞뒤로 느릿느릿 헤엄친다. 하지만 먹이를 잡을 때는 재빨리 쫓아가서 잡는다. 또 입으로 물을 쭉쭉 뿜어서 온몸에 뾰족한 가시가 돋은 성게를 홀라당 뒤집는다. 그러고는 가시가 없는 배를 톡톡 쪼아 먹는다. 입으로 물을 뿜어서 모랫바닥을 뒤집어서는 숨어 있는 조개나 갯지렁이도 잡아먹는다. 또 다른 물고기들은 얼씬도 하지 않는 해파리도 뜯어 먹는다. 누가 건드리거나 화가 나면 눈 깜짝할 사이에 몸 빛깔을 바꾸고 머리에 누워 있던 대바늘 같은 가시를 꼿꼿이 세우고 꼬리지느러미를 쫙 편다. 5~8월에 물 깊이가 10m쯤 되는 얕은 바다로 올라와 알을 낳는다. 알에서 나온 새끼는 바닷말 숲에서 살다가 크면 바위 밭으로 내려간다.

이름 주둥이가 쥐처럼 뾰족하고 물 밖으로 나오면 '찍찍' 쥐 소리를 낸다고 이름이 '쥐치'다. 경남 지방에서는 말쥐치와 달리 몸이 노랗다고 '노랑쥐치', 생김새가 딱지 모양이라고 '딱지'라고도 한다. 지역에 따라 '쥐치어(전남), 객주리(제주도), 가치(포항), 쥐고기(부산)'라고 한다. 《우해이어보》에는 쥐와 닮았다고 '서뢰, 서어(鼠魚)'라고 하고 '온몸이 쥐와 닮았고 귀와 네 다리가 없다'고 썼다. 《난호어목지》에는 '서어'라고 하고 한글로 '쥐치'라고 썼다. 영어로는 'filefish, fool fish, porky', 일본에서는 껍질을 벗겨 먹는 물고기라는 뜻인 '가와하기(カワハギ, 皮剝)'라고 한다. 중국에서는 '피어(皮魚), 적어(迪魚)'라고 한다. 학명인 '*Stephanolepis*'는 관(冠)처럼 생긴 비늘, '*cirrhifer*'는 모서리라는 뜻이다.

성장 암컷 한 마리가 알을 15만 개쯤 낳는다. 알은 물에 가라앉아 다른 물체에 붙는다. 새끼 때에는 작은 갑각류도 먹고 바다풀도 먹는 잡식성이다.

고기잡이 쥐치는 걸그물, 자리그물로 잡는다. 낚시로도 잡지만 쥐치는 이빨이 튼튼해서 낚싯줄도 썩둑썩둑 끊는다. 또 입이 작아서 낚시 미끼를 못 삼키고 옆에서 갉작갉작 갉아 먹는다. 그래서 낚시꾼들은 미끼도둑이라고 한다. 《우해이어보》에는 '낚시 미끼를 잘 물지만 입이 작아서 삼키지 못하고 옆에서 갉아 먹는 것이 마치 쥐와 같다'고 써 놓았다.

쓰임 여름이 제철이다. 껍질을 벗겨 회, 조림, 튀김으로 먹고 꾸덕꾸덕 말려 먹기도 한다. 간도 맛있다. 《우해이어보》에는 '껍질과 창자, 머리와 꼬리는 버리고 구워 먹는다'고 써 놓았다. 옛날에는 껍질을 사포로 쓰기도 했다.

10~20 cm
남해, 서해, 제주
5~8월

다른 이름 노랑쥐치, 객주리, 가치, 쥐고기, 딱지
분포 우리나라, 일본, 대만, 동중국해, 호주
먹이 갯지렁이, 새우, 게, 조개, 해파리 따위
특징 등지느러미 가시 하나를 눕혔다 세웠다 한다.

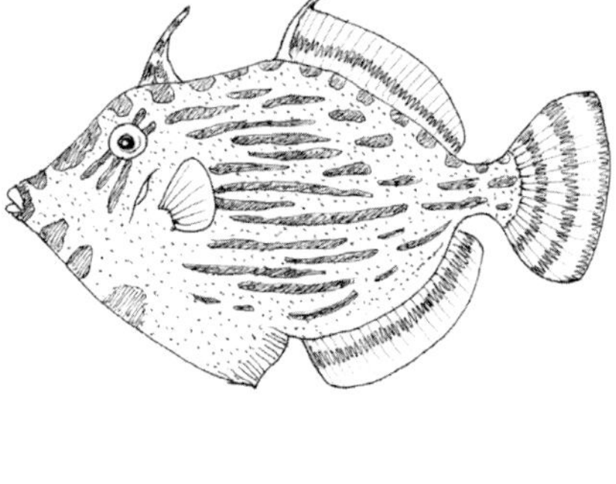

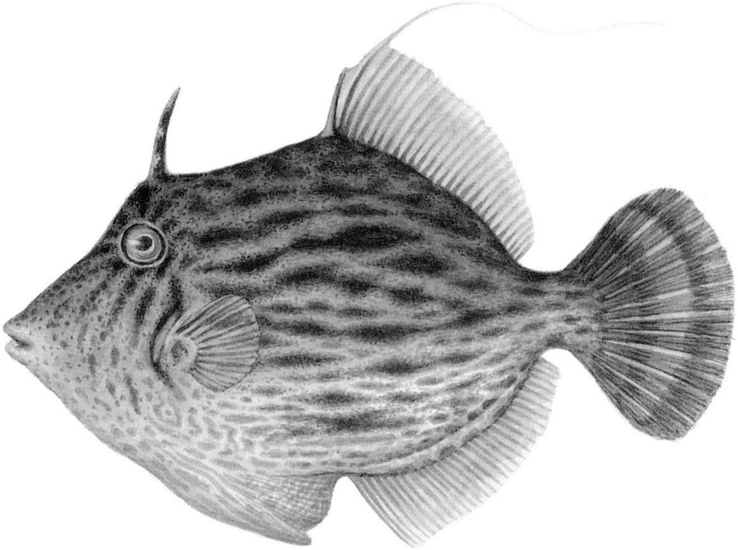

몸길이는 10~20cm쯤 된다. 몸빛은 여러 가지인데 보통 누르스름하고 검은 점무늬가 얼룩덜룩하다. 몸은 넓적하고 옆으로는 납작하다. 비늘에 쪼그만 가시가 있어서 만져 보면 까칠까칠하다. 주둥이는 뾰족하고 입은 조그맣다. 첫 번째 등지느러미는 가시 모양으로 바뀌었다. 수컷은 두 번째 등지느러미에서 줄기 하나가 실처럼 길게 늘어진다. 등지느러미와 뒷지느러미는 노랗다. 꼬리지느러미에는 짙은 밤색 띠무늬가 두세 줄 있다. 꼬리지느러미 끝은 둥그스름하다. 옆줄은 없다.

몸빛 바꾸기 쥐치는 별일 없을 때랑 화났을 때 모습이 다르다. 화가 나면 등 가시를 꼿꼿이 세우고 몸빛이 더 짙어진다.

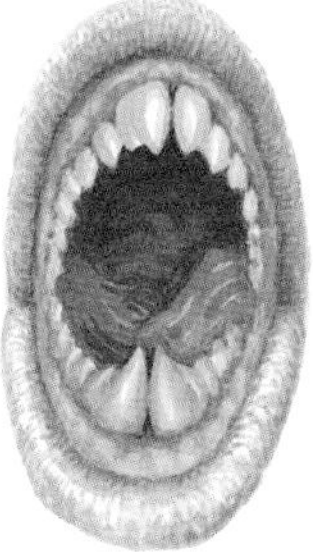

쥐치 이빨은 아주 날카롭고 튼튼하다.

말쥐치

Thamnaconus modestus

말쥐치는 따뜻한 물을 좋아하는 물고기다. 우리나라 온 바다와 일본, 동중국해에도 산다. 물 깊이 70~100m쯤에서 사는데 쥐치보다 더 깊은 바닷속에서 산다. 낮에는 물 가운데쯤에서 헤엄치고, 밤이 되면 바닥으로 내려간다. 플랑크톤이나 바닥에 사는 갯지렁이나 조개 따위를 잡아먹는다. 또 촉수에 독이 있는 해파리를 겁없이 따라다니며 톡톡 쪼아 뜯어 먹기도 한다. 말쥐치는 몸 색깔이나 무늬가 기분 따라 바뀐다. 또 무리 가운데 지위가 높을수록 몸통에 있는 까만 무늬가 더 짙고, 흥분하면 무늬가 가장 짙게 나타난다. 4~7월에 바닷말 숲에서 알을 낳는다. 알은 끈적끈적해서 바닷말에 들러붙는다. 알에서 나온 새끼는 바다에 떠다니는 바다풀 더미 밑에서 무리를 지어 산다. 크면서 밑바닥으로 내려간다. 한 해쯤 지나면 어른이 된다.

이름 머리 생김새가 말머리를 닮았다고 '말쥐치'다. 쥐치보다 몸이 크다고 '말쥐치'라는 이름이 붙었다고도 한다. 북녘에서는 '말쥐치어'라고 하고, 지역에 따라 '쥐고기(부산), 객주리(제주)'라고 한다. 영어로는 'black scraper, file fish', 일본에서는 '우마주라하기(ウマズラハギ, 馬面剝)', 중국에서는 '마면돈(馬面魨)'이라고 한다.

성장 암컷은 세 번 넘게 알을 낳는다. 한 마리가 15만~20만 개쯤 낳는다. 알은 동그랗고 속이 훤히 비치며 낱낱이 흩어져 바다풀에 붙는다. 물 온도 21~23도에서 3일쯤 지나면 알에서 새끼가 나온다. 한 해가 지나면 18cm, 3년이면 26cm쯤 큰다.

고기잡이 끌그물이나 걸그물, 자리그물, 통발, 낚시로 잡는다. 낚시를 드리우면 미끼를 날름날름 따 먹는다고 낚시꾼들이 미워한다. 쥐치처럼 물 밖으로 나오면 '찍찍' 쥐 소리를 내며 운다. 70년대에 많이 잡힐 때는 맛도 없고 껍질도 질기다고 쓸모없는 물고기로 생각해 버렸다. 그런데 살을 포 떠서 꾸덕꾸덕 말려 쥐포를 만들면서 사람들이 좋아하는 물고기가 됐다.

쓰임 여름이 제철이다. 회로 먹고 구이, 조림, 탕으로 먹는다. 쥐포도 만든다. 커다란 간도 맛이 좋다. 겨울철에는 맛이 뚝 떨어진다.

30 cm
온 바다
4~7월

다른 이름 말쥐치어(북), 쥐고기, 객주리
분포 우리나라, 일본, 동중국해
먹이 플랑크톤, 갯지렁이, 조개, 해파리 따위
특징 등지느러미 가시를 눕혔다 세웠다 할 수 있다.

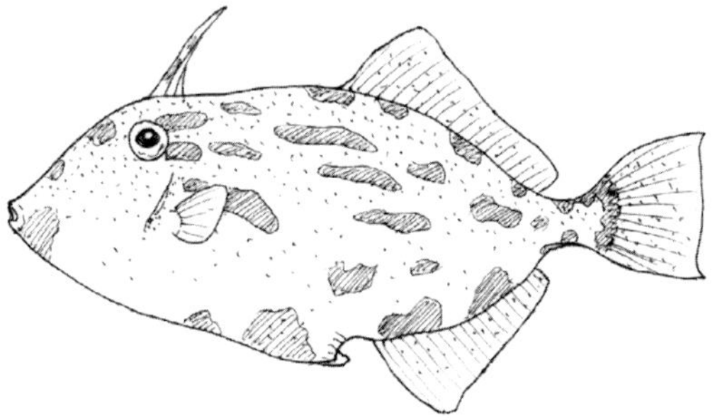

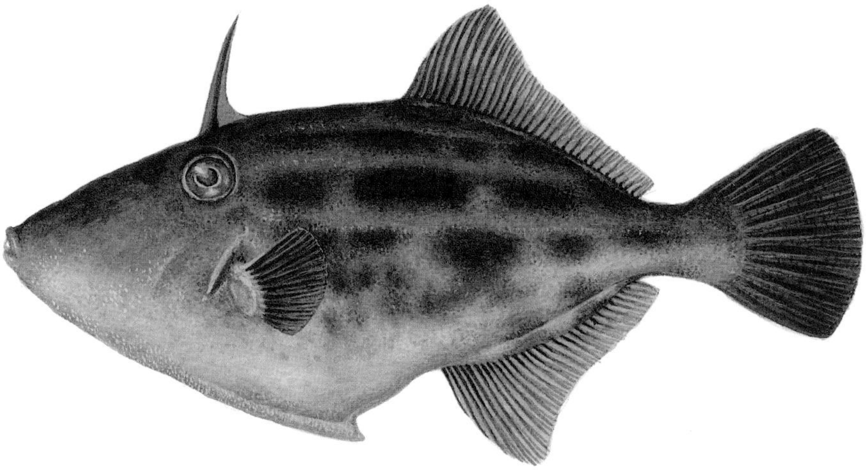

몸길이는 30cm 넘게 자란다. 몸은 긴 타원꼴이고 옆으로 납작하다. 몸 빛깔은 잿빛 밤색이고 까만 무늬가 흩어져 있다. 눈은 가슴지느러미 위쪽에 있다. 주둥이는 길고 입은 작다. 껍질은 까칠까칠하다. 지느러미는 파랗다. 첫 번째 등지느러미가 따로 떨어져 큰 가시로 솟았다. 꼬리지느러미 끝은 조금 둥글다. 옆줄은 없다.

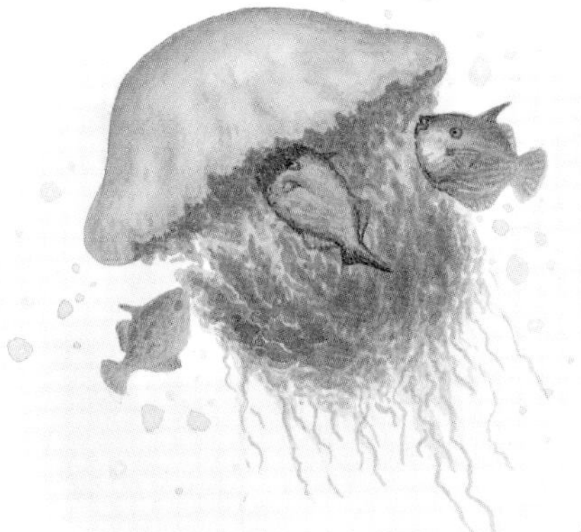

해파리를 뜯어 먹는 말쥐치
해파리는 흐늘흐늘 늘어진 촉수에 독이 있다. 다른 물고기는 독이 무서워 해파리 가까이 안 오지만 말쥐치나 쥐치는 해파리를 쫓아다니며 톡톡 쪼아 먹는다.

거북복

Ostracion immaculatus

거북복은 따뜻한 물을 좋아한다. 우리나라 남해와 제주 바다에서 볼 수 있고 태평양과 인도양 열대 바다에 산다. 무리를 안 짓고 바닷가 바위 밭에서 혼자 산다. 헤엄을 잘 못 치니까 물속 돌 틈이나 바위 밑에 잘 숨는다. 참새 부리처럼 툭 튀어나온 조그만 입으로 작은 새우나 곤쟁이 따위를 잡아먹는다. 어릴 때는 몸이 샛노랗고 깨알 같은 까만 점이 있어서 아주 예쁘다. 몸이 상자처럼 네모나고 거북 등딱지처럼 딱딱한 육각형 비늘로 덮여 있어서 꼬리자루만 움직여 헤엄치고, 등지느러미와 뒷지느러미를 살랑살랑 흔들어 방향을 바꾼다. 거북복은 몸에 독이 없어서 몸을 지키려고 비늘이 딱딱하게 바뀌었다. 딴딴한 몸 때문에 다른 물고기들이 못 잡아먹는다. 열대 바다에 사는 거북복은 몸이 더 크고 독이 있다. 이 독은 '파후톡신(pahutoxin)'이라고 하는데, 비누 거품처럼 우윳빛으로 바닷물에 퍼지며 좁은 수조 속에서는 다른 물고기를 죽일 수 있다.

뿔복은 거북복처럼 몸이 딴딴한 껍데기로 덮여 있고, 머리 앞쪽과 배 뒤쪽으로 기다란 뿔이 두 개씩 있어서 제 몸을 지킨다. 살갗에는 독이 있다. 따뜻한 열대 바다에 산다. 따뜻한 물이 올라오는 제주 바다와 남해에서 가끔 볼 수 있다. 물 깊이가 50m 안쪽인 물속 산호 밭이나 바위 밭에서 혼자 산다. 밑바닥에서 슬렁슬렁 헤엄치면서 바닥에 사는 작은 새우 따위를 잡아먹는다.

이름 거북 등껍질처럼 생긴 비늘이 있다고 '거북복'이다. 영어로는 'box fish, box puffer, black spotted box fish', 일본에서는 '하코후구(ハコフグ, 箱河豚)', 중국에서는 '상돈(箱豚)'이라고 한다.
성장 아직 잘 알려지지 않았다. 새끼 때 몸빛이 어른과 사뭇 달라 샛노랗고 까만 점이 있다.
고기잡이 먹으려고 잡지는 않는다. 간혹 낚시에 걸려 올라온다.
쓰임 생김새가 예뻐서 수족관에서 많이 기른다. 우리나라에서는 먹지 않지만 일본에서는 껍질째 불에 구워 먹기도 한다.

30 cm 안팎
제주, 남해
잘 모름

다른 이름 없음
분포 우리나라, 태평양, 인도양
먹이 작은 새우, 조개, 곤쟁이 따위
특징 몸이 딱딱한 껍데기로 덮여 있다.

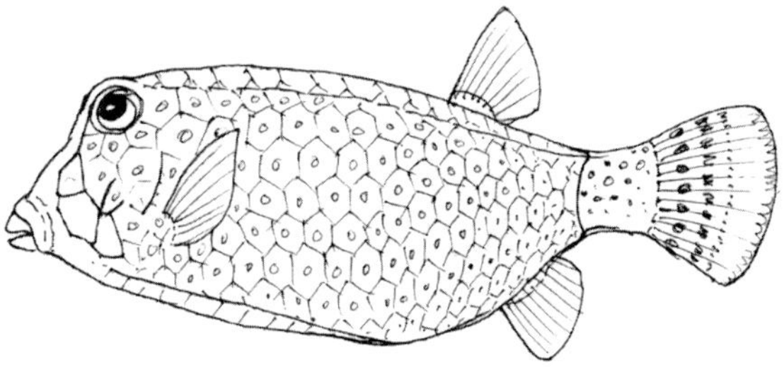

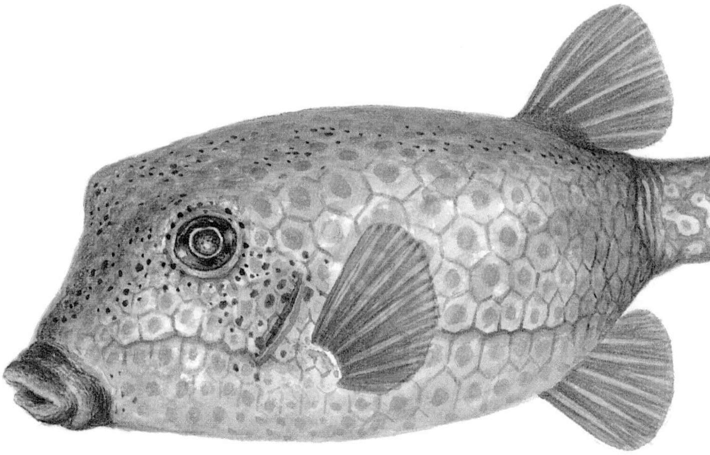

몸길이가 30cm 안팎이다. 몸은 누런 밤색이나 파르스름한 풀빛이고 육각형 비늘로 덮여 있다. 육각형 비늘 가운데에 파란 점이 있다. 몸은 네모난 상자처럼 생겼다. 눈은 등 쪽으로 치우쳐 있고, 주둥이는 머리 아래쪽에 있고 새 부리처럼 툭 튀어나왔다. 입은 작고 입술은 두껍다. 등지느러미와 뒷지느러미는 아래위로 마주 났다. 배지느러미는 없다. 옆줄은 없다.

뿔복 *Lactoria cornutus*

몸길이는 50cm 안팎이다. 몸은 노랗고 까만 점들이 군데군데 나 있다. 몸통은 오각형이다. 비늘은 거북복처럼 딱딱한 육각형 비늘로 덮여 있다. 눈 위 이마에 기다란 뿔이 두 개 있고, 배 뒤쪽으로도 기다란 뿔이 두 개 있다.

참복

Takifugu chinensis

참복은 우리나라 온 바다에 사는데 서해에 많다. 일본 중부 이남과 동중국해에도 산다. 바닷가 가까이로는 좀체 안 오고 제법 먼바다에서 산다. 물속 가운데나 바닥을 헤엄쳐 다니며 새우나 게, 오징어, 물고기, 조개 따위를 잡아먹는다. 겨울이 되면 제주도 아래까지 내려갔다가 봄이 되면 올라온다. 예전에는 자주복과 생김새가 닮아서 같은 물고기로 여기다가 요즘에 와서야 다른 종으로 밝혀지고 이름을 얻었다. 자주복은 뒷지느러미 색깔이 하얗지만, 참복은 모든 지느러미가 까맣다. 사는 모습이 자주복과 비슷한데 더 밝혀져야 한다.

복어 무리는 대개 몸에 독이 있다. 복어 독은 '테트로도톡신 (tetrodotoxin)'이라는 물질이다. 이 독은 색과 맛과 냄새가 전혀 없다. 복어 독은 사람뿐만 아니라 땅에 사는 짐승, 새, 벌레 따위와 게나 문어 같은 바다 동물들이 먹어도 죽을 수 있다. 하지만 같은 복어 무리나 지렁이처럼 하등 동물들은 끄떡없다. 복어 독을 2mg만 먹어도 사람이 죽을 수 있다. 복어 독을 먹으면 처음에는 먹은 것을 게우고, 입술이나 혀끝이 굳고, 반사 신경이 둔해지다가 숨 쉬기가 어려워지고, 혈압이 떨어지면서 숨을 못 쉬게 되면서 죽기도 한다. 먹은 지 한두 시간쯤이면 증상이 나타나고 심하면 6~7시간 만에 죽는다. 독성은 개체나 철 따라 다르고 가둬 기른 것은 대부분 독이 없다.

이름 참복은 자주복과 닮아서 아종으로 여겨지다가 1990년에 처음으로 '참복'이라는 이름을 얻었다. 영어로는 'eyespot puffer', 일본에서는 등이 까마귀처럼 까맣다고 '가라스(カラス, 烏河豚)'라고 한다.
성장 4~5월에 알을 낳는다. 알은 물에 가라앉고 다른 물체에 달라붙는다. 4년쯤 크면 어른이 된다. 한살이는 아직 알려진 것이 별로 없다.
고기잡이 겨울에 낚시나 그물로 잡는다.
쓰임 살과 껍질에는 독이 없지만 난소, 간장에는 센 독이 있고 내장에도 독이 있다. 겨울철이 가장 맛이 좋다. 자주복과 함께 으뜸으로 치는 복어다. 회, 탕, 튀김으로 먹는다.

60cm
온 바다
4~5월

다른 이름 없음
분포 우리나라, 일본, 동중국해
먹이 새우, 게, 오징어, 물고기, 조개 따위
특징 이름을 얻은 지 오래되지 않았다.

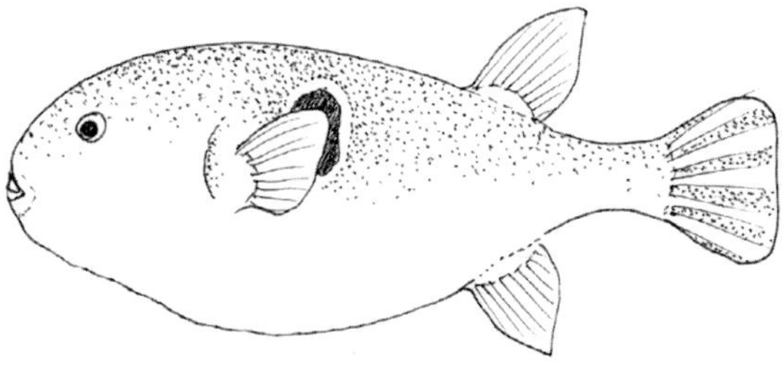

몸길이는 60cm쯤 된다. 등은 아무 무늬 없이 까맣고 배는 하얗다. 가슴지느러미 뒤쪽에 크고 까만 점이 있고 하얀 테두리가 있다. 몸통은 둥글고 꼬리 쪽으로 갈수록 가늘어진다. 입은 작고 뭉툭하다. 넓적한 이빨이 아래위로 두 개씩 나 있다. 몸에는 작은 가시가 나 있어 꺼끌꺼끌하다. 모든 지느러미가 까맣다. 옆줄은 한 줄이다.

복섬

Takifugu niphobles

복섬은 우리나라 온 바다에 산다. 일본 홋카이도에서 오키나와에 이르는 바다와 중국해에도 산다. 먼바다보다 바닷가에서 무리 지어 살아서 가장 흔하게 보는 복어다. 물 온도가 20도 위로 올라가는 여름이면 바닷가나 포구에서 쉽게 볼 수 있다. 때때로 강을 거슬러 오르기도 하지만 오래 머물지는 않는다.

복섬은 바닥에 모래나 자갈이 깔리고 바위가 많고 바다풀이 우거진 곳을 좋아한다. 낮에는 이리저리 잘 돌아다니면서 게나 갯지렁이나 조개 따위를 잡아먹는다. 이빨이 아주 튼튼해서 게나 조개 따위도 부숴 먹는다. 밤에는 바닥에 앉거나 아예 모래 속에 들어가 잠을 잔다. 복섬은 복어 무리 가운데 몸집이 가장 작아서 사람들은 흔히 복어 새끼인 줄 안다.

이름 '쫄복', '졸복'이라고도 하지만 '졸복'이라는 복어는 따로 있다. 북녘에서는 '졸복아지'라고 한다. 《자산어보》에 크기가 작은 복어라고 '소돈(小魨) 속명 졸복(拙服)'이라고 적힌 물고기가 복섬일 것이라고 짐작한다. 영어로는 'grass puffer', 일본에서는 '구사후구(クサフグ, 草河豚)'라고 한다.
성장 5~7월이 되면 자갈이 깔린 얕은 바닷가로 떼 지어 몰려와서 짝짓기를 하고 자갈밭에서 알을 붙여 낳는다. 물이 물러나도 아랑곳하지 않고 아예 물 밖에 나와서 알을 낳기도 한다. 돌에 붙은 알은 대부분 물살에 휩쓸려 떠내려가지만 운 좋게 남은 알에서 일주일쯤 지나면 새끼가 나온다.
고기잡이 자리그물이나 낚시로 잡는다. 미끼를 잘 빼 먹어서 낚시꾼들은 '미끼 도둑'이라고 한다.
쓰임 알과 간, 내장에는 아주 센 독이 있고 껍질에도 센 독이 있다. 살과 정소에는 약한 독이 있다. 작은 복이라 잘 먹지 않지만 경남 지방에서는 복국을 끓여 먹는다.

10~15 cm
동해, 남해, 제주
5~7월

다른 이름 졸복아지(북), 쫄복, 졸복
분포 우리나라, 일본, 동중국해
먹이 게, 갯지렁이, 조개 따위
특징 몸집이 가장 작은 복어다.

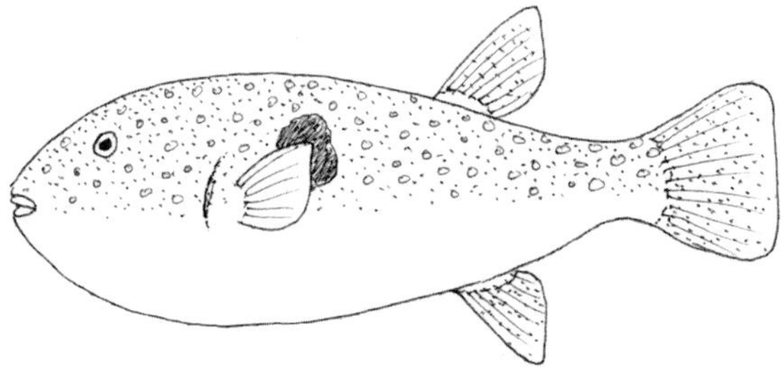

몸길이는 10~15cm쯤 된다. 등은 푸르스름한 풀빛이나 밤색이고 하얀 점이 흩어져 있다. 배는 하얗다. 살갗에는 작은 가시가 돋아 있어서 까칠까칠하다. 입은 새 부리처럼 툭 튀어나왔다. 눈 속 홍채는 주황색이다. 가슴지느러미 뒤에 까만 점이 있다. 등지느러미와 뒷지느러미는 마주 본다. 배지느러미는 없다. 등지느러미와 뒷지느러미는 흰색, 가슴지느러미와 꼬리지느러미는 노란색이다. 꼬리지느러미 끝은 반듯하다. 옆줄이 한 줄 있다.

복섬 알 낳기 복섬은 여름에 작은 몽돌이 쫙 깔린 바닷가로 떼 지어 몰려와 알을 낳는다. 알은 대부분 물살에 쓸려 가지만, 운 좋게 돌에 들러붙은 알에서 새끼가 나온다.

황복

Takifugu obscurus

황복은 서해와 동중국해에서 살면서 바다와 강을 오가며 산다. 서해로 흐르는 금강, 한강, 대동강, 임진강, 압록강에서 볼 수 있다. 남해나 동해에서는 안 산다. 중국 양쯔 강, 황허 강에서도 볼 수 있는데 일본에는 없다. 진달래꽃이 필 때쯤이면 강 위쪽까지 올라와 알을 낳는다. 복어 무리 가운데 황복만 강에 올라와 알을 낳는다. 알 낳는 철이라도 비가 내리면 싹 강을 내려간다. 바닥에 모래와 자갈이 깔리고 물이 느릿느릿 흐르는 곳에 알을 낳는다. 알은 조금 끈적끈적해서 모래나 자갈에 붙는다. 알 낳을 때가 되면 이빨을 갈아서 '국국 국국' 하고 돼지 소리처럼 운다. 이 소리가 나면 다른 물고기들은 죄다 싹 도망간다고 한다. 알에서 나온 새끼는 두 달쯤 강에서 살다가 바다로 내려간다. 바다에서 3년쯤 살다가 다시 강으로 올라온다.

황복은 물고기나 새우 따위를 잡아먹는데, 이빨이 튼튼해서 참게도 썩둑썩둑 잘라 먹는다. 성질이 사나워서 앞에 얼쩡거리는 것은 무엇이든 덥석덥석 문다. 화가 나거나 누가 건드리면 다른 복어처럼 물이나 공기를 배에 가득 채워 배를 뽈록하게 풍선처럼 부풀린다. 우리나라 신석기 시대 조개더미에서도 복어 뼈가 나오는 것으로 볼 때 아주 오래전부터 사람들이 황복을 잡았던 것 같다.

이름 몸이 노랗다고 '황복'이다. 북녘에서는 '황복아지, 눈복'이라고 한다. 중국에서는 몸이 돼지처럼 통통하고 돼지 소리를 내며 운다고 '하돈(河豚)'이라고 한다. 영어로는 'river puffer'라고 한다.
성장 황복은 바다에서 크다가 4~5월에 강 위쪽까지 올라가 알을 낳는다. 한 마리가 알을 1만 개쯤 낳는다. 물 온도가 13~20도일 때 8일쯤 지나면 새끼가 나온다. 알에서 나온 새끼는 60일쯤 강에 있다가 바다로 내려간다.
고기잡이 강을 거슬러 올라올 때 그물이나 낚시로 잡는다.
쓰임 난소와 간, 살갗에 강한 독이 있고, 정소와 근육에는 독이 없다. 전문 요리사가 해 주는 요리를 먹어야 한다. 회나 탕이나 튀김을 해 먹는다. 《동의보감》을 보면 복어를 약으로 썼다. '성질이 따뜻하고(서늘하다고도 한다) 맛이 달며 독이 있다(독이 많다고도 한다). 허한 것을 보하고 습을 없애며 허리와 다리 병을 고치고 치질을 낫게 하며 벌레를 죽인다'고 써 놓았다.

45 cm
서해
봄

다른 이름 황복아지(북), 눈복(북), 강복
분포 우리나라, 중국
먹이 작은 물고기, 새우, 참게 따위
특징 강에 올라와 알을 낳는다.

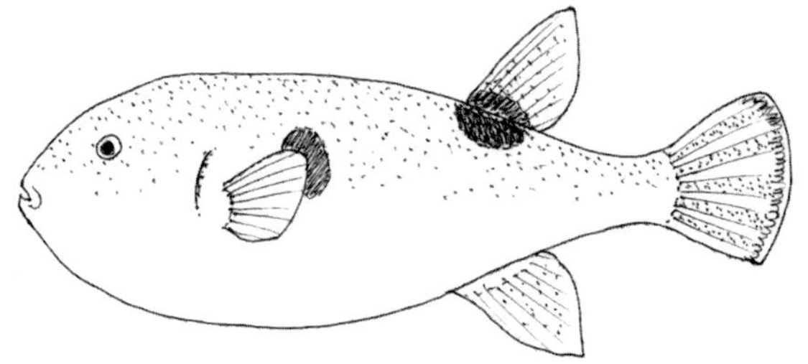

몸길이는 45cm쯤 된다. 몸통 가운데로 노란 띠무늬가 있다. 그 위쪽은 잿빛 밤색이고 아래쪽 배는 하얗다. 주둥이는 짧고 뭉툭하고, 입은 작다. 납작한 이가 위아래로 두 개씩 있다. 가슴지느러미 뒤쪽과 등지느러미 아래에 까만 점무늬가 있다. 등지느러미와 뒷지느러미는 몸 뒤쪽에서 위아래로 마주 있다. 몸에는 비늘이 없고 등과 배에는 작은 가시들이 돋아 까슬까슬하다. 꼬리지느러미 끝은 자른 듯 반듯하다. 옆줄은 하나다.

황복은 넓적한 이빨이 두 개씩 위아래로 났다. 이빨이 튼튼해서 딱딱한 참게도 썩둑썩둑 잘라 먹는다. 복어과 이름인 'Tetraodontidae'는 그리스어로 '이빨 네 개'라는 뜻이다.

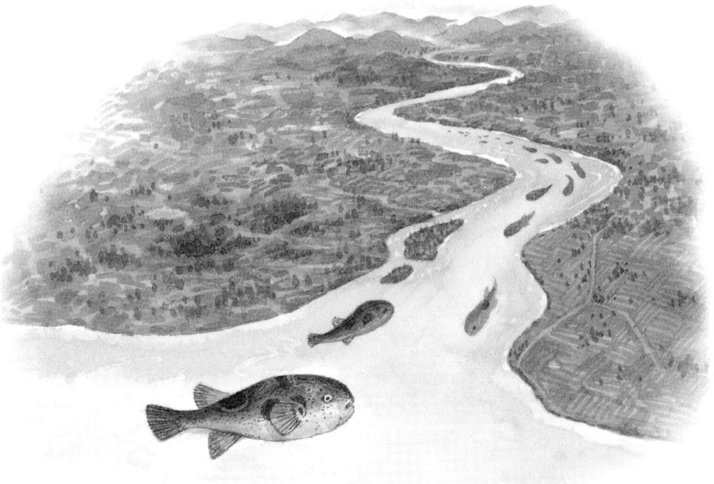

황복은 바다에서 살다가 알을 낳으러 강을 거슬러 올라온다. 알에서 나온 새끼는 다시 바다로 내려간다.

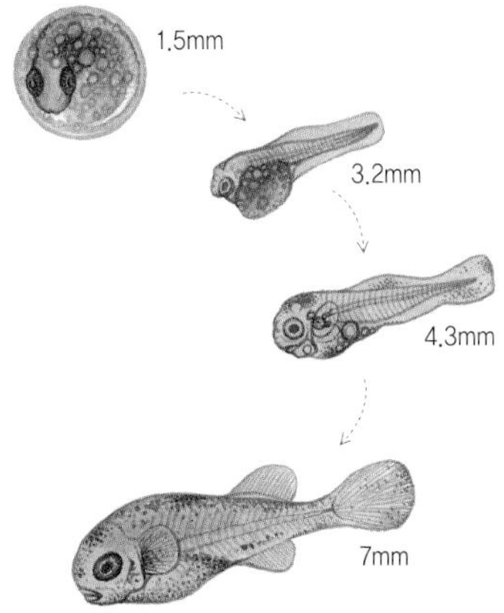

황복 알에서 새끼가 나와 커 가는 모습이다.

복어목
참복과

자주복

Takifugu rubripes

자주복은 우리나라 온 바다에 살고 일본과 중국, 대만 바다에도 산다. 봄에 알을 낳으러 바닷가로 몰려오고, 여름이 오기 전에 앞바다로 다시 나갔다가 겨울이 되면 제주도 아래까지 내려가서 겨울을 난다. 어릴 때에는 작은 플랑크톤을 잡아먹다가 크면 새우나 게나 작은 물고기 따위를 잡아먹는다.

다른 복어처럼 위와 이어진 주머니가 있어서 놀라면 물을 벌컥벌컥 들이켜서 몸을 빵빵하게 부풀린다. 새끼 때 더 자주 그러고 어른이 되면 덜 한다. 괜찮다 싶으면 다시 물을 토해 내서 몸을 되돌리는데 물만 토해 내지 잡아먹은 먹이는 하나도 안 뱉어 낸다. 헤엄치는 것보다 모래나 펄 바닥에 몸을 파묻고 있기를 좋아한다. 물이 차가워지면 아예 밥을 안 먹고 모래 속에 들어가 잠을 잔다. 10년쯤 산다.

이름 복어 가운데 으뜸이라고 사람들이 '참복'이라고 한다. 하지만 참복이라는 복어는 따로 있다. 지역에 따라 '자지복(동해), 검복(여수), 복복어, 북북이(함남)'라고 한다. 《자산어보》에 '검돈(黔魨) 속명 검복(黔服)'이라는 물고기가 나오는데 자주복일 것이라고 짐작하고, 《우해이어보》에는 '석하돈(石河魨), 복증(鰒鱠)'이라고 나온다. 영어로는 'tiger puffer', 일본에서는 '도라후구(トラフグ, 虎河豚)'라고 한다.

성장 3~6월에 물 깊이가 20m쯤 되고 바닥에 모래와 자갈이 깔린 곳에 알을 낳는다. 암컷 한 마리가 60만~150만 개쯤 낳는다. 가라앉은 알은 끈적끈적해서 모래나 돌에 들러붙는다. 새끼는 한 해가 지나면 25cm, 4년이면 47cm, 6년이면 55cm, 8년이면 64cm쯤 큰다. 서너 해 지나 45cm쯤 크면 어른이 된다.

고기잡이 겨울과 봄에 낚시나 그물로 잡는다. 가둬 기르기도 한다. 《우해이어보》에서는 '성질이 아주 사납다. 처음 잡혀 나오면 화가 나서 배를 부풀리고 입으로 늙은 개구리가 울부짖는 소리를 낸다'고 하고, '낚싯줄을 잘 끊어 놓는다'고 적어 놓았다.

쓰임 겨울이 제철이다. 자주복은 복어 가운데 맛이 으뜸이다. 회, 탕, 구이로 먹는다. 껍질은 데쳐 먹고, 고기는 따로 굽거나 튀겨 먹는다. 지느러미는 술에 넣어 향을 낸다.

30~40 cm
온 바다
3~6월

다른 이름 참복, 자지복, 검복, 복복어, 북북이
분포 우리나라, 일본, 대만, 중국
먹이 새우, 게, 작은 물고기 따위
특징 복어 가운데 으뜸으로 친다.

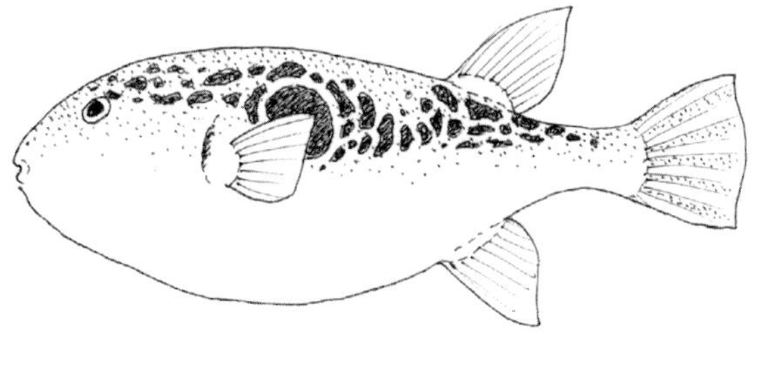

몸길이는 30~40cm쯤 되는데 80cm까지도 큰다. 몸은 둥그스름하고 뒤쪽으로 갈수록 가늘어진다. 등은 거무스름하고 배는 하얗다. 등에는 까만 점들이 흩어져 있다. 가슴지느러미 뒤에는 크고 까만 점이 하나 있다. 까만 점 가장자리로 하얀 테두리가 있다. 등과 배에는 작은 가시들이 돋아 있어 살갗이 까칠까칠하다. 앞니는 납작하고 위아래로 2개씩 있다. 아가미구멍은 아주 작다. 등지느러미와 뒷지느러미는 서로 마주 본다.
등지느러미와 가슴지느러미와 꼬리지느러미는 까맣고, 뒷지느러미만 하얗다. 배지느러미는 없다. 꼬리지느러미 끝은 반듯하게 잘린 꼴이다. 옆줄은 한 줄이다.

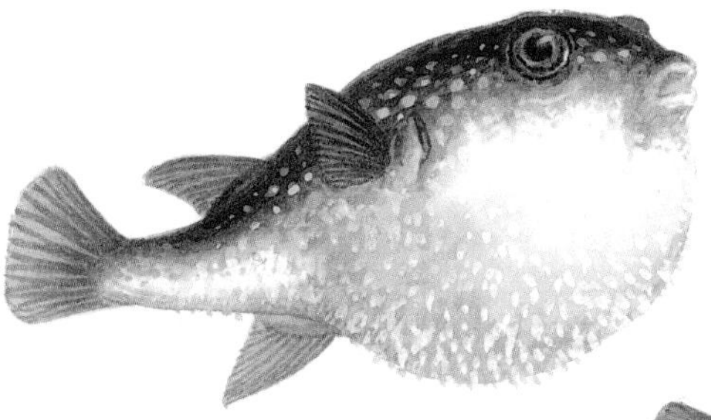

부푼 배 복어는 화가 나거나 누가 건들면 배를 볼록하게 부풀린다. 물이나 공기를 잔뜩 들이켜서 부풀린다.

까치복

Takifugu xanthopterus

까치복은 따뜻한 물을 좋아한다. 우리나라 온 바다에 사는데 서해에 많고 동중국해에도 산다. 복어 무리 가운데 몸집이 꽤 크다. 다 자라면 어른 팔뚝만큼 커진다. 여름에는 따뜻한 물을 따라 동해까지 올라왔다가 가을이면 도로 남쪽으로 내려간다. 봄에는 바닷가 가까이 몰려오고 가을이면 꽤 먼바다로 나간다. 복어 무리 가운데 헤엄을 잘 치는 편이라 멀리까지 돌아다닌다.

까치복은 바닥에 바위가 울퉁불퉁 솟은 물속 가운데쯤에서 헤엄쳐 다닌다. 이빨이 튼튼해서 새우나 게나 조개도 우둑우둑 씹어 먹고, 오징어나 작은 물고기 따위도 잡아먹는다. 토끼 이빨처럼 납작한 앞니로 바위에 붙은 생물을 뜯어 먹기도 한다. 다른 복어처럼 큰 물고기가 툭툭 건드리면 갑자기 물을 벌컥벌컥 들이켜서는 배를 빵빵하게 부풀린다. 삼사월 진달래꽃 필 때쯤부터 민물과 짠물이 뒤섞이는 강어귀로 몰려와 알을 낳는다. 알에서 나온 새끼는 바닷가에서 크다가 날이 추워지는 가을에 먼바다로 나간다.

이름 몸에 난 무늬가 까치를 닮았다고 '까치복'이다. 까치 날개깃처럼 까만 몸에 하얀 줄무늬가 나 있다. 북녘에서는 '까치복아지'라고 한다. 《자산어보》에는 '작돈(鵲魨) 속명 가치복(加齒服)', 《우해이어보》에는 '작복증(鵲鰒鱠)'이라고 적혀 있다. 영어로는 몸에 줄무늬가 있어서 'striped puffer', 지느러미가 노랗다고 'yellowfin puffer'라고 한다. 일본에서는 '시마후구(シマフグ, 縞河豚)'라고 한다.
성장 4~5월에 알에서 새끼가 나와 6월이 되면 20~25mm, 11월쯤 되면 15cm쯤 자란다.
고기잡이 낚시나 그물로 잡는다. 이빨이 세서 낚싯줄도 툭툭 끊고 잘 도망간다.
쓰임 알과 간에 아주 강한 독이 있고 창자에도 약한 독이 있다. 정소, 껍질, 살에는 독이 없다. 탕이나 회, 찜, 수육으로 먹는다.

60 cm
온 바다
4~5월

다른 이름 까치복아지(북)
분포 우리나라, 동중국해
먹이 게, 새우, 조개, 작은 물고기 따위
특징 몸 무늬가 까치와 닮았다.

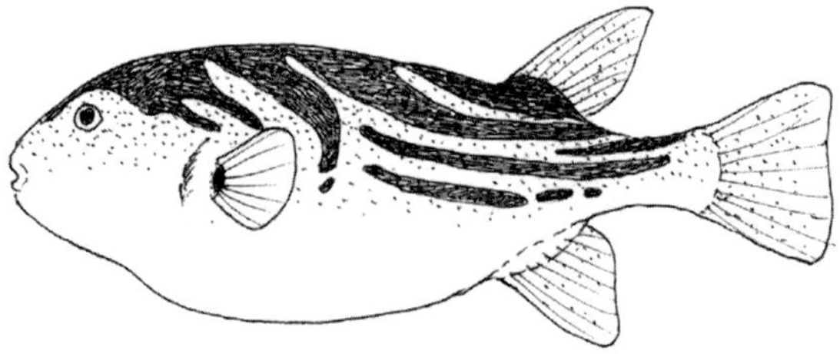

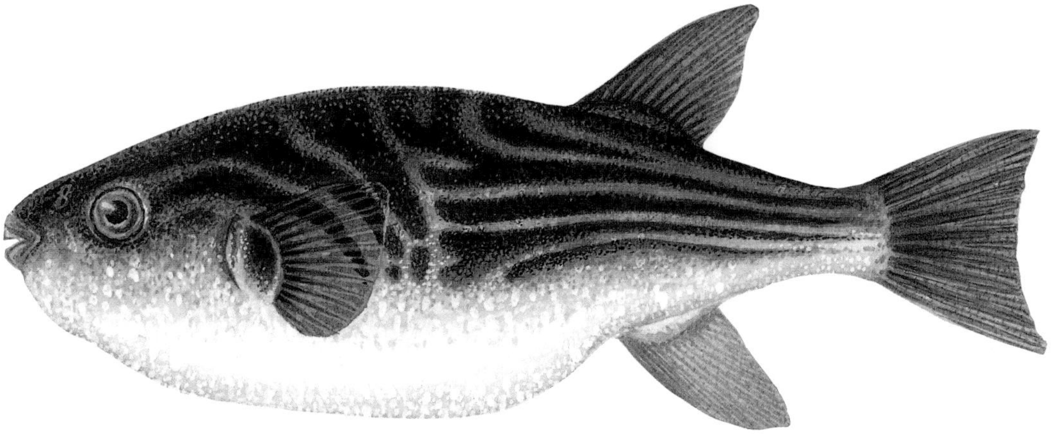

다 크면 몸길이가 60cm쯤 된다. 짙고 검푸른 등에 하얀 줄무늬가 나 있다. 배는 하얗다. 입은 작고 이빨은 강하고 납작한 이가 있다. 모든 지느러미는 밝은 노란색이다. 등과 배에는 아주 작은 가시비늘이 있다. 등지느러미와 가슴지느러미 밑에는 까만 점무늬가 있다. 꼬리지느러미 끝은 자른 듯 반듯하다. 옆줄이 한 줄 있다.

가시복

Diodon holocanthus

가시복은 따뜻한 바다에서 산다. 우리나라에서는 따뜻한 바닷물이 올라오는 온 바다에 살고 온 세계 열대와 온대 바다에 산다. 열대 바다에 사는 가시복은 크기가 더 크다. 봄여름에 따뜻한 구로시오 난류를 타고 큰 무리를 지어 올라온다. 제주 바다에서 많이 볼 수 있다. 바다풀이 자라고 바위가 많은 얕은 바다 바닥에서 산다. 헤엄을 칠 때는 가시를 몸에 딱 붙인다. 튼튼한 앞니로 작은 게나 성게처럼 딱딱한 먹이도 부숴 먹는다. 겁이 나거나 화가 날 때는 몸을 풍선처럼 부풀리고 누워 있던 기다란 가시를 고슴도치처럼 꼿꼿이 세운다. 어릴 때는 더 자주 부풀린다. 어릴 때는 가시가 짧고 크면서 길어지는데 긴 가시는 5cm쯤 된다. 가시복은 다른 복어와 달리 몸에 독이 없어서 가시를 세워서 몸을 지킨다. 찔리면 아주 아프지만 독은 없다. 다른 물고기는 가시를 세운 가시복을 어쩌지 못하지만 때때로 다랑어나 곰치, 만세기, 꼬치고기 따위가 잡아먹는다. 가끔 몸을 부풀리고 배를 뒤집고 누워 바닷물을 따라 떠다니기도 한다.

이름 고슴도치처럼 온몸에 가시가 돋았다고 '가시복'이다. 통영에서는 '춤복'이라고 한다. 《자산어보》에는 '위돈(蝟魨)'이라고 해서 '생김새가 복어를 닮았다. 온몸에 가시가 돋아나 있어 고슴도치처럼 보인다'라고 적혀 있다. 영어로는 가시 돋은 호저를 닮았다고 'porcupine fish', 공처럼 부풀린다고 'balloonfish'라고 한다. 일본에서는 '하리센본(ハリセンボン, 針千本)', 중국에서는 '자돈(刺魨)'이라고 한다. '하리센본'은 '바늘 천 개'라는 뜻인데, 실제로 가시를 세어 보면 400개쯤 된다. 가시복과는 판자처럼 생긴 이빨이 위아래로 하나씩 있다. 그래서 가시복과를 뜻하는 '*Diodon*'은 '이빨 두 개'라는 뜻이다.
성장 4~8월에 구로시오 난류가 흐르는 바다에서 알을 낳는다. 새끼가 7mm쯤 크면 몸에 돌기가 도돌도돌 나서 가시가 된다. 새끼는 구로시오 난류와 대마 난류를 타고 우리나라로 올라온다. 폭풍우 친 뒤 물 온도가 내려가면 떼를 지어 바닷가 가까이 나타나기도 한다.
고기잡이 일부러 잡지는 않는다. 때때로 그물에 딸려 올라온다.
쓰임 우리나라 사람들은 가시복을 먹지 않지만 일본 사람들은 회나 조림, 구이, 국으로 끓여 먹는다. 제법 맛있다고 한다.

30~40 cm 안팎
제주, 남해
4~8월

다른 이름 춤복
분포 온 세계 열대와 온대 바다
먹이 성게, 작은 게 따위
특징 온몸에 가시가 나 있다.

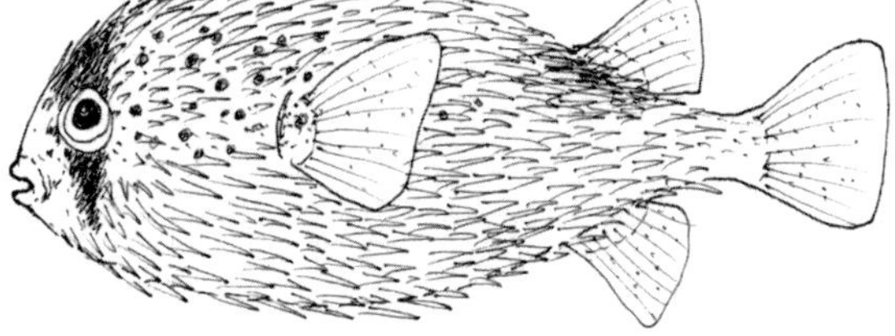

몸길이는 30~40cm쯤 된다. 등은 검은 밤색이고 배는 하얗다. 몸에 까만 점무늬가 많이 나 있다. 몸은 기다란 가시로 덮여 있는데 꼬리자루 위에는 가시가 없다. 눈이 주둥이보다 크다. 주둥이는 짧고 입은 작다. 위아래 턱에 넓적한 이빨이 하나씩 있다. 등지느러미와 뒷지느러미는 몸통 뒤쪽에서 위아래로 마주 나 있다. 배지느러미는 없다. 꼬리지느러미 끄트머리는 둥글다. 옆줄은 없다.

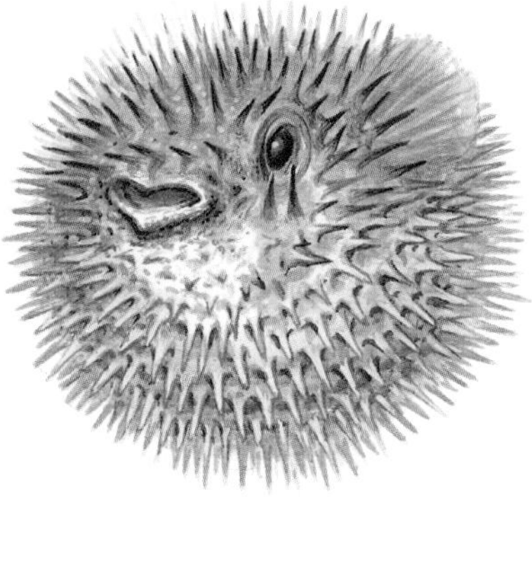

가시를 세운 가시복 겁이 나거나 누가 건들면 물을 벌컥벌컥 들이켜서 풍선처럼 몸을 부풀리고 몸에 잔뜩 난 가시를 꼿꼿이 세운다. 하지만 가시를 세울 때마다 스트레스를 많이 받는다고 한다.

개복치

Mola mola

개복치는 온 세계 온대와 열대 바다에 산다. 우리나라 온 바다에 살지만 따뜻한 물을 타고 남해와 동해에 자주 나타난다. 바닷가 가까이로는 잘 안 오고 먼바다에서 무리를 안 짓고 혼자 산다. 물낯부터 바닷속 200~450m쯤 되는 깊이까지 살면서 플랑크톤이나 해파리나 새우, 오징어, 작은 물고기 따위를 잡아먹는다. 다른 먹이보다 해파리를 훨씬 많이 잡아먹는다. 개복치는 몸을 좌우로 틀면서 헤엄치지 못하고, 기다란 등지느러미와 뒷지느러미를 움찔움찔 움직여 느릿느릿 헤엄친다. 다른 물고기와 달리 꼬리지느러미가 없고 몸통이 뭉텅 잘려 나간 것 같다. 몸 뒤쪽에 있는 지느러미는 마치 배에서 방향을 잡아 주는 키를 닮았다고 키지느러미라고 한다. 사실은 등지느러미와 뒷지느러미가 붙어서 된 지느러미다. 날이 환하게 개고 물결이 잔잔한 날에는 물낯으로 올라온다. 등지느러미를 돛처럼 물 밖으로 내놓고 느릿느릿 헤엄치거나 해파리처럼 그냥 물에 둥둥 떠다니기 일쑤다. 햇살 좋은 날에는 물낯에 발라당 누워 햇볕을 쬔다. 몸이 둔하니까 범고래나 바다사자에게 곧잘 잡아먹힌다. 다른 물고기와 달리 깜짝 놀라면 눈을 질끈 감는 버릇이 있다. 짝짓기 때가 되면 이빨을 갈아서 '삐걱, 삐걱' 소리를 내며 짝을 찾는다. 짝짓기를 하면 한 번에 알을 1억 개 넘게 낳는다. 물고기 가운데 알을 가장 많이 낳는다. 20년쯤 산다.

이름 복어과에 속한다는 뜻인 '복치' 앞에 다소 낮춰서 부를 때 쓰는 '개'자가 붙여 '개복치'라고 하며, '골복짱이(경북)'라고도 한다. 영어로는 'ocean sunfish, head fish', 중국에서는 '번차어(翻車魚)', 일본에서는 '만보우(マンボウ, 翻車魚)'라 하고 물에 떠 있는 모습이 뗏목처럼 보인다고 '사어(楂魚)'라고도 한다. 학명인 '*mola*'는 맷돌이라는 뜻이다.

성장 알은 물에 떠다닌다. 알에서 나온 새끼는 2mm쯤 되면 꼬리지느러미가 생긴다. 2cm쯤 크면 꼬리지느러미가 없어지고 키지느러미가 된다. 어린 새끼는 살갗에 가시처럼 생긴 돌기가 많이 난다. 몸길이가 60cm 넘으면 수컷은 주둥이가 튀어나오고 암컷은 수직형이 된다.

고기잡이 가끔 쳐 놓은 그물에 잡힌다. 덩치가 자동차만 해서 기중기로 나른다.

쓰임 동해 바닷가 사람들은 회나 탕, 찜으로 먹고 살을 살짝 데쳐서 먹는다. 살은 하얗고 오징어보다 부드럽다. 사람들이 보려고 수족관에서 기르기도 한다.

4 m
동해, 남해, 서해
모름

다른 이름 골복짱이
분포 온 세계 온대와 열대 바다
먹이 작은 물고기, 새우, 오징어, 해파리 따위
특징 가끔 물낯에 옆으로 드러누워 쉰다.

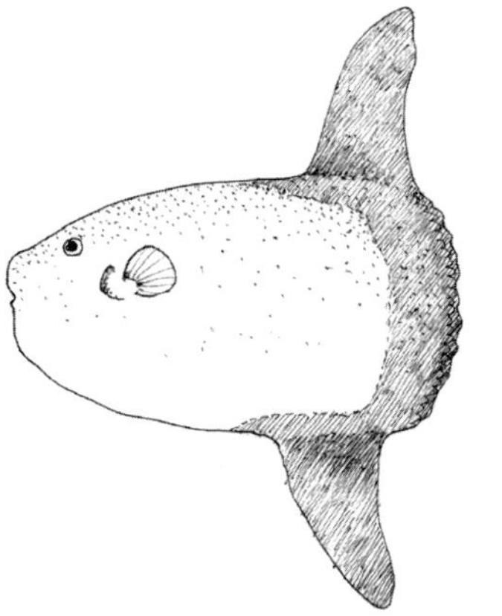

다 크면 몸길이가 3~4m쯤 되고 몸무게는 1톤쯤 된다. 등은 검푸르고 배는 허옇다. 등지느러미와 뒷지느러미는 몸 뒤쪽에서 서로 마주 보고 길게 솟았다. 꼬리지느러미는 없고 키지느러미가 있다. 키지느러미에는 뼈판이 8~9개 있다. 가슴지느러미는 작고 둥글다. 배지느러미는 없다. 눈과 입과 아가미구멍은 작다. 이빨은 서로 하나로 붙었다. 몸은 옆으로 납작하고 뒤로 넓적하다. 살갗이 미끈해 보이지만 비늘에는 뾰족뾰족한 가시가 있어 상어 살갗보다 더 거칠다. 옆줄과 부레는 없다.

비늘 개복치 비늘에는 뾰족뾰족한 가시가 나 있다. 만지면 따끔따끔하다.

쉬는 개복치 개복치는 물결이 잔잔하고 날이 좋은 날에는 물낯에 올라와 옆으로 가만히 드러누워 쉰다. 사람이 와서 툭툭 쳐도 발딱 못 일어난다. 옛날 사람들은 물에 떠 있는 개복치를 멀리서 바라보면 거북이나 나무토막처럼 보인다고 부구(浮龜)라고도 했다.

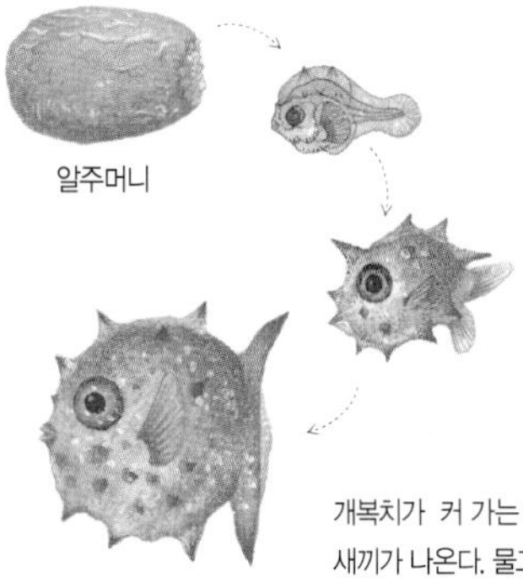

개복치가 커 가는 모습이다. 알주머니에서 새끼가 나온다. 물고기 가운데 알을 가장 많이 낳는다. 새끼일 때는 온몸에 뾰족한 가시가 돋는다.

찾아보기

학명 찾아보기

참고한 책

단행본

《조선의 바다》 국립출판사, 1956

《우리나라의 바다》 리길연 외, 국립출판사, 1960

《우리나라의 수산 자원》 경공업잡지사, 1960

《수산 편람 - 어로편》 수산신문사, 1962

《한국동물도감-어류》 문교부, 1961

《바다이야기》 강명환, 과학지식보급출판사, 1963

《조선의 어류》 최여구, 과학원출판사, 1964

《한국어도보》 정문기, 일지사, 1977

《동물원색도감》 과학백과사전출판사, 1982

《한국민족문화대백과사전》 한국정신문화연구원, 1995

《동의보감 5 - 탕액침구편》 허준, 여강출판사, 1995

《물고기의 세계》 정문기, 일지사, 1997

《조기에 관한 명상》 주강현, 한겨레신문사, 1998

《바닷가 생물》 백의인, 아카데미서적, 2001

《한국해산어류도감》 김용억, 한글, 2001

《한국해양생물사진도감》 박흥식 외, 풍등출판사, 2001

《우리바다 어류도감》 명정구, 다락원, 2002

《우리바다 해양생물》 제종길, 다른세상, 2002

《한국의 바닷물고기》 최윤 외, 교학사, 2002

《어류의 생태》 김무상, 아카데미서적, 2003

《증보산림경제》 유중림, 농촌진흥청, 2003

《우해이어보》 김려, 도서출판 다운샘, 2004

《해양생물대백과(1~4)》 한국해양연구원, 2004

《아언각비, 이담속찬》 정약용, 현대실학사, 2005

《한국어류대도감》 김익수 외, 교학사, 2005

《조선동물지 어류편(1, 2)》 과학기술출판사, 2006

《주강현의 관해기(1-3)》 주강현, 웅진지식하우스, 2006

《한국어류검색도감》 윤창호, 아카데미서적, 2007

《현산어보를 찾아서(1~5)》 이태원, 청어람미디어, 2007

《내가 좋아하는 바다생물》 김웅서, 호박꽃, 2008

《세계의 바다와 해양생물》 김기태, 채륜, 2008

《바다생물 이름 풀이사전》 박수현, 지성사, 2008

《한국의 갯벌》 고철환, 서울대학교출판부, 2009

《세밀화로 그린 보리 어린이 동물도감》 남상호 외, 보리, 2010

《인생이 허기질 때 바다로 가라》 한창훈, 문학동네, 2010

《자산어보》 정약전, 지식산업사, 2012

《규합총서》 빙허각이씨, 보진재, 2012

《한국의 연안어류》 황철희 외, 아카데미서적, 2013

잡지

《낚시춘추》

《바다낚시》

《월간 낚시21》

외국 책

《原色 日本 魚類圖鑑》 蒲原稔治, 保育社, 1960

《Fishes of Japan》 Tetsuji Nakado, 東海大學出版會, 2002

《Fishes of the World》 Joseph S. Nelson, wiley, 2006

논문

- 한국연근해 참조기(*Pseudosciaena polyactis*) 어장의 해황 특성.
  백철인, 조규대, 이충일, 최광호. 한국수산과학회지. 2004
- 등줄숭어(*Chelon affinis*)의 난발생 및 자어의 형태 발달. 김용억, 김진구. 한국수산과학회지. 1999
- 여수 연안 숭어 (*Mugil cephalus*)의 연령과 성장 연구. 장창익, 박희원, 권혁찬. 한국어업기술학회지. 2011
- 한국산 가숭어(*Chelon lauvergnii*)의 난 및 자치어의 형태 발달. 김진구, 김용억, 변순규. 한국어류학회지. 2000
- 돗돔(*Stereolepis doederleini*)의 식품성분.
  문수경, 김인수, 고영신, 박정희, 김금조, 정보영. 한국수산과학회지. 2011
- 베도라치(*Pholis nebulosa*)의 식성. 허성희, 곽성남. 한국어류학회지. 1997
- 베도라치(*Enedrias nebulosus*)의 연령, 성장 및 산란. 강용주, 김영혜, 김원태. 한국수산과학회지. 1996
- 태생 경골어류 망상어(*Ditrema temmincki*)의 성 성숙. 이정식, 안철민, 진평. 한국어류학회지. 1995

- 태생 경골어류, 망상어(*Ditrema temmincki*)의 교미 및 체내자어의 발달. 이정식, 안철민, 진평. 한국수산과학회지. 1996
- 《한국수산지》를 통해 본 1910년경 충남 서해안 지역 수산업에 관한 경제지리학적 고찰. 조창연, 김학태. 한국경제지리학회지. 2005
- 뚝지(*Aptocyclus ventricosus*) 치어의 먹이별 온도별 성장 및 에너지수지. 박기영, 정소정, 박준우, 배정만. 한국수산과학회지. 2006
- 뚝지의 卵發生과 仔稚魚. 김용억, 박양성, 명정구. 한국수산과학회지. 1987
- 韓國産 황어 亞科魚類의 系統分類學的 研究. 김익수, 이금영, 양서영. 한국수산과학회지. 1985
- 삼척 오십천 상, 하류에 분포하는 황어(*Tribolodon hakonensis*) (잉어과) 집단의 유전적 분화. 이신애, 이완옥, 석호영, 이완목. 한국환경생태학회지. 2012
- 능성어(*Epinephelus septemfasciatus*)의 산란과 난 발생. 송영보, 이치훈, 서종표, 이영돈. 한국양식학회. 2001
- 자바리(*Epinephelus bruneus*)의 난 발생 및 자치어 형태 발달. 송영보, 서종표, 지보근, 오성립, 이영돈. 한국수산과학회지. 2003
- 자바리(Epinephelus bruneus)의 난 발생과 부화에 미치는 수온의 영향. 양문호, 최영웅, 정민민, 구학동, 오봉세, 문태석, 이창훈, 김경민, 한석중. 발생과 생식. 2007
- 쏠종개(*Plotosus lineatus* Thunberg) 수염의 상대 성장. 박인석, 허준욱, 이영돈. Ocean and polar research. 2005
- 쏠종개(*Plotosus lineatus* Thunberg)의 생식주기. 허성일, 유용운, 노섬, 이치훈, 이영돈. 한국수산과학회지. 2007
- 해마 서식지 혼재 어류상. 정민민, 최영웅, 이정의, 김재우, 김성철, 이윤호, 노섬. 한국수산과학회지. 2007
- 고리 주변 해역에서 출현하는 달고기 (*Zeus faber*)의 식성. 허성회, 박주면, 백근욱. 한국수산과학회지. 2006
- 남해 신수도 연안에 분포하는 까나리(*Ammodytes personatus*)의 성장. 김영혜, 강용주, 류동기. 한국어류학회지. 2000
- 까나리(*Ammodytes personatus*)의 성장 : 1.치어의 日齡, 초기 성장 및 산란 시기. 김영혜, 강용주, 류동기. 한국수산과학회지, 1999
- 강원 연안産 까나리 仔稚魚의 분포. 한경호, 김복기, 최수하, 김귀영, 김용억, 조재권. 한국어류학회지. 1999
- 까나리(*Ammodytes personatus*)의 식성. 김영혜, 강용주. 한국수산과학회지. 1991
- 날치의 자치어에 관한 연구 1. 난발생과 자치어의 발육. 박양성, 김용억. 한국수산과학회지. 1987
- 날치의 仔稚魚에 關한 研究 ; Ⅱ. 仔稚魚의 골격 발달. 박양성, 김용억. 한국수산과학회지. 1987
- 한국산 날치과 (Beloniformes, Exocoetidae) 어류 5종의 분류학적 재검토. 김진구, 유정화, 조선형, 명정구, 강충배, 김용억, 김종만. 한국어류학회지. 2001
- 꼼치의 卵發生과 孵化仔魚. 김용억, 박양성, 명정구. 한국수산과학회지. 1986

- 광양만 잘피밭에 서식하는 꼼치 (*Liparis tanakai*) 유어의 식성. 곽석남, 허성회. 한국수산과학회지. 2003
- 꼼치(*Liparis tanakai*)의 식성. 허성희. 한국어류학회지. 1997
- 꼼치(*Liparis tanakai* Gilbert et Burke)의 난 및 자치어 형태. 이배익, 변순규, 김진도, 오봉세, 한경호, 김춘철, 윤성민. 한국어업기술학회 2003년도 춘계 수산관련학회 공동학술대회발표요지집
- 제주도 연안에서 채집된 깃대돔과(Zanclidae) 깃대돔(*Zanclus cornutus*)의 형태적 특징. 한송헌, 김병엽, 송춘복. 한국어류학회지. 2010
- 한국산(韓國産) 놀래기과(科) 어류(魚類)의 비늘 형태에 관한 연구(硏究). 김용의, 고정락, 김용억. 한국어류학회지. 1994
- 동갈돗돔(*Hapalogenys nitens*)의 자연 산란과 난 발생 특성. 강희웅, 김종화, 이권혁, 김종식. 한국양식학회지. 2004
- 벵에돔(*Girella punctata*)와 긴꼬리벵에돔(*Girella melanichthys*)의 난 발생에 미치는 수온의 영향. 오봉세, 최영웅, 구학동, 김성철, 정민민, 박홍식. 발생과생식. 2010
- 제주 연안에 서식하는 놀래기류의 성 특성. 이치훈, 김윤석, 이영돈. 발생과생식. 2006
- 한국산 연어속 어류의 형태학적 연구-V. 연어 (*Oncorhynchus keta*), 산천어 (*O. masou*) 및 무지개송어 (*O. mykiss*)의 골격 비교. 명정구, 김용억. 한국수산과학회지. 1996
- 한국산 놀래기아목(농어목) 어류의 분류와 분포. 이완옥, 김익수. 한국어류학회지. 1996
- 자리돔의 生殖周期에 관한 硏究. 이영돈, 이택렬, 이택열. 한국수산과학회지. 1987
- 연무자리돔, *Chromis fumea*(Pisces: Pomacentridae)의 산란 보호, 난 발생 및 자어의 형태 발달. 김진구, 김용억, 박진우. 한국어류학회지. 2001
- 西歸浦沿岸의 자리돔 漁場의 魚類. 백문하. 한국수산과학회지. 1977
- 제주도 근해의 옥돔 어업과 어장 환경에 관한 연구. 김정창, 강일권, 김동선, 이준호. 한국어업기술학회지. 2006
- 한국근해 수역의 옥돔屬(Genus Branchiostegus) 어류의 분류학적 재검토. 김용억, 유정화. 한국어류학회지. 1998
- 연승어구에 대한 옥돔의 행동과 낚시 형상 설계. 이춘우, 박성욱. 한국어업기술학회지. 1995
- 한국산 자리돔속 어류의 형태학적 연구 - I. 한국산 자리돔속 어류 3종, 자리돔(*Chromis notata*), 노랑자리돔(*C. analis*), 연무자리돔(*C. fumea*)의 외부 형태학적 연구. 김용억, 김진구. 한국어류학회지. 1996
- 한국산 자리돔속 어류의 형태학적 연구 II. 한국산 자리돔속 어류 3종, 자리돔(*Chromis notata*), 노랑자리돔(*Chromis analis*) 및 연무자리돔(*Chromis fumea*)의 골격 비교. 김용억, 김진구. 한국수산과학회지. 1997
- 한국 연근해 황아귀의 분포 특성. 박영철, 안두해, 차병렬. 한국어업기술학회 2000년도 추계수산관련학회 공동학술대회발표요지집
- 쥐노래미(*Hexagrammos otakii*)의 생식 생태. 강희웅, 정의영. 한국어업기술학회 2003년도 춘계 수산관련학회 공동학술대회발표요지집

- 서해산 쥐노래미(*Hexagrammos otakii*)의 성 성숙과 산란 특성. 강희웅, 정의영, 김종화. 한국양식학회지. 2004
- 쥐노래미(*Hexagrammos otakii*)의 胃內容物 分析. 김종관, 강용주. 한국수산과학회지. 1997
- 동해 임연수어(*Pleurogrammus azonus* Jordan and Metz)의 성숙과 산란.
  이성일, 양재형, 윤상철, 전영열, 김종빈, 차형기, 장대수, 김재원. 한국수산과학회지. 2009
- 한국산 문절망둑속 Acanthogobius 어류의 골학적 연구. 이용주. 한국어류학회지. 2001
- 광양만 잘피밭에 서식하는 문절망둑(*Acanthogobius flavimanus*)의 식성. 허성회, 곽석남. 한국수산과학회지. 1999
- 한국 남서 갯벌 지역 짱뚱어(*Boleophthalmus pectinirostris*)의 연령과 성장.
  정순재, 한경호, 김진구, 심두생. 한국어업기술학회 2002년도 추계 수산관련학회 공동학술대회발표요지집
- 짱뚱어(*Boleophthalmus pectinirostris* Linnaeus)의 性成熟. 정의영, 안철민, 이택열. 한국수산과학회지. 1991
- 한국산 짱뚱어(*Boleophthalmus pectinirostris*)의 생태와 생활사. 유봉석, 김익수, 최윤. 한국수산과학회지. 1995
- 금강하구산 말뚝망둥어 (*Periophthalmus cantonensis*)의 하기 생활 양식에 대하여.
  류봉석, 이종화. 한국수산과학회지. 1979
- 韓國產 말뚝망둥어屬(Periophthalmus) 魚類의 形態的 特徵.
  유봉석. 군산대학교 수산과학연구소 연구논문집. 1994
- 한국 순천만 갯벌 지역 말뚝망둥어(*Periophthalmus modestus*)의 성숙과 산란. 김재원, 윤양호, 신현출, 임경훈,
  Toru Takita, 박세창, 백근욱, Torn Takita. 한국수산과학회지. 2007
- 말쥐치(*Thamnaconus modestus*)의 난 발생 과정과 부화자어의 형태 발달.
  이승종, 고유봉, 최영찬. 한국어류학회지. 2000
- 제주 남부 연안 말쥐치(*Thamnaconus modestus*)의 생식년주기.
  이승종, 고유봉, 이영돈, 정지현, 한창희. 한국어류학회지. 2000
- 제주 남부 연안 쥐치(*Stephanolepis cirrhifer*)의 생식년주기. 이승종, 고유봉, 이영돈. 한국어류학회지. 2000
- 한국 동해안 쥐치(*Stephanolepis cirrhifer*)의 성숙과 산란.
  권혁찬, 이재봉, 장창익, 이동우, 최영민. 한국어류학회지. 2011
- 한국 연근해 백상아리와 상어류의 분포. 최윤. 한국어류학회지. 2009
- 한국산 청어과 어류의 분류학적 연구. 윤창호, 김익수. 한국어류학회지. 1998
- 해수관상어로서 상어 2종, 까치상어(*Triakis scyllium*)와 별상어(*Cynias manazo*)의 인공 종묘 생산.
  정민민, 이정의, 김재우, 김성철, 노섬. 한국양식학회 2003년도 추계학술발표대회 논문요약집
- 한국 서해산 병어(*Pampus argenteus*)의 번식 생태. 정의영, 배주승, 강희웅, 이황복, 이기영. 발생과생식. 2008
- 한국 동해산 도루묵(*arctoscopus japonicus*)의 성 성숙과 산란. 이해원, 김진희, 강용주. 한국수산과학회지. 2006
- 동해안 도루묵(*Arctoscopus japonicus*)의 연령과 성장.

양재형, 이성일, 차형기, 윤상철, 장대수, 전영열. 한국어업기술학회지. 2008

- 연안에 내유한 산란기 도루묵(*Arctoscopus japonicus*)의 행동 습성.
  안희춘, 이경훈, 이성일, 박해훈, 배봉성, 양재형, 김종빈. 한국어업기술학회 2010년도 춘계총회 및 학술발표대회
- 한국 연근해 도루묵(*Arctoscopus japonicus*)의 자원량 추정.
  이성일, 양재형, 윤상철, 전영열, 김종빈, 차형기, 최영민. 한국수산과학회지. 2009
- 수조(水槽)에서 사육(飼育)한 남해산(南海産) 쑤기미(*Inimicus japonicus*)의 난 발생(卵發生)과 부화자어(孵化仔魚)의 형태(形態). 명정구, 김종만, 김용억. 한국어류학회지. 1989
- 쏨뱅이(*Sebastiscus marmoratus*) 초기 생활사에 관한 연구 : 1. 인위적인 방법에 의한 수조 내에서의 난 발생 과정과 자어기의 형태. 김용억, 한경호, 강충배, 김진구, 변순규. 한국어류학회지. 1997
- 쏨뱅이(*Sebastiscus marmoratus*) 초기 생활사에 관한 연구 : 2. 산출 자치어의 외부 형태 및 골격 발달.
  김용억, 한경호, 강충배, 김진구, 변순규. 한국어류학회지. 1997
- 쏨뱅이(*Sebastiscus marmoratus*)의 자어 출산에 관한 연구.
  김경민, 이정의, 양상근, 김성철, 황형규, 강용진. 한국양식학회 2003년도 추계학술발표대회 논문요약집
- 제주산 쏨뱅이(*Sebastiscus marmoratus*)의 연령과 성장. 배희찬, 정상철. 한국수산과학회지. 1999
- 통영 연안에 출현하는 쏨뱅이(*Sebastiscus marmoratus*)의 식성.
  백근욱, 여영미, 정재묵, 박주면, 허성회. 한국어류학회지. 2011
- 볼락(*Sebastes inermis*)의 攝食生態. 김종관, 강용주. 한국수산과학회지. 1999
- 양식산 볼락(*Sebastes inermis cuvier*)의 성장 특성.
  최희정, 홍경표, 오승용, 노충환, 박용주, 명정구, 김종만, 허준욱, 장창익, 박인석. 한국양식학회지. 2005
- 한국 남해 전남 바다목장 해역 볼락, *Sebastes inermis*의 연령과 성장.
  김희용, 김상화, 허선정, 서영일, 이선길, 고준철, 차형기, 최문성. 한국어업기술학회지. 2010
- 장봉도 갯벌의 쥐노래미(*Hexagrammos otakii*)와 조피볼락(*Sebastes schlegeli*)의 섭식 생태.
  서인수, 홍재상. 한국수산과학회지. 2007
- 통영 바다목장 해역에 서식하는 조피볼락(*sebastes schlegeli*)의 식성.
  박경동, 강용주, 허성회, 곽석남, 김하원, 이해원. 한국수산과학회지. 2007
- 제주해협에 출현하는 갈치(Hairtail, *Trichiurus lepturus*)의 어업생물학적 특성.
  김상현, 이영돈, 노홍길. 한국수산과학회지. 1998
- 갈치(*Trichiurus lepturus*)의 식성. 허성회. 한국어류학회지. 1999
- 전남 연안 해역 멸치(*Engraulis japonica*)의 연령과 초기 성장. 차성식. 한국수산과학회지. 1990
- 한국산 홍어류(판새아강, 홍어과) 어류의 분류학적 연구 현황과 국명 검토. 정충훈. 한국어류학회지. 1999

• 흑산도 근해 연승어업의 참홍어(*Raja pulchra*) 어획 특성.
조현수, 황학진, 권대현, 정경숙, 최광호, 차병열, 임양재. 한국어업기술학회지. 2011

• 한국산 참홍어(*Raja pulchra*)의 다배성 난각 특징과 자어의 형태.
조현수, 강언종, 조영록, 서형철, 임양재, 황학진. 한국어류학회지. 2010

• 한국산 멸치과 어류의 분류학적 연구. 윤창호, 김익수. 한국어류학회지. 1996

• 한국 서해산 웅어(*Coilia nasus*) 암컷의 성숙과 산란. 전제천, 강희웅, 이봉우. 발생과생식. 2009

• 고리 주변 해역에서 출현하는 웅어(*Coilia nasus*)의 위 내용물 조성.
백근욱, 박주면, 추현기, 허성회. 한국어류학회지. 2011

• 여수 연안 감성돔(*Acanthopagrus schlegeli*)의 성장 연구. 김광훈. 부경대학교. 2009

• 농어(*Lateolabrax japonicus*)의 초기 생활사. 한경호, 이원교, 양석우, 오성현, 신상수. 한국어류학회지. 1999

• 농어(*Lateolabrax japonicus*)의 생식주기. 강덕영, 한형균, 안철민. 한국어류학회지. 2001

• 남해에 출현하는 삼치(*Scomberomorus niphonius*)의 식성. 허성회, 박주면, 백근욱. 한국수산과학회지. 2006

• 부산 주변 해역에 출현하는 삼치(*Scomberomorus niphonius*) 암컷의 성숙과 산란.
백근욱, 김재원, 허성회, 박주면. 한국수산과학회지. 2007

• 남해에 출현하는 고등어(*Scomber japonicus*)의 식성. 윤성종, 김대현, 백근욱, 김재원. 한국수산과학회지. 2008

• 대형선망어업에 있어서 고등어(*Scomber japonicus*) 어장의 어황 변동. 이햇님, 김형석. 한국어업기술학회지. 2011

• 고등어(*Scomber japonicus*)의 난 발생 및 자치어 형태 발달.
박충국, 연인호, 최낙현, 허승준, 한경호, 이원교. 발생과생식. 2008

• 우리나라 남해에 분포하는 붕장어(*Conger myriaster*)의 연령과 성장.
김영혜, 이은희, 김정년, 최정화, 오택윤, 이동우. 한국수산과학회지. 2011

• 한국 남해 연안에 분포하는 붕장어(*Conger myriaster*)의 섭이 생태.
최정화, 최승희, 김종빈, 박정호, 오철웅, 오철용. 한국수산과학회지. 2008

• 경남 고성 주변 해역에서 출현하는 갯장어(*Muraenesox cinereus*)의 식성.
안영수, 박주면, 김현지, 백근욱. 한국수산과학회지. 2012

• 민태(*Johnius belengeri*)의 분포, 체장 및 연령 조성. 이태원, 송해성. 한국어류학회지. 1993

• 한국산 가자미아목 어류의 분류학적 연구. 김익수, 윤창호. 한국어류학회지. 1994

• 한국산 민어과(농어목) 어류의 분류학적 재검토. 이충렬, 박미혜. 한국어류학회지. 1992

• 양식산 참조기 및 수조기 미성어의 계절별 성장 경향과 저수온 내성 특성.
강희웅, 강덕영, 한현섭, 조기채. 한국어류학회지. 2012

• 중국의 부세 양식. 이순길. 한국양식. 2002

- 한국 서해산 참조기의 연령과 성장. 정상철. 한국수산과학회지. 1970
- 한국연근해 참조기(*Pseudosciaena polyactis bleeker*) 어장의 해황 특성.
  백철인, 조규대, 이충일, 최광호. 한국수산과학회지. 2004
- 동중국해와 황해에서의 참조기(*Pseudosciaena polyactis Bleeker*) 어장의 어황 변동.
  백철인, 이충일, 최광호, 김동선. 한국수산과학회지. 2005
- 서해안 지역의 임경업 신앙 연구. 서종원. 동아시아고대학. 2006
- 수컷 돌가자미(*kareius bicoloratus*)의 생식세포 분화 및 생식주기.
  전제천, 정의영. 한국양식학회 2004년도 수산관련학회 공동학술대회 발표요지집
- 돌가자미의 卵發生과 부화자어. 김용억. 한국수산과학회지. 1982
- 낙동강 하구역에 분포하는 미성어기의 돌가자미(*Kareius bicoloratus* Basilewsky)의 성장.
  최설화, 강용주, 전복순. 한국어업기술학회 2000년도 추계수산관련학회 공동학술대회발표요지집
- 새만금호 유어기 돌가자미(*Kareius bicololaratus*)의 성장과 서식 환경. 최윤. 환경생물학회지. 2009
- 낙동강 하구역에 분포하는 돌가자미(*Kareius bicoloratus* Basilewsky)의 식성.
  전복순, 최설화, 강용주. 한국어업기술학회 2000년도 추계수산관련학회 공동학술대회발표요지집
- 암컷 돌가자미(*Kareius bicoloratus*)의 난황 형성 과정의 미세구조적 연구 및 생식소 발달.
  전제천, 정의영. 한국어업기술학회 2003년도 춘계 수산관련학회 공동학술대회발표요지집
- 참가자미(*Limanda herzensteini*)의 卵發生過程과 仔魚의 形態發達. 한경호, 김용억. 한국어류학회지. 1999
- 동해안 참가자미(*Limanda herzensteini*)의 생식주기. 장윤정, 이정용, 장영진. 한국양식학회지. 2004
- 문치가자미(*Limanda yokohamae*) 仔稚魚의 형태 발달.
  한경호, 박준택, 진동수, 장선익, 정현호., 조재권. 한국어류학회지. 2001
- 한국 남해안 문치가자미(*Pleuronectes yokohamae*)의 성숙과 산란.
  서영일, 주현, 이선길, 김희용, 고준철, 최문성, 김주일, 오택윤, 강주일. 한국어류학회지. 2010
- 광양만 잘피밭에 서식하는 문치가자미(*Limanda yokohamae*)의 식성.
  곽석남, 허성회. 한국수산과학회지. 2003
- 한국서해안 격열비열도 근해산 문치가자미의 연령과 성장. 박종수. 한국어업기술학회지. 1997
- 태안 연안에서 채집된 문치가자미(*Limanda yokohamae*)와 넙치(*Paralichthys olivaceus*)의 섭식 생태.
  이동진. 부경대학교. 2009
- 통영 주변 해역에 서식하는 문치가자미(*Pleuronectes yokohamae*)의 식성.
  허성회, 남기문, 박주면, 정재묵, 백근욱, 허성희, 정재목. 한국어류학회지. 2012
- 급이 및 비급이 참돔의 색, 맛 및 영양성분 비교.

신길만, 안유성, 신동명, 김혜숙, 김형준, 윤민석, 허민수, 김진수. 한국식품영양과학회지. 2008
- 참돔(*Pagrus major*) 자어의 기아시 형태 변화. 명정구, 김종만, 김용억. 한국어류학회지. 1990
- 韓國産 참복亞目 魚類. 김익수, 이완옥. 기초과학. 1991
- 참복科(복어目) 어류 屬의 외부 형태적 특징. 한경호, 김용억. 한국수산과학회지. 1998
- 태평양 새치류의 어장 분포와 어획량 경년 변동에 영향을 미치는 요인.
  유준택, 황선재, 안두해. 한국수산과학회지. 2009
- 잘피밭 해역에 방류된 감성돔(*Acanthopagrus schlegeli*) 치어의 식성 및 어체 성분 변화.
  지승철, 이시우, 김양수, 정관식, 유진형, 최낙중, 명정구. 한국양식학회지. 2008
- 가막만 해역에 방류된 감성돔(*Acanthopagrus schlegeli*) 치어의 초기 먹이섭취 패턴과 어체 성분 변화.
  지승철, 이시우, 유진형, 김양수, 정관식, 명정구. 한국양식학회지. 2007
- 광양만 잘피밭에 서식하는 감성돔(*Acanthopagrus schlegeli*)유어의 식성. 허성회, 곽석남. 한국어류학회지. 1998
- 군산 연안 유어기 감성돔의 성장. 최윤. 한국어류학회지. 1996
- 한국 남해안 감성돔(*Acanthopagrus schlegeli*)의 성숙과 산란.
  권혁찬, 장창익, 신영재, 김광훈, 김주일, 서영일. 한국어류학회지. 2009
- 여수 해역에 서식하는 감성돔의 동계 행동 특성. 강경미, 신현옥. 한국수산과학회지. 2008년
- 감성돔의 행동에 미치는 조석의 영향. 신현옥, 강경미, 김민선, 황보규. 한국어업기술학회 학술발표논문집. 2007
- 음향 텔레메트리 기법을 이용한 자연산과 양식산 감성돔의 행동 특성 비교.
  강경미, 신현옥, 강돈혁, 김민선, 김민서. 한국어업기술학회지. 2008
- 鐵器時代 動物遺體 硏究 : 慶南 南海岸地域을 中心으로. 정찬우. 목포대학교. 2011
- 우리나라 신석기 시대 생업 활동 연구 : 패총 출토 동물 유체를 중심으로. 이은. 목포대학교. 2010